파브르 곤충기 10

파브르 곤충기 10

초판 1쇄 발행 | 2010년 2월 25일
초판 3쇄 발행 | 2022년 11월 25일

지은이 | 장 앙리 파브르
옮긴이 | 김진일
사진찍은이 | 이원규
그린이 | 정수일
펴낸이 | 조미현

펴낸곳 | ㈜현암사
등록 | 1951년 12월 24일·제10-126호
주소 | 04029 서울시 마포구 동교로12안길 35
전화 | 02-365-5051·팩스 | 02-313-2729
전자우편 | editor@hyeonamsa.com
홈페이지 | www.hyeonamsa.com

ISBN 978 89 323 1390 6 04490
ISBN 978-89-323-1399-3 (세트)

*잘못된 책은 바꾸어 드립니다.
*지은이와 협의하여 인지를 생략합니다.

파브르 곤충기 ⑩

장 앙리 파브르 지음 l 김진일 옮김
이원규 사진 l 정수일 그림

ɢ 현암사

신화 같은 존재 파브르,
그의 역작 곤충기

『파브르 곤충기』는 '철학자처럼 사색하고, 예술가처럼 관찰하고, 시인처럼 느끼고 표현하는 위대한 과학자' 파브르의 평생 신념이 담긴 책이다. 예리한 눈으로 관찰하고 그의 손과 두뇌로 세심하게 실험한 곤충의 본능이나 습성과 생태에서 곤충계의 숨은 비밀까지 고스란히 담겨 있다. 그러기에 백 년이 지난 오늘날까지도 세계적인 애독자가 생겨나며, '문학적 고전', '곤충학의 성경'으로 사랑받는 것이다.

남프랑스의 산속 마을에서 태어난 파브르는, 어려서부터 자연에 유난히 관심이 많았다. '빛은 눈으로 볼 수 있다'는 것을 스스로 발견하기도 하고, 할머니의 옛날이야기 듣기를 좋아했다. 호기심과 탐구심이 많고 기억력이 좋은 아이였다. 가난한 집 맏아들로 태어나 생활고에 허덕이면서 어린 시절을 보내야만 했다. 자라서는 적은 교사 월급으로 많은 가족을 거느리며 살았지만, 가족의 끈끈한 사랑과 대자연의 섭리에 대한 깨달음으로 역경의 연속인 삶을 이겨 낼 수 있었다. 특히 수학, 물리, 화학 등을 스스로 깨우치는 등 기초 과학 분야에 남다른 재능을 가지고 있었다. 문학에도 재주가 뛰어나 사물을 감각적으로 표현하는 능력이 뛰어났다. 이처럼 천성적인 관찰자답게

젊었을 때 우연히 읽은 '곤충 생태에 관한 잡지'가 계기가 되어 그의 이름을 불후하게 만든 '파브르 곤충기'가 탄생하게 되었다. 1권을 출판한 것이 그의 나이 56세. 노경에 접어든 나이에 시작하여 30년 동안의 산고 끝에 보기 드문 곤충기를 완성한 것이다. 소똥구리, 여러 종의 사냥벌, 매미, 개미, 사마귀 등 신기한 곤충들이 꿈틀거리는 관찰 기록만이 아니라 개인적 의견과 감정을 담은 추억의 에세이까지 10권 안에 펼쳐지는 곤충 이야기는 정말 다채롭고 재미있다.

'파브르 곤충기'는 한국인의 필독서이다. 교과서 못지않게 필독서였고, 세상의 곤충은 파브르의 눈을 통해 비로소 우리 곁에 다가왔다. 그 명성을 입증하듯이 그림책, 동화책, 만화책 등 형식뿐 아니라 글쓴이, 번역한 이도 참으로 다양하다. 그러나 우리나라에는 방대한 '파브르 곤충기' 중 재미있는 부분만 발췌한 번역본이나 요약본이 대부분이다. 90년대 마지막 해 대단한 고령의 학자 3인이 완역한 번역본이 처음으로 나오긴 했다. 그러나 곤충학, 생물학을 전공한 사람의 번역이 아니어서인지 전문 용어를 해석하는 데 부족한 부분이 보여 아쉬웠다. 역자는 국내에 곤충학이 도입된 초기에 공부를 하고 보니 다양한 종류의 곤충을 다룰 수밖에 없었다. 반면 후배 곤충학자들은 전문분류군에만 전념하며, 전문성을 갖는 것이 세계의 추세라고 해야 할 것이다. 이런 시점에서는 적절한 번역을 기대할 수 없다.

역자도 벌써 환갑을 넘겼다. 정년퇴직 전에 초벌번역이라도 마쳐야겠다는 급한 마음이 강력한 채찍질을 하여 '파브르 곤충기' 완역이라는 어렵고 긴 여정을 시작하게 되었다. 우리나라 풍뎅이를 전문적으로 분류한 전문가이며, 일반 곤충학자이기도 한 역자가 직접 번역한 '파브르 곤충기' 정본을 만들어 어린이, 청소년, 어른에게 읽히고 싶었다.

역자가 파브르와 그의 곤충기에 관심을 갖기 시작한 건 40년도 더되었다. 마침, 30년 전인 1975년, 파브르가 학위를 받은 프랑스 몽펠리에 이공대학교로 유학하여 1978년에 곤충학 박사학위를 받았다. 그 시절 우리나라의 자연과 곤충을 비교하면서 파브르가 관찰하고 연구한 곳을 발품 팔아 자주 돌아다녔고, 언젠가는 프랑스 어로 쓰인 '파브르 곤충기' 완역본을 우리나라에 소개하리라 마음먹었다. 그 소원을 30년이 지난 오늘에서야 이룬 것이다.

"개성적이고 문학적인 문체로 써 내려간 파브르의 의도를 제대로 전달할 수 있을까, 파브르가 연구한 종은 물론 관련 식물 대부분이 우리나라에는 없는 종이어서 우리나라 이름으로 어떻게 처리할까, 우리나라 독자에 맞는 '한국판 파브르 곤충기'를 만들려면 어떻게 해야 할까" 방대한 양의 원고를 번역하면서 여러 번 되뇌고 고민한 내용이다. 1권에서 10권까지 번역을 하는 동안 마치 역자가 파브르인 양 곤충에 관한 새로운 지식을 발견하면 즐거워하고, 실험에 실패하면 안타까워하고, 간간이 내비치는 아들의 죽음에 대한 슬픈 추억, 한때 당신이 몸소 병에 걸려 눈앞의 죽음을 스스로 바라보며, 어린 아들이 얼음 땅에서 캐내 온 벌들이 따뜻한 침실에서 우화하여, 발랑발랑 걸어 다니는 모습을 바라보던 때의 아픔을 생각하며 눈물을 흘리기도 했다. 4년도 넘게 파브르 곤충기와 함께 동고동락했다.

파브르 시대에는 벌레에 관한 내용을 과학논문처럼 사실만 써서 발표했을 때는 정신이상자의 취급을 받기 쉬웠다. 시대적 배경 때문이었을까? 다방면에서 박식한 개인적 배경 때문이었을까? 파브르는 벌레의 사소한 모습도 철학적, 시적 문장으로 써 내려갔다. 현지에서는 지금도 곤충학자라기보다 철학자, 시인으로 더 잘 알려져 있다. 어느 한 문장이 수십 개의 단문으로 구성된 경우도 있고, 같은 내용이 여러 번 반복되기도 하였다. 그래서 원문의 내용은 그대로 살리되 가능한 짧은 단어와 짧은 문장으로 처리해 지루함을 최대한 줄이도록 노력했다. 그러나 파브르의 생각과 의인화가 담긴 문학적 표현을 100% 살리기는 힘들었다기보다, 차라리 포기했음을 고백해 둔다.

파브르가 연구한 종이 우리나라에 분포하지 않을 뿐 아니라 아직 곤충학이 학문으로 정상적 궤도에 오르지 못했던 150년 전 내외에 사용하던 학명이 많았다. 아무래도 파브르는 분류학자의 업적을 못마땅하게 생각한 듯하다. 다른 종을 연구하거나 이름을 다르게 표기했을 가능성도 종종 엿보였다. 당시 틀린 학명은 현재 맞는 학명을 추적해서 바꾸도록 부단히 노력했다. 그래도 해결하지 못한 학명은 원문의 이름을 그대로 썼다. 본문에 실린 동식물은 우리나라에 서식하는 종류와 가장 가깝도록 우리말 이름을 지었으며, 우리나라에도 분포하여 정식 우리 이름이 있는 종은 따로 표시하여 '한국판 파브르 곤충기'로 만드는 데 힘을 쏟았다.

무엇보다도 곤충 사진과 일러스트가 들어가 내용에 생명력을 불어넣었다. 이원규 씨의 생생한 곤충 사진과 독자들의 상상력을 불러일으키는 만화가 정수일 씨의 일러스트가 글이 지나가는 길목에 자리잡고 있어 '파브르 곤충기'를 더욱더 재미있게 읽게 될 것이다. 역자를 비롯한 다양한 분야의 전문가와 함께했기에 이 책이 탄생할 수 있었다.

번역 작업은 Robert Laffont 출판사 1989년도 발행본 파브르 곤충기 Souvenirs Entomologiques(Études sur l'instinct et les mœurs des insectes)를 사용하였다.

끝으로 발행에 선선히 응해 주신 (주)현암사의 조미현 사장님, 책을 예쁘게 꾸며서 독자의 흥미를 한껏 끌어내는 데, 잘못된 문장을 바로 잡아주는 데도, 최선의 노력을 경주해 주신 편집팀, 주변에서 도와주신 여러분께도 심심한 감사의 말씀을 드린다.

2006년 7월
김진일

10권 맛보기

땅속으로 수직굴을 1.5m나 파는 유럽장수금풍뎅이를 그토록 힘들여서 채집하고, 다시 그에 못지않게 고심하며 가재도구를 동원해 제작한 특수 기구에서 사육을 시도했으나 결국은 실패한다(제3장). 82세 노익장에게 주어진 끈기와 노력을 누가 말릴 수 있으랴.

같은 곤충군이라도 종별 식성에는 단식성, 협식성, 광식성이 존재함을 알아낸 것 역시 하나의 생태학적 업적이다(제11장). 하지만 진화론을 여전히 부정하는 파브르였기에 이 조사의 결과에서도 그 업적의 중요성보다는 식품의 화학적 성분이 다르면 부자지간이 될 수 없음을 강조한다. 창조론(創造論)을 지지하는 듯한 문구도 보이나(제10장) 자연발생설(自然發生說)의 부정은 환영했던 그였다(제9권 23장). 그렇다면 자칭 사상가인 파브르는 창조론의 지지자였을까? 하지만 전 10권이 끝나도록 창조론을 인정하거나 주장한 경우는 없었다. 그러면 생물 발생에 대한 그의 진정한 사상은 어떤 것이었을까? 이 질문에 대한 답변도 사실상 없었던 같다.

마지막 네 장에서는 독버섯 문제, 균식성(菌食性) 곤충, 버섯 염료, 꼭두서니에서 추출한 염료 등을 이야기한다. 염료의 개발은 박물학 교수가 되는 것이 평생소원이던 파브르의 꿈을 실현하기

위한 축재(蓄財) 수단이었으며 성공까지 한다. 바로 그 시점에 합
성염료가 개발되어 공장은 가동시켜 보지도 못한다. 이런 불운한
생애였을망정 아름다운 추억의 형태로 붓을 놀렸다.

경관(지식의 세계)을 좀더 보려고 아무리 높이 올라간들, 의문의
지팡이는 여전히 암흑의 지평선에서 위치만 바꿀 뿐이다(제13장).
다른 태양계의 생명체는 추잡한(반드시 먹어야 하는) 똥집의 치욕에
서 벗어나지 않았는지, 인간도 언젠가 그렇게 되지 않을지 희망을
가져 본다(제2장). 도덕적이며 평화적인 인류의 인간성 발달을, 사
형 제도가 사라질 날을, 사람의 목숨이 존경받기를, 노예제도의
폐지와 여성의 지위 향상을 바라는 희망을 보여 주지만, 반면에
무기를 발달시키고 있는 인류, 부부 싸움 등 슬픈 현실에 대해서
도 많이 썼다. 모두가 요원한 일들이지만 파브르는 연로해 가면서
훌륭한 인간상의 발달을 무척 바라고 있다. 아직도 6년이나 남은
수명을 연구 생활로 일관하면서도, 생의 마감이 임박했음을 예감
한 듯한 문구들을 쓴 것이 10권의 특징이기도 하다. 특히 마지막
네 장에는 임종 시기를 의식하지 못하면서도, 암암리에 무엇인가
를 예고받은 듯 자신의 전기를 써 놓은 셈이다.

차례

미완성본

일러두기

* 역주는 아라비아 숫자로, 원주는 곤충 모양의 아이콘으로 처리했다.
* 우리나라에 있는 종일 경우에는 ●로 표시했다.
* 프랑스 어로 쓰인 생물들의 이름은 가능하면 학명을 찾아서 보충하였고, 우리나라에 없는 종이라도 우리식 이름을 붙여 보도록 노력했다. 하지만 식물보다는 동물의 학명을 찾기와 이름 짓기에 치중했다. 학명을 추적하지 못한 경우는 프랑스 이름을 그대로 옮겼다.
* 학명은 프랑스 이름 다음에 :를 붙여서 연결했다.
* 원문에 학명이 표기되었으나 당시의 학명이 바뀐 경우는 속명, 종명 또는 속종명을 원문대로 쓰고, 화살표(→)를 붙여 맞는 이름을 표기했다.
* 원문에는 대개 연구 대상 종의 곤충이 그려져 있는데, 실물 크기와의 비례를 분수 형태나 실수의 형태로 표시했거나, 이 표시가 없는 것 등으로 되어 있다. 번역문에서도 원문에서 표시한 방법대로 따랐다.
* 사진 속의 곤충 크기는 대체로 실물 크기지만, 크기가 작은 곤충은 보기 쉽도록 10~15% 이상 확대했다. 우리나라 실정에 맞는 곤충 사진을 넣고 생태 특성을 알 수 있도록 자세한 설명도 곁들였다.
* 곤충, 식물 사진에는 생태 설명과 함께 채집 장소와 날짜를 넣어 분포 상황을 알 수 있도록 하였다.(예: 시흥, 7. Ⅴ. ´92 → 1992년 5월 7일 시흥에서 촬영했다는 표기법이다.)
* 역주는 신화 포함 인물을 비롯 학술적 용어나 특수 용어를 설명했다. 또한 파브르가 오류를 범하거나 오해한 내용을 바로잡았으며, 우리나라와 관련된 내용도 첨가하였다.

1 유럽장수금풍뎅이 - 땅굴

이 장의 주제 곤충은 학명이 미노타우로스 티포에우스(Minotaure Typhée: *Minotaurus typhœus*)인데, 두 단어 중 속명은 크레타(Crète) 섬의 미궁(迷宮)에서 사람 고기를 먹는 황소(Taureau: *Bos taurus*)이며, 종명 티포에우스는 대지의 아들로서 하늘로 올라가려는 거인이다. 아테네(Athénien)의 테세우스(Thésée, Theseus)는 미궁으로 들어가서 황소를 죽이고, 미노스(Minos) 왕[1]의 딸인 아리아드네(donna Ariane)가 준 마법의 실타래로 길을 찾아 무난히 빠져나온다. 말하자면 매년 괴물에게 선남선녀를 바쳐야 하는 조국을 구해 낸 것이다. 한편 티포에우스는 자신이 쌓은 산에서 벼락을 맞고 에트나(Etna) 화산으로 던져졌다.

그는 아직도 그 안에 있다. 숨을 쉬면 분화구의 연기가 되고, 기침을 하면 용암을 토한다. 한쪽 어깨를 쉬려고 짐을 바꿔 지면 그 영향에 시칠리아(Sicile) 섬이 지진으로 흔들린다.

곤충 이름에 이런 옛말이 들어 있으면 기억하기 좋아서 별로 나쁘지 않다. 신화 속의

---

1 『파브르 곤충기』 제6권 381쪽 참조

이름은 소리가 크고 맑아서 귀에도 잘 들리고, 사전을 찾아 급히 만들어 낸 단어처럼 이름과 사실이 엇갈리는 결점도 없다. 게다가 신화와 벌레 이야기가 막연하나마 얼마간 닮은 점이 있다면 더욱 그럴듯하다. 유럽장수금풍뎅이의 학명(Minotaurus→ *Typhaeus typhoeus*)이 바로 그런 예라 하겠다.

유럽장수금풍뎅이 수컷
실물의 1.3배

유럽장수금풍뎅이란 이름의 새까만 딱정벌레는 몸집이 아주 크고 땅굴을 잘 파는 금풍뎅이(Geotrupidae)와 친척 관계이다. 녀석은 착해서 남을 괴롭히지 않으면서도 미노스 왕의 황소보다 멋진 뿔을 가졌다. 프랑스 애호가의 훌륭한 갑옷 곤충 중 녀석만큼 위풍당당하게 몸치장을 한 종류도 없다. 수컷은 앞가슴에 무장한 3개의 날카로운 창 다발 끝이 모두 앞쪽으로 향했다. 녀석이 황소만큼 클 경우를 상상해 보자. 들판에서 갑자기 그런 녀석을 만난다면 진짜 테세우스라도 그 무서운 세 갈래 창과 싸울 용기가 사라질 것이다.

전설의 티포에우스는 여러 신의 나라를 정복하려는 야심으로 산을 하나씩 뿌리째 뽑아 쌓아 올렸다고 한다. 박물학자의 티포에우스는 하늘로 오르는 게 아니라 지하로 파고드는데, 상상하기 힘들 정도로 깊은 구멍을 판다. 거인이 어깨를 한 번 흔들면 섬(시칠리아) 전체가 흔들린다. 이 꼬마도 등으로 밀어서 두더지(*Talpa europea*) 둔덕을 흔드는데, 마치 화산에 던져진 거인이 움직일 때 에트나 산이 흔들리는 것과 같은 수준이다.

오늘은 이 곤충의 습성을 자세히 조사해 볼 참이다. 원래 오래

전부터 채집된 녀석인데, 설명을 잘 해야 할 가치가 있을 것 같아서 처음부터 관심이 있었다.

하지만 그 이야기가 무슨 소용이 있고, 그런 시시한 연구를 해 봤자 무엇하나? 연구해 봐야 후추 값이 내리는 것도, 절인 배추 값이 오르는 것도 아님을 나는 잘 알고 있지 않던가. 또 군함을 정비해 놓고 서로 상대를 죽이려는 자끼리 얼굴을 맞대게 할 만큼의 중대사도 아니다. 곤충은 제 삶의 표현으로 무한한 변화를 보여 줄 뿐 그런 명예들과는 무관하다. 하지만 책 중에서 가장 이해되지 않는 책, 즉 우리 자신이란 책을 어느 정도 쉽게 읽게 해줄 것이다.

곤충은 고등동물보다 구하기 쉽고, 기르기도 덜 어렵다. 또 몸통을 만져 가며 조사해도 기분 나쁘지 않아 연구욕을 일으키기에 아주 적합하다. 게다가 본능, 습성, 구조의 변화가 무궁무진하며, 마치 외계인과 대화하는 것처럼 새로운 세계를 보여 준다. 반면에 우리와 인연이 더 가까운 고등동물은 비교적 단조로운 연구 대상만 보여 준다. 그래서 나는 무엇보다도 벌레를 소중히 여기며, 언제나 변함없는 교제를 매일 새롭게 하고 있다.

유럽장수금풍뎅이가 좋아하는 장소는 모래가 섞인 땅으로 방목한 양(Mouton: *Ovis*) 떼가 돌아다니면서 검정 환약을 뿌려 놓는 곳이다. 이 환약이야말로 녀석이 매일 먹는 식량이다. 이것이 없으면 작지만 쉽게 구해지는 토끼(Lapin: *Oryctolagus*) 똥도 먹는다. 이 겁쟁이 설치류(Rongeur, 齧齒類)[2]는 아무 데나 제 흔적을 남겨 놓는 게 두려운지 백리향

2 예전에는 토끼도 설치류(쥐목)인 것으로 알았으나 현재는 서로의 차이점이 발견되어 토끼목으로 독립되었다. 유럽산 야생토끼 L. européen의 학명은 *O. cuniculus*이다.

점박이외뿔소똥풍뎅이 우리나라 소똥풍뎅이 중 가장 크며, 수컷은 정수리에 얇고 납작하며 앞으로 구부러진 뿔이 있다. 옮긴이는 강원도에서 늦가을에 수확이 끝난 논에다 지은 굴과 알집을 발견하고 길러서 애벌레의 형태를 기재한 일이 있다. 평창. 6. Ⅷ. '96

(Thym: *Thymus vulgaris*) 덤불 같은 곳에 쏟아 놓는다.

하지만 유럽장수금풍뎅이에게는 토끼 똥이 저질 식품이라, 먹을 게 아주 없을 때나 배를 채울 뿐 새끼에게는 절대로 주지 않는다. 이보다는 양 떼가 남긴 요리를 훨씬 좋아하므로 녀석을 양 똥의 전문가로 불러야겠다. 옛날 관찰자도 이렇게 전원풍의 기호를 그냥 보아 넘기지 않아 녀석의 이름을 양왕소똥구리(Scarabée des moutons: *Scarabaeus ovinus*)[3]라고 지은 사람이 있을 정도였다.

둥지는 두더지 둔덕 같아서 쉽사리 알아볼 수 있다. 여름 무더위에 굳은 땅을 늦가을 비가 촉촉이 적셔서 겨우 부드럽게 해주는 계절이 되면 여기저기에 그런 둔덕이 보인다. 이 시기에는 그 해의 어린것이 땅속에서 밖으로 처음 모습을 드러내 태양의 성찬에 참석한다. 그러나 임시 오두막에서 몇 주 동안 실컷 먹고는 겨울을 대비한 식량 마련에 들어간다.

그러면 둥지를 한 번 살펴보자. 모종삽 하나면 쉽게 일을 끝낼 수가 있다. 늦가을의 저택은 지표면에서 곧게 한 뼘(empan= 20~22.5cm) 정도 파 내려간 손가락 굵기의 굴이다. 토질이 좋으면 더 깊이 내려가기도 한다. 구멍 끝에는 암컷이든, 수컷이든 주인 혼자만 있다. 그 속에 숨

----
3 학술적으로 실존하는 학명이 아니라 별명으로 쓴 것이다.

18

어 사는 녀석은 아직 자손을 볼 시기가 안 되어서 각자가 혼자만 즐긴다. 굴은 양 똥이 가득 찬 기둥이 되었는데, 그 분량이 때로는 손바닥에 수북할 정도였다.

이토록 막대한 재산을 유럽장수금풍뎅이는 어떻게 구했을까? 남의 도움을 받지도 않고, 고생도 모르며 거둬들일 뿐이다. 양 똥이 가장 많은 곳을 주의 깊게 찾아내, 그 자리에 집을 마련하고 입구에서 직접 끌어들인다. 작업은 기분 내킬 때, 특히 밤에 하기를 좋아한다. 산처럼 쌓인 배설물 더미에서 적당한 식료품을 골라 그 밑에 머리방패를 지렛대처럼 디밀고, 천천히 밀어서 문 앞까지 굴려 와 들여놓는다. 올리브 열매 같은 덩어리가 하나씩 계속해서 운반되는데, 그것의 생김새 덕분에 마치 통나무를 굴리는 것처럼 일이 아주 쉽다.

진왕소똥구리(*Scarabaeus sacer*)는 시끄러운 속세를 떠난 땅속에서 맛있게 먹으려고, 똥덩이를 나르기 쉽게 구슬처럼 만든다. 유럽장수금풍뎅이도 식료품 굴려 가는 재주가 좋지만 왕소똥구리처럼 사전 준비를 하지는 않는다. 양이 공짜로 배설물을 그렇게 만들어 주어서 일꾼은 쉽게 실컷 주워 제집으로 운반해 간다.

녀석은 그 보물을 어떻게 할까? 두말할 것도 없다. 추위에 얼어서 혼수상태에 빠져, 식욕을 잃기 전까지 영양을 섭취한다. 하지만 먹기만으

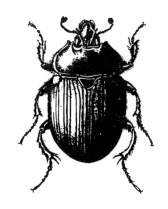

유럽장수금풍뎅이 암컷
실물의 2배

로 모든 게 해결되는 것은 아니다. 이렇게 얕은 굴에서는 겨울을 대비할 어떤 준비가 필요하다. 12월이 가까워 오면 봄에 흔하게 보이던 모양의 흙 둔덕이 눈에 띈다. 어떤 둥지는 깊이가 1m도 넘는 곳에 있는데, 이렇게 깊은 곳에서는 언제나 암컷 혼자 극심한 바깥 추위를 피하면서 변변찮은 양식을 알뜰하게 갉아먹고 있다.

하지만 그렇게 깊은 굴에서 추위를 피하는 경우는 매우 드물고, 대개는 한 뼘 깊이에서 암컷이나 수컷 혼자서 진을 치고 있다. 이런 집은 대개 마른 똥덩이를 쓰레기처럼 부숴서 마치 두껍고 부드러운 플란넬처럼 만들어 깔아 놓았다. 늦가을에 이불감인 펠트를 장만했다가 한겨울에 그것으로 몸을 감싸는 것이다. 가는 섬유 뭉치는 열을 아주 잘 보존해서 그 안에 숨어 사는 녀석이 혹독한 추위를 이겨 내는 데 큰 도움이 될 것이다.

3월 초, 암수 한 쌍이 힘을 합쳐서 열심히 둥지를 짓기 시작한다. 지금까지는 얕은 둥지에서 독신 생활을 하던 암수가 이제부터는 오랫동안 함께 사는데, 어디서 맞선을 보고 서로 힘을 합치기로 맹세했을까? 그런데 어떤 사실 하나가 주목을 끌었다. 가을과 겨울에는 암컷도 많아서 암수의 숫자가 거의 같았으나 3월에는 암컷이 거의 눈에 띄지 않았다. 수컷은 15마리를 캐냈는데 암컷은 겨우 3마리밖에 못 구했다. 그래서 적당히 짝이 맞는 암수를 사육장에 넣고 습성을 관찰하려던 것이 실패로 돌아갔다. 그렇게도 많던 암컷이 모두 어디로 갔을까?

캐낸 녀석들은 사실상 모종삽으로 어렵지 않게 파낼 수 있는 둥지에 있었다. 어쩌면 암컷은 깊어서 파내기 힘든 둥지에 있을지도 모른다. 파기 좋은 큰 삽으로 좀더 깊이 파 보자. 인내심을 발휘한

덕분에 겨우 암컷을 찾아냈다. 예상대로 암컷 역시 많았으나 인내심이 부족한 사람은 실망할 만큼 깊고 가파른 구멍 속에서 혼자먹이도 없이 머물러 있었다.

이제는 모두를 이해하겠다. 장차 어미가 될 암컷은 부지런해서함께 일할 짝을 만나기 전인 늦가을에서 초봄 사이에 벌써 좋은자리를 찾아 우물을 팠다. 우물이 아직 만족할 깊이는 아니라도대역사를 시작은 한 셈이다. 땅거미가 질 무렵, 수컷이 통로에서열심히 작업 중인 암컷을 찾아와 청혼한다. 마음에 드는 상대가한 마리면 족하니 녀석은 선택될 것이다. 때로는 수컷이 많이 오기도 한다. 성숙한 처녀 방에서 두세 마리의 구혼자가 마주치면 녀석들끼리 한바탕 날개 싸움을 벌인다. 승자가 결정되면 패자는 물러나 다른 곳을 찾아 나선다.

이렇게 착한 벌레들 사이에는 힘겨루기라고 해봤자 별로 대단한 게 없다. 서로 다리를 휘감아서 팔받이 톱니가 상대방의 딱딱한 갑옷에 긁혀 삐걱거리거나, 세 갈래 창으로 상대를 뒤엎는다. 싸움이라고 해야 기껏 그 정도였다. 따돌림 당한 녀석이 떠나면 곧 교미하고 가정을 이룬다. 그때부터 끊기 어려운 정이 놀랄 만큼 오래 지속된다.

이런 정이 끊어지는 경우도 있을까? 서로 결합한 쌍을 다른 동료가 알아볼까? 각 쌍은 서로 상대를 지켜줄까? 결혼이 파탄하는 경우는 거의 없다. 어미 쪽은 오랫동안 방구석에만 틀어박혀 있으니 그런 일이 일어날 수도 없다. 하지만 남편은 바깥일로 외출이 잦으니 그럴 기회가 많다. 독자도 곧 알게 되겠지만 남편은 한평생 식량을 나르고, 파낸 흙을 내다 버린다. 하루 종일 부인이 굴에서 파낸 흙더미를 처분하고, 밤이면 혼자 자식이 먹을 빵 재료인 똥덩이를 찾아서 집 근처를 헤매고 다닌다.

때로는 바로 옆에 이웃이 산다. 식량을 구하러 외출했던 남편이 돌아오는 길에 실수로 옆집으로 들어가는 일은 없을까? 혼자 돌아다니다가 길거리에서 헤매는 처녀를 만날 수도 있을 텐데, 그때 자기 배우자를 깜빡 잊어 제집으로 안가고 다른 역사가 시작되는 일은 없을까? 이것은 조사해 봐야 할 문제이니 다음의 방법으로 해답을 풀어 보련다.

한창 땅굴을 파고 있는 두 쌍을 찾아, 딱지날개 아래쪽 둘레에 지워지지 않는 표식(marque, marking)을 했다. 이러면 서로 헷갈리지 않는다. 이 4마리를 40cm 두께의 편편한 모래 위에 두서없이 여기저기 늘어놓았다. 이 두께라면 하룻밤 땅굴파기의 일감으로 충분할 것이다. 혹시 식량이 필요할지도 몰라서 양의 둥근 배설물도 한 줌 놓아두었다. 혹시 도망칠지도 몰라 모래 위에 항아리를 엎어 놓았다. 녀석들은 깜깜해서 마음이 차분했을 것이다.

이튿날, 정말 근사한 회답이 왔다. 모래 위에는 단 두 개의 구멍이 뚫렸으며, 암수의 쌍은 제대로 짝을 지었다. 본래의 암수끼리 쌍을 이룬 것이다. 두 번째, 세 번째 실험에서도 마찬가지였다. 표식이 되어 있는 녀석끼리, 혹은 안 된 녀석끼리 땅굴 밑에서 어울렸다.

그 뒤에도 매일 5차례나 새 가구를 편성하는 집짓기를 반복하게 했는데, 모두가 정상적으로 잘 되지는 않았다. 어느 날 밤에는 네 마리가 제각기 달리 짝을 지어 다른 둥지를 팠고, 또 어느 날은 같은 둥지에 수컷끼리 또는 암컷끼리 들어 있었다. 내가 실험을 지나치게 했나 보다. 이렇게 되면 이제부터 엉망진창이 되겠다. 어제도 실험, 오늘도 실험을 했으니 구멍을 파는 녀석들 역시 완전히 지쳤겠다. 계속 무너지는 둥지를 다시 파야 했으니 정상적인 짝짓기도 끝장났다. 집이 매일 무너지는데 착실한 부부 관계가 유지될 리 있겠나.

어쨌든 계속 반복된 실험에 기분이 상한 유럽장수금풍뎅이였지만 부부 관계에서는 서로 인연이 틀어지기 전 세 번 동안 지조가 있었던 것으로 보아야 할 것이다. 다른 상대를 억지로 떠맡긴 나의 못된 계략에 혼란스러웠을 텐데도 분명히 제 상대를 분간했으니, 암수가 서로 상대를 알아본 것이다. 쉽게 가정의 의무를 저버리는 곤충 사회에서 이렇게 서로 지조를 지킨다는 사실은 정말로 칭찬할 만한 품성이다.

녀석들은 어떻게 상대를 분별할까? 우리는 전체적인 모습이 비슷해도 각자의 얼굴에 다른 특징이 있어서 상대를 구별한다. 그런데 녀석들은 사실상 얼굴이 없다. 딱딱한 표면에 얼굴 생김새란 없다. 게다가 깜깜한 방안에서의 일이었으니 눈이 있어도 도움이 되지 않는다.

우리는 말소리나 억양으로도 상대를 분별한다. 하지만 녀석들은 벙어리이니 상대를 부를 수도 없다. 마지막 남은 것은 후각뿐이다. 제 상대를 분별하는 장수금풍뎅이는 어쩐지 우리 집 강아지 톰(Tom)을 생각나게 한다. 발정기가 되면 녀석은 코를 하늘로 향하고 바람 냄새를 맡는 즉시 담장을 뛰어넘는다. 멀리서 흘러오는 마술의 냄새에 미쳐서 달려가는 바람에 공작산누에나방(Grand-Paon: *Saturnia pyri*)의 기억을 새롭게 해준다. 이 나방의 수컷은 최근에 우화한 결혼 적령기 아가씨에게 경의를 표하러 수 킬로미터의 먼 길을 달려왔었다.

그러나 이런 비교가 반드시 맞는 것은 아니다. 개(Chien: *Canis lupus familiaris*)와 대형 나방은 아직 신붓감을 보지 못했어도 사랑의 잔치가 임박했음을 알고 있다. 이와는 달리, 긴 사랑의 편력에 익숙하지 못한 장수금풍뎅이는 별로 넓지도 않은 장소에서 이미 친숙해진 상대에게 다가간다. 애인끼리만 알아보는 일종의 발산물인 개별적 냄새로 상대를 기억하여 그녀와 다른 암컷을 구별하는 것이다. 발산물은 과연 어떤 것일까? 벌레는 그것에 대해 아무 말도 하지 않으니 정말 유감스러운 일이다. 만일 후각의 훌륭한 공

가중나무산누에나방의 한살이 시흥, 29. VII. '88

가중나무고치나방으로도 불린다. 날개의 편길이가 110~140mm로 매우 크며 1960~70년대
에는 서울 시내에서도 많이 볼 수 있었다. 애벌레는 가중나무나 소태나무의 잎을 먹고 자라서 번
데기로 겨울을 나며, 나방은 5월에 나타난다.

1. 교미 중인 나방

2. 산란된 알 무더기

3. 공동생활을 하는 덜 자란 애벌레

4. 많이 자란 애벌레

5. 애벌레가 지은 고치

6. 빗살 모양인 수컷의 더듬이

창뿔소똥구리 수컷은 양 눈 사이에 가늘고 길며 끝이 화살촉처럼 생긴 뿔이 나 있다. 매우 흔한 종이나 낮은 지대보다는 높은 지대를 더 좋아한다. 평창, 6. VIII. '96

로가 알려진다면 우리는 귀중한 것을 알게 될 것이다.[4]

　자, 그런데 가정에서는 가사를 어떻게 나누어 맡았을까? 그것을 칼끝으로만 알아내려 했다가는 보통 어려운 일이 아닐 것이다. 땅굴을 파는 이 곤충의 둥지를 자세히 관찰하려면 곡괭이의 힘을 빌리고도 완전히 지칠 때까지 파 봐야 한다. 녀석들의 둥지는 양치기 목동의 지팡이 따위로 휘저으면 금방 드러나는 왕소똥구리(Scarabaeus)나 뿔소똥구리(Copris), 그 밖의 여러 곤충의 방과는 판이하게 다르다. 장수금풍뎅이의 방은 깊은 우물 수준이라 바닥까지 파내려면 몇 시간이고 튼튼한 삽을 힘차고 끈질기게 휘둘러야 한다. 파낼 때 햇볕이라도 좀 내리쬐면 너무 힘들어서 집에 돌아가서는 완전히 녹초가 될 것이다.

　아아! 세월에 녹슬어 버린 가련한 내 몸의 마디마디여! 지금 땅 밑에 훌륭한 연구 과제가 있다는 짐작만 할 뿐, 파내지는 못하다니!

4 풍뎅이 중에는 성충, 애벌레 모두가 소리를 내는 종이 무척 많은데, 파브르가 이 금풍뎅이의 발성 여부를 조사해 보고 벙어리라고 했는지 의심된다. 한편, 암수가 상대방을 알아보는 냄새 물질은 성페로몬(Sex Pheromone)이라고 하며, 1930년대에 들어와서야 그 성분이 밝혀지기 시작했다. 따라서 파브르는 벌써 반세기 이전에 이 물질의 존재를 예견했다. 『파브르 곤충기』 제7권 25장 참조

26

내 열정은 해면처럼 구멍투성이던 비탈의 줄벌(Anthophora) 동네를 파냈던 그 옛날과 다름없이 불타고 있건만, 이제는 체력이 너무도 약해졌구나. 다행히 내게는 조수가 있다. 아들 폴(Paul)이 강력한 팔 힘과 끈질긴 허리로 도와주었다. 나는 머리, 저 애는 팔이다.

집안 식구가 모두 함께 따라나섰다. 열성이 없지 않은 어머니[5]도 한몫 끼었다. 삽으로 파낸 구덩이가 점점 깊어지고, 퍼낸 자질구레한 것 옆에 앉아서 검사하려면 눈이 아무리 많아도 모자란다. 한 사람에게 안 보이던 것이 다른 사람에게는 보인다. 장님이 된 스위스의 위대한 박물학자 후버(Huber)[6]는 충실하고 명석한 하인을 시켜서 꿀벌을 연구했다. 이 학자에 비하면 나는 행복하다. 체력은 약해졌어도 몸뚱이는 웬만큼 움직일 수 있고, 가족의 날카로운 눈들이 도와준다. 내가 연구를 계속할 수 있음은 이들 덕분이다. 하느님의 은총이 이들을 보살피소서.

우리는 아침 일찍 작업 현장에 도착하여 아주 커다란 흙 둔덕으로 된 둥지 입구를 발견했다. 산더미 같은 둔덕은 굴속의 흙이 원통 마개처럼 만들어져 내밀린 것이다. 둔덕을 들어내자 우물이 아가리처럼 열린다. 길에서 주워 온 골풀(Jonc: *Juncus*)의 긴 줄기를 구멍 속에 밀어 넣었다. 위쪽 흙이 차차 제거되면서 골풀 줄기도 점점 안으로 들어가며 구멍의 길잡이가 된다.

흙이 아주 보슬보슬해서 수직 구멍을 파는 곤충에게는 애물단지겠지만, 파낼 때 삽날을 괴롭게 할 정도의 돌이 섞이지는 않았다. 흙

5 폴의 어머니인 마리아 조세핀 (Marie-Joséphine)이며, 이때 는 파브르가 82세, 폴이 17세인 1905년이었을 것이다.

6 François Huber. 1750~ 1831년. 예술가와 과학자가 많 은 집안에서 태어났으나 14세부 터 병세가 시작되어 결국은 시력 을 잃었다. 부인 마리(Marie Aimée Lullin)와 하인 프랑수아 (François Burnens)의 도움을 받아 꿀벌에 대한 과학적 연구를 최초로 수행하여 1802년에 출간 하였다.

은 점토가 조금 섞여 반죽된 모래로 되어 있어서 파내는 것은 쉬웠다. 그 대신 깊이 파야 하므로 다른 문제가 발생한다. 땅을 넓게 파지 않으면 연장을 다루기가 힘든 것이다. 다음의 방법대로 파면 주인에게 혼날 만큼 땅을 크게 파헤치지 않고도 좋은 결과를 얻을 수 있다.

땅굴 둘레에 반경 1m가량의 면적을 파헤친다. 안내자 역할의 골풀이 드러날 때마다 조금씩 더 찔러 넣는다. 처음에는 골풀이 약 20cm 들어갔는데 지금은 50cm나 들어갔다. 그렇게 되면 파던 넓이가 좁아져서 삽으로는 흙을 퍼낼 수 없다. 이제는 무릎을 구부리고 두 손으로 긁어모아 밖으로 던져야 한다. 구멍이 그만큼 깊어진다. 처음부터 일이 커서 고생스럽던 것이 더욱 큰일이 되었다. 어느 시점에 가서는 배를 깔고 엎드려서, 제일 유연한 허리관절로 상반신을 구덩이 속으로 쑤셔 넣어야 한다. 그때마다 흙을 손바닥에 잔뜩 담아서 밖으로 내온다. 그런데도 골풀은 구멍 속으로 계속 들어만 간다.

아들의 육체는 유연한 청춘의 것인데도 일을 계속할 수 없을 만큼 지친다. 폴이 깊은 구멍 바닥에 닿으려면 낮게 디딜 곳에 수평턱을 만들고, 두 무릎이 겨우 들어갈 구멍을 파야 한다. 층계 하나를 만들어서 차차 깊이 들어간다. 이번에는 좀더 힘차게 일을 다시 시작한다. 그러나 안내 표시 골풀은 아직도 계속 내려간다.

새로운 층계가 점점 밑으로 내려간다. 삽으로 흙을 열심히 파내서 깊이가 1m도 넘었다. 이 정도면 될까? 아니다. 골풀은 아직도 밑으로 빠져 들어간다. 더 파내자. 성공은 인내하는 자의 손에 쥐어진다. 1.5m 깊이에서 골풀이 막힘에 부딪친다. 더 들어가지는 않는다. 만세! 이제 성공이다. 드디어 우리는 유럽장수금풍뎅이의 방에 다다랐다.

이번에는 휴대용 삽으로 밑을 조심해서 깊이 팠다. 그러자 둥지 주인 중 수컷이 먼저, 조금 더 바닥에서 암컷이 모습을 드러냈다. 이 부부를 꺼냈더니 검고 둥근 얼룩 같은 것이 보이는데, 그것은 원기둥 모양 식량의 밑부분이다. 지금이 가장 중요한 때이니 매우 조심해 가며 살살 파 들어가야 한다. 덩어리 주변의 흙을 모두 긁어내고, 삽을 목동의 지팡이 지렛대처럼 그 밑에 질러 넣어 한 덩이로 몽땅 떠낸다. 와르르 무너진다. 멋지게 해냈다. 지금 우리는 부부 한 쌍과 그 둥지를 손에 넣은 것이다. 정오까지 반나절을 고생해 가며 파낸 덕분에 귀중한 물건을 겨우 손에 넣었다. 폴의 등에서 김이 무럭무럭 난다. 정말로 애썼다.

언제나 1.5m 깊이로 정해진 것은 아니다. 파낼 흙의 습도나 굳기, 곤충의 일 욕심, 산란 시기가 언제인가에 따른 시간 여유 등 여러 원인에 따라 파는 깊이가 달라질 것이다. 실제로 둥지가 좀 더 깊은 곳, 1m가 안 되는 곳에도 자리 잡은 것을 보았다. 어쨌든 내가 알기에는 애벌레를 양육할 유럽장수금풍뎅이 둥지가 더 팔 수 없을 만큼 깊은 곳에 있다. 양 똥을 수거하는 이 벌레가 어떤 피치 못할 사정으로 이렇게 깊은 곳에 집을 지어야 하는지, 그 이유를 조사할 필요가 생겼다.

현장을 떠나기 전에 사실 하나를 기록해 두자. 이 증언은 나중에 그 가치를 보여 줄 것이다. 암컷은 둥지의 가장 밑바닥에 자리 잡았고, 수컷은 그보다 위쪽에 있었다. 녀석들이 무슨 일을 하고 있었는지는 몰라도 암수 모두가 한창 바빴다. 그런데 우리가 침공

하자 무서워 그 자리에서 주춤거리고 있었다. 이런 광경은 여러 둥지를 파내면서 자주 보았는데, 두 마리가 각각 무엇인가 제 몫을 맡아서 협력하고 있는 것 같았다.

새끼의 양육법을 잘 아는 어미가 아래층에 자리 잡았다. 구멍 파기는 언제나 그녀 몫으로, 노동력을 능률적으로 발휘하며 가장 깊이 파낸 수직 갱도의 성질도 잘 안다. 공병(工兵)인 그녀는 언제나 정면의 복도를 파낸다. 아비가 담당한 역할은 심부름꾼이다. 파낸 흙더미가 나오면 뿔 달린 바구니로 등짐을 져 나르려고 뒤에 처져서 대기하고 있었다. 어미는 얼마 후 빵 장수로 변하여 새끼들의 과자를 원반 모양으로 반죽한다. 그때는 아비가 빵집 사환이 되어, 밖에서 빵 재료를 구해 그녀에게 건네준다. 훌륭한 가정은 모두 그렇듯이, 어미가 모든 집안일을 지시하고 아비는 바깥일을 맡는다. 대롱 같은 집안에서 두 마리가 언제나 다른 장소에 머문 이유를 이렇게 설명해 본다. 그것이 사실인지는 장차 알게 될 것이다.

지금으로서는 깊은 곳에서 고생 끝에 얻은 흙덩이를 집으로 가져가 진득하게 실컷 조사할 일밖에 없다. 그 안에는 길이나 굵기가 대충 손가락만 한 소시지 모양의 저장 식품이 들어 있었다. 여러 층으로 검고 빽빽한 재료는 환약 모양의 양 배설물임을 알 수 있었다. 때로는 원기둥의 양끝까지 거의 균일하게 가는 반죽이었다. 좀 흔하게 보이는 것은 마치 누가(nougat)[7]처럼 생겼다. 거의 가루처럼 부서진 조각이 아말감 시멘트와 섞인 모양과 빵집에서 빵을 만들 때처럼 시간 여유에 따라 정성 들여 마무리한 모양과는 큰 차이가 있다.

막다른 골목의 벽은 다른 곳보다 매끈해서 더 정성 들여 마무리했음을 알 수 있다. 그곳을 거푸집으로 이용해서 식량을 꽉 채워 놓았다. 나무껍질처럼 벗겨지는 둘레의 흙을 칼로 긁어내면 원기둥 같은 식량만 몽땅 빠져서 흙이 묻지 않은 것을 얻게 된다.

그런 소시지를 얻었으니 이제는 알을 검사할 차례이다. 과자는 분명히 애벌레를 상대로 만들었을 것이다. 옛날에 금풍뎅이(Géotrupe: *Geotrupes*)는 순대의 한쪽 끝이며 식량의 맨 아래쪽에 특별한 방을 만들어 그 안에 알을 낳았었다. 장수금풍뎅이도 금풍뎅이의 친척이니 녀석의 알도 순대의 아래쪽 부화실에 있을 것으로 믿고 있었다. 그렇게 믿었다가 크게 골탕을 먹었다. 찾으려는 알은 예상했던 곳에도, 반대쪽 끝에도, 즉 식량 안 어디에도 없었다.

다른 곳을 뒤져서 겨우 알을 찾아냈는데 식량 속이 아니라 그 아래층 모래 속에서 뒹굴었다. 어미로서 가장 자신 있는 일인 특수 배려라고는 찾아볼 수가 없었던 것이다. 거기에는 갓난애의 부드러운 피부에 필요한

7 사탕 비슷한 양과자의 일종

매끈한 벽을 갖춘 방이 없었다. 어미가 만들었다기보다는 부서져서 떨어진 흙으로 만든, 그래서 촌스럽고 울퉁불퉁한 오두막이 있었을 뿐이다. 애벌레는 이렇게 허술하며 식량과 떨어진 잠자리에서 태어난다. 식량까지 가려면 몇 밀리미터 두께의 모래 천장을 무너뜨리고 넘어가야 한다. 유럽장수금풍뎅이 어미는 자식의 순대를 만드는 솜씨는 훌륭하다고 할 수 있어도 갓난애에 대한 사랑은 전혀 몰랐다.

애벌레의 부화와 그 뒤의 성장을 옆에서 지켜보고 싶어서 되도록 자연조건이 갖춰진 곳에 놔두기로 했다. 그래서 한쪽 끝이 막힌 유리관에 축축한 모래층을 만들었는데, 이것은 녀석이 태어날 고향의 흙을 대신한 것이다. 그 위에 알을 놓고 같은 모래 약간으로 천장을 대신했다. 그래서 애벌레가 식사하러 가려면 이 흙층을 넘어야 한다. 식량이란 다른 게 아니라 좀 전에 흙을 털어 낸 그 소시지였다. 방은 적당히 몇 번 밀면 자유롭게 이용할 수 있는 공간에 자리 잡았다. 마지막에는 수분이 마르지 않도록 축축하게 적신 솜 마개로 관 입구를 막았다. 이 마개가 수분을 공급하는 샘 구실을 해서 어미와 가족 모두가 사는 깊은 땅속의 습도와 같게 해줄 것이다. 이렇게 해놓으면 식량도 어린것에게 필요한 만큼 부드러울 것이다.

식량은 습기 덕분에 발효하며 부드럽게 맛이 드는 빵이 될 것이다. 이 빵과 깊은 곳에 둥지를 설치하는 본능과는 무관하지 않을 것이다. 그런데 그 부모는 정말로 무엇을 원했을까? 제 자신의 쾌적한 생활을 하고자 파고들었을까? 그렇게도 깊이 파고든 이유는 기승을 부리는 한여름 무더위 속에서 쾌적한 온도와 습도를 맛보려는 것이었을까?

결코 그렇지는 않다. 녀석들은 체질이 튼튼하며 다른 곤충처럼 햇볕의 어루만짐도 좋아한다. 미혼 암수의 오두막은 초라해도 햇볕이 잘 드는 곳에 있었다. 하지만 지독하게 추운 겨울이라고 해서 더 편안한 은신처를 억지로 마련하지도 않았다. 그런데 둥지를 틀 때는 딴판으로 변해서 땅속 깊이 파고 들어간다. 왜 그럴까?

이유는 애벌레가 6월에 부화한다는 점에 있다. 이때는 여름 무더위가 지표면을 달궈서 마치 벽돌처럼 된다. 새끼의 입에는 부드러운 식사가 필요한데, 작고 변변찮은 순대를 겨우 지하 20～40cm 깊이에 보관한다면 딱딱하게 말라서 먹이 구실을 할 수 없을 것이다. 결국 새끼는 이런 딱딱한 요리를 깨물어 보지도 못하고 죽게 된다. 그래서 햇볕이 아무리 심하게 내리쬐어도 건조될 염려가 없는 깊은 지하창고에 식량을 넣어 두는 것이다.

저장 식품을 준비하는 다른 곤충도 너무 건조해지면 위험하다는 생각에서, 재난을 피하려고 갖가지 궁리를 한다. 검정금풍뎅이 (G. hypocrite : *Geotrupes→ Sericotrupes niger*)는 큰 무더기의 노새(Mulet)[8] 배설물 밑에 숙소를 짓는다. 거기는 빠른 건조에 대한 훌륭한 방비책이 마련된 곳이다. 게다가 녀석들은 소나기가 자주 뿌리는 가을에 작업한다. 한술 더 떠서 굵은 순대(푸딩)처럼 만들었으므로 먹히는 부분인 중심부는 아주 천천히 마른다. 이런 곳에서는 둥지의 깊이가 문제되지 않는다.

왕소똥구리(*Scarabaeus*) 역시 꼭 후미진 곳만 찾지는 않는다. 녀석의 애벌레도 지표면에서 아주 얕은 지하에 머물지만, 습기를 가장 잘

---

8 노새는 부모가 한 종이 아니라 두 종인 잡종 동물이라 학명을 받을 수 없다.

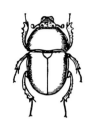

검정금풍뎅이

넓적뿔소똥구리

보존하는 둥근 물체의 비밀을 잘 알고 있어서 보존식품을 공처럼 만들었다. 타원형으로 만든 뿔소똥구리(*Copris*)도 거의 같다. 그 밖에 긴다리소똥구리(*Sisyphus*)나 소똥구리(*Gymnopleurus*) 역시 같다. 다만 유럽장수금풍뎅이만 유달리 깊은 지하로 파 들어간다.

여러 이유가 유럽장수금풍뎅이를 그렇게 하도록 만들었다. 우선, 첫째 이유보다 더욱 피할 수 없는 제2의 이유를 먼저 말해 보자. 동물의 배설물을 이용하는 곤충은 어느 종이든 맛이 진하며 탄력성도 풍부한 새 덩이를 상대한다. 각 빵집이 모두 그런 것을 애용하나 이 장수금풍뎅이는 아주 드문 예외적 존재로서, 오래되어 말라붙고 맛도 신통치 않은 것을 이용한다. 들판에뿐만 아니라 사육장에서도 방금 양의 꽁무니에서 떨어진 것을 수집하는 경우는 한 번도 보지 못했다. 녀석들은 오랫동안 햇볕에 노출되어 말라빠진 덩어리를 원했다.

하지만 이렇게 굳은 식량을 갓난이 애벌레의 입에 맞게 하려면 습기가 포화된 장소를 그전 상태로 되돌려야 한다. 마치 처음에는 건초였던 조잡한 빵을 오랫동안 약한 불에 끓여서 둥글게 부푼 빵과자로 둔갑시키는 격이다. 그래서 애벌레의 요리 주방장은 여름의 건조한 일기가 아무리 오랫동안 계속되어도 결코 건조함이 침투할 수 없는 깊은 곳의 조리실을 필요로 했다. 다른 짐승 배설물 처리 직공들에게는 그렇게 무미건조한 물건을 연화시키는 공장이 없다. 그래서 그런 것은 미처 이용할 생각을 못했는데 장수금풍뎅이가 연함과 맛을 되살린 것이다. 건조한 요리 재료를 부드럽게 만드는 공장은 유럽장수금풍뎅이의 전매특허였으며, 자신의 사명을 완전히 수행하려고 깊게 뚫는 본능을 갖추었다. 식량의 성질이 세뿔똥벌레(Bousier à trident = 유럽장수금풍뎅이)를 뛰어난 우물 파기 노동자로 만들었다. 오래도록 딱딱한 빵이 녀석의 재주를 결정한 것이다.

2 유럽장수금풍뎅이
- 첫번째 관찰 기구

유럽장수금풍뎅이(*Typhaeus typhoeus*)와 친척인 금풍뎅이(*Geotrupes*)는 옛날에 아주 희귀하며 즐거운 진품(珍品)을 가져다주었다. 암수 한 쌍이 함께 오랫동안 참된 살림살이를 하면서 새끼의 행복을 위해 힘을 합쳐 일한 것이다. 당시 나는 열심히 집과 식량을 관리하는 녀석들을 필레몬(Philémon)과 바우키스(Baucis)[1]라고 불렀다. 힘센 남편 필레몬은 절인 저장 식품의 뚜껑을 갑옷 팔받이로 꽉 누르고 있었고, 바우키스는 표면의 무더기를 탐색해서 가장 맛있는 부분을 골라 커다란 순대 재료로 한 아름씩 내려놓고 있었다. 어미는 껍질을 걷어 내고 아비는 그것을 꽉 잡고 있으니 곤충으로서는 참으로 훌륭한 일이었다.

이 아름다운 정경에 한 덩이의 뭉게구름이 어두운 그림자를 던지고 있었다. 사육장에 가득한 재료 곤충을 모두 조사하려면 흙을 모두 파내야 했던 것이다. 일꾼이 눈치채지 못하게 조심조심 파내려 했으나 결국은 녀석들이 놀라서 움츠리고 말았다. 그래도 나는

1 그리스 신화에 등장하는 착한 노부부. 『파브르 곤충기』 제5권 206쪽 참조

이루 말할 수 없는 고생의 대가로 일련의 스냅사진을 얻어 내, 정교한 영화의 수법으로 살아 있는 장면을 모아 보았다. 좀더 좋은 결과를 원했고, 부부의 행동을 처음부터 끝까지 연속해서 관찰하고 싶었지만 단념했다. 발굴에 방해를 받아 지하의 비밀을 밝히는 것이 도저히 불가능하다는 생각에서였다.

부부애 측면에서는 두 금풍뎅이가 좋은 맞수일 것 같아, 이런 불가능에 도전하려는 야심이 오늘 되살아났다. 어쩌면 1m도 넘는 깊은 지하에서 일하는 장수금풍뎅이가 더 우위일 것 같았다. 녀석들의 정신을 흩트리지 않으면서 작업 모습을 지켜보자. 그런 곳은 탐지기로 조사해야 하고, 불투명한 것도 투시할 수 있는 스라소니(Lynx: *Lynx*) 같은 날카로운 눈도 필요하다. 이런 어둠 속을 들여다보겠다는 나에게는 능란한 솜씨밖에 없다. 이 솜씨에게 물어보자.

내 계획이 주책없는 짓이 아니라는 것을 땅굴의 방향이 벌써 어렴풋이 알려 주고 있었다. 유럽장수금풍뎅이가 파는 둥지는 수직으로 내려간다. 만일 녀석이 변덕스럽게 구부러지며 꼬불꼬불한 통로를 만든다면 파내야 할 흙의 양이 무한정으로 많아져, 내 수단으로는 감당할 수가 없다. 하지만 수직만 고집하는 녀석이어서 그렇게 막대한 양의 모래흙이 필요치는 않으니 땅굴의 깊이만 생각하면 된다. 그러니 내 계획을 수행하는 데는 문제가 없겠다.

다행히 내게는 전부터 화학실험 도구로 쓰는 유리관이 있었는데 곤충학 실험에도 쓸 만하다. 길이 약 1m, 안지름 3cm로 똑바로 세우면 장수금풍뎅이의 구멍만큼 들어갈 것 같다. 한쪽 끝은 마개로 막고, 가는 모래와 깨끗한 점토질 흙을 잘 섞어서 대롱에 넣었다. 이 혼합물을 자주 꽂을대(총구를 청소할 때 쓰는 쇠막대기)로

다져 넣으며 가득 채웠다. 이런 대롱이 땅굴 뚫는 풍뎅이의 일터
가 될 것이다.

그러나 대롱을 똑바로 세워서 모든 일을 원만하게 진행시키려
면 필요한 도구가 빠짐없이 구비되어야 한다. 우선 긴 대나무 3개
를 대형 화분의 흙 속에 꽂고 꼭대기를 서로 묶어서 삼각대처럼
만들어 대롱의 지지대를 만든다. 바닥에 생긴 삼각형의 정 가운데
다 유리관을 똑바로 세운다. 밑에 구멍을
뚫은 작은 화분을 대롱 위쪽에 조
금 꽂아서 연결시킨다. 이 화
분에도 흙을 담아서 돋운
다. 이렇게 해서 풍뎅이
가 파낸 흙은 우물 입구
의 변두리에 버릴 수 있
고, 입구 근처에서 식량
도 구할 수 있는 장소를
마련했다. 끝으로 화분
위에 종 모양 유리뚜껑
을 씌우면 곤충이 도망
가지 못하고 필요한 습
도도 유지된다. 끈과
철사로 전체가 흔들리
지 않도록 단단히 묶
어서 고정시켰다.

가장 중요한 세부 사

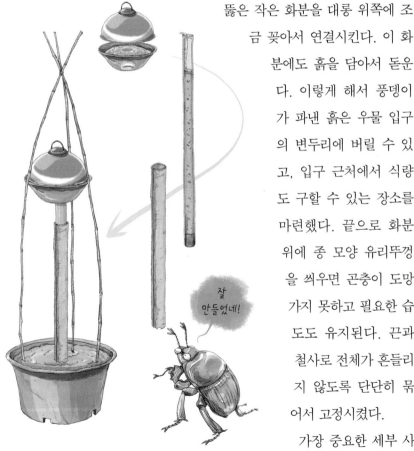

잘
만들었네!

항 하나를 잊지 말자. 대롱의 안지름은 자연 땅굴의 두 배이므로 장수금풍뎅이가 대롱 정 가운데로 정확하게 수직 구멍을 판다면 넓이가 충분하다. 하지만 곤충이 기하학적 정확성 따위까지 알 리는 없다. 게다가 제가 지금 어떤 조건에 놓여 있는지도 모른다. 따라서 대롱 정 가운데보다 이쪽이나 저쪽으로 조금씩은 구부러질 것이며, 구부러졌다가 유리벽에 저항을 느끼면 다소 반대편으로 빗나가기도 할 것이다. 그러면 유리관의 몇 군데는 벽이 완전히 드러나서 들창이 생기게 된다. 나는 이런 들창을 통해서 안쪽을 관찰할 수 있기를 기대하지만 어둠을 좋아하는 노동자에게는 그런 들창이 상당히 거슬릴 것이다.

들창을 조금씩 양보해서 녀석들의 거슬림을 없애 주려고 두꺼운 종이로 지름이 약간 넉넉한 대롱을 만들어 유리관에 끼운다. 필요할 때는 엄지손가락으로 대롱을 조용히 움직여서 열심히 작업 중인 벌레가 눈치채지 못하게 하되 내게는 밝음을, 녀석에게는 어둠을 줄 수 있다. 흙을 파 내려가면서 여러 개의 들창이 마련되어 대롱의 양끝 사이를 모두 조사하게 된다.

끝으로 유리뚜껑 밑에 있는 화분에 곤충을 그냥 넣어 두면 좁은 대롱에 갇힌 녀석이 거기가 제 일터임을 알아차리지 못할 수 있으니 조심해야 한다. 그러니 그 가운데에 좋은 장소가 있다는 것을 알려 줄 필요가 있다. 또 손가락 몇 개 높이의 위쪽 유리벽에는 기어오르지 못할 테니 거기에 가는 그물을 쳐 놓아 층계가 되게 한다. 이런 준비들을 끝낸 다음 자연 둥지에서 파낸 한 쌍을 그 현관에 넣었다. 녀석들은 거기서 평생 낯익었던 모래가 섞인 흙을 발견한다. 식량을 가까이 뿌려 두면 이 기묘한 주택에서 생활하게 될 것이다. 내가 원하는 것은 이런 것이었다.

겨우내 긴 밤을 화로 옆에 앉아 이리저리 궁리한 끝에 만든 촌티 나는 장치인데, 과연 어떤 진실을 얻어 낼까? 기구가 볼품없음은 분명하다. 제대로 된 연구소였다면 분명 기구가 마음에 들지 않는다며 이러쿵저러쿵 시끄러웠을 것이다. 틀림없이 그런 기구였지만 집 안의 물건을 모아서 서툴게 만든 시골 사람의 수제품이다. 초라하고 간단하다고 해서 진리를 추구하는 데 있어 호화판 제품에 뒤질 것은 아무것도 없다. 대나무 세 대로 만든 장치는 내게 틈틈이 즐거움을 선사했고, 개괄적으로 흥밋거리도 제공했다. 이제 그 이야기를 해보자.

3월 들어 둥지 파기 공사가 한창일 때, 들에서 부부 벌레 한 쌍을 캐내 그 장치에 넣고 길렀다. 힘들여 우물을 파려면 에너지 보충이 필요할 것 같아서 양 똥 몇 개를 유리뚜껑 밑의 대롱 근처에 놓아주었다. 포로들이 굴착 공사에 착수하도록 하는 계략의 일환으로 준비해 놓은 대롱이 제대로 성공했다. 잠시 후 흥분이 진정된 포로는 열심히 일하기 시작했다.

제집에서 구멍 파기에 한창 열중하다 내 기구로 잡혀 와서도 일을 계속한 것이다. 물론 녀석들의 원적지에서 별로 멀지 않은 집터로 급히 데려왔으니 작업 열기가 식어 버릴 틈도 없었다. 녀석들은 조금 전까지 일하던 중이었고, 공사는 서둘러야 하니 다시 파기 시작했다. 당황해서 용기를 잃을까 염려했지만 공사를 중단하지 않았다.

예상대로 굴착 방향이 중심을 벗어난다. 그래서 몇 군데 흙벽에 공간이 생겨 유리가 드러난다. 하지만 내 계획상 만족할 정도의 들창은 아니었다. 몇 군데는 안이 똑똑히 들여다보였으나 대부분은 흙으로 더럽혀져 안개가 낀 것 같았다. 하지만 항상 그렇게만 남아 있는 것은 아니며, 매일 새 들창이 생기고 또 닫히는 변화가 계속되었다. 힘들여 올려다 버리는 흙이 벽에 스쳐 여기저기에 붙기도 하고, 유리를 노출시키기도 했다. 그때마다 생기는 들창을 통해 적당히 광선을 비춰 가며 대롱 안에서 일어나는 진기한 사실들을 얼마간 조사했다.

자연 땅굴을 찾아가 지쳐 가면서 틈새를 살짝 엿보던 것을 지금은 원하는 대로 몇 번이고, 더욱이 한가할 때마다 계속 들여다본다. 어미는 언제나 파내는 아래쪽 현장의 오목한 주빈석에 있다. 그녀는 혼자서 머리방패로 흙을 일구어 파내며, 그녀만이 톱니 같은 팔 쇠스랑으로 할퀴어 파낸다. 아비는 언제나 뒷전에 물러나 있을 뿐 교대해서 파지는 않았다. 하지만 아비도 아주 분주하게 다른 일을 한다. 녀석의 역할은 개척자인 어미가 파놓은 흙을 밖으로 운반하여 작업 장소를 깨끗하게 하는 일이다.

이렇게 거들어 주는 것도 만만한 일이 아니다. 들에서 쌓아 올린 녀석의 둔덕만 보아도 짐작된다. 둔덕은 대개 엄지손가락 길이의 원통 마개 모양인 흙더미였다. 이 커다란 덩어리들을 검사해 보면 도와주는 녀석의 작업으로 만들어졌음을 알 수 있는데, 파낸 흙을 한 알씩 운반하는 게 아니라 부피가 큰 덩어리로 만들어서 짊어지고 나갔다.

수백 미터 땅 밑의 광부가 석탄을 담아 무거운 삼태기를 등에 짊어지고, 좁고 가파른 구멍을 오로지 무릎과 팔꿈치로만 기어서 올라가야 한다면 어떤 말을 해야 할까? 유럽장수금풍뎅이 아비는 매일 이렇게 어려운 일을 하면서도 참으로 잘 해내고 있다. 어떤 방법으로 그렇게 해낼까? 대나무 3개로 만든 장치가 알려 줄 것이다.

대롱이 드러난 곳에서 가끔씩 녀석의 작업 모습을 엿보았다. 어미가 파낸 흙을 뒤쪽에 자리 잡은 녀석이 한 아름씩 긁어모아 반죽하는데 새 흙이라 잘 뭉쳐진다. 다음, 마개 모양으로 다져서 갱도 위로 밀어 올린다. 날이 3개인 쇠스랑으로 앞에 놓인 짐을 민다. 대롱의 들창이 짐의 운반 광경을 잘 보여 준다면 내 호기심이 충족되겠는데, 유감스럽게도 들창은 작고 안은 좁아서 잘 들여다보이지가 않았다.

더 좋은 방법이 있는지 찾아보자. 실험실의 약간 어두운 구석에다 앞에서 만들었던 것보다 좁은 유리관을 수직으로 매달았다. 대롱을 불투명한 종이봉투로 둘러싸지는 않았다. 바닥에서 약 한 뼘(pan = empan, 약 20cm) 높이까지 흙을 채웠고 나머지는 완전히 비웠다. 만일 곤충이 이런 악조건에서도 작업에 응한다면 아주 쉽게 관찰할 수 있을 것이다. 산란 시기가 다가오면 어쩔 수 없이 둥지 생각을 하게 될 테니 다시 굴착을 시도하는 데 오래 걸리지 않고 잘 응할 것이다.

자연의 땅굴에서 한창 작업 중인 한 쌍을 캐다 유리관에 넣었다. 이튿날, 이 부부는 일단 중단되었던 일을 대낮에 다시 계속했다. 나는 어두운 방구석에 앉아서 거기에 매달아 놓은 대롱 안의 작업 모습을 관찰한다. 어미가 흙을 파낸다. 아비는 파낸 것이 암컷의 작업을 방해할 때까지 조금 떨어진 곳에서 기다린다. 그때가 되어야 다가가 흙을 한 아름씩 끌어와 배 밑으로 미끄러뜨린다. 아직 축축한 흙을 뒷발로 밟아 둥글게 뭉친다.

녀석이 짐 밑에서 방향을 바꾼다. 마치 쇠스랑으로 헛간의 여물을 찌르듯 머리에 달린 세 작살로 짐을 찌르고, 그것이 부서지지 않게 톱날 모양의 넓적한 앞발로 받친다.[2] 온 힘을 다해서 밀어 올린다. 자, 힘내! 움직인다. 올라간다. 느리긴 해도 올라간다. 유리가 미끄러워서 절대로 기어오를 수 없는데 어떤 방법으로 올라갈까?

나는 극복할 수 없는 장애를 예상했었다. 그래서 스치는 곳에 흔적을 남길 찰흙을 준비해 놓았다. 짐이 앞쪽에 있으니 밀려가는 길에 그 흙으로 보도를 깔면서 가게 된다. 그것이 벽의 어디를 스쳐도 거기에 찰흙이 붙어서 발판이 된다. 위로 밀어 올릴수록 녀석은 짐이 통과한 뒤에 발의 디딤돌이 되는 까칠까칠한 면을 만나게 되는 것이다.

자연 땅굴에서는 발이 미끄러지거나 꽉 디뎌야 할 곳이 없을지도 모른다. 어쨌든 녀석에게 이 정도의 발판이면 충분했으며, 입구에서 별로 멀지 않은 곳에 흙더미를 내려놓는다. 흙덩이는 굴에서 본이 떠진 그대로 흐트러짐 없이 제자리에 머문다. 다시 내려가는 아비는 멋대로가 아니라 오를 때 신세졌던 사다리로 조심해 가며 내려간다. 두 번째로 끌어올린 흙더미는 처음 것과 합쳐져 하나가 된다. 세 번째도 뒤따른다. 마침내 마지막으로 마개 모양인 것 전체를 숨을 헐떡이며 온 힘을 다해 굴 밖으로 밀어낸다.

좁고 거친 굴에서는 흙더미를 이렇게 나누어 운반하는 것이 이치에 맞는 일이다. 그런 곳은 마찰이 커서 굵은 대롱 같은 흙더미 전체를 단숨에 밀어 올리기가 불가능할 것이다. 한 짐씩 작게 나누어 작은 힘으로 밀어

2 뿔은 앞가슴에 있으므로 머리에 달렸다고 한 원문은 틀렸다. 혹시 느낌을 강조하려고 그렇게 썼을 경우를 생각해 보았으나 이후에도 번번이 잘못 쓴 것을 보면 파브르가 착각한 것 같다.

올리면 그것들이 나중에 나란히 놓인 채 들러붙는다.

어쩌면 마무리 작업을 수직굴의 다소 경사진 현관에서 할 것 같다. 거기라면 길이 거의 수평이라, 계속 뒤따라 올라온 흙더미가 한 덩이의 무거운 원기둥처럼 굳어도 쉽게 운반될 것이다. 유럽장수금풍뎅이는 그제야 세 갈래 뿔로 흙더미를 단숨에 밀어내, 먼저 섞였던 흙더미와 합쳐 둥지로 침입하는 통로의 방어용 건축 석재가 되게 한다. 즉 파낸 흙을 적당히 모아서 얻어진 석재로 거대한 요새가 만들어지는 것이다.

빈약한 사다리가 짐에 눌려 갈라지고 벗겨진다. 의지할 곳을 열심히 찾던 벌레의 발길에 무너진 것이다. 머지않아 유리 대롱 오르내리기가 너무 힘들어진 녀석이 싫증을 느낀다. 넓고 미끄러운 벽을 오르던 녀석이 반응 없는 투쟁을 포기한다. 짐이 내동댕이쳐져도 그만이다. 이런 이상한 주택을 신용할 수 없음을 알아챈 부부는 작업을 중단한다. 암수 모두가 그 집을 떠나고 싶어 한다. 늘 불안해서 도망칠 생각뿐인 녀석들을 풀어 주었다. 이 쌍은 정말로 내게는 유리하고, 저희에게는 불리한 조건에서 내가 배울 것을 모두 가르쳐 주었다.

다시 큰 장치로 가 보자. 작업이 순조롭게 진행되어 3월에 시작된 구멍 뚫기가 4월 중순에 끝났다. 이 시기를 지나면 새로 파서 내다 버린 흙 둔덕이 보이지 않는다. 결국 둥지 파기가 적어도 2~3주는 걸리는 것 같다.

야외 관찰은 한 달 반이 걸렸으나 너무 긴 것은 아닐 것이다. 제일 먼저 제 일터에서 잡혀 와 격리된 부부 한 쌍은 계절이 좀 늦었다. 그래서 작업을 서둘렀는데 대롱 밑에서 코르크 마개라는 장해

물을 만났다. 포로 신세를 극복했더라도 계속 작업하는 것이 불가능하니 간단히 끝낸 것이다. 야외였다면 아무리 파내도 끝이 없는 모래판을 상대했을 것이다. 일찍 일을 시작한 녀석들은 시간이 충분했고, 2월이 끝나기 전에 이미 파낸 흙더미가 쌓여 있다. 이런 우물은 1.5m도 넘게 파낸 구멍에 해당하며, 적어도 한 달을 힘들게 일해야 파낼 수 있다.

자, 그런데 이렇게 긴 기간에 걸쳐서 우물을 판 두 마리가 어떤 영양분을 섭취했을까? 먹지 않았다. 내 손님들은 절대로 먹지 않았다. 암수 어느 녀석도 화분 표면에 놓아둔 환약을 가지러 나간 일이 없다. 어미는 잠시도 밑바닥을 비우지 않았고, 아비만 오르내렸지만 올라갈 때는 파낸 흙을 짊어지고 나갔다. 녀석이 나올 때 흔들린 둔덕은 녀석과 짐에 밀려서 그 일부가 무너진다. 깔때기 모양의 분화구 같은 구멍이 밀려 올라간 흙 마개로 닫혀 곤충이 안 보인다. 지금 짓는 중인 둥지는 완전히 완성될 때까지 출입구를 잠그고 있다. 모든 일은 빛이 없는 어둠 속에서 일어났고 야외에서도 마찬가지였다.

잠긴 것이 절대로 안 먹었다는 증거가 될 수는 없다. 아비가 밤중에 외출하여 근처의 환약 몇 개를 주워 오고 출입문을 닫았을지도 모른다. 그랬다면 부부가 며칠 분의 식량을 선반에 쌓아 둔 셈이다. 하지만 사육장이 단호하게 선포하니 그 생각을 단념해야겠다.

처음에는 먹이가 필요할 것을 예상하여 양의 환약을 화분에 넣어 주었다. 굴착 작업이 끝났어도 넣어 준 숫자가 그대로 남아 있으니 손대지 않은 것이다. 밤에 그 근처로 왔던 아비는 분명히 환약을 보았을 테지만 녀석은 관심이 없었다.

고된 밭농사를 하는 근처의 농부들은 하루에 네 끼 식사를 한다. 날이 밝아 오기 바쁘게 잠자리를 박차고 일어나 한 덩이의 빵과 말린 무화과 따위를 챙겨서 들로 나간다. 해충을 죽이러 가는 것이란다. 9시경 부인이 수프, 절인 멸치, 올리브 열매, 씁쓸한 포도주와 함께 목구멍으로 넘어갈 채소 따위를 가지고 밭으로 나간다. 2시경 산울타리 그늘에서 간식을 먹을 때면 치즈와 편도가 주머니에서 나온다. 그리고 한여름의 낮잠이다. 저녁에 집으로 돌아오면 부인이 상추 샐러드와 양념한 양파를 곁들인 감자튀김을 만들어 준다. 그날 먹은 것을 모두 합치면 성과가 별로 크지도 않았던 일에 비해 너무 많은 음식을 먹어 댔다.

아아! 유럽장수금풍뎅이가 우리보다 얼마나 탁월하더냐! 한 달 이상을 환약 한 조각 입에 대지 않고도 언제나 힘차게, 또 언제나 기분 좋게 극심한 노동을 해낸다. 근처에서 밭농사를 짓는 사람에게, 어떤 세계에서는 한 달 이상 아무것도 먹지 않고 열심히 일하는 노동자가 있다는 말을 했더니 선생은 농담만 하신다며 크게 웃어 댔다. 새 사상의 도입자에게 그런 말을 하면 그들 역시 당치도 않은 말을 한다며 분명히 눈살을 찌푸리겠지.

그것은 그렇다 치고, 다시 유럽장수금풍뎅이 이야기로 돌아가자. 음식에서 나온 화학에너지만 동물 활동력의 유일한 원천은 아니다. 생활의 자극제에는 소화하기 쉬운 음식보다 뛰어난 무엇인가가 존재한다. 그것은 도대체 무엇일까? 내가 그것을 어찌 알겠더냐! 틀림없이 태양에서 방사하는 것으로서, 이미 알려졌든 미지의 발산물이든, 이것이 생체에 의해 에너지 물질로 바뀐다. 이런 경우를 옛날에 전갈(Scorpion)과 거미(Araignée: Araneae)가 알려 주었다. 지금 장수금풍뎅이가 같은 이야기를 하는데, 작업이 고될수록 우리에게 높은 설득력을 갖게 한다. 녀석들은 아무것도 먹지 않으면서 극심한 노동을 한다.

곤충의 세계는 경이로움으로 가득 차 있다. 훌륭한 단식가인 동시에 대단한 노동자인 세뿔똥벌레(유럽장수금풍뎅이)가 굉장한 문제를 내놓았다. 푸른색, 녹색, 노란색, 붉은색을 띠며 우리와 다른 태양의 지배를 받는 우주의 먼 행성에서는 생명이 슬프고 잔인한 행위의 원천인 추한 치욕의 똥집에서 벗어나, 방사체의 힘만으로 활동할 수 있는 것은 아닐까? 언젠가 우리가 그것을 알게 될 날이 있을까? 나는 그렇게 되기를 바란다. 지구는 더 좋은 세계로 가는 하나의 단계에 불과하다. 말하자면 지극히 행복한 물체에 대해 헤아릴 수 없는 문제를 더욱, 더욱 깊이 탐구해야만 하는 세계로 가는 중이다.[3]

이런 막연한 꿈같은 이야기에서 현실로 돌아가, 화제를 다시 유럽장수금풍뎅이로 옮기자. 아비가 처음 햇빛으로 용감하게 나타난 것을 보고 둥지가 완성되어 가족을 넣을 때가 왔음을 알았다. 녀석은 대단히 바쁘게 화분의 흙 위 여기저기를 조사한다. 무엇을 찾을까? 분명히 애벌레에게 먹일 식량이다. 이제 내가 도와줄 때가 온 것이다.[4]

편하게 관찰하려고 출구 주변을 깨끗하게

3 곤충 중에는 자라서 성충이 되면 입틀이 퇴화하며 전혀 먹지 않는 종류가 있다. 하루살이가 대표적인 예이며, 완전변태를 하는 종류에서도 많이 볼 수 있다. 이유는 생활사를 분업화한 것에 있다. 애벌레 시대는 오직 영양 섭취가 임무여서 일생 동안 필요한 에너지 모두를 저축하며, 성충 시대는 적당한 장소를 찾아가 번식하는 것만이 임무이다. 번데기는 두 시대의 체제를 바꾸어 주는 임무를 가져, 애벌레 시대에는 불필요하던 생식기관과 이동 기관을 성충에게 만들어 준다. 이렇게 생활사를 분업화하여 다른 동물보다 더욱 발달할 조건을 갖춘 것이 곤충의 특징이기도 하다. 이런 사정을 몰랐던 파브르는 감탄만으로는 부족해서 태양 복사에너지의 유입, 그리고 다른 태양계까지 상상하게 되었다.

4 다음 문단과 제3장에서는 해가 진 뒤 식량을 구한다고 하는데, 햇빛 쪽에 나타나 무엇을 찾는다는 말은 맞지 않다.

청소했다. 둔덕도 없앴다. 오래된 환약은 버리고 새것 12개를 우물 둘레에 늘어놓았다. 정확히 3개씩 4묶음인 12개였다. 이렇게 놓아 두면 비록 종 모양 유리뚜껑이 흐릿해도 매일 쉽고 빠르게 세어 볼 수 있다. 뚜껑의 바깥 둘레 쪽 흙에다 물을 뿌리면 장수금풍뎅이가 좋아하는 구멍 속처럼 축축한 공기의 실험 장치가 된다. 이것은 성공에 꼭 필요한 요소로서 결코 등한히 해서는 안 된다. 끝으로 현행 거래 계정을 터놓고 창고로 들어간 품목을 매일 기록한다. 처음에 12개를 내놓았다. 그것이 없어지면 몇 번이라도 다시 그렇게 내놓았다.

기다릴 것도 없이 준비해 놓은 결과가 바로 나타난다. 멀리서 지켜보니 저녁때 아비가 둥지에서 나온다. 양의 환약 쪽으로 가서 하나를 골라 술통 굴리듯 코[5]로 굴려 간다. 작업 모습을 자세히 보려고 접근했다. 겁쟁이가 갑자기 물건을 버리고 우물로 도망친다. 경계심이 대단한 녀석이 나를 본 것이다. 녀석은 무엇인가 괴상하며 거대한 물체의 움직임을 느꼈다. 내 욕심이 좀 지나쳐서 녀석이 불안해 수확을 포기했으며, 다시 안정을 찾기 전에는 절대로 나타나지 않았다.

식량을 수확하는 자리에 입회하려면 끈질김과 인내심이 필요하다는 것을 이제야 눈치챘다. 하지만 나는 참고 견디며 꼭 해낼 것이다. 다음 날도 여러 번, 소리도 안 내며 참고 반복해서 지켜보았다. 결국은 끈질긴 파수꾼인 내게 성공이 찾아왔다.

유럽장수금풍뎅이가 식량을 수확하기 위해 외출하려는 것을 여러 번 보았다. 언제나 수컷이었다. 어미는 굴속에서 다른 일을 할 뿐 절대로 나오지 않

---

5 곤충은 코가 없으며 머리방패로 민 것이다.

는다. 식량은 정말로 아껴서 가져오고, 굴속에서는 식품을 조리하는 데 아주 정성 들여서 시간이 많이 걸리는 것 같다. 먼저 들여온 것을 가공하는 데 걸리는 시간을 봐 가며 새것을 공급해야 한다. 아니면 부엌이 가득 차서 조리에 방해가 될 것이다. 수컷이 처음 외출한 4월 13일부터 열흘 동안 가져간 것은 모두 23개, 하루에 평균 두 개꼴이다. 각 애벌레에게 줄 순대를 만드는데 열흘간 모아 온 품목은 모두 두 타였다.

가정에서 일하는 모습을 직접 엿보고 싶은데 방법은 두 가지가 있다. 상대에게 교대로 끈질기게 말을 걸어 보면 보고픈 광경을 단편적이나마 보여 줄 것이다. 우선 대나무 세 개로 만든 큰 유리 대롱 장치에는 여러 높이에 만들어진 들창이 있다. 거기를 통해서 내부의 작업을 들여다볼 수 있다. 두 번째 방법은 오르기 검사에 쓰였던 것처럼 수직으로 걸어 놓은 대롱이다. 여기에다 몇 시간 전에 음식을 조리하다가 잡혀 온 부부를 수용했다.

내가 제작한 기구들로 장시간 계속해서 성공할 수는 없으며, 내

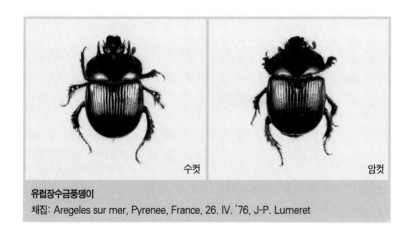

수컷　　　　암컷

유럽장수금풍뎅이
채집: Aregeles sur mer, Pyrenee, France, 26. IV. '76, J-P. Lumeret

생각도 당연히 그랬다. 두 마리는 괴상한 새 주택에 금방 불안하고 싫증나서 도망치고 싶을 것이다. 그렇기는 해도 집 짓는 열기가 사라지기 전에 귀중한 자료를 제공했다. 이 두 방법으로 수집한 자료를 정리해 보면 대충 다음과 같은 사실을 알게 된다.

아비가 나가서 우물 직경보다 긴 길이의 환약(양 똥)을 택해서 앞발로 끌며 뒷걸음질을 치던가, 머리로 약간 굴려서 직접 굴 입구로 가져간다. 그것을 단숨에 밀어서 깊은 구멍으로 떨어뜨릴까? 천만에. 녀석에게는 갑자기 떨어뜨리지 말아야 할 여러 계획이 있다.

환약의 한쪽 끝을 다리로 껴안고 조심스럽게 굴속으로 들어간다. 바닥과 가까운 어느 거리까지 오면 그것을 약간 기울인다. 그러면 장축이 길어서 굴에 가로로 걸쳐진다. 양끝이 벽에 떠받쳐진 임시 마루가 생긴 셈이다. 마루는 두세 개의 환약을 지탱한다. 녀석은 이렇게 해서 아래쪽의 어미를 방해하지 않으면서 제 일을 계속한다. 여기는 방앗간으로서 과자 재료인 밀가루를 아래로 공급한다.

방앗간 주인은 훌륭한 연장을 가졌다. 3개의 이빨(뿔)을 보시라. 단단한 앞가슴 위쪽에 뾰족한 창이 꽂혀 있다. 양쪽 둘은 길고, 가운데 것은 짧으며 모두가 앞쪽을 향했다. 이렇게 훌륭한 장치가 어디에 쓰일까? 소똥구리 조합의 많은 남성은 이상한 물건을 몸에 지녔다. 그래서 처음에는 이 녀석도 장식품을 지닌 것에 불과하다고 생각했을 것이다. 그러나 유럽장수금풍뎅이의 경우는 단순한 장식품 이상의 것이었다. 즉 그 장식을 도구로 이용했다.

길이가 서로 다른 칼끝의 안쪽은 활 모양으로 움푹 파여, 그 안에 환약이 끼워지게 되어 있다. 밑이 불완전해서 흔들리는 마루

위에 머무르려면 네 뒷다리를 벽에 대고 버텨야 한다. 올리브 열매처럼 대굴대굴 구르는 환약을 눌러 위에 고정시키고, 다시 잘게 나누려면 어떻게 해야 할까? 작업 모습을 보기로 하자.

녀석은 몸을 조금 굽히고 뿔로 찔러 꽂는다. 그러면 환약이 초승달처럼 우묵한 곳으로 밀려가 고정된다. 앞다리는 자유롭다. 톱니모양의 그 팔받이로 톱처럼 썰거나 갈기갈기 찢어서 가루로 만든다. 가루는 마루의 틈새를 통해 어미가 기다리는 밑으로 떨어진다.

방앗간에서 떨어진 것은 체로 친 밀가루가 아니므로 굵고 거칠다. 분말처럼 가는 것과 거의 깨지지 않는 것이 섞여 있는 것이다. 비록 이렇게 거칠게 빻아서 불완전하기는 해도, 정성껏 빵 만들기에 전념한 어미에게는 크게 도움이 된다. 작업의 품이 덜어진 어미는 곧 보통 분말과 질 좋은 분말을 가려낸다. 마루까지의 층 전체가 가루로 덮이면 뿔 달린 방앗간 주인이 다시 밖으로 나가 새로 수확한다. 다시 충분한 시간을 들이며 빻기 작업을 시작한다.

그동안 빵집 주인이 부엌에서 멍청하게 지낼 수는 없다. 그녀 둘레로 떨어진 작은 알갱이를 모아 더 작게 빻아 정제한다. 부드러운 것은 가운데로, 좀 단단한 것은 빵의 껍질로 만든다. 여기저기를 빙빙 돌면서 납작한 팔로 살살 두드린다. 그러고는 쌓아 올려 마치 포도주 제조가가 수확물을 발로 짓밟듯이 다리로 밟아서 다진다. 단단하게 다질수록 덩어리의 저장 기간은 길어진다. 아비는 맷돌로 갈아 가루를 만들어 주었고, 어미는 그것을 반죽했다. 두 마리가 10일 동안 힘을 합치고 정성을 다해서 만들면 긴 기둥 모양의 빵이 된다.

4월 24일, 수컷은 모든 일을 끝내고 실험 장치인 대롱 밖으로 나와 유리뚜껑 밑에서 방황한다. 전에는 그렇게도 겁쟁이라 인기척에 즉시 우물로 들어갔는데, 지금은 내가 있거나 말거나 무심했다. 식량에도 관심이 없다. 화분에 남은 몇 개의 환약에 자주 부딪치지만 본 척도 않고 척척 지나간다. 녀석의 소원은 될수록 빨리 화분 밖으로 나가는 것뿐이다. 불안하게 돌아다니며 유리벽을 오르려고 애를 써서 그런다는 것을 알았다. 올라가다 떨어진다. 다시 일어난다. 언제까지나 계속한다. 녀석은 두 번 다시 돌아오지 않을 둥지 따위는 벌써 잊어버렸다.

24시간 동안 필사적으로 탈출을 시도하다 지쳐 버린 녀석을 도와주자. 밖으로 풀어 주자. 하지만 안 된다. 그러면 불안 행동의 목적을 알 수 없게 된다. 아주 넓은 빈 사육장이 있어서 그리 옮겼다. 녀석은 넓은 거기서 날든가, 맛있게 먹고 햇볕을 쬘 것이다. 이렇게 기분 좋게 살 수 있는데, 이튿날 수족이 뻣뻣해져 벌렁 자빠진 것을 발견했다. 죽었다. 용감한 이 벌레는 가족의 아비로서 임무를 다하고 자신의 죽음이 다가왔음을 느꼈다. 그것이 바로 불안 행동의 원인이었다. 녀석은 집을 시체로 더럽히거나 일을 마무리하는 어미에게 누를 끼치지 않으려고 어딘가 멀리 가서 죽고 싶었다. 이 벌레의 스토아학파식(stoïque, 금욕자, 극기자) 기사도 같은 체념을 나는 크게 칭찬한다.

만일 녀석의 죽음의 원인이 불완전한 주택에 있었다면, 내 시설에서 죽은 자에 대해 역설할 필요가 없다 하지만 더욱 중대한 이유가 있었다. 5월이 다가오면 들에서 햇볕에 말라 버린 장수금풍뎅이를 흔히 만난다. 그런데 죽은 것은 모두 수컷이며 암컷은 매우 드물었다.

관찰 기구는 또 하나의 아주 중요한 사실을 제공했다. 두 뼘 높이의 흙층은 깊이가 모자라 포로들이 둥지 틀기를 싫어했다. 그 밖의 일상 행동은 그대로였지만 4월 말부터 수컷이 밖으로 나온다. 오늘은 이 녀석, 내일은 저 녀석이 올라왔다. 이틀 동안 밖으로 나오고 싶어서 그물 위를 배회하다 벌렁 누워서 죽어 버렸다. 녀석들의 시대가 끝난 것이다.

6월 첫 주일에 사육실의 흙을 모두 파냈다. 처음에 15마리였던 수컷 중 겨우 한 마리만 남았고 나머지는 모두 죽었다. 암컷은 모두 살아 있다. 결국 가혹한 규칙은 분명했다. 부지런한 노동자는 깊은 우물을 파는 장시간 동안 등에 채롱을 짊어지고 적당히 식량을 모아서 맷돌로 갈아 준 다음, 집 밖으로 멀리 나가서 자신의 생애를 마치는 것이다.

3 유럽장수금풍뎅이
─ 두 번째 관찰 기구

대나무 세 대를 세운 설비가 유럽장수금풍뎅이(Minotaure Typhée : *Typhaeus typhoeus*)의 습성을 조사하는 둥지로는 너무 어설펐다. 그것이 아비 풍뎅이의 요절 원인 중 일부였을지도 모른다. 유리 대롱 아래층에 제작된 원기둥 모양 과자는 하나뿐이었다. 이 종이 현재의 집단 크기를 유지하려면 최소한 그것의 두 배는 되어야 하니 분명히 불충분한 결과였고, 좀더 번영하려면 훨씬 더 많았어야 한다. 하지만 어미가 식량을 기둥처럼 쌓기에 흠잡힐 만큼 잘못하지는 않았을 것이다. 그보다는 내 제작품이 너무 협소한 것에 문제가 있었을 것이다.

더욱이 빵을 계속 쌓아 놓았다면 늦게 태어난 새끼가 제대로 자랐어도 탈출하기 어려울 것이다. 대롱 밑쪽 형들이 먼저 자라서 광명을 찾아 달려가고 싶을 것이며, 이때 준비가 아직 덜된 위쪽 동생들을 굴려 버리거나 상처를 입힐 것이다. 모두가 아무 탈 없이 해방되려면 우물 전체가 비어 있어야 한다. 따라서 여기저기의 파낸 곳들이 서로 이웃에 모여 있어야 하며, 각각이 수평 복도를

지나 굴뚝처럼 올라가는 공동 통로로 통했
어야 한다.

들소뷔바스소똥풍뎅이

예전에 들소뷔바스소똥풍뎅이(*Bubas bison*)
가 구멍 밑바닥 주변에 애벌레 수만큼의 보
존 식량을 배치해 놓은 것을 보았는데, 각 방은 짧은 현관이 수직의
긴 통로로 연결되어 있었다. 말하자면, 같은 층에 여러 방이 있었던
것이다. 어쩌면 유럽장수금풍뎅이도 이런 방법을 택할 것이다.

계절이 좀 지나서 아비가 죽은 다음 야외 둥지를 파 보았다. 실
제로 하나가 산란된 중앙의 식량과 조금 떨어진 곳에서 정상적인
알과 규정에 맞는 식량을 갖춘 두 번째 방을 모종삽으로 파냈다.
중심에서 조금 처진 곳에서 또 방 한 개를 파냈다. 둥지의 구멍이
막힌 끝에도, 그 곁에 붙어 있는 곳도 내부의 구조가 같았다. 즉
원기둥 같은 식량과 그 밑의 모래 속에 알 하나가 놓여 있었다.

깔때기 같은 긴 구멍 밑바닥에서의 작업은 너무 힘들었다. 만일
내 조수와 그의 유연한 허리가 고생을 좀더 견뎌 냈다면, 또한 적
당한 계절에 그 구멍을 계속 파냈다면, 같은 우물로 통하는 방의
수가 훨씬 많았을지도 모른다. 방의 수는 모두 몇 개나 될까? 4개,
혹은 5~6개쯤 될까? 얼마일지 모르겠다. 다만 많은 자식에게 재
산을 물려주려면 시간이 모자라서 아주 많지는 않을 것 같다. 사실
상 가족의 식량을 수집하는 종들은 별로 다산(多産)하지 않는다.

대나무 세 대를 묶어서 지탱한 사육조를 조사한 나는 대단히 놀
랐다. 아비가 밖으로 나가 죽은 다음 조사해 보니 거기도 들판에
서 파낸 것과 같은 식량 기둥이 쌓여 있었다. 그러나 식량에도, 밑
바닥에도, 다른 곳에도 알은 없었다. 밥상은 차려졌으나 식객이

없었던 것이다. 어미 장수금풍뎅이는 내가 강제로 잡아넣은 불편한 집에서는 알을 낳기가 싫었을까? 그렇지는 않았을 것이다. 빵이 쓸모없다면 어미가 왜 미리부터 만들었겠나? 집에 결점이 있어서 알을 낳지 않겠다면 쓸모없는 빵을 반죽하지도 않았을 것이다.

한편, 정상조건인 다른 곳에서도 같은 현상이 발생했다. 들에서 12개의 둥지를 발굴했다.—발굴이 너무 힘들어서 숫자가 많지는 않았다.—그 12개 중 3개에는 알이 없었다. 식당에는 아무도 없고, 알도 낳지 않았다. 하지만 거기에도 단정하게 조리된 요리가 있었다.

이런 생각을 해보았다. 어미는 난소에서 알이 아직 덜 성숙했다는 느낌을 받았으나 협조자가 있어서 그와 함께 요리를 했다. 멋진 뿔을 단 협력자가 지금은 열심히 일해 주지만 머지않아 지쳐서 사라질 것을 잘 알고 있는 그녀는, 그가 사라지기 전에 그의 열성과 힘을 이용하려 했던 것이다. 즉 나중에 과부가 되었을 때 이용할 보존 식품을 미리 식당에서 조리한 것이다. 이 빵은 잘 발효한 양질의 식품이며, 예비 산모는 옆방으로 가서 몇 개를 더 비축했다. 이렇게 식량을 준비했으니 장차 과부가 되어도 나머지 일을 혼자서 해낼 수 있다. 이제는 아비가 없어도 불편한 게 없으니 이 가족은 큰 곤란 없이 살아갈 것이다. 그러나 지금 산란된 것은 몇 무더기뿐이었다.

아비가 빨리 죽은 원인은 할 일이 없어서 걸린 향수병 때문일 수도 있다. 일을 좋아하는 아비는 일거리가 없으면 못 산다. 심심하면 건강이 나빠져 살지 못하는 것이다. 내가 만든 장치에서 첫 번째 과자가 만들어지자 녀석은 죽었다. 유리관 복도의 남은 부분도 모두 식량과 알로 채워진다면, 포개진 방이 나중에 해방될 자식들을 방해할 것이다. 그래서 휴업할 수밖에 없었고, 결국은 죽었을 것이다. 어미는 장소가 부족해서 알을 낳지 못했고, 아비는 할 일이 없어서 밖으로 나가 생을 마감한 것이다. 결국 실업이 아비를 죽인 것이다.

들에는 무한히 넓은 땅이 있어서 우물 밑에 어미의 산란 조건과 맞는 방을 여러 개 만들 수 있다. 하지만 곤란한 문제, 그것도 가장 중대한 문제 하나가 발생했다.[1] 내가 식량 공급자였으니 굶을 염려는 전혀 없었다. 매일 우물 밑으로 내려 보낸 환약 수를 조사한 다음 보충 식량을 놓아두었으므로 포로가 가득 쌓지만 항상 풍성했다.

자유로운 들판에는 공간이 무한히 넓어도 이야기가 다르다. 들에서는 양(Mouton: *Ovis*)이 한 자리에다 녀석들에게 필요한 수의 환약을 선물하지 않는다. 나중에 관찰해서 알았지만 풍뎅이는 200개도 넘는 환약을 수집한다. 그런데 반추동물(Ruminant, 反芻動物)인 양은 항상 돌아다니면서 찔끔찔끔 배설하여, 기껏해야 한곳에 30~40개 정도만 배출한다.

자, 그런데 환약을 거둬들이는 녀석은 방랑하는 기질을 갖지 못했다. 녀석은 새끼에게 남겨 줄 식량을 멀리까지 가서 찾지는 않는다. 기나긴 길을 헤매다 길을 잃지 않고 돌아오기는 할까? 도중에 눈에 띈 올리브 모양의 환약을 다리로 굴리면서 집으로 돌아올까? 날개와 코의 능력으로 멀리 있는 것까지 찾아내서 제 몫을 챙기면 좋을 텐데. 그러나 이 겸손한 소비자는 아주 조금만 있어도 풍족하니 식량이 적

---

1 유리 대롱의 경우를 말한 것 같다.

은 것은 절박한 일이 아니다.

하지만 둥지를 지을 경우는 사정이 다르다. 이때는 정말로 많은
양의 환약을 빨리 구할 필요가 있다. 그래서 큰 배설물 더미 근처
에 집을 짓는다. 아비는 밤에 집 근처를 한 바퀴 돌아보고 거의 출
입구 근처에서 수집한다. 낯익어서 길을 잃을 염려가 없는 곳이면
몇 뼘 정도의 먼 곳도 찾아간다. 하지만 조만간 모두 수확해서 근
처에는 아무것도 남지 않게 된다.

멀리 원정을 가는 게 성미에 맞지 않는 이 환약 채취자는 지루
해서 힘이 빠진다. 근처에 환약이 없으니 할 일이 없어져 제집을
버리고 도망친다. 환약이든, 작은 통나무든, 굴릴 것이 없으니 가
출해서 아름다운 별을 바라보며 죽는다. 5월이면 왜 그렇게 많은
수컷이 밖에서 죽었는지에 대해 나는 이렇게 생각해 보았다. 녀석
은 살다가 쓸모없어지면 목숨을 버린다. 노동의 열정 덕분에 희생
자가 된 불쌍한 벌레로다.

만일 내 추측이 맞다면 일꾼이 원하는 만큼의 환약을 계속 공급
해 보자. 그러면 자살하고 싶었던 녀석이 목숨을 연장시킬 것이
다. 그래서 장수금풍뎅이를 넘치도록 보살펴 주기로 마음먹었다.
녀석에게 양의 환약이 가득한 천국을 만들어 주겠노라. 지하창고
에 들어간 것을 세어 보며 계속 보충해 주자. 또 습기가 적당하며
신선한 모래가 섞인 흙을 들판의 방과 같은 깊이로 유지시키고,
밑바닥에서 서로 인접한 작은 방을 가득 채울 수 있게 해보자.

그래서 고안한 대형 건물은 이랬다. 손가락 두께의 판자라면 증
발을 줄이는 데 크게 도움이 된다. 이런 판자로 높이 1.4m의 속이
빈 사각형 각기둥을 만들었다. 세 면은 못을 박아 고정시켰고, 한

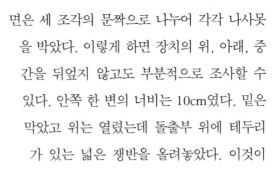

면은 세 조각의 문짝으로 나누어 각각 나사못을 박았다. 이렇게 하면 장치의 위, 아래, 중간을 뒤엎지 않고도 부분적으로 조사할 수 있다. 안쪽 한 변의 너비는 10cm였다. 밑은 막았고 위는 열렸는데 돌출부 위에 테두리가 있는 넓은 쟁반을 올려놓았다. 이것이 자연 땅굴의 주변을 대신한다. 종 모양 철망이 이 환경의 천장이다. 각기둥을 신선한 모래가 섞인 흙으로 채우고 적당히 다진다. 쟁반도 손가락 두께의 흙으로 채워졌다.

절대로 필요한 조건, 즉 그 안의 흙이 마르지 않게 할 조건을 추가한다. 판자의 두께가 얼마간 건조를 막아 주겠지만 무더운 여름에는 충분치 않다. 그래서 각기둥의 아래쪽 1/3은 흙을 가득 채운 대형 화분에 파묻었고, 매일 물을 뿌려 축축하게 한다. 목재를 통해 습기가 조금씩 스며들면 안의 흙이 마르지 않을 것이다. 게다가 무거운 받침이 장치를 꽉 끼워 주어 수직이 안정적으로 유지될 것이다. 필요하다면 올 한 해 내내 바람을 막아 줄 수도 있다.

중간 1/3은 누더기 따위로 감싸고, 거의 매일 물뿌리개로 적셔 준다. 밖으로 드러난 위쪽 1/3도 쟁반의 흙에다 자주 물을 뿌려서 잘 만들었다!

얼마간은 축축하
다. 이렇게 여러 방
법으로 너무 마르거
나 질지 않게 해주
어 유럽장수금풍뎅이가
둥지를 틀기에 필요한 흙기
둥을 만들었다.

만일 내 야망이 시키는 대로
계획을 실천했다면 이런 장치가 10여 개는 제작되었을 것이다. 그
만큼 해결하고픈 문제가 머리에서 계속 솟아났었다. 하지만 내 솜
씨 말고는 모두가 돈이 드는 일이다. 파뉘르주(Panurge)[2]가 투덜거
리던 저 무서운 병인 가난 병이 시설을 원하는 내 소원에 브레이
크를 걸어 겨우 2개만 특권을 얻었다.

안에 주민이 살도록 해놓고 겨우내 온실에 놓아두었다. 추운 날
에는 아주 소량인 흙덩이가 큰일이라는 걱정을 했던 것이다. 혹독
한 추위가 닥쳐도 자연에 있는 굴 밑이라면 풍뎅이 걱정을 할 필
요가 없겠지만 내가 발명한 오두막에서는 큰 시련을 받을 것이라
그랬다.

즐거운 계절이 돌아왔다. 두 각기둥을 문 앞의 충만한 대기 속
에 세웠다. 나란히 세워진 두 개가 왠지 기묘한 건물의 탑처럼 보
였다. 가족들은 한 번 힐긋 보고 지나치지만 나는 자주 가 본다.
아침저녁으로 각별히, 또 공사가 시작될 밤과 끝날 무렵에 가 보
았다. 탑의 문 옆에 몸을 숨기고는, 망을 보
고 사색도 하면서 얼마나 즐거운 한때를 보

2 소설의 주인공. 『파브르 곤충기』
제2권 295쪽 참조

60

냈더냐!

실제를 이야기해 보자. 12월 중순경 내 계획 중 가장 적합한 것을 택했다. 암컷을 한 마리씩 두 장치에 넣었다. 이 시기에는 암수가 별거하는데 수컷은 얕은 구멍에 집을 정하고, 암컷은 좀더 깊은 곳으로 파 들어간다. 개중에는 활발한 암컷이 수컷의 도움 없이도 벌써 산란에 필요한 우물을 파놓았거나 거의 다 팠다. 12월 10일, 1.2m 깊이에서 암컷 한 마리를 찾아냈으나, 내게는 이렇게 지나치게 일찍 땅을 파는 녀석은 필요가 없다. 그저 공사를 완성시키는 것을 보고 싶으니 야외에서 얕은 곳에 묻힌 녀석을 택했다.

두 기구의 흙기둥 가운데다 작은 구멍을 내서 입주를 유도했다. 포로가 장소에 익숙해짐은 그것으로 충분했다. 양의 환약 수를 세어 구멍 주변에 늘어놓고, 매번 필요해졌을 때마다 보충하는 정도면 일이 저절로 진행된다. 추운 겨울에는 공기가 아늑한 온실에서 지내게 된다. 아직은 큰 공사를 할 시기가 아니므로 겨우 손바닥을 채울 정도의 작은 둔덕이 솟아오른 것뿐, 특별히 기록할 일은 일어나지 않았다.

2월 중순에 접어들면 편도나무(Amandier: *Prunus amygdalus* → *dulcis*)가 꽃을 피우기 시작하고 날씨도 제법 따뜻해진다. 겨울은 갔으나 봄이라고 하기에는 아직 이르다. 낮에 양지만 따뜻하고 저녁이면 장작불 난로 옆이 그립다. 울타리의 로즈마리(*Rosmarinus*)와 꽃이 만발한 백합(Lilacées: Liliaceae)에서 꿀벌(Abeilles: *Apis*)이 꿀을 모으는 중이며, 붉은 배의 뿔가위벌(*Osmia*)이 날개를 붕붕거린다. 거기서 풀무치(Criquets cendrés: *Locusta migratoria*)●가 큰 날개를 펼치며 환희에 젖는다. 잠에서 깨어난 상쾌한 봄철은 유럽장수금풍뎅

콩중이 겉모습이 풀무치와 매우 비슷하다. 하지만 가슴의 등쪽 가운데가 둥근 칼날처럼 솟아올랐으며 풀무치 암컷은 몸길이가 45~65mm인 반면 콩중이는 47~57mm이다. 날개 무늬도 약간 다르며 풀무치보다 남부 지방에 많다. 시흥, 4. IX. '93

이의 마음에도 들겠지.[3]

이제 포로를 시집보내기로 했다. 들에서 멋진 뿔이 달린 배우자를 데려와 두 암컷에게 붙여 주었다. 밤중에 부부를 이루며 곧 힘차게 맞벌이에 들어간다. 일할 상대가 생겼으니 공사장은 크게 활기를 띠었다. 그전에는 수컷이 얕은 은신처에서 혼자 웅크려 낮잠으로 그날그날을 보낼 뿐, 깊은 굴을 파는 것을 돕거나 환약을 줍는 데에는 신경도 안 썼다. 암컷도 대개는 열심히 일하지 않았었다. 얕은 둥지에서 둔덕도 별로 쌓지 않았고 수확도 시원찮았다. 그러나 일단 결혼을 하고 나자 쑥쑥 깊이 파 들어가며 식량도 잔뜩 거둬들인다. 24시간 동안 파낸 흙이 굴 위에 넓은 지붕처럼 솟아올랐다. 게다가 양 똥 12개도 창고로 내려 보냈다.

녀석들은 3개월도 넘게 활기찼다. 물론 그사이에 다양한 휴식 시간이 있었는데, 분명히 방앗간과 빵집의 작업 시간이 서로 안 맞아서 생긴 일이다. 암컷은 한 번도 밖으로 모습을 나타낸 적이 없다. 해가 떨어진 뒤나 깊은 밤중에 가끔,

3 이제 겨우 두 종의 벌이 편도나무 꽃을 찾아올 정도로 이른 봄인데 여름 식물과 아직 부화도 하지 않은 풀무치가 왜 등장했는지, 무슨 착오가 있었는지 모르겠다.

또는 자주 외출하여 물건을 찾는 것은 언제나 수컷이었다.

땅굴 주변에는 언제나 적당한 수의 식량을 공급했지만 가져가는 숫자는 아주 들쭉날쭉했다. 하룻밤에 2~3개만 가져갈 때도 있고, 20개나 주워 갈 때도 있었다. 수집은 아무래도 날씨의 영향을 받는 것 같았다. 날이 흐리고 폭풍이 올 기미가 있거나 관찰 기구의 쟁반에 물을 뿌리면 더 열심히 채취한다. 그와 반대로 날씨가 건조하면 몇 주일이라도 가져가지 않는다.

6월이 가까워 오면 씩씩한 수컷이 자신의 죽음이 다가옴을 느끼며 두 배로 열을 올려 일한다. 녀석은 죽기 전에 새끼들의 충족한 생활을 바랐다. 때로는 힘이 넘쳐 무턱대고 욕심껏 환약을 가져다 창고를 가득 채워서 어미의 일을 방해하기도 한다. 재산이 너무 많아도 거추장스럽다. 덤벙대던 녀석이 겨우 깨닫고 넘치는 재산을 다시 밖으로 밀어낸다.

6월 1일, 실험 창고에는 총 239개의 환약이 들어갔다. 이 숫자는 뿔 달린 녀석이 얼마나 부지런했었는지를 잘 증명해 준다. 은행의 부기장 못지않게 단정히 적어 놓은 환약의 기록부가 이 거대한 숫자를 증명했다. 유럽장수금풍뎅이의 막대한 재산을 본 나는 너무나 기뻤다. 하지만 며칠 뒤, 정말 뜻밖의 사건이 나를 불안 속으로 몰아넣었다. 어느 날 아침 죽어 있는 어미를 발견한 것이다. 그녀가 밖으로 나와서 죽었다. 암수 어느 쪽도 새끼의 집 안에서는 죽지 않는다는 것이 통례로, 아비와 어미는 어디론가 멀리 가서 죽는다.

아비가 어미보다 먼저 죽는 게 일반적인 순서인데 이번의 차질은 조사해 볼 필요가 있겠다. 급히 자유롭게 여닫을 수 있는 세 문짝의 나사못을 뽑고 안을 검사했다. 건조를 걱정하던 내 조심성은 완전히 성공했다. 모래가 섞인 흙기둥의 위쪽 1/3은 어느 정도 습기를 보존해서 빽빽한 흙이 흩어지지 않았다. 젖은 누더기로 둘러쌌던 가운데 1/3에는 습기가 더 많았다. 여기서 씩씩하고 늠름한 수컷이 보였으며, 창고에는 식량이 산더미처럼 쌓였다. 큰 화분의 축축한 흙에 묻힌 아래쪽 1/3은 마치 자연의 깊은 둥지를 삽으로 팠을 때 부딪혔던 흙처럼 찰기가 느껴졌다. 모든 게 빈틈없이 잘 되어 있는 것 같은데 복도 밑에는 둥지를 지은 흔적이 없다. 제작된 순대도, 조리하던 찌꺼기도 안 보인다. 환약도 어느 것 하나 손댄 흔적이 없다.

아주 분명한 증거는 어미가 알 낳기를 거부했다는 점이다. 그래서 아비도 방앗간을 운영하지 않았다. 빵을 반죽할 수 없으니 밀가루도 쓸모가 없다. 하지만 장래에 대비하여 수확은 풍부하게 해 놓았다. 기록부가 증명했듯이 239개의 환약 모두가 본래의 모습대로 쌓여 산을 몇 개나 이룰 정도였다. 복도도 똑바르지 않고 나선형으로 경사져, 작은 창고와 연결되어 있었다. 축재자가 없어진 다음에도 우물의 각 높이에 있는 창고에는 어미가 쓸 재산을 보관해 둔 것이다. 알을 낳고 애벌레가 먹을 과자가 준비되는 동안 아비는 계속 재산을 모으러 부지런히 외출했었고, 굴 밑 각 층에 만들어 놓은 작은 방안으로 듬뿍 날랐던 것이다.

하지만 알이 없다. 없는 이유는 무엇일까? 조사해 보니 우선, 복도가 실험 장치 각기둥의 밑을 막은 1.4m 깊이의 판자에서 갑자기 끊겼다. 넘을 수 없는 장벽에는 긁어서 뜯어내려던 자국이 선명했다. 어미는 팔 수 있을 때 열심히 팠으나 아무리 애를 써도 소용이 없는 장벽에 부딪쳤다. 그래서 힘이 빠지고 낙담했다. 살 집이 없으니 결국 죽을 수밖에 없어서 밖으로 나온 것이다.

각기둥의 밑은 자연 땅굴과 같은 습기를 유지했는데 어째서 거기에 산란할 수 없었을까? 아마도 이랬을 것이다. 이 지방은 1906년인 올해, 날씨가 매우 변덕스러웠다. 봄에는 3월 22일과 23일에 많은 눈이 내렸다. 이 지방에 이렇게 큰 눈이 오거나, 특히 이렇게 늦은 철에 눈이 온 적은 없었다. 그 다음은 밭이 타서 재가 될 만큼 심한 가뭄이 한없이 계속되었다.

이런 천재지변에서도 장수금풍뎅이 어미는 조심해서 필요한 습기를 유지해 준 실험 기구 안에서 살아남을 수 있었을 것이다. 하지만 두꺼운 판자 밖에서 어떤 일이 일어날지, 좀더 정확히 말해서 앞으로 어떤 일이 일어날지를 어미가 몰랐을 거라 말할 수는 없다. 날씨에 예민한 감각을 가진 그녀는 아직 충분히 깊지 않은 곳에 자리 잡을 어린것에게 무서운 한발(旱魃, 가뭄)이 치명적임을 예감했을 것이다. 본능의 충고를 받았으니 더 깊이 파 들어가야 했는데, 그게 안 되자 산란하지 않고 죽었을지도 모른다. 이 현실을 이해하는 데 기상이변 말고는 다른 이유를 찾을 수가 없었다.

두 번째 기구에서는 부부를 맺어 준 지 이틀 만에 한탄할 정도의 놀라움을 경험했다. 어미는 뚜렷한 이유도 없이 집에서 뛰쳐나와 모래더미에 웅크려 꼼짝 안했다. 그녀는 수컷이 학수고대하는 집을 버렸다. 하루에 일곱 차례나 굴로 데려다 머리를 우물에 밀어 넣었지만 소용없는 짓이었다. 고집통인 그녀는 밤중에 집을 버리고 빠져나와 되도록 멀리 도망쳐 웅크리고 있었다. 만일 철망이 그녀의 날개를 막지 않았다면 도망쳐서 다른 수컷을 찾아갔을 것이다. 수컷이 죽었나? 천만에, 녀석은 복도의 위쪽 계단에서 여전히 원기 왕성했다.

외출을 몹시 꺼리는 성질을 타고난 암컷인데, 저토록 도망치는 것은 남편이 마음에 들지 않아서일까? 아니라는 이유는 있을까? 서로의 성격이 안 맞아서 한쪽이 도망치는 것일 수도 있겠지. 내가 우연히 만난 수컷을 무턱대고 소개시켰으니 그녀가 싫다며 고집을 피웠을 것이다. 평상시였다면 그녀 자신이 상대의 좋고 나쁨을 판단해서, 저 녀석은 거절하고 이 녀석은 사귀며 신랑감을 골랐겠지. 장시간 함께 살아야 하는 점을 생각하면 일생을 거는 인연을 경솔하게 맺을 수는 없는 일이다. 적어도 이것이 유럽장수금풍뎅이의 사고방식이다.

그 밖에 수많은 녀석들이 우연히 마주쳐서 함께 살기도, 이별하기도 한다. 뒷일은 걱정할 필요가 없다. 생은 짧다. 이것저것 불편한 이야기는 하지 말고 되도록 즐겁게 사는 것이 좋다. 하지만 이 녀석들은 오랫동안 생사고락을 같이 할 진정한 부부이다. 서로가 이해할 수 없다면 어떻게 자식의 행복을 위해 뼈를 깎는 수고를 할 수 있겠나? 전에 둥지를 파헤치는 소동을 벌였을 때 두 장수금풍뎅이 부부가 서로 상대를 기억했다가 본래의 쌍이 만나는 것을 보았다. 지금 여기서는 암컷이 수컷을 싫어한다. 상대에게 불만인 새색시가 뾰로통하고 있다. 무슨 일이 있어도 그녀는 떠나고 싶어 한다.

일주일 동안 매일 암컷을 둥지로 돌려보냈다. 본래의 집 안으로 여러 차례 밀어 넣었으나 이혼 상태가 무작정 길어질 것 같아, 결국 수컷을 바꿔 주기로 했다. 겉보기에는 먼저보다 잘난 데도 없는 녀석으로 바꿔 줬는데 일을 아주 잘했다. 우물은 깊어지고 둔 덕이 높아진다. 식량이 잇달아 창고로 들어가고, 보존 식량 공장이 우렁차게 돌아간다.

6월 2일 현재, 둥지로 들어간 환약은 총 225개였다. 그 뒤 목숨이 다한 아비는 죽었는데, 둥지와 별로 멀지 않은 곳에서 굳어 버린 팔로 마지막 환약을 부둥켜안고 있었다. 그것을 밑으로 내려보낼 수명조차 모자랐던 것이다. 한창 작업 중에 녀석의 최후가 찾아와 식량을 거둬들이는 직장에서 덜컥 죽어 버렸다.

과부는 계속 집안일을 돌보았다. 그녀는 죽은 자가 모아 놓은 재산에다 제힘으로 6월 한 달 동안 30개를 더 보탰다. 가정을 가진 이래 총 255개가 창고에 들어간 것이다. 그 다음에는 휴업과 낮잠을 청하는 무더위가 찾아온다. 어미도 더는 모습을 나타내지 않았다.

시원한 지하 둥지의 밑바닥에서 그녀는 무엇을 하고 있을까? 틀림없이 뿔소똥구리(*Copris*) 어미처럼 이 방 저 방으로 돌아다니며 한 배의 새끼를 돌보고 빵을 조사하겠지. 그녀가 자식에게 둘러싸여 외출하는 것을 기다려 보자.

규정대로 만든 식량을 먹는 이 긴 막간을 이용해서 유리관 사육으로 알아낸 약간의 지식을 말해 보자. 알이 부화하려면 4주일이 걸린다. 날짜가 가장 빠른 4월 17일에 채집

애기뿔소똥구리 애벌레 환경부는 애기뿔소똥구리를 멸종 위기 2급 곤충으로 선정하였다. 이 종처럼 멸종 위기에 놓인 곤충이 많음을 고려해야 한다. 사진은 농업과학기술원에서 사육하면서 관찰한 애벌레이다.

한 알이 5월 15일에 애벌레가 되었다. 땅 밑 1.5m 깊이에서는 온도의 변동이 별로 없다. 따라서 이렇게 늦어진 부화의 원인이 이른 봄의 부족한 온도라고 말할 수는 없다.

또 금방 알게 되겠지만 애벌레 기간도 상당히 길어서 탈바꿈하기 전에 한여름이 다 지나갔다. 기온의 변동을 모르는 굴속에서 순대에 둘러싸였고, 투쟁과는 거리가 먼데다 할 일이 없다. 바깥의 환희에는 위험이 따른다. 활동적인 생활로 너무 빨리 걱정을 겪을 필요도 없는 판국에 무엇하러 서두를까? 그러니 식후에 꾸벅꾸벅 졸면서 지내는 것이 얼마나 멋진 일이더냐! 유럽장수금풍뎅이는 이런 식으로 생각하여 유년기의 자기만족을 될수록 오래 끌려는가 보다.

모래 속에서 막 태어난 애벌레가 당일과 다음 날 사이에 큰턱과 다리를 휘젓고 엉덩이를 움직여서 통로를 트고 위쪽의 식량을 찾아간다. 매달린 사육 유리관에서 변덕스럽게 이리저리 파고들며 맛을 본다. 다음, 몸을 둥글게 구부렸다 뻗기도, 흔들기도 하다가 꾸벅꾸벅 존다. 녀석은 행복해 보인다. 건강하며 만족한 녀석의 몸은 매끈하게 반들거렸다. 녀석을 바라보는 나도 행복을 느꼈다. 끝까지 녀석의 발육을 지켜보리라.

약 두 달 동안 제일 맛있는 먹이를 찾아다니며 오르내린다. 녀석은 뚱뚱하지도 마르지도 않았다. 대체로 점박이꽃무지(*Cetonia*) 굼벵이 같은 모습으로 모양새가 훌륭했다. 뒷다리는 옛날 금풍뎅이(*Geotrupes*) 연구 때 그렇게도 나를 놀라게 했던 그런 보기 싫은 기형이 아니다.

금풍뎅이 굼벵이의 뒷다리는 다른 다리보다 빈약해서 걷는 데

흰점박이꽃무지 우리나라에는 5종의 점박이꽃무지가 산다. 그 중 가장 수가 많으며 대중적이고 색상이 화려한 것이 흰점박이꽃무지이다. 태안, 11. VIII. 07, 강태화

는 전혀 쓰지 못하며, 게다가 등 쪽으로 구부러져서 마비된 것 같은 모양으로 태어날 때부터 불구자였다. 밀접한 친척 관계인 두 금풍뎅이 사이건만 장수금풍뎅이 굼벵이는 이런 결함이 없다. 뒷다리도 앞쪽 두 다리에 뒤지지 않고 형태나 운동이 정상적이다. 어째서 금풍뎅이는 밖으로 구부러진 다리를 가지고 태어났으며, 그 친척은 멀쩡하게 태어났을까? 모르니 배워야 할 작은 비밀이로다.

8월 말, 애벌레 시기가 끝났다. 원기둥 순대 같은 식량은 녀석에게 완전히 소화되어 가루가 되었다. 하지만 모양과 크기는 원래 모습대로 남아 있는데 원재료가 무엇인지는 알아볼 수 없게 되었다. 돋보기로 확대해 봐도 섬유질 한 가닥 보이지 않는다. 양이 풀을 소화시켰으나 그야말로 맷돌인 이 굼벵이가 그 재료를 다시 처리해서 더욱 잘게 부숴 가루로 만들었다. 양은 4개의 위장으로도 이용하지 못한 영양 분자였는데 장수금풍뎅이가 이렇게 빼내서 이용한 것이다.

애벌레 시기가 끝난 녀석에겐 번데기가 쉴 만한 부드러운 깔개가 필요할 것이다. 우리 이론에 따르면 깔개를 그 가루 뭉치 속에

마련하는 것이 좋을 것 같다. 하지만 예상은 또 틀렸다. 녀석은 원기둥 밑으로 되돌아가 부화했던 모래땅으로 들어간다. 거기서 딱딱하고 울퉁불퉁한 자리를 오목하게 만든다. 장래 번데기의 연약한 피부를 조금도 고려하지 않는 이런 변덕에 나는 또 한 번 크게 놀랄 뻔했다. 하지만 그렇게 촌스러운 오두막을 잘 손질했다.

뚱보 은둔자는 몸에 음식을 소화시킨 찌꺼기 일부를 지니고 있지만 번데기가 될 때는 오물 한 점도 남아 있어서는 안 된다. 찌꺼기는 말끔히 없애야 한다. 애벌레는 창자에서 오랫동안 정제된 유향수지(乳香樹脂)를 사용해서 모래벽에 초벌 칠을 했다. 흙손 대신 둥근 엉덩이로 벽에 칠한 회반죽을 길들이고, 닦고 또 닦는다. 이렇게 해서 당초 촌스럽던 오두막의 마루가 우단을 깐 방으로 변했다.

번데기가 되면 갈아입을 옷의 준비가 끝나 특별히 할 말이 없다. 다만 수컷의 머리에 있는 창 3개[4]의 크기와 모양이 성충과 같다는 것뿐이다. 10월에는 성충을 얻을 것이며, 총 발육 기간은 알에서부터 5개월이 걸리는 셈이다.

수컷이 둥지 밖에서 숨이 끊어질 때까지 225개, 과부 자신이 30개의 환약을 창고에 쌓아, 합계 255개를 얻은 유럽장수금풍뎅이 어미 이야기를 다시 해보자. 무더위가 다가와도 어미는 우물 밑의 살림살이에서 손을 떼지 않아 밖으로는 절대로 모습을 나타내지 않는다. 집 안에서 무슨 일을 하고 있는지 알고 싶어도 어쩔 수가 없다. 그래도 전처럼 망을 보면서 기다렸다. 드디어 10월, 농부는 물론 여러 똥구리(Bousier)도 애타게 기다리던 최초의 비가 왔다. 들녘에서는 새로운 둔덕이 여기저기서 솟아난다. 그야말로 가을은 환희의 계절이다. 여

---
4 머리가 아니라 가슴의 뿔임을 기억하기 바란다.

름 내내 재처럼 타 버린 땅에 습기가 돌고, 풀은 푸름을 되찾는다. 양치기가 그리 양 떼를 몰고 간다. 장수금풍뎅이에게 이 날은 애벌레가 집을 떠나는 축제일이며, 처음으로 빛의 환희를 느낄 수 있는 날, 또 목장에서 양 떼의 과자를 맛보는 날이다.

하지만 내 기구의 철망 밑에는 나타나는 녀석이 없다. 계절은 벌써 지나가 버렸다. 더 기다려 봐야 소용이 없다. 탑의 문을 열었다. 어미는 무참한 모습으로 죽어 있었다. 입구에서 멀지 않은 수직 갱도의 위쪽에서 발견되었으며, 상당히 오래전에 죽었음이 증명된다.

그 위치가 이렇게 말하는 것 같았다. 일이 끝난 어미는 예전의 아비처럼 밖에서 생애를 끝내려고 기어올랐다. 하지만 출입구 가까이 왔을 때 갑자기 최후의 허약함이 그녀를 붙잡았다. 늠름한 어미는 제 아이들이 그해 가장 마지막이자 가장 아름다운 날, 환희에 젖는 것을 볼 자격이 있다. 그래서 좀더 좋은 장면을, 즉 어미가 새끼를 데리고 나올 것을 기대했었다.

나는 그 생각을 버리지 않으련다. 어미가 아이들과 함께 나오지 않은 어쩔 수 없는 이유가 있었고, 그 이유는 아마도 이럴 것 같다. 모래 기둥의 가장 아래쪽에 물을 자주 주었고, 대형 화분 덕분에 습기가 가장 잘 보존된 곳에 순대 8개가 있었다. 가는 가루로 잘 반죽해서 훌륭하게 조리된 보존 식량 8개였다. 그것을 여러 층으로 나누어서 놔두었고, 층계는 서로 연결되었으며, 모두 짧은 출입구가 수직 복도로 통했다. 각 식량은 각 애벌레의 식사이므로 애벌레는 8마리였다. 굼벵이 수가 적은 것은 예상하고 있었다. 애를 키우려면 고생이 심해서 어미는 현명하게 임신 조절을 한 것이다.

예상 밖의 일은 이런 것이다. 원기둥 같은 식량 안에 성충은 물론 번데기도 없고 굼벵이만 들어 있었다. 녀석들은 반질반질하게 건강했으며, 거의 번데기가 될 정도로 성장했다. 그런데 지금은 새로운 세대가 성충이 되어 고향집을 떠나 월동용 굴을 파기 시작할 때다. 이 녀석들의 발육이 이처럼 늦어진 것을 나는 이해하지 못하겠다. 녀석들의 어미는 틀림없이 나보다 더 놀랐을 것이다. 아이들을 기다리다 못한 그녀는 나가는 길에 방해되지 않으려는 생각으로 제힘이 완전히 빠지기 전에 혼자 떠나려는 결심을 했다. 나이라는 피치 못할 독소가 일으킨 경련이 그녀를 바로 집 입구에 쓰러뜨렸다.

어째서 애벌레 상태가 이렇게 이례적으로 길어졌는지 이해할 수가 없다. 아마도 사육장에 무엇인가 위생상의 결함이 있었을 것 같다. 내가 아무리 조심해도 깊은 기반이 없는 애벌레가 흙 속의 느낌, 즉 푸근해서 기분 좋은 환경을 완전하게 실현시킬 수 없었음은 당연하다. 좁은 모래 기둥 속은 외부 온도와 습도의 영향을 너무 강하게 받아서 보통 식사로는 영양을 유지하지 못했을 것 같다. 그래서 발육이 늦어졌다. 어쨌든 녀석들이 발육은 늦었어도 겉모습은 아주 훌륭했다. 겨울이 끝날 무렵에 탈바꿈할 것이 기대된다. 일기가 불순해서 잘 발육하지 못했어도 새싹 같은 녀석들은 다시 찾아올 봄의 입김을 기다릴 것이다.

4 유럽장수금풍뎅이 - 윤리학

이번에는 유럽장수금풍뎅이(Minotaure Typhée: *Minotaurus*→ *Typhaeus typhoeus*)의 자랑거리를 소개해야겠다. 혹독한 추위가 끝나면 수컷은 짝을 찾아서 밖으로 나가 그녀와 함께 땅굴을 판다. 그 뒤에는 잦은 외출로 다른 암컷과 마주치는 일이 많지만 오직 제 아내에게만 충실하다. 새끼가 제 구실을 할 만큼 자라서 분가할 때까지 절대로 외출하지 않는 암컷이 땅굴 파는 것을 지칠 줄 모르는 열성으로 도와준다. 파낸 흙을 세 뿔 창에 끼워 한 달 넘게 밖으로 실어 나르면서도 언제나 참을성이 강하고, 지칠 줄 모르며 굴을 오르내린다. 어미에게는 갈퀴로 긁어모으는 쉬운 일만 남겨 놓고 자신은 가장 힘든 일, 즉 무척 좁고 아주 높은 갱도 안에서 숨 막히게 흙을 운반하는 일을 맡는다.

흙일꾼이 이번에는 식량 수확 일꾼으로 바뀌어 새끼에게 넉넉한 식료품을 창고에 넣는다. 아내가 그것을 뜯어 헤쳤다가 압축시켜서 여러 층으로 쌓는 것을 편하게 해주려고, 직업을 다시 한 번 바꿔 방앗간 주인이 된다. 밑바닥과 별로 멀지 않은 장소에서 햇볕에 말라 단단해진 환약을 잘게 부숴, 밀가루가 만들어지면 빵 공장의 어미에게 내려 보낸다. 일에 지친 마지막에는 어느 하늘 아래서 죽으려고 떠난다. 녀석은 아비로서의 임무를 떳떳하게 다했다. 자식들의 번영을 위해 몸을 아끼지 않고 모두 소진했다.

어미는 어미대로 가족 돌보기에 바쁘다. 그녀는 평생 집을 비운 일이 없다. 옛날 사람은 모범 주부의 모델을 '주부는 집을 지킨다 (*domi mansit*, 도미 만시트).'라는 말로 표현했다. 어미 장수금풍뎅이는 원기둥 빵을 반죽하고 산란하여, 자식들이 분가할 때까지 돌봐 주는 '도미 만시트'였다. 가을로 접어들면 어린것에 둘러싸여 땅 위로 올라오는 즐거운 날이 온다. 하지만 자식은 양 떼가 오가는 길목에서 축제를 열겠다며 제각기 흩어진다.

그렇다. 대개의 아비 곤충은 자식에게 무관심하다. 그러나 유럽 장수금풍뎅이는 자식에게 아주 헌신적으로 일한다. 몇 나라를 돌며 관광이나 하고, 친구와 연회를 열면서 가까운 여자와 희롱이나 하면 참으로 즐거울 텐데. 하지만 이 아비는 춘풍에 유혹당해 자신을 버리는 일도, 땅굴을 떠나는 일도 없다. 그저 가족만을 위한 재산 마련에 노동으로 분투하다가, 다리가 굳어 버린 마지막에는 이렇게 말할 수 있다.

나는 일했노라. 내 임무를 다했노라.

자, 그러면 새끼의 행복을 위한 자기희생과 열성이 과연 어디서 이 아비 벌레에게로 왔을까? 그것은 평범함에서 좀 좋은 것으로, 좀 좋은 것에서 더 훌륭한 것으로 천천히 진보해서 얻어진 것이라고 말하는 사람(진화론자)이 있다. 오늘은 불리하지만 내일은 유리한 우연적인 환경이 그런 아비를 만들어 냈다는 것이다. 그 녀석이 사람처럼 경험으로 사물을 배우고, 발전시키며 진보해서 보다 좋아진 것이란다.

소똥구리(Bousier)의 작은 두뇌 속에 과거의 교훈이 영속적으로 남아 있고, 그것이 때로는 성숙해 가며 서로 얽혀서 행위로 나타난다는 것이다. 필요는 본능의 가장 중요한 계시자(戒侍者)이며, 이런 필요에 자극받은 동물은 저절로 일꾼이 된단다. 이 벌레는 지금 우리가 본 도구와 직업을 제힘으로 갖게 되었으며, 끝없는 시간의 경과를 통해 습성, 능력, 지혜가 얻어진, 즉 무한히 작은 것들에서 얻어진 것의 총화란다.

이론이란 녀석은 독립적인 모든 영혼을 유혹할 만큼 숭고하다고 말들 한다. 실속 없는 단어의 메아리가 실존으로 충만한 공명을 대신할 수 없다면 그렇단다. 이 점에 관해 유럽장수금풍뎅이에게 물어보자. 물론 녀석이 본능의 기원까지 알려 주지는 않을 테니 문제는 전처럼 어둠 속에 남아 있을 것이다. 하지만 적어도 좁은 한구석에 어렴풋한 빛을 던져 줄지도 모른다. 녀석이 이 희미한 불빛을 가물거리며 우리를 데려가는 땅굴에서는 환영받을 만하다.

유럽장수금풍뎅이는 양(Mouton: *Ovis*)의 환약, 그것도 오랫동안 햇볕을 받아 바싹 마르고 단단해진 것만 단골로 좋아했다. 다른 소똥구리는 막 배설한 신선한 것을 좋아하는데, 녀석은 이렇게 선택하다니 참으로 유별나다. 왕소똥구리(*Scarabaeus*), 뿔소똥구리(*Copris*), 소똥풍뎅이(*Onthophagus*), 그 밖의 어떤 소똥구리도 이렇게

뿔소똥구리 현재 우리나라에서 가장 크면서 대중적인 소똥구리는 매우 굵은 몸통에 길이가 20~28mm인 뿔소똥구리이다. 수컷은 머리에 굵고 뒤쪽으로 약간 굽은 뿔이 있다.
제주, 27. Ⅸ. 07, 강태화

바짝 마른 것은 상대하지 않는다. 크든 작든 배(梨) 모양 조각가에게도, 순대 공장주에게도 맛이 풍부하고 차진 물건이 절대로 필요하다.

세뿔똥벌레(유럽장수금풍뎅이)에게는 들판에서 말라붙은 올리브, 말하자면 물기 빠진 양의 사탕이 필요하다. 각각의 맛이 틀려서 이 문제를 논할 필요는 없다. 하지만 주변에 양이나 다른 짐승이 배설한 부드럽고 물기 많은 식량이 많은데, 뿔이 세 개인 녀석은 하필 남이 거들떠보지 않는 물건을 좋아하는지 모르겠다. 이렇게 형편없는 요리에 치우친 기호가 타고난 것이라면, 왜 하필 훌륭한 것을 포기하고 맛이 없어서 남이 이용하지 않는 물건을 택했을까?

더 고집하지는 않겠다. 이유야 어떻든 유럽장수금풍뎅이에게는 마른 환약이 굴러들었다. 이 논거를 인정한다면 나머지는 피할 수 없는 이론이 펼쳐진다. 진보의 선동자인 필요 덕분에 이 풍뎅이의 수컷은 협력자 역할로 한 발씩 걸어왔다. 옛날의 곤충 세계에서는 모두가 그랬듯이 아비는 게으름뱅이였다. 그런데 이 아비가 열심히 일하게 된 것은 일을 해보고 또 해보는 과정에서, 보조 업무가 자손에게 아주 좋다는 것을 알게 되었기 때문이다.

수확물은 어떻게 했을까? 볼품없는 물건을 땅속 습기로 얼마큼 부드러워지고, 절제하여 먹지 않고 남은 것은 겨울 추위를 견디려고 듬뿍 펠트로 손질되어 그 속에 파묻혔다. 하지만 수확의 쓰임

중 펠트는 미미한 것이며 중요한 것은 가족의 장래에 있다.

막 태어난 애벌레는 위장이 약해서 주워 온 환약 그대로 먹지 못한다. 녀석이 먹기 좋게 하려면 필히 식량이 부드럽고 맛있게 조리되어야 한다. 어떤 부엌에서 조리될까? 물론 온도가 일정하고 습도는 지나칠 정도로 높지 않은, 즉 위생적인 땅 밑이 유일한 장소이다. 그래서 식량을 깊은 땅굴로 끌어들였다.

땅굴은 깊어서, 정말로 깊어서 여름 무더위라도 식량을 말리지 못할 만큼 깊어야 한다. 애벌레는 발육이 느려서 9월에 가서야 겨우 성충이 된다. 녀석은 연중 가장 덥고 건조한 기간을 땅 밑에서 이겨 내며, 빵이 굳을 걱정도 없이 지나야 한다. 애벌레와 식량이 삼복더위의 소나기 햇살을 피하려면 1.5m라는 깊이가 결코 지나치다고 할 수 없다.

어미는 아무리 깊은 우물이라도 혼자 파낼 힘이 있다. 그녀가 열심히 일하는 동안 도와주러 오는 자가 없더라도 파낸 흙을 밖으로 날라서 굴을 깨끗하게 할 필요는 있다. 그래야만 당장 오르내리며 식량을 운반하고, 나중에 새끼들을 안전하게 탈출시키니 꼭 필요한 조치이다.

굴 파기와 나르기를 혼자서 하려면 손이 모자란다. 이만한 일을 하려면 한 계절로는 어림도 없다. 해마다 부딪치는 일이라 세뿔똥벌레 아비는 오랫동안 궁리한 끝에, 문득 좋은 생각을 떠올리고 이렇게 중얼거렸다. "팔을 걷어붙이고 어미를 도와야겠다. 내 삼각뿔이 등짐을 싣는 바구니 구실을 할 수 있겠지. 그러면 일이 빨라지겠지. 파낸 흙을 짊어지고 밖으로 옮겨 주자."

두 마리가 만나서 가정을 이루며 협력자가 되었다. 결코 만만치 않은 일이 매우 시급해서 녀석들의 협력을 굳건하게 해준다. 장수 금풍뎅이의 식량은 말라서 단단하므로 깨뜨려서 잘게 만들어야 한다. 그러면 과자의 마무리 작업이 편해진다. 방앗간을 거친 다음의 식량을 어미가 정성껏 다져 원기둥처럼 마무리 지어야 한다. 그 다음엔 발효해서 원하는 성질을 얻게 된다. 모두가 품이 많이 들며 정성을 들여야 하는 일이다.

　부부는 품을 덜고 좋은 날씨를 잘 이용하려고 이렇게 일을 시작했다. 아비는 나가서 빵 재료를 모아 오며, 수확한 것은 위층에서 대충 갈아 준다. 아래층의 어미가 그 가루를 받아서 굵기를 고르고, 가볍게 두드려서 한 층씩 다져 원기둥의 본을 뜬다. 어미는 배우자로부터 밀가루를 받아서 반죽한 것이다. 아비는 제분기를, 어미는 절구를 이용해 분업한 덕분에 일이 빨리 진척된다. 그래서 녀석들의 짧은 일생을 되도록 솜씨 좋게 살려 준다.

　지금까지는 모두 좋기만 했다. 녀석들이 수 세기 동안 다니던 학교에서 오랜 시일을 두고 비로소 허용된 발명을 거듭 시험하다가 이런 솜씨를 습득했다면, 두 협력자는 다른 행동을 하지 않을 것이다. 하지만 이제는 메달의 앞뒷면처럼 제대로 되지 않는 일이 있다.

　방금 마련된 과자는 애벌레 한 마리, 절대로 한 마리만의 분량이다. 가족의 번영에는 더 많은 과자가 필요한데, 이제 어떤 일이 일어날까? 이런 일들이 벌어진다. 일단 처음 한 마리 분의 식량을 준비한 다음 아비가 집 밖으로 나갔다. 빵집 조수는 빵집을 버리고 멀리 가서 죽으려고 떠났다. 4월 초에 야외에서 땅을 파냈을 때는 언제나 부부 한 쌍이었으며, 아비는 굴속의 높은 곳에서 열심히 환약을 가루로 만들고 있었다. 그리고 어미는 밑에서 식량을 쌓아올렸다. 얼마가 지난 다음, 어미는 오직 외톨이일 뿐 아비의 모습은 보이지 않았다.

아직 산란을 끝내지 않은 어미는 누구의 도움도 없이 혼자 일을 계속해야 한다. 품이 많이 들고 고생스러운 땅굴 작업은 이미 완성되었다. 첫 아이의 자리도 준비되었다. 그러나 어린애의 수가 많을수록 가계(家系)에 이로우니 그 뒤에도 더 낳아야 하는데, 그 녀석들을 돌보는 것도 어미 혼자서 감당해야

한다. 지금까지는 집 안에만 들어앉았던 어미가 이제는 자주 외출을 한다. 외출을 싫어하던 그녀였으나 자식들을 자리 잡게 해주기 위해서 물자를 구하러 다닌다. 근처의 환약을 우물로 옮겨 와 가루로 빻아 반죽한 다음 원기둥을 만들어 쌓는다.

어미가 이렇게 가장 바쁜 시기에 아비는 집을 버리게 된다. 아비는 이미 늙었다며 변명한다. 죽음이란 선의를 따르지 못하는 것이니 별 수 없지, 삶이란 다 그런 거니까. 나이 먹은 수컷은 아쉬워하며 물러난다.

우리는 녀석의 주장에 대해 이렇게 답변할 수 있다. 진보에 진

보를 계속한 진화는 우선 너희에게 맞벌이 부부 가정이라는 것을 발견하게 했고, 무더운 여름에도 식량을 잘 보존시킬 깊은 땅굴, 거친 재료를 부드럽게 하는 분말 제조법, 반죽 재료를 맛있게 발효시킨 순대까지 만들게 해주었다. 그렇다면, 이런 진화가 어째서 단 몇 주라도 생명을 연장하는 방법을 알려 주지 않았는가? 자연선택이 잘 이루어졌다면 실행될 것 같기도 하다. 내 실험 기구 중 하나에서는 수컷이 환약을 창고에 가득 채워 주고도 6월 중순까지 살아 있었다.

녀석들은 나름대로 다음처럼 말할 권리가 있다.

양이 언제나 후하지는 않답니다. 둥지 근처에는 수확할 것이 별로 없어요. 그래서 거둬들인 식량 몇 개를 굴속에 넣고 나면 기분이 울적해지고 바로 늙는답니다. 내 친구가 당신의 실험 장치 안에서 6월까지 살아남은 것은 줍고 또 주워도 바닥나지 않을 만큼 풍부한 식량이 주변에 있어서 그런 것이랍니다. 마음 내키는 대로 창고에 넣을 수 있었으니, 그 친구는 생애가 즐거웠고 실업 걱정도 없어서 오래 살았답니다. 그 친구만큼 물질의 혜택을 받지 못한 나는 근처에서 변변찮게 수확하고 나면 갑갑증으로 죽어 버린답니다.

그래 좋다. 하지만 너희에게는 날개가 있다. 그래서 날 수 있는데 왜 조금 멀리 가 보지 않느냐? 가 보았다면 너희 욕심을 얼마든지 충족시켜 주었을 텐데도 그런 일을 하지 않았다. 왜였느냐? 문밖으로 몇 걸음 원정을 가면 성과가 좋음을 알려 주지 않아서였다. 끝까지 배우자의 일을 도와주려고 며칠 더 씩씩하게 살았으면서도 집에서 조금 먼 곳에서 식량 구하는 수단은 아직까지 몰랐다 니 어찌된 일이냐?

사람들은 진화가 너희에게 어려운 일을 가르쳤다고 한다. 그런 진화가 조금만 연습하면 쉽게 해결될 가장 중요한 방법은 등한히 했단다. 하지만 너희에게 맞벌이, 깊은 땅굴, 빵 공장 기술을 가르친 것은 진화가 아니다. 너희에게 진화란 영구불변한 것이다. 그래서 행동반경을 넓힐 수 없는 동그라미 안에서만 활동한 것이다. 너희는 오늘도, 미래에도 이 세상에서 처음 환약을 땅굴로 내려 보냈을 당시처럼 할 것이다.

진화로 설명되는 것은 아무것도 없다. 옳거니, 주어진 사물이 모르는 것임을 납득하면 적어도 그 호기심에 안정된 균형과 안식이 찾아온다. 우리는 불가지(不可知, 알 수 없음)의 낭떠러지에 서 있다. 단테(Dante)[1]는 그의 지옥문에 이렇게 써 놓았다.

희망을 버려라(Lasciate ogni speranza).

그렇다. 원자(原子)를 뛰어오르게 하여 우주로 돌격코자 발돋움하려는 우리 모두는 그런 희망을 버리자. 성역의 근원은 열리지 않으리라.

아무리 애써 봐도, 또한 생명의 수수께끼 속에 탐색 침을 깊이 꽂아 보아도, 우리는 결코 정확한 진리를 밝히지 못한다. 학설이라는 낚싯바늘은, 오늘은 최종 지식이라고 환호를 받았어도 내일은 거짓이라며 내던져지고, 조만간 내던져진 것 또한 거짓으로 판명되어 다른 것으로

---

1 Alighieri Dante. 1265~ 1321년. 이탈리아의 고명한 시인

대체되는, 이런 환상들만 낚아 올린다. 그렇다면 진리는 도대체 어디에 있을까? 그것은 마치 기하학의 점근선(漸近線) 같아서 언제나 끊임없이 도망친다. 우리 호기심은 그것을 쫓아가 가까이 접근해도 결국은 따라잡지 못하는 것일까?

우리 과학이 규칙적으로 진행하는 곡선이라면 이 비교도 들어맞을 것이다. 그러나 과학은 전진하다 후퇴하기도, 올라갔다 내려오기도, 휘기도 한다. 또 점근선으로 가까이 가는가 하면 다시 멀어진다. 인식하지 못하는 사이에 점근선과 교차할 수도 있다. 진리는 완전히 붙잡으려 하면 도망쳐 버린다.

아무튼, 우리의 관찰로 미루어 보았을 때 유럽장수금풍뎅이 부부는 가족에 대한 열성이 대단했다. 동물계에서 이와 비슷한 예를 찾으려면 상당히 높은 단계까지 올라가야 한다. 새와 짐승(포유류)에서나 겨우 이와 비교할 만한 것들이 찾아진다.

만일 이런 일이 소똥구리 세계가 아니라 인간세계에서 행해진다면 그것은 도덕적인, 그야말로 훌륭할 정도로 도덕적인 행위라고 일컬어진다. 하지만 벌레에게는 도덕이 없으니 여기서는 이 표현이 걸맞지 않을 것 같다. 유독 인간만이 도덕을 알며, 그것을 나타내고, 인간 속에 가장 좋은 것들이 모여 있는 미묘한 거울인 양심의 빛이 가르쳐 주는 대로 그것을 향상시킨다.

모든 것 중 가장 높은 이 도덕적 행위의 진보는 아주 느리다. 최초의 살인자인 카인(Caïn)[2]은 제 형제를 죽일 때 다소 신중하게 생각했다고 한다. 양심의 가책 때문이었을까? 십중팔구는 아닐 것이다. 그보다는 제 주먹보다 더 센 주먹에 대한 두려움 (때문)이었을 것이다. 복수의 일

----

2 아담과 이브의 첫째 아들로서 동생 아벨을 죽였다.

격에 대한 공포가 지혜의 시작이었다.

이 공포심은 정당했다. 그래서 카인의 후예는 사람을 살생하는 도구를 제작하는 기술에 아주 탁월했다. 주먹 다음에 막대기, 곤봉, 석궁(石弓)으로 쏜 돌, 계속 진보해서 돌도끼 따위를 만들었다. 상당히 후세에 가서는 청동(靑銅) 단도, 무쇠 창, 강철 칼을 만들었다. 화학이 여기에 한몫 끼어들어, 몰살시키는 공로로 월계관을 받았다. 더욱 개량된 폭약 덕분에 오늘날 만주(滿洲) 지방의 늑대(Loups: *Canis lupus*)는 수많은 인간의 시체 더미를 선사받았다.[3]

미래는 우리에게 무엇을 남겨 줄까? 그런 것은 생각해 볼 용기조차 없다. 과학은 다이너마이트에 피크르산염(Picrate)을, 또 뇌산염(Fulminate, 雷酸鹽)에 액상 폭약(Panclastite)을, 그 밖에도 계속 전진하며 1,000배 이상의 강력한 폭약을 꼭 발명해 산 밑 뿌리에 쌓아 지구를 폭파하지나 않을까? 이 폭파로 날아간 지구의 파편이 마치 소멸해 버린 세계의 잔해인 소행성(小行星)처럼 소용돌이치면서 창공을 질주하려나? 만일 그렇게 된다면 이 아름답고 숭고한 지구는 끝장이다. 동시에 온갖 추악한 것, 모든 비참한 것도 끝난다.

유물론(唯物論)의 전성시대인 오늘날은 물리학이 물질을 파괴하려 한다. 원자를 깨뜨린 것이 에너지로 바뀌어 물질이 소멸될 때까지 미세한 가루를 만들려 한다. 손으로 만지고 눈으로 보는 물체의 모습은 겉모습에 지나지 않을 뿐, 사실상 만물은 에너지이다. 만일 미래의 과학이 물질의 원초로 거슬러 올라가는 데 성공한다면, 바위 몇몇을 깨뜨려서 지구를 에너지의 혼돈 속으로 해체해 버릴 것이다. 그때는 길버트(Gilbert)[4]의 문장

3 이 글을 쓰기 전해에 있었던 러일전쟁을 비유한 것 같다.
4 Nicolas-Joseph-Florent Gilbert. 1750~1780년. 프랑스 시인

이 위대한 모습을 나타낼 것이다.

그리고 날개와 낫을 영원히 빼앗기고 시간은 부서진 세상 위에 꼼짝 않고 잠들어 있다.

그러나 이런 특효약 같은 처방에 큰 기대를 걸지는 말자. 캉디드(Candide)[5]의 충고처럼 우리는 밭이나 갈자. 물도 주면서 모든 일을 있는 그대로 받아들이자.

자연은 가혹하며 불쌍함을 모르는 유모(乳母)이다. 그래서 애지중지하던 어린애의 다리를 잡아 허공에서 휘둘러 바위에 내동댕이친다. 이것이 다산(多産)에서 오는 혼란을 조절하는 수법이다.

죽음, 그 정도면 좋다. 하지만 고통은 무슨 소용일까? 미친개가 공공의 안녕을 위험에 빠뜨릴 때 혹독한 육체적 고통을 주라고 해야 할까? 우리는 고통을 주기보다 총알 한 방으로 죽여 버린다. 말하자면 인간은 자기 방위를 하는 것이다. 그러나 옛날에는 사치스럽게 붉은 제복을 입은 재판관이 죄인을 네 갈래로 찢거나, 수레에 묶어서 찢거나, 장작불 위에서 태우거나, 유황 바른 내의를 입히고 태웠었다. 재판은 고통의 무서움을 알려서 죄를 갚게 한다고 생각했었다. 그로부터 도덕은 눈부시게 진보했다. 옛날보다 더욱 분명해진 오늘날의 양심은 대 죄인을 미친개 대하듯 하여 관용을 베푼다. 잔인성은 얼빠지게 다듬기보다 죽여 버려야 한다.

우리 법전에서 사형이 사라질 날이 올지도 모른다. 죽이는 대신 범죄라는 병을 고치려고 노력할 것이다. 범죄라는 병균에도 황

5 볼테르 소설에 등장하는 주인공. 낙천주의자

열병(黃熱病)이나 페스트 같은 병균을 대하듯 투쟁해야겠지. 그러나 사람 목숨을 이렇게 절대적으로 존중하는 것이 언제나 이루어질까? 그 꽃이 피려면 몇백, 몇천 년이 걸릴까? 그럴 수도 있겠지. 양심이 깨끗해지려면 시일이 오래 걸릴 테니까.

인간이 지상에 나타난 이래 도덕은 아직까지 가족에 대해서도, 그야말로 신성한 단체 안에서도, 그 최후의 이야기를 하지 않았다. 옛 유럽의 가장(Paterfamilias, 家長, 로마의 횡포한 가장)은 전제군주였다. 그는 주위 사람을 마치 자기 영지의 양 떼처럼 지배했고, 그 자식들의 생사에 대한 권리까지 가졌었다. 자식들을 멋대로 처분하여 다른 아이와 맞바꾸기도, 노예로 팔기도 했다. 아이를 위해 기른 게 아니라 자신을 위해 아이를 길렀다. 이런 점에 관한 옛날의 법은 불쾌하기 짝이 없고 난폭했다.

그 뒤 도덕은 많이 좋아졌지만 고대의 야만성이 완전히 사라진 것은 아니다. 경찰관에 대한 공포에만 국한된 도덕성을 가진 사람이 프랑스에는 없을까? 토끼를 길러 돈을 벌겠다는 심보로 아이를 기르는 사람은 얼마나 될까? 돈 몇 푼에 불쌍한 어린이의 장래를 희생시키는 지옥 같은 공장에서 13세 미만의 아이를 지키려면 엄중한 법을 만들어 양심을 감시해야 한다.

벌레는 몸에 지니기 힘들고, 사상가의 머릿속에서 끊임없이 다듬어지는 그런 도덕을 갖지 않았다. 하지만 녀석들 나름대로의 규칙은 있으며, 그 규칙은 처음부터 확고부동하다. 마치 호흡과 양분이 필요하듯 몸속 깊이 새겨져서, 어기거나 피할 방법 없이 강요당하는 것이다. 이런 규칙의 첫머리에 어미벌레의 정성 어린 이야기가 있다. 삶의 근본 목적은 삶을 보존하고 유지하는 것에 있다. 따라서 막 태어난 가냘픈 시대에도 삶을 유지시켜 줄 필요가 있었고, 그것을 보살피는 것이 어미벌레의 임무였다.

임무에 게으름을 피는 어미는 없다. 아무리 못 배운 벌레라도 알을 알맞은 장소에 낳아, 갓난애가 제힘으로 살아갈 길을 찾게 해준다. 어린것에게 식량을 저장하여 먹게 하거나 둥지, 방, 탁아소 따위의 섬세한 걸작품을 지어 주기도 한다. 운 좋은 녀석은 젖을 얻어먹는다. 그러나 대체로, 특히 벌레의 세계에서는 아비가 새끼에게 관심을 갖지 않았다. 옛날의 난폭한 습성에서 깨어나지 못한 우리 조상도 그랬고, 우리도 아직은 다소 그런 면이 있다.

(모세의) 십계명은 부모를 공경하도록 명하고 있다. 그런 십계명이 아들에 대한 아비의 의무에 대해서도 한마디를 했다면 더욱 좋았을 뻔했다. 하지만 십계명은 마치 옛날 씨족사회의 전제군주(Paterfamilias)였던 가장(家長), 모든 것이 자기중심이며 다른 사람의 일은 문제 삼지 않았던 가장이 하는 이야기 같다. 후세에 와서, 현재는 미래를 위해서 존재하며, 아비가 제일 먼저 해야 할 의무는 자식에게 가혹한 투쟁을 준비시키는 것에 있음을 알게 되었다.

가장 비천한 녀석 중 몇몇은 벌써 우리보다 앞서서 실천하고 있다. 우리에겐 아직 모호한 아버지의 처지에 관한 문제를 녀석들은 처음부터 멋지게 해결했다. 특히 유럽장수금풍뎅이가 이런 중요한 문제를 심의할 권리를 가졌다면, 우리는 아마도 십계명의 수정안을 들고 나왔을 것이다. 그리고 교리문답을 흉내 낸 빈약한 시구로 다음과 같이 기록했을 것이다.

너는 힘을 다해서 너희 아이들을 꿋꿋하게 길러라.

5 고약오동나무바구미

곤충 중에는 누구나 잘 아는데도 아무 재주가 없는 녀석이 있는가 하면 전혀 알려지지 않은 녀석인데 정말로 재주꾼인 경우가 있다. 천부의 재능을 타고난 녀석이 진가를 인정받지 못하는 반면, 화려한 옷차림에 풍채가 당당하면 누구에게나 인기가 있다. 우리는 벌레를 옷차림과 크기로 평가한다. 마치 어떤 사람을 그가 입은 옷감의 좋고 나쁨, 그리고 그가 앉아 있는 자리의 넓고 좁음에 따라 평가하는 격이다. 그 밖의 조건은 염두에 두지 않는다.

이야깃거리가 될 만큼 명예로운 벌레는 마땅히 인기를 얻었어야 한다. 그러면 이제 무슨 이야기를 하려는 것인지 독자는 내용을 짐작하고 흥미를 갖겠지. 중요한 이야기 대신 벌레의 모양이나 길게 묘사해서 독자를 싫증나게 하지는 않겠다. 하지만 덩치가 크면 관찰하기 쉽고, 모습이 멋지면 휘황찬란한 옷차림이 눈길을 끈다. 그런데도 모른 체하는 것 역시 잘못이다.

그러나 곤충 연구에서 정말로 매력을 느끼는 부분은 그 습성이나 재간 따위로, 이런 것이 아주 상석을 차지한다. 아주 크고 호사스런

큰명주딱정벌레 딱정벌레 무리는 대개 땅바닥에서 생활하는데 이 녀석은 나비나 나방의 애벌레를 잡아먹으려고 나무 위로 올라가는 일이 많다. 밤에는 불빛을 찾아오기도 한다. 시흥, 8. VIII. '92

벌레는 대개 무능하고 어리석다. 이런 결함은 다른 경우[1]에서도 곧잘 눈에 띈다. 전신이 금속성 광채로 번쩍이는 딱정벌레(Carabe: *Carabus*)에게 무엇을 기대하면 좋을까? 녀석은 달팽이(Escargot: Pulmonata)를 죽여 끈적이는 액체 속에서 포식을 일삼는 것밖에 아는 게 없다. 귀금속상의 보석 상자에서 막 도망쳐 나온 듯한 점박이꽃무지(Cétoine: *Cetonia* → *Protaetia*)에게 무엇을 기대할까? 장미꽃 속에서 조는 일 말고 다른 것은 없다. 재주도, 능력도 없는 녀석이다.

녀석들과는 달리 독창적 발명, 예술적 작품, 재치 있는 배합을 원한다면 대개 아무도 모르는 미천한 곤충에게로 눈을 돌려야 한다. 녀석이 자주 드나드는 장소를 못마땅하게 여기면 안 된다. 오물일망정 우리를 위해 훌륭하고 진귀한 것을 간직한 녀석이 있으나 이들이 장미꽃에서는 찾아지지 않는 법이다. 가족 윤리 문제는 고맙게도 방금 유럽장수금풍뎅이(*Typhaeus typhoeus*)가 설교해 주었다. 비천한 자들이여 만세! 꼬마들이여 만세!

작고 보잘것없는 녀석, 고추씨보다 작지만 흥밋거리로 가득한 녀석이 어쩌면 우리가 해결할 수 없는 커다란 문제를 내놓을 것이다. 학명은 키오누스 답수수(Cionus thapsus, 고약오동나무바구미)이다. 누군가가 내게 키오

---

1 인간 사회를 빗댄 것 같다.

누스(Cione)의 말뜻을 물었는데 나는
솔직히 모른다고 했다. 모르는 게 지
금 이 글을 쓰는 내게도, 독자에게도
별로 불행한 일은 아니며, 곤충학에
서 이름을 붙였다는 의미일 뿐 별게
아니다.

그리스 어나 라틴 어 따위의 합성
어가 벌레의 살림살이를 암시해 주는
것도 있다. 하지만 사실과 일치하지

고약오동나무바구미
실물의 10배

않는 경우도 많다. 학명을 짓는 학자는 죽은 벌레 집단의 무덤을
상대로 연구하는데, 살아 있는 녀석의 도시를 주시하는 학자보다
먼저 이름을 지어야 하니 그렇게 된 것 같다. 그래서 짐작으로 붙
인 것도 있고, 분명히 틀린 이름도 자주 나타나는 결점이 있다.

지금 답수수라는 어휘에 비난이 집중되고 있다. 고약오동나무
바구미가 휩쓰는 식물이 식물학자가 이야기하는 답수수(*Verbascum
thapsus*, 우단담배풀●, 현삼과)가 아니라 같은 속의 다른 종(*Verbascum
sinué*: *V. sinuatum*, 뜰담배풀)이라서 그렇다. 길가에서 잘 자라는 이
풀은 그렇게 메마른 땅도, 하얀 먼지도 전혀 두려워하지 않는 남
방계 식물이다. 솜털 덮인 잎은 가장자리가 깊이 파인 장미꽃 모
양을 넓게 펼쳐 놓고 있다. 꽃대는 작은 가지로 나뉘었고, 보라색
솜털이 달린 수술의 노란 꽃으로 덮여 있다.

5월 말, 곤충 채집가의 도구인 우산을 이 식물 밑에 펼쳐 놓고,
막대기로 노란 꽃을 몇 번 두드려 보자. 그러면 싸라기눈 같은 알
맹이가 비 오듯 우수수 떨어지는데, 이것들이 우리가 취급할 고약

오동나무바구미이다. 짧은 다리에 몸을 둥글게 웅크린 아주 동글 동글한 벌레인데, 회색 비늘 바탕에 검은 점무늬가 마치 털실로 뜨개질한 것 같아서 멋을 빼먹지 않은 복장을 한 딱정벌레이다. 두 개의 넓은 검정 우단 휘장이 하나는 등 쪽 중앙에, 또 하나는 딱지날개 뒤쪽 끝에 있는 것이 이 곤충의 특징이다. 프랑스 어디 에도 이런 무늬를 가진 바구미는 없다. 주둥이는 매우 길고 튼튼 하며 가슴 쪽으로 바로 내려졌다.

보름달 모양의 검정 무늬로 장식한 오동나무바구미가 오래전부 터 내 머리를 떠나지 않았었다. 아무리 생각해 봐도 애벌레가 뜰담 배풀의 꼬투리 속에 살 것 같아 좀 알아보고 싶었던 것이다. 녀석 은 그 꼬투리 속의 종자를 갉아먹 을 텐데, 꼬투리를 어느 계절에 열어 보아도 성충, 애벌레, 번데 기 중 어느 것도 발견된 일이 없 다. 대수롭지 않은 이 문제가 내 호기심을 자극했다. 요 난쟁이가 어쩌면 무슨 재미있는 일을 보여 줄지도 모른다는 생각이니, 어떻 게 해서든 녀석의 비밀을 훔쳐 내 야겠다.

다행히 앞뜰 자갈밭의 돌 틈바 구니에 뜰담배풀 몇 포기가 장미 꽃처럼 (흩어져) 자리 잡고 있었 다. 이 풀에는 녀석들이 붙지 않

뜰담배풀

았으나 들에 펼쳐 놓은 우산에다 두드려서 털어 낸 것을 여기서 살게 하는 일은 문제도 아니다. 5월, 시끄러운 양 떼가 돌아다니지 않는 내 뜰 앞에 녀석들을 데려다 놓고, 하루 종일 어느 때라도 거동을 조용히 관찰할 수 있게 해놓았다.

이주민은 왕성하게 번성했다. 녀석들을 작은 가지에 내려놓자 새로운 야영지에 만족해서 잘 먹고 서로 다리로 희롱했다. 대다수가 부부가 되어 햇볕의 축제 속에서 생을 즐긴다. 두 마리씩 서로 겹쳐진 부부끼리 갑자기 좌우로 흔든다. 마치 용수철로 흔들리는 것 같다. 한참 또는 잠깐 쉬었다가 다시 흔들어 댄다. 또 쉬었다가 다시 흔든다.

그런데 흔들기 운동의 원동력은 두 꼬마 중 어느 녀석에게 있을까? 아마도 수컷보다 체격이 좀 큰 암컷에게 있을 것 같다. 그렇다면 흔듦은 수컷에게 껴안긴 그녀의 벗어나려는 저항일지도 모르는데, 수컷은 그런 흔들림 따위에도 꼼짝 않는다. 어쩌면 둘이서 함께 하는 짓인지도 모르겠다. 또한 두 마리가 혼례에 도취되어 기뻐서 어쩔 줄 모르는 것 같기도 하다.

짝이 없는 녀석은 꽃봉오리에 주둥이를 꽂고 달콤한 즙을 빤다. 다른 녀석은 가는 줄기에 작은 구멍을 뚫는데, 거기서도 달콤한 시럽이 흘러나온다. 머지않아 개미가 이 즙을 핥으러 모여든다. 지금으로서는 이것만 알 뿐 어디에 알을 낳는지조차 모른다.

7월에 작고 푸른색의 연한 꼬투리 중 어느 것 밑동에 갈색 점이 생긴다. 혹시 이것이 고약오동나무바구미가 알을 낳은 흔적인지, 의심은 가는데 찔린 꼬투리에는 대개 아무것도 없다. 그렇다면 부화한 구더기가 즉시 집을 떠났다는 이야기가 된다. 더욱이 구멍이

채소바구미 우리나라에는 이 종이 흔하지 않다. 옮긴이는 제주도의 바닷가 모래밭에서 아주 비슷하게 생긴 '채소땅속바구미'를 발견하고 한국 미기록종으로 보고한 일이 있다. 해남. 3. IX. '96

열려 있으니 분명히 나간 것이다.

이렇게 위험한 세상에서 갓난 애가 조심성 없이 마음대로 움직여 급히 나가 버렸다. 이런 행동은 매우 위험하며, 바구미(Curculionides : Curculionidae) 무리에서는 볼 수 없는 습성이다. 무엇보다 지나치게 뚱뚱하며 다리가 없어서 누워 지내고 싶은 애벌레에게 움직임이란 귀찮고 힘든 일이다. 결국 그래서 바구미는 태어난 곳에서 성장하게 된다.

또 하나의 상황이 내 의심을 부쩍 키운다. 오동나무바구미가 주둥이로 뚫었다고 생각되는 몇 개의 구멍에 5~6개의 노란색 알 뭉치가 들어 있다. 이 숫자가 이해되지 않는다. 뜰담배풀의 꼬투리는 다 자라도 매우 작다. 같은 속의 다른 종과 비교해도 무척 작다. 알 뭉치가 들어 있던 푸른색 연한 꼬투리, 이렇게 어린 꼬투리는 겨우 밀알의 절반 크기이다. 이 작은 꼬투리에 그렇게 많은 수의 식객이 들어갈 수는 없는 일이다. 한 마리라도 안 된다.

어미란 모두가 앞일을 생각하며 걱정하게 되어 있다. 따라서 뜰담배풀을 공략하는 새끼 6마리에게 이렇게 인색한 재산을 물려줄 생각은 하지 않았을 것이다. 처음에 나는 이런 몇 가지 이유로 그것이 실제로 오동나무바구미의 알인지 의심했고, 아무것도 내 망설임을 덜어 주지 않았다. 그런데 주황색 알이 부화한 지 24시간 뒤에는 태어난 구더기가 서둘러서 방을 나갔다. 활짝 열린 구멍을 통해서 밖으로 나가, 꼬투리에 흩어져서 솜털을 모두 깎아 버린다. 솜털은 녀석들이 첫 입질을 하기에 충분한 잔디(풀)였다. 이제 작은 가지로 내려가서 껍질을 갉고, 차차 작은 잎으로 옮아가며 먹기를 계속한다. 마지막 탈바꿈이 진짜 내가 오동나무바구미의 애벌레를 보고 있는 것인지를 증명해 줄 것이다. 녀석을 좀 확대해 보자.

애벌레는 다리가 없는 벌거숭이였다. 머리는 검고, 가슴 첫 마디에 큰 점 두 개가 장식된 것 말고는 전체가 담황색이며, 전신이 끈적이는 액체로 덮여 있다. 이 점액이 벌레를 잡은 핀셋에 달라붙어 흔들어도 잘 안 떨어진다. 괴롭히면 창자 끝에서 점액을 내보내는 것으로 보아 틀림없이 여기가 점액의 제조 공장이다.

애벌레가 어린줄기에서 어슬렁어슬렁 이동해서 목질부 직전까지 껍질을 깎아 먹고는 잔가지의 잎, 아래쪽보다는 위쪽의 작은 잎을 갉아먹는다. 좋은 방목장을 만나면 몸을 활처럼 구부려 분비한 끈끈이로 찰싹 달라붙는다. 걷는 모양은 엉덩이를 발판 삼아 물결처럼 기어가는 모양이다. 불구자 같은 걸음걸이지만 끈끈이 덕분에 안전하게 풀에 붙어 있다. 물체를 잡아 의지할 갈고리 대신 끈끈이 겉옷을 해 입어서 강한 바람이 불어도 떨어질 염려 없이 이동한다. 이런 수단은 정말로 독창적인 발명이며, 다른 곳에서는 이런 예를 본 적이 없다.

애벌레는 쉽게 기를 수 있다. 식량이 될 식물의 작고 연한 줄기 몇 대를 광구(廣口) 유리병에 꽂아 두면 계속 나오는 새싹을 뜯어 먹는다. 이제 아담한 병(고치)을 만들어 탈바꿈 준비를 한다. 이 연구의 목적은 녀석이 일하는 모습을 관찰하면서 살아가는 방법을 알아내는 것인데 나는 성공했다. 하지만 어지간히도 끈기가 필요했었다.

애벌레는 한 평생 무색투명한 점액으로 전신을 바르고 있다. 벌레의 어디든 붓으로 조금만 스쳐도 점액이 들러붙어 실 같은 것이 약간 따라온다. 아주 건조한 날, 양지바른 곳에서도 한번 살짝 건드려 보자. 끈기가 조금도 줄지 않았다. 우리였다면 이런 환경에서 덧칠이 말라 버렸을 것이다. 하지만 녀석은 마르지 않는데 이는 아주 중요한 특성

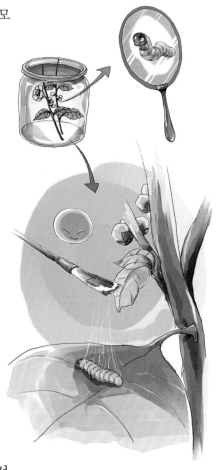

이다. 덕분에 나약한 애벌레가 강하고 건조한 북새바람이나 강한 햇볕에도 별 탈 없이 대기와 따뜻한 양지를 좋아하는 식물에 꽉 붙어 있게 된다.

벌레를 유리판에서 걸려 보기만 하면 점액 공장을 어렵지 않게 찾아낼 수 있다. 점액은 소화관 끝에서 나왔다. 창자 끝에서 자주 실 같은 이슬이 스며 나와 마지막 몸마디를 번들거리게 하는데,

거기에 특별한 분비선이 있을까, 아니면 창자 자체가 만드는 것일까? 섬세한 해부에 필요한 정밀한 손과 예리한 눈이 내게는 이미 없어졌으니 답변은 보류하자. 어쨌든 애벌레는 전신에 끈끈이를 바르고, 창자 끝은 끈끈이의 제조 공장이거나 저장 창고였다.

녀석은 엉덩이를 발판 삼아 이동한다. 각 몸마디는 서로 구분되는데, 스민 점액을 어떤 방법으로 전신에 바를까? 특히 등에는 어느 정도 부풀어 오른 일련의 돌기들이 있고, 배에도 부푼 것이 많은데 이 혹들이 걸을 때마다 크게 바뀐다. 몸의 앞부분을 구부리고 전진할 때는 뒤쪽에서 아주 일정하게 연속적인 물결이 인다.

꼬리에서 출발한 물결은 다음다음으로 머리까지 급속히 퍼져나간다. 제2의 물결이 뒤를 따르고, 그 뒤로도 계속 같은 순서로 제3, 제4의 물결이 계속된다. 이런 물결 하나가 끝까지 퍼졌을 때가 한 걸음이다. 물결이 계속되는 동안 몸의 축인 창자 구멍(항문)은 제자리에 고정되고, 몸의 앞쪽이 조금 앞으로, 다음은 그 뒤쪽이 뒤따르며 이동이 이루어진다. 그렇게 교대함으로써 전진한 벌레의 배 끝과 등 끝이 점액 샘에 닿게 되며, 이렇게 해서 끈끈이 방울이 조금씩 위아래로 발린다.

전신에 끈끈이를 분배하는 것은 전진운동이 담당했다. 기어갈 때 서로 가까워졌다 멀어지면서 혹끼리 맞닿았다 떨어지고, 오목한 곳이 여닫히면서 모세관현상으로 점액이 퍼지는 것이다. 애벌레는 이렇게 걷기만으로 끈끈이 옷을 입을 뿐 특별한 재주가 필요한 것은 아니다. 기어갈 때 생기는 물결 하나하나인 각각의 걸음이 끈끈한 옷이라는 공물을 바치는 것이다. 여기저기 목장으로 돌아다니는 여정에서 녀석이 도저히 피할 수 없었던 점액의 손실이 이런 식으로 보충된다. 낡아서 소모된 것을 보충하는 새것은 너무 얇지도, 두껍지도 않은 적당한 겉칠이다.

온몸 칠하기는 순식간에 끝난다. 붓에 물을 묻혀 애벌레를 씻어 보면 끈끈이가 녹아서 없어진다. 세척된 액을 유리판에서 증발시키면 아라비아고무의 묽은 용액 같은 흔적이 남는다. 거름종이로 녀석의 물기를 걷어 내면 칠이 완전히 벗겨져, 붓으로 건드려도 달라붙지 않는다.

어떻게 갈아입을 옷을 만들게 해볼까? 아주 간단하다. 애벌레를 몇 분 동안 걸리면 될 뿐 더는 필요한 게 없다. 예전처럼 점액층이 생겨서 붓을 살짝 대 보면 잘 달라붙는다. 결국, 고약오동나무바구미 애벌레를 감쌌던 칠은 물에 녹지만 방금 스민 점액은 강한 태양광선 밑의 건조함에도, 북풍의 숨결에도, 비바람에도, 좀처럼 마르지 않는다.

점액층은 그렇고, 이제는 탈바꿈할 병(고치) 만드는 방법을 알아보자. 1906년 7월 8일, 튼튼했던 옛날의 내 다리가 이미 쇠약해진 오늘은 폴(Paul)이 열렬한 협력자가 되어, 아침 순례에서 돌아오는 길에 오동나무바구미가 꾀어든 훌륭한 뜰담배풀 가지를 줄기째 가져왔다. 애벌레가 잔뜩 모인 거기서 두 마리가 마음에 들었다. 다른 녀석들은 느긋하게 풀을 먹고 있는데, 이 두 마리는 먹는 일에 관심이 없고 불안하게 빙빙 돌아만 다녔다. 의심할 것도 없다. 번데기 되기 좋은 장소를 찾는 중이다.

녀석들을 자유롭게 관찰하려고 각각 작은 유리관에 넣었다. 자, 이제부터이다. 한 손에 확대경을 들고 아침부터 밤까지, 졸음으로 눈꺼풀이 무거워질 때까지, 또 촛불이 빛을 밝혀 주는 한, 어떤 일이 일어날지 지켜보면 되었다. 이제부터 정말 진귀한 일이 벌어지려 하니 시간대별로 기록해야겠다.

아침 8시. — 애벌레가 함께 넣어 준 식물에는 관심이 없다. 앞쪽의 뾰족한 몸을 이리저리 내밀면서 유리 위를 돌아다닌다. 등과 배의 느슨한 파도침으로 어딘가 좋은 장소를 찾아다닌다. 2시간가량 점액이 스미는 운동을 계속한 녀석이 마음에 드는 곳을 찾았다.

아침 10시. — 녀석들은 지금 유리에 붙여 놓은 작은 통처럼, 즉 양끝이 둥근 밀알처럼 몸을 움츠리고 있다. 한쪽 끝에서는 검은 점(머리)이 빛나고 있다.

오후 1시. — 검고 고운 알갱이가 많이 배출되었고, 반유동성 배설물이 계속 나온다. 애벌레는 장래의 방을 더럽히지 않으려고, 또한 이제부터 창자에서 미묘한 화학작용이 가능하게 하려고, 오물을 미리 모두 꺼내 버리는 것이다. 처음의 보기 싫던 탁함이 사라진 지금은 전신이 담황색인데, 배를 깔고 엎드려서 쉬고 있다.

오후 3시. — 확대경으로 보면 표피 밑에서, 특히 등에서 희미한 고동침이 보인다. 마치 물이 끓기 시작할 때의 액체 표면을 연상시키는 가벼운 진동 같다. 등혈관[2] 전체가 지금까지의 일생에서 가장 활발하게 고동을 치는 것이다. 마치 열병의 발작 같다. 내부의 작업 하나가 몸의 조직 전체를 총동원해서 이루어짐이 분명하다. 혹시 이것이 허물벗기의 전조는 아닐까?

---

2 곤충은 등혈관이 심장 역할을 한다.

오후 5시. ─ 아니다. 벌레가 지금 정체 상태를 끝내고 있으니 허물벗기는 아니다. 오물 더미를 떠난 녀석이 더욱 격렬하게 다시 전진한다. 무슨 엉뚱한 일이 일어나려나? 논리의 힘을 빌리면 무엇인가 짐작할 것 같다.

앞에서 말했듯이 애벌레가 입은 점액층은 마르지 않는다. 이것은 자유로운 운동에 꼭 필요한 조건이다. 바니시처럼 말라서 딱딱한 가죽이 되면 기는 데 방해되어 이동할 수가 없으니 말이다. 액체 상태가 걸어가는 기계를 매끄럽게 해주는 한 방울의 윤활유인데, 이런 종류의 액체 층이 곧 번데기가 묵을 방의 재료이며, 고체의 얇은 막으로 변해야 한다.

고체로의 변화에는 먼저 산화 현상이 생각난다. 하지만 녀석의 점액층은 태어남과 동시에 공기와 접촉하고 있었으니 그 생각은 버리자. 산화로 굳는다면 벌써 옛날에 끈끈한 복장 대신 딱딱한 양피지 상자 안에 갇혔어야 한다. 건조 현상은 탈바꿈 준비의 마지막 순간에 재빨리 일어날 것이다. 일찍 일어나면 큰 위험이 되겠지만 이제는 훌륭한 방어 수단이 된다.

아마인유(亞麻仁油)로 그린 유화를 굳히려면 기름을 수지(樹脂)로 굳히는 약품인 공업용 건조제를 쓴다. 오동나무바구미도 그런 건조제를 쓴다는 것을 다음과 같은 여러 사실이 증명한다. 몸속의 생화학 실험실에서 심각한 변화가 일어나면서 가엾은 애벌레의 근육이 열병을 앓는 것처럼 부들부들 떨고 있을 때 건조제가 만들어질 것이다. 애벌레 생활을 하직하는 기나긴 여정에서 조금 전에 일어난 일이 그 건조제를 전신에 바르는 일이었다.

오후 7시. — 애벌레는 아직도 넙죽 엎드려만 있다. 이제는 준비가 끝났을까? 아직 아니다. 공 모양인 집을 지으려면 방을 부풀리는 데 필요한 토대가 있어야 한다.

오후 8시. — 몸통과 함께 유리에 붙어 있는 머리와 가슴의 앞부분 주변에 말굽 모양 같은 테두리가 아주 하얀 눈처럼 나타난다. 이렇게 흰 눈 같은 것이 별을 에워싸는 구름처럼 물체를 따라가면서 포위한다. 그 테두리의 밑동에서 역시 흰 물질의 필라멘트가 짧은 붓끝처럼 방사상으로 퍼진다. 이 구조물은 입이 만든다. 머리의 주변에는 어디에도 이런 흰 물질이 없었으니 분명히 입에서 나온 것이다. 말하자면 실을 토해 낸 것이다. 결국 애벌레는 소화관의 양끝으로 집짓기에 참여하는데 앞은 토대 재료, 뒤는 건물 재료를 공급하는 것이다.

오후 10시. — 애벌레가 몸을 움츠린다. 녀석을 지탱한 머리 쪽, 즉 눈처럼 흰 쿠션에 닻을 꽂은 머리 쪽에 몸을 기대고, 등을 구부린 다음 몸을 천천히 공처럼 움츠린다. 아직 잘 구별되지는 않아도 방을 만들고 있는 중이다. 건조제가 작용하기 시작했다. 끈끈했던 막이 피부처럼 변한다. 등에 힘을 주면 늘어날 정도로 아직은 신축성이 있다. 용적이 충분히 커지면 벌레가 바깥 막과 분리되어 넓은 공간에서 자유롭게 움직일 수 있을 것이다.

애벌레의 허물벗기를 꼭 보고 싶은데, 마음이 초조할수록 일은 더 더딘가 보다. 벌써 밤이 늦었다. 졸음과 피로가 무겁게 짓누른다. 그냥 자자. 이미 관찰한 것으로도 아직 못 보고 조금 남긴 것을 추측하기에는 충분하다.

 이튿날, 하늘이 밝아져 겨우 물체가 보일 때 두 마리의 애벌레에게로 달려갔다. 방이 완성되었다. 아주 얇은 껍질인데 아름다운 타원형 세공품이다. 방 만들기에 24시간 정도가 걸렸다. 안에 있는 벌레는 껍질의 어디와도 붙어 있지 않았고, 벽이 투명해서 안에서의 작업을 자세히 관찰할 수 있었다. 이제는 뒷면에 재료를 붙여서 튼튼하게 하면 된다.

 작고 검은 애벌레의 머리가 오르내리거나 좌우로 비스듬히 움직인다. 때때로 항문의 *끈끈한 수지* 한 방울을 큰턱으로 모아 벽에 바르고 꼼꼼한 솜씨로 매끈하게 한다. 이런 식으로 정확하게 조금씩 작은 방의 내부를 덧칠한다. 혹시 벽을 통해 잘못 볼까 봐 경계를 하다가 방을 싹둑 잘라 애벌레의 일부를 드러냈다. 녀석들의 기묘한 방법이 구석구석 다 보이며, 공사도 별 말썽 없이 진행된다. 엉덩이는 시멘트 창고 역할을, 창자 끝은 미장이가 시멘트를 퍼내는 나무통 역할을 했다.

 이런 독창적인 수법이라도 내게는 새로운 게 아니다. 옛날에 절굿대(Chardon à tête bleues: *Echinops ritro*)의 손님이며 대형 바구미였던 얼룩점길쭉바구미(Larin maculé: *Larinus maculosus*)도 비슷한 솜씨를 보여 주었다. 녀석도 끈끈한 수지를 배설하며, 항문에서 그것을 큰턱으로 모아 아주 인색하게 칠했었다. 녀석은 엉겅퀴(Chardon = 절굿대)의

절굿대 오대산, 5. X. 01

마른 털과 꽃 부스러기 따위의 다른 재료도 함께 썼으며, 수지는 세공물을 시멘트에 붙여 윤을 내는 데만 썼다. 창자 제품 점액만 쓰는 고약오동나무바구미의 방과 그 제조실은 얼마나 멋지더냐!

얼룩점길쭉바구미
실물의 2.5배

나의 실험 노트에는 길쭉바구미 말고도 다른 바구미(Charançon: Curculionoidea)가 기록되어 있다. 예를 들면 마늘을 먹는 마늘소바구미(*Brachycerus algirus→ muricatus*)[3]도 엉덩이에서 공급되는 깨끗한 도료로 방을 칠했다. 그렇다면 탈바꿈용 방을 건축할 때 바구미(Curculionides: Curculionoidea)[4]에게는 이런 창자의 기능이 제법 흔한 습성인 것 같다. 하지만 고약오동나무바구미만큼 재주가 뛰어난 녀석은 없었다. 특히 한 공장에서 단기간에 세 종류의 다른 제품을 정제하는 점이 더욱 흥미롭다. 우선, 끈끈해서 바람에 나부끼는 뜰담

3 이 종은 소바구미과(Anthribidae)이다.

4 이 문단처럼, 또한 뒤에도 계속 바구미 무리를 두 가지 이름으로 쓰고 있다. 그런데 둘 사이의 차이가 무엇인지, 왜 나누어 썼는지를 모르겠다. 사실상 전자 Charançon은 순전히 프랑스 단어이며, Curculionides는 국제적으로 통용되는 용어일 뿐 둘 사이에 규모의 차이는 없다.

점박이길쭉바구미 우리나라에는 12종의 길쭉바구미류가 있는데 점박이길쭉바구미가 비교적 흔하다. 이들 중 여러 종이 몸을 황갈색 가루로 덮었으나 곧잘 벗겨져서 흑색 바구미처럼 보이는 수가 많다.
태안, 24. VI. 06, 강태화

배풀의 가지에 편안히 앉아 있어도 문제가 없었다. 다음, 건조되는 액체의 점액성 도료를 얇은 막으로 변화시켰다. 끝으로, 피부가 벗겨진 일종의 점성 수지로 벌레와 분리된 방을 더욱 강화시켜 주었다. 이렇게 티 없는 제품들이 만들어지는 창자 끝은 얼마나 굉장한 공장이더냐!

마늘소바구미
실물의 3배

이렇게 시간대별로 자세히 이야기해서 무엇하나? 왜 이렇게 어린애 같은 짓을 했을까? 전문가도 거의 모르는 녀석의 재주가 우리와 무슨 상관이더냐?

생각이 있었다. 이렇게 어린애 같은 짓이라도 우리를 뒤흔들 만큼 아주 중대한 문제와 관계가 있다. 세상이란 많은 원인 속의 원인인 최초의 원동력에 지배되는 조화의 작품일까, 아니면 아직 분리되지 않은 상태의 천지에서 맹목적인 힘끼리 서로 엎치락뒤치락 싸우면서 그럭저럭 평형을 유지하는 것일까? 이런, 또는 이와 비슷한 화제를 과학적으로 탐색하려면 삼단논법보다는 어느 정도 철저히 연구되어 상세해진 결과가 더욱 쓸모 있다. 초라한 오동나무바구미가 우리에게 커다란 물체를 움직이는 원초의 원동력임을 보여 주고 있다.

방안의 벽을 튼튼하게 손질하는 데 하루면 충분하다고 할 수는 없겠으나, 어쨌든 그 이튿날 애벌레는 허물벗기를 해서 번데기가 되었다. 녀석 이야기는 들판에 떨어진 한 줌의 이삭처럼 끝내자. 번데기가 될 때의 껍질은 흔히 양분을 공급했던 나무 근처의 잡초나 시든 풀줄기, 또는 잎에서 발견된다. 하지만 대개는 그 허물이 시든 뜰담배풀의 잔가지에 붙어 있다. 9월이면 좀 이르든, 늦든 성충이 나온다.

방의 얇은 막은 아무렇게나 불규칙하게 깨지지 않는다. 똑같은 크기의 두 개가 쫙 갈라져서 마치 두 개의 둥근 비눗갑을 연상시킨다. 안에 들어 있는 벌레가 적도선을 따라 끈질기게 이빨로 갉아서 금이 생겼을까? 아니다, 그렇지 않다. 두 반구(半球)의 테두리에는 어떤 흔적도 없었지만 그 자리에 간단히 갈라지게 되어 있는 고리 모양의 선이 있었다. 성충은 등을 구부리며 다리에 힘을 주고 버텨서, 천장을 몽땅 들어내 탈출했다.

운 좋게도 나는 완전한 방에서 탈출하는 선을 쉽게 찾아낼 수 있었다. 적도선을 따른 흔적이었다. 벌레는 이렇게 쉽게 갈라지는 선을 어떻게 만들었을까? 봄에 피는 초라한 식물로서 자주색이나 푸른색 꽃을 피우는 뚜껑별꽃(Anagallis: *Anagallis*, 앵초과)도 씨앗을 퍼뜨릴 시기가 되면 쉽게 비눗갑처럼 갈라지는 개과(蓋果)를 만든다. 이것저것 모두가 무의식의 교묘한 작품들이다. 애벌레도, 뚜껑별꽃도, 그런 모양으로 설계하려고 많은 생각에 몰두했던 것은 아니다. 녀석들은 본능의 계시로만 교묘한 구조의 제작에 성공했을 뿐이다.

아주 완전하게 갈라진 개과 주머니(고치)보다 거칠고 보기 흉하게 뚫린 구멍이 더 많았다. 교묘하게 짝 맞춰 만든 세공품의 비밀을 모르면서 얇은 껍질을 난폭하게 깨고, 그 구멍으로 탈출한 녀석은 분명히 기생충일 것이다. 더욱이 구멍이 아직 안 뚫린 방안에 흰 구더기 같은 녀석들이 들어 있는 것을 보았는데, 죽어서 갈색으로 번들거리는 오동나무바구미 번데기의 기름 덩이에 붙어서 갉아먹고 있었다. 막 근육이 생기기 시작한 집주인을 먹는, 이런 학살을 일삼는 침입자는 바로 좀벌(Chalcidiens: Chalcidoidea)의 일족이었다.

기생충의 모습이나 들쑤셔서 먹은 모양새가 나를 속이지는 못한다. 사육병 안에는 좀벌이 가득했다. 갈색인데 머리는 넓고, 몸통은 둥글며, 겉보기에는 뾰족한 침이 없다. 녀석의 이름을 그 방면의 학자에게 물어서 조사할 생각도 없다. 녀석에게 "네 이름이 뭐냐?"며 묻지도 않겠다. 다만 직업을 묻겠다. "너는 무엇을 할 줄 아느냐?"

방안에 알을 깐 이름 모를 기생충에게는 좀벌의 우두머리인 밑들이벌(*Leucospis*) 같은 도구가 없다. 녀석은 벽을 뚫고 멀리 식료품까지 알을 들여보낼 만큼 긴 침을 갖지 않았다. 그러니 오동나무바구미가 고치 껍질을 만들기 전인 애벌레 몸에다 알을 붙여 놓았을 것이다.[5]

많은 수의 종족을 솎아 내는 역할을 하는 총감독인 꼬맹이(좀벌)의 방법은 무궁무진하다. 각 노동조합은 조합원 나름대로의 방법

5 산란관이 짧아서 겉에서는 안 보이는 좀벌이라도 매우 두꺼운 난각(卵殼), 고치, 번데기에 산란하는 종이 많으니 이 말을 그대로 믿을 게 아니다.

밑들이벌 좀벌은 거의 대부분 몸길이가 2~3mm 미만이며, '송충알벌' 따위는 0.5mm밖에 안 된다. 몸집이 아주 큰 종류라야 5~7mm 정도이며, 모두 잘록한 허리를 잘 드러내 보인다. 하지만 밑들이벌은 10mm가 넘으며 몸집 전체가 굵어서 좀벌 중에서는 아주 특이하다. 시흥, 5. X. 06

이 있으며, 모두가 무서운 효과를 발휘한다. 세상에서 이렇게도 작은 녀석들이 어떻게 오동나무바구미에게 까불어 댈까? 그것은 그렇다 치고, 바구미는 좀벌에게 희생되어 출생과 동시에 요람에서 죽음을 당할 수밖에 없다. 다른 녀석처럼 온순한 꼬마(바구미)가 제 몫의 유기물을 바쳐야 하는 것이다. 하지만 좀벌도 위장과 위장을 거치면서 더 깨끗해질 것이다.

바구미(Charançon)의 일원이며 정말 진귀한 고약오동나무바구미의 습성에서 중요한 점을 요약하겠다. 어미는 알을 새로 돋아나는 뜰담배풀의 꼬투리에 맡긴다. 여기까지는 규칙에 따른 것이다. 다른 바구미(Curculionides)는 자식의 거처를 각기 다른 담배풀(*Verbascum*)이나 큰개현삼(Scrofulaire: *Scrophularia*), 금어초(Muflier: *Antirrhinum majus*)◦ 따위의 꼬투리에 맡긴다. 그러나 지금 희한한 일이 벌어졌다. 이 바구미의 어미는 꼬투리가 가장 작은 뜰담배풀을 택했다. 그 계절에 그 근처에는 열매가 커서 식량이 풍부하고 넓은 방을 준비할 수 있는 같은 속의 식물이 많은데도, 그녀는 배부름보다 굶주림을, 큰 방보다 작은 방을 택했다.

큰개현삼
전주, 10. IX. 02

그녀는 더욱 서투른 짓을 저질렀다. 자식의 먹이는 전혀 생각하지 않은 것이다. 그냥 연한 씨앗을 깎아서 열고, 속을 작은 공처럼 파낸 안쪽에 반 타(6개)가량의 알을 살짝 밀어 넣었다. 그 속 전체를 파먹어도 한 마리의 새끼조차 기를 수 없는 작은 식량감에다 낳은 것이다.

사람은 빵 상자에 빵이 없으면 집을 떠난다. 마찬가지로 그날 태어난 애벌레도 굶주림으로 집을 떠난다. 모든 바구미가 외출을 싫어하는데, 대담한 그 혁명가 바구미는 남들이 꺼리는 일을 저지른다. 바깥세상의 위험을 무릅쓰고 먹이를 찾아 이 잎 저 잎으로 세상을 탐험한다. 보통 바구미와는 달리, 드물게 보이는 이 여행은 일시적인 기분에서 비롯된 것이 아니다. 굶주림으로 인한 어쩔 수 없는 떠남이다. 어미가 식량은 전혀 챙기지 않았으니 모두 이주한 것이다.

여행에는 나름대로 즐거움이 많다. 깊은 곳에서 꾸벅꾸벅 졸면서 소화나 시키며 사는 안일함 따위를 잊을 수 있어서 좋다. 하지만 다리가 없는 애벌레는 이상한 걸음걸이로 기어야 해서 여행에 불편이 따른다. 꽉 잡을 잔가지처럼 안심할 수 있는 도구가 없으니 산들바람만 불어도 떨어질 염려가 있다. 필요는 좋은 착상을 찾아내게 한다. 떨어질 염려를 없애려고 점액을 온 몸에 바른 것이다. 이것을 바르고 걸으면 길에 찰싹 달라붙는다.

그런 것만이 아니다. 번데기 될 날이 가까워진 애벌레는 아무래도 조용하게 탈바꿈할 은신처가 필요했겠지만 이 떠돌이는 아무 것도 가진 게 없다. 집도 없다. 녀석의 집은 푸른 하늘 밑이다. 하지만 필요한 시기에는 창자가 만들어 주는 재료로 주머니 모양 천막을 치는 재주가 있다. 녀석이 속하는 동물 중 다른 종 누구도 그런 집을 지을 줄 모른다. 번데기를 도살하는 밉살스런 좀벌이 녀석의 예쁜 천막으로 찾아오지 않기를 빌어 주어야겠다.

지금 말한 것처럼 뜰담배풀의 손님 애벌레가 바구미 족속의 습성에 중대한 혁명을 일으켰다. 좀더 자세히 알고 싶으니 분류학자가 고약오동나무바구미와 별로 멀지 않다고 분류한 종과 상의해 보자. 그것도 생활양식이 예외인 한 종과 규정을 따른 한 종, 둘을 비교해 보자. 이 비교에서 새 증인도 담배풀을 망치고 있어서 조사할 가치가 있었다. 녀석의 이름은 담배풀꼭지바구미(*Gymnetron*→ *Rhinusa thapsicola*)였다.

다갈색의 투박한 모직으로 단장한 통통한 몸매로 오동나무바구미와 비교되는 이 벌레가 이야기의 주인공이다. 종명(*thapsicola*)이 뜰담배풀(*thapsus*)의 주민임을 나타내는 것에 유의하자. 이번에는 그 이름이 아주 멋져서 나도 즐거웠다. 아무리 풋내기라도 이 벌레가 기생하는 식물을 정확하게 찾아낼 것이라서 그렇다.

식물학에서 우단담배풀(*V. thapsus*)이라고 부르는 식물을 밭농사하는 농촌에서는 남북의 어느 지방이든 모두 보통모예화(Vulgaire Bouillon-blanc, 毛蕊花)라고 부른다. 꽃차례는 뜰담배풀처럼 가지가 갈라지지 않았고, 노란 꽃이 서로 빽빽하게 모여서 하나의 방추형을 이룬다. 꽃이 핀 다음에는 대체로 중간 크기 올리브 정도의 꼬투리들이 거의 밀착해 있다. 굵어 죽을 법한 오동나무바구미의 그 조그만 꼬투리와는 아주 다른 여기에 산란하면 즉시 밖으로 뛰쳐나갈 필요가 없다. 이것은 식량이 풍부한 상자여서 1~2마리의 애벌레에게 넉넉하다. 칸막이 하나가 똑같은 방 두 개를 만들고도 양쪽 모두가 식량으로 가득 찬다.

갑자기 우단담배풀 씨앗 창고에 종자가 대체로 얼마나 들어 있는지 계산해 보고 싶은 변덕이 생겼다. 꼬투리 하나에 321개가 들어 있는데, 보통 크기의 줄기에는 150개의 꼬투리가 달린다. 따라서 씨앗의 총 수는 무려 48,000개나 된다. 이 식물은 이렇게 많은 종자를 만들어서 도대체 어찌할 작정일까? 종을 유지하고 번영시키기에는 그렇게 많은 수의 종자가 필요하지 않다. 그러니 이 모예화는 틀림없이 영양 분자의 수집광이다. 그 식물은 남을 위한 먹이를 창조하고 있었으며, 그렇게 성찬을 준비해 놓고 손님을 초대한다.

이런 사정을 잘 아는 담배풀꼭지바구미가 5월에 접어들면 맛있는 줄기를 찾아들어 거기서 자식을 기른다. 자식이 들어간 꼬투리는 입구가 다갈색으로 얼룩져 금방 알아볼 수 있다. 다갈색 입구는 알을 밀어 넣는 데 필요해서 산모의 주둥이로 쪼아 낸 구멍이며, 대개 꼬투리 양쪽에 하나씩, 두 개가 있다. 곧 그 방에서 스민 액체가 마르고 굳어서 작은 채광창을 막는다. 꼬투리가 처음처럼 닫혀서 외부와의 연락이 모두 끊긴다.

6, 7월에 갈색으로 얼룩진 자국이 있는 꼬투리를 열어 보자. 그 안에는 거의 항상 두 마리의 애벌레가 들어 있다. 녀석은 통통하게 살이 쪘고 배(梨) 색깔인데, 앞쪽이 굵고 뒤쪽은 가늘어서 반점 표시(·)처럼 구부러졌다. 발은 전혀 없다. 물론 이런 집안에서는 발을 쓸 일도 없다. 편하게 누워 있는 녀석의 이빨 밑에는 부드럽고 달콤한 씨와 배젖, 다시 말해서 살이 많고 맛있는 종자, 즉 식량이 풍부하다. 이런 환경에서는 모든 것을 배의 즐거움에 바쳤을

뿐, 전혀 운동도 않고 요리의 맛만 즐긴다.

이런 천복을 누리는 은둔자의 꿈을 깨뜨려 보겠다면 지진이 필요하다. 방문을 열어 지진을 일으켜 보자. 순간 애벌레는 날뛰기 시작하는데 필사적으로 뛴다. 공기나 햇볕이 들어오는 게 그렇게도 싫은 것이다. 놀라움이 일단 진정되려면 한 시간 이상 걸린다. 녀석은 오동나무바구미처럼 집을 뛰쳐나가 유랑하는 나그넷길을 절대로 떠나려 하지 않는다. 그 족속의 유전에 따라 외출을 아주 싫어하며, 또 앞으로도 계속 두문불출할 것이다.

녀석은 이웃집 대문이 옆에 있는 것조차 싫어한다. 같은 꼬투리 속의 칸막이 저쪽에서 친구가 갉아 대도 그 녀석에게 놀러 가지 않는다. 놀러 가게 하려면 씨나 배젖보다 부드러운 과자의 칸막이에 구멍을 뚫으면 될 것이다. 하지만 꼬투리 속에서 두 마리가 소유한 것은 서로 불가침으로 이쪽은 형님, 저쪽은 동생의 집이다. 형제는 채광창을 통한 인사마저 나누지 않는 사이로서 각자 제 성채만 지킨다.

녀석들은 그 집에서 사는 게 그렇게도 행복한지, 성충이 되고도 오랫동안 거기에 머문다. 12개월인 평생 동안 10개월을 외출하지 않는 것이다. 새 줄기에 봉오리가 부풀기 시작하는 4월, 이제 튼튼한 성채이며 태어난 고향인 꼬투리에 구멍을 뚫는다. 매일매일 자라며 꽃의 수가 늘어나는 줄기에서 태양의 환희에 젖어 보겠다며 찾아온다. 거기서 짝짓기 희롱을 하며, 5월에는 새 가족을 들인다. 그 자식들도 조상에게서 물려받은 두문불출하는 습관을 완강히 고집할 것이다.[6]

6 우단담배풀에 대한 자료들을 보면 대개가 6월 이후에 꽃이 핀다고 한다. 그래서 4월에 봉오리가 부풀고, 5월에 산란한다는 점에 의심이 간다.

이 자료들로 탐구를 좀 해보자. 모든 바구미의 애벌레는 알을 낳은 곳에서 생활한다. 물론 탈바꿈 시기가 되면 땅속으로 파고드는 종도 약간은 있다. 마늘소바구미는 좋아했던 마늘을 버리고, 밤바구미(*Balaninus*)는 개암과 도토리, 복숭아거위벌레(*Rhynchites*)는 포도와 포플러 잎의 여송연, 좁쌀바구미(Ceutorhynque: *Ceutorhynchus*)는 양배추(Chou: *Brassica*) 고갱이를 거들떠보지도 않고 땅속으로 들어간다. 그러나 완전히 성숙한 애벌레가 도망친다고 해서 모든 바구미의 애벌레가 태어난 장소에서 자란다는 법칙이 약화되는 것도 아니다.

그런데 예기치 않던 급변으로 아주 어린 고약오동나무바구미 애벌레가 고향인 뜰담배풀 꼬투리를 떠났다. 녀석에게는 하늘 밑 목장인 바깥의 잔가지 껍질이 필요했다. 이 습성에는 다른 데서 알려지지 않은 두 가지 재주가 필요하다. 돌아다닐 때 안정적으로 발을 붙일 수 있도록 몸에 꼭 끼는 점액성 저고리를 입는 것과 얇은 막의 번데기 방을 만드는 재주가 필요하다.

이런 탈선행위가 어디서 유래했을까? 두 가지 생각이 떠오른다. 하나는 퇴보, 다른 하나는 진보에서 유래했다. 먼 과거에는 고약오동나무바구미 어미가 동족의 규칙을 따랐다고 말하는 사람이 있다. 그 어미도 설익은 종자를 갉아먹는 다른 바구미처럼 외출을 싫어하는 자식의 식량으로 굵은 꼬투리를 좋아했었다. 얼마 뒤 어느 날, 무심코 변덕스럽게, 아니면 어떤 이유로 인색한 뜰담배풀에다 알을 맡겼다. 그녀가 옛날 관습대로 택한 집은 틀림없이 전에 분탕질했던 식물과 같은 종류이다. 하지만 불행하게도 이 담배풀의 열매는 너무 작아서 애벌레 한 마리조차 자랄 수 없다. 이 어미의 실패는 퇴보의 시작이다. 평온한 정착 생활이 위험한 방랑 생활로 바뀐 이 동물 종은 절멸하는 중이다.

이런 설명도 가능하다. 고약오동나무바구미는 처음에 뜰담배풀을 배당받았다. 하지만 거기서는 새끼가 자리 잡지 못해 어미는 살 곳을 찾아다녔다. 탐색에는 시간이 걸리지만 언젠가는 자식을 적절한 곳으로 데려갈 것이다. 나는 가끔 꼬투리가 큰 보엘하브담배풀(*V. maïale → boerhavii*)이나 우단담배풀에서 어미를 보았다. 하지만 그녀는 산란 목적이 아니라 달콤한 것을 핥으러 온 것일 뿐이다. 머지않은 장래에 어미가 가족을 위해 이 풀을 선택한다면 이 종은 지금 개량되는 중이다.

머리가 나쁨을 숨기기에 적절한 따분한 말로 흥미를 돋워 보자면 수세기를 통해서 곤충의 습성에 찾아온 변화의 멋있는 예로 고약오동나무바구미를 내놓을 수 있다. 그것이 가장 정통한 예이겠지만 명석하게 이해될까? 나는 의심스럽다. 과학적이라고 하는 외국풍의 표현으로 가시 돋친 책이 눈앞에 펼쳐졌을 때 나는 이렇게 말하겠다. "조심하시라! 저자는 자신이 쓴 글을 이해하지 못한다. 이해했다면 많은 재주꾼에게 단련된 우리말 속에서 분명하게 표현된 그의 사상이 발견되었을 것이다." 부알로(Boileau)[7]는 시인으로서의 영감이 부족하다는 평을 받았다. 하지만, 분명히 아주 많은 양식을 간직한 그는 이렇게 말했다.

명확하게 구상된 것은 명확하게 표현된다.

[7] Nicolas Boileau. 1636~1711년. 프랑스 시인, 비평가

완벽합니다, 니콜라 (부알로)! 그렇습니다.

언제나 명확합니다. 부알로는 고양이를 고양이라고 부른다. 그이처럼 하자. 거만한 학자의 글은 횡설수설이다. 그야말로 볼테르(Voltaire)[8]의 재담을 다시 외워야겠다.

듣는 사람은 전혀 무슨 소리인지 모르고, 이야기하는 사람은 자신이 무슨 말을 하는지 모를 때, 그것이 형이상학(形而上學)이다.

한술 더 뜨자.

그리고 고매한 과학으로부터.

언젠가 깨끗이 해결되리라는 커다란 희망을 갖지 말고, 고약오동나무바구미의 문제를 제시한 것에서 그치자. 사실을 말하면 별로 문제가 없는 것 같다. 오동나무바구미 애벌레는 본래 방랑자였다. 그리고 모두가 외출을 싫어하는 바구미(Curculionides)에 낀 채로 최후까지 방랑자로 남을 것이다. 이만하면 가장 단순하고, 가장 명확하니 이 정도로 해두자.[9]

8 Francois-Marie Arouet. 1694~1778년. 프랑스 저술가, 수필가, 철학자. 볼테르는 필명이다.

9 끝마감 문장들은 제대로 알지도 못하는 주제에 난해한 문장으로 고매한 척하면서 진화론이니, 자연도태(선택)이니 하며 떠들어 대지 말라는 뜻인 것 같다. 말하자면 고약오동나무바구미는 지금의 제 특성 그대로일 뿐, 결코 절멸하는 중인 것도, 개량되고 있는 것도 아니라는 것이다.

6 재주꾼톱하늘소와 굴벌레큰나방

오늘은 참회의 화요일, 고대의 사투르누스(Saturnales)[1]를 어렴풋이 추억하는 사육제(謝肉祭)의 마지막 날이다. 이 기회에 로마(Rome) 의 미식가를 미치게 했던 기상천외하게 맛있는 요리를 생각해 본 다. 내게 필요한 사람은 학자가 아니면 아무도 들어 본 일이 없는, 그런 음식의 맛을 각자가 나름대로 감식하는 이름난 감식가들이 다. 이 중대한 문제가 우리 의회에서 토론될 것이다.

우리는 모두 여덟 명, 우선 우리 가족과 친구 둘이다. 모두가 식 탁에 어떤 아주 괴상한 요리를 올려놓아도, 거친 입으로 그런 식 단에 대해 절대로 험담하지는 않을 사람들이다.

한 사람은 초등학교 선생이다. 그는 우리 연회 이야기가 혹시 밖으로 새 나가 무슨 바보들의 짓이라며 떠들어 대도 전혀 개의치 않겠단다. 그래서 그의 허락을 받아 줄리앙(Jullian)이라는 이름까 지 밝히기로 했다. 그는 견해가 넓고, 과학적 소양도 있으며, 진리 에 대해서도 편견 없는 정신의 소유자이다.

또 한 사람, 마리우스 귀그(Marius Guigue)

1 Saturnalia. 로마 신화에 등 장하는 농경의 신

씨는 장님이며 목수이다. 아주 캄캄한 곳에서도 손에 톱과 대패만 잡으면 대낮에 능숙한 목수가 만든 것보다 확실하게 만드는 솜씨를 지녔다. 그는 햇빛의 환희와 색채의 매력을 알고 난 다음인 중년에 시력을 잃었다. 영원한 어둠을 보상이라도 하듯, 그는 언제나 미소를 띠는 온화한 철학, 가난해서 초등교육도 받지 못한 것을 보충하려는 강한 욕망, 아주 미묘한 소리도 놓치지 않고 즐기는 민감한 귀, 고된 일에 못이 박힌 손가락인데도 놀랄 만큼 뛰어난 촉각(觸覺) 등의 소유자였다. 우리 회합에서 만들려는 물건의 특징을 설명하려 하면, 그는 크게 벌린 손바닥을 앞에 내민다. 그 손바닥이 칠판 구실을 한다. 나는 검지로 필요한 물건의 그림을 그린다. 곧 알아차린 그는 얼마 후 톱, 대패, 나사송곳을 사용한 현물을 가져온다.

어느 해 겨울의 일요일 오후, 장작 세 토막이 벽난로에서 불꽃을 튀기며 타고 있었다. 억세게 불어 대는 북풍을 뒷전으로 하고, 나까지 세 사람 모두가 우리 집에 모였다. 이곳은 우리 스스로 시골의 아테네(Athènes)라고 자부하면서, 저주스런 정치 이야기만 아니면 무슨 말이라도 다 하는 촌구석의 학사원(學士院)인 셈이다. 철학, 도덕, 문학, 언어, 과학, 역사, 고대 화폐, 고고학에 대한 담소가 차례차례 소용돌이치면서 사상의 교환에 양분을 제공했다. 고독을 달래려고 모인 이 회합에서 오늘은 만찬에 대한 음모를 꾸몄다. 특별 요리는 옛날에 진미로 명성이 높았던 콧수스(Cossus: *Cossus cossus*, 굴벌레큰나방●)였다.

로마 사람들은 이웃 민족을 정복하고 나면 지나친 사치에 머리가 헝클어져서 빌레클 믹기 시작했다. 플리니우스(Plinius)[2]의 백과사전에는 '로마 사람

2 로마의 박물학자. 『파브르 곤충기』 제2권 109쪽 참조

은 떡갈나무(*Cibo*: Chêne)에 기생하며 콧수스라고 불리는 벌레를 맛있는 요리라고 생각하여, 그것을 식탁에 올려놓고 사치를 부렸다.'는 기록이 있다.

그것은 정확히 어떤 벌레였을까? 로마 박물학자는 그저 떡갈나무(*Quercus*) 줄기에 산다는 것만 기록했는데, 완전히 정확한 말은 아니다. 하지만 이 정도의 실마리로도 틀릴 염려는 없다. 그것은 유럽장군하늘소(*Cerambyx heros*)이다. 떡갈나무에서 흔히 발견되는 애벌레는 아주 통통한데 희고 커다란 순대 모양이라 주의를 끈다. 내 생각에, 플리니우스가 아주 자세하게 조사하지는 않았다. 그저 커다란 애벌레를 말해야 해서 눈에 잘 띄는 몸집의 몇몇 떡갈나무 애벌레 중 하나를 인용했을 것이다. 이것과 구별하기 어려운 것은 기록하지 않아도 이미 그 속에 포함된 것이니 떡갈나무의 큰 벌레라는 표현을 좀더 넓게 생각해 봐도 되겠다.

라틴 어로 쓰인 나무에 너무 구애되지 말고, 옛날 저술가의 생각을 좀더 캐 보자. 그러면 떡갈나무의 애벌레에 못지않은 다른 종류도 발견될 것이다. 예를 들어 밤나무(Châtaignier: *Castanea sativa*)의 손님인 유럽사슴벌레(Cerfvolant: *Lucanus cervus*) 애벌레가 있다.

유명한 그 이름에 걸맞으려면 아무래도 이런 조건을 만족시켜

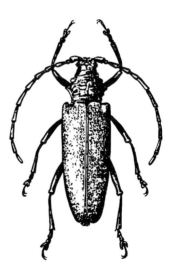

유럽장군하늘소 암컷

톱사슴벌레 멋있고 늠름하게 생긴 딱정벌레 종류이다. 전국에 분포하지만 환경 훼손으로 급격히 줄어들어 환경부에서는 감소 추세 종'으로 분류해 놓았다.
원주, 3. IX. 08, 강태화

야 할 것 같다. 즉 애벌레가 뚱뚱하게 살찐 지방 덩이라면 기분 나쁜 모습이라 안 된다. 그런데 그 학자가 쓴 이름은 이상했다. 원래 콧수스(굴벌레큰나방)는 버드나무(Saule: *Salix*) 고목에서 씩씩하게 굴을 뚫는 애벌레로서, 포도즙을 짜낸 찌꺼기처럼 흉측한 색깔의 악취를 풍기는 녀석의 이름이다. 아무리 로마 사람이라도 이렇게 기분 나쁜 벌레를 먹을 만큼 용감하지는 않았을 것이다. 아마도 로마의 식도락이 즐기던 콧수스는 현대의 박물학자가 말하는 콧수스는 아니었을 것이다.

여러 학자가 플리니우스의 유명한 애벌레라고 단정한 하늘소와 사슴벌레 외에도 요구 조건을 모두 갖추었다고 생각되는 녀석 하나가 또 있는데, 이 녀석을 찾게 된 동기를 말해 보자.

앞을 내다보지 못하는 법률이 아름다운 나무를 죽이는 인간을 그냥 용인했다. 그래서 사려 깊지 못한 사람이 한 푼도 못 되는 돈을 좇아 위풍당당하던 숲을 파괴시켰다. 숲에서 전원의 왕위를 빼앗았고, 비구름 떼를 고갈시켰으며, 흙을 목마름으로 허덕이는 광석 찌꺼기로 변신시켰다. 근처에 무성한 소나무(Pins: *Pinus*) 숲이 있었는데, 종다리(Merles: *Turdus merula*), 지빠귀(Grive: *T. pilaris*), 어치(Geai: *Garrulus glandarius*), 기타의 새들이 지나가며 즐기던 낙원이었다. 나 역시 그 중 하나로 아주 열심히 찾아갔었다. 그런데 산주가 숲을 모두 베어 버린 것이다. 이 대학살이 벌어진 2~3년 뒤 그곳을 보러 갔다.

소나무는 장작이나 대들보 따위가 되어 자취를 감췄다. 다만 엄청나게 커서 파내기 힘든 그루터기만 남아 그 자리에서 썩을 수밖에 없었다. 시간의 흐름에 상처를 받는 유물에게 넓은 터널들이 생겼는데, 인간에 의해 시작된 죽음을 다른 용감한 종족이 마무리 짓는 중인 것이다. 산주가 모두 베어 낸 숲에서 어떤 녀석들이 꿈틀거리고 있는지 조사하는 게 좋겠다. 산주는 자신에게 쓸모없는 사상의 농장을 내게 몽땅 넘겨주었다.

날이 갠 어느 겨울 오후, 온 가족이 모인 자리에서 아들 폴(Paul)이 큰 도끼를 휘두르며 두 그루터기의 배를 가르고 있었다. 겉은 말라서 단단하지만 안은 흐물흐물해진 층이 갈라졌다. 눅눅하며 훈훈하게 썩은 부분에 엄지손가락 크기의 애벌레가 가득했다. 나

유럽사슴벌레 수컷

는 지금까지 이렇게 통통한 녀석들을 한 번도 본 적이 없다.

빛깔은 상아처럼 흰색이라 보기 좋았고, 명주 결처럼 부드러워 손에 닿는 촉감도 좋았다. 다만 식품의 견지에서 보는 편견만 없다면 마치 새 버터가 들어 있는 자루 같아 식욕을 돋운다. 녀석들을 보자 생각이 났다. 이것이 콧수스이다. 촌스러운 나방 애벌레라기보다는 훨씬 뛰어난 진짜 콧수스이다. 그렇게도 칭찬받는 요리를 어떻게든 만들어 보자. 기회가 좋지 않은가? 두 번 다시는 오지 않을지도 모를 기회이다.

첫째는 애벌레의 형태가 하늘소과(Cerambycidae) 곤충인 것 같으니 연구를 해보려고, 둘째는 요리 문제를 해결해 보려고 콧수스를 다량 채집했다. 녀석의 성충이 정확히 어떤 종인지 알아야 한다. 또 콧수스의 맛이 어떤지 조사할 필요가 있다. 지금은 마침 사육제의 마지막 날인 화요일이다. 절호의 찬스, 식탁에서 철없는 짓을 하기에도 안성맞춤인 시간이다.

시저(César) 시대에는 콧수스를 어떤 양념으로 요리했는지 모르겠다. 당시의 아피시우스(Apicius)[3] 같은 미식가가 양념 문제는 써놓지 않았다. 쇠꼬챙이 구이에 적합한 멧새(Ortolans: *Emberiza*)를 복잡한 양념으로 요리하면 되레 자연의 맛을 망친다. 곤충의 멧새인 콧수스도 그렇게 요리해 보자. 쇠꼬챙이에 꿰어 불길이 좋은 숯불 위 철망에 놓았다. 소금 약간은 요리에 피치 못할 양념이다. 불에 구워진 살이 지글지글 소리를 내면서 누레진다. 가끔 기름이 떨어지는데 불로 떨어지면 불이 확 붙어 아름답고 하얀 불꽃이 일어난다. 자, 됐다. 뜨거울 때 입에 넣자.

---

3 Marcus Gavius Apicius. 고대 로마의 미식가. 그가 쓴 요리책도 유명하다.

내가 먹는 것을 본 가족들은 용기를 내서 쇠꼬챙이 요리를 공격했다. 교사는 좀 전에 접시에서 기어 다니던 애벌레가 아직도 눈앞에서 가물거리는지, 손을 대지 않다가 제일 작은 것을 택한다. 장님은 눈의 혐오감에서 해방되었으니 혀에 마음을 집중시키고는, 만족이라는 표시를 보이면서 먹는다.

증언은 만장일치였다. 구운 살은 수분이 많고 부드러우며 맛이 좋단다. 무엇인가 바닐라 향이 나는 구운 살구(Abricots)의 풍미가 있다는 것이다. 요컨대 애벌레 요리는 조금도 나쁜 요리가 아니라는 것이다. 옛날 미식가처럼 세련된 기술로 요리했다면 얼마나 좋았겠더냐!

요리가 마치 양피지에 싸인 고급 고기순대 같았으나 피부는 너무 질겨서 문제였다. 내용물은 맛이 감미롭지만 껍질은 도저히 먹을 수가 없었다. 집에 있는 고양이에게 주었더니 순대 껍질에는 달려드는 녀석이 이것은 거절한다. 저녁마다 내 옆으로 오는 개 두 마리도 머리를 좌우로 흔든다. 그게 질겨서 강력하게 거절하는 것 같지는 않다. 게걸스러운 개의 목젖은 음식이 잘 통과하는 것, 아닌 것을 문제 삼지 않는다. 앞에 놓인 요리가 녀석들의 미묘한 후각을 통해 그 가족에게 알려지지 않았고 낯설어 경계하는 것이다. 요리가 녀석들에게는 너무 생소해서, 마치 겨자 바른 빵을 주었을 때처럼 뒷걸음질을 쳤다.

오랑주(Orange)에 장이 서던 날, 생선가게 진열장 앞을 지나던 근처의 촌 아낙들이 어찌나 소박한 놀라움을 표현하던지, 개를 보고 그 생각이 났다. 거기는 조개(Coquillages: Mollusca) 삼태기, 닭새우(Langoustes: Palinuridae) 바구니, 성게(Oursins: Echnoida) 통 따위가 있었다. 아낙들이 외쳤다. "어머나! 이런 것도 먹는 거야! 어떻게 요리하지? 데쳐야 하나, 구워야 하나? 빵에는 못 바르겠지."

그러고는 이렇게 무서운 것들을 먹는 사람이 있는지 놀라면서 자리를 떴다. 우리 고양이와 개도 도망쳤다. 녀석들이나 우리나 낯선 음식은 연습이 필요하다.

콧수스에 대해 플리니우스가 조금 덧붙였다. "밀가루로 기르면 더욱 기름지다." 처음에는 이런 처방이 좀 수상쩍었다. 옛날 박물학자는 흔히 무엇이든 살찌우는 문제를 다루는 버릇이 있어서 더욱 그랬다.

플리니우스는 당시 식도락가들이 아주 소중히 여기던 달팽이 농장(Fulvius Hirpinus)[4]의 사육 기술 발명에 대해서도 말했다. 사육장은 도망가지 못하게 물로 둘러싸고, 은신처로 질그릇을 넣고 달팽이 떼를 길렀단다. 밀가루와 잘 익은 포도주를 먹여서 기르면 아주 빨리 자란다고 했다. 내가 존경하는 박물학자에게 경의를 표하긴 해도 달팽이(Colimaçons→ Escargot : Pulmonata)가 그런 것을 먹고 살찐다는 말은 미덥지가 않았다. 아직 확인 정신이 생기지 않은 시대였으니 어린애 말처럼 과장되는 것도 피치 못할 일이었을 것이다. 그래서 당시 시골 어린이의 말 같은 내용을 천진난만하게 되풀이했을 것이다.

콧수스를 밀가루로 기르면 살찐다는 이야기 역시 의심했다. 하지만 엄밀히 말해서, 이 경우는 달팽이를 기르는 것보다 그 결과를 보고 믿는 것이 어렵지 않다. 관찰자의 양심상 그 방법을 확인해 보면 된다. 소나무 등걸의 애벌레 몇 마리를 밀가루가 가득한 유리병에 넣었다. 나는

---

4 플리니우스가 설명한 농장의 이름이다.

애벌레가 가는 가루 속으로 파고들다가 숨구멍이 막혀서 호흡곤란을 일으키거나, 제게 맞는 식량이 없어서 곧 빈혈을 일으키며 쇠약해질 것이라고 생각했었다.

하지만 내 예상은 완전히 빗나갔고, 플리니우스의 글이 옳았다. 콧수스는 밀가루를 잘 먹고 힘차게 자랐다. 12개월 동안 내 앞에서 얼씬거리는 녀석들이 있었는데, 거기에 통로를 파면서 소화 찌꺼기로 적갈색 반죽을 남겨 놓았다. 녀석들이 정말로 기름졌는지는 잘 모르겠다.

그러나 보기에는 살졌고, 출생지의 소나무 부스러기와 함께 병에 넣어 두었던 녀석들과도 별 차이가 없었다. 기름지게 살이 찌는 것까지는 몰라도 건강 유지는 밀가루만으로도 충분했다.

내가 부엌살림을 늘리자고 이 연구에 착수한 것은 아니니, 보통 사람이 즐기지 않는 콧수스의 꼬치구이 이야기는 여기서 끝내자. 물론 브리야 사바랭(Brillat-Savarin)[5]은 이렇게 외쳤다.

인류에게 새로운 요리의 발견은 행성 하나를 발견하는 것보다 중요하다.

하지만 나의 목적은 그게 아니었다. 소나무를 파먹는 대형 애벌레가 많지도 않고, 대개는 벌레에 대한 인상이 좋지 않아 내가 발견한 애벌레를 사람들이 늘 먹기에는 어림도 없을 것이다. 다만 색다른 요리일 뿐, 자신은 먹지 않으면서 남의 말을 듣고 그런 것도 있겠지 하며 믿을 정도일 것이다.

나 자신은 음식을 가려 먹지 않는 편이다. 하지만 나는 먹기를 절제해서 우리 부엌 요

---

[5] 프랑스의 옛 미식가. 『파브르 곤충기』 제3권 346쪽 참조

리보다 한 줌의 버찌를 더 좋아하니 녀석이 나를 유혹하기도 힘들다. 콧수스에 대한 내 유일한 희망은 박물학적 문제를 밝히는 것에 있는데, 그것이 잘 될까? 아마도 그럴 것이다.

애벌레의 탈바꿈을 조사해 보자. 아직 이름을 모르는 벌레를 확정하려면 우선 성충을 얻어야 한다. 사육은 아주 쉬웠다. 소나무를 공격했던 통통한 애벌레를 중형 크기 화분에서 길렀다. 녀석이 태어난 묵은 뿌리에서 썩어 부드러워진 층을 골라 식량으로 가득 채웠다.

이런 호화판 식당에서 애벌레가 마음에 드는 곳으로 파고든다. 입을 움직이면서 위아래로 슬슬 기거나 멈췄다. 식량이 축축하면 손대지 않아도 된다. 이런 간단한 방법으로 2년 동안 관찰하기 좋은 곳에 놓아두었다. 착한 하숙생은 편히 소화시키는 건강한 위를 가졌고, 고향생각 따위는 없는 녀석들이다.

7월 상순, 한 마리가 격하게 몸을 흔들었다. 다음에 허물벗기(탈바꿈)를 보여 주려는 예비 운동이었다. 이런 요란한 운동이 특별한 시설도 없는 방안에서 행해졌다. 시멘트도 없고 덧칠도 안 된 방이다. 꼬리를 한 번 휙 틀어서 부드럽게 소화된 주변의 나무 가루를 밀어 젖힌다. 다음, 눌러서 펠트처럼 만든다. 그것은 적당히 축축하게 해놓았던 것이라 나무 부스러기 가루를 반죽한 회반죽이며, 그대로 굳어서 단단하고 매끈하며 멋진 벽이 되었다.

며칠 뒤인 무더운 여름, 녀석들이 옷을 바꿔 입었다. 허물벗기가 밤중에 이루어져 직접 보지는 못했으나 벗어 버린 허물은 얻었다. 이 껍질은 첫째 가슴마디까지 찢어졌고, 머리 부분도 구멍이 뚫렸다. 몸의 신축 운동으로 등 쪽의 찢어진 틈을 통해 번데기가 되어 나갔고, 껍질은 거의 주름진 주머니 모양이 되었다.

번데기로 바뀐 날은 흰색이었다. 흰 대리석이나 상아보다 아름다운 색깔이며, 특제품의 하얀 초처럼 반투명했다. 태어나자 점점 굳어지며 결정되어 가는 피부 빛깔이 상상된다.

다리의 배치는 완전히 대칭이나 간혹 십자가처럼 가슴에 끼고 있어서 성스러운 자세를 상상하게 했다. 어느 화가도 거친 운명에서의 신비로운 체

버들하늘소 번데기 본문에 설명된 것처럼 마치 성체를 영하는 여자 같은 모습이다.
수원, 14. IV. 06, 강태화

념을 이보다 뛰어나게 표현하지는 못할 것이다. 끝끼리 마주 늘어선 다리는 마디가 뚜렷한 두 개의 끈 모양이다. 이런 것이 양쪽으로 드리워진 번데기의 형상을 꾸며 마치 성직자의 영대(領帶)와도 흡사했다. 딱지날개와 뒷날개는 둘씩 같은 날개 주머니에 들어 있으며, 얇은 활석판이 넓은 팔레트처럼 펼쳐졌다. 더듬이는 아름다운 지팡이처럼 약간 구부러져 앞다리 무릎 밑으로 파고들었고, 끝은 날개의 팔레트에 붙여 놓았다. 앞가슴 양쪽은 수녀의 흰 뿔모자 같은 관을 조금 내밀고 있었다.

놀라운 이것을 아이들에게 보였더니 정말 멋지게 표현했다. 모두가 "영성체(領聖體)하는 여자이다.", "흰 베일을 쓰고 성체를 모시는 여자이다."라고 했다. 이 벌레가 썩지만 않는다면 얼마나 아름다운 보석이 되겠더냐! 장식 주제를 찾는 예술가는 여기서 멋진 모델을 발견하리라. 조금만 건드려도 벌렁 누운 자세로 떤다. 모

샘치(Goujons: *Gobio*나 *Squalidus*, 잉어과)도 물 없는 개천가에 놓으면 이렇게 바들거린다. 위험 앞에서 겁먹은 녀석이 자신을 강하게 보이려는 노력인 것이다.

다음 날, 번데기는 연기가 스미듯 흐려진다. 탈바꿈의 최초 작업이 시작된 것이며 약 보름 동안 계속된다. 7월 하순, 몸의 신축 운동과 다리의 움직임으로 번데기의 웃옷이 찢어져 누더기가 된다. 드디어 적갈색과 흰색의 화려한 나들이 차림인 성충이 나타난다. 색깔이 제법 빠른 속도로 진해져서 점점 검정이 된다. 벌레가 발육을 마친 것이다.

녀석은 곤충학자가 말하는 재주꾼톱하늘소(*Ergates faber*)였다. 학명을 풀이해 보자. 대장간의 대장장이라는 뜻이다. 묵은 소나무 그루터기의 친구인 이 하늘소가 어째서 대장장이인지, 아는 사람은 내게 말해 주면 고맙겠다.

재주꾼톱하늘소는 정말로 화려한 곤충이다. 크기는 유럽장군하늘소와 맞먹는데, 딱지날개가 더 넓고 전체적으로 평평했다. 수컷은 앞가슴에 세모꼴로 넓게 번들거리는 무늬가 있다. 무늬는 그 가문(家門)의 문장이며, 녀석이 수컷이라는 장식품 말고는 쓸모가 없다.

소나무의 문장(紋章) 곤충

톱하늘소 하늘소 무리는 대개 11마디가 무척 길게 발달한 더듬이를 가졌다. 하지만 우리나라 하늘소 중 톱하늘소는 유독 12마디로 되어 있으며, 앞가슴의 양옆에 2개의 날카로운 톱날 모양 돌기가 있다. 시흥, 2. VIII. '92

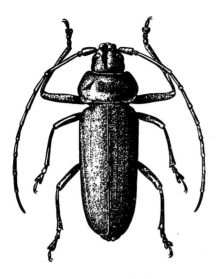

재주꾼톱하늘소 수컷

은 야행성이라 초롱불을 준비하여 현장에서 결혼 풍습을 보고 싶었다. 밤 10시, 그리고 11시경, 폴 (Paul)이 초롱을 들고 녀석들이 휩쓴 솔밭을 이리저리 뛰어다니며 묵은 그루터기를 일일이 조사했다. 멀리도 찾아보았으나 허탕이었다. 수컷도, 암컷도, 전혀 안 보인다. 사육장에서도 충분히 재미

있는 조사가 가능할 테니 이 결과에 섭섭할 것은 없다.

썩은 소나무 그루터기를 넓은 종 모양 철망으로 덮은 실험실에서 태어난 녀석들을 부부로 선별해서 각각 따로 살게 했다. 유럽장군하늘소가 좋아했던 네 조각 낸 배, 포도 한 송이, 멜론 조각 따위를 식량으로 넣어 주었다.

낮에는 포로가 나무 부스러기 속에 웅크리고 있을 뿐 모습을 드러내는 일이 드물었다. 밤이 되면 나와서 철망으로 올라가 점잔을 빼며 이리저리 돌아다닌다. 식량은 매일 갈아 주지만 거의 손대지 않았다. 다른 하늘소는 가장 좋아하는 과일을 이 녀석들은 한 번도 입에 대지 않았다. 식량 따위는 무시하는 것이다.

그보다는 짝지을 생각을 않는 게 더 문제였다. 마치 짝짓기를 잊어버린 것 같았다. 한 달 내내 저녁마다 망을 보았으나 참으로

슬픈 연인들이다. 수컷은 상대의 비위를 맞추려 하지 않았고, 암컷 역시 교태를 부리지 않았다. 되레 서로 피한다. 혹시 마주치는 날이면 상대를 불구로 만들어 버린다. 조만간 둥지 5개에서 수컷이나 암컷, 때로는 쌍방 모두가 다리 몇 개쯤은 끊어진다. 정도에 차이가 있어서 뿔(더듬이)이 잘리는 녀석도 생겨날 것이다. 잘린 자리는 아주 깨끗해서 마치 가위로 자른 것 같다. 푸줏간 식칼 모양의 큰턱 날이 이런 상처를 잘 설명해 준다. 나도 손가락을 물리면 피가 날 정도로 긁혔다.

녀석들은 도대체 얼마나 야만적인 족속이기에, 암수가 마주치면 서로 싸우다 반드시 다리나 뿔을 잘라 버린단 말이더냐! 여기서는 포옹이 횡포의 맞잡기이며, 애무는 손발을 비틀어 잘라 버리는 행위였다. 암수끼리인데도 마치 새색시를 맞으려는 수컷끼리의 격투 같았다. 수컷끼리의 이런 행위는 흔한 일이며 동물군의 절반 이상에서 통용되는 법칙이다. 하지만 여기서는 암컷이 먼저 손을 댄 것 같은데, 상대가 아주 심한 학대를 받는다. 아아! 대장장이가 고함친다. 네가 내 뿔에 상처를 입혔지. 제기랄! 나도 네

다리를 분질러 버리겠다. 그러고는 서로 붙잡고 한 판 승부를 벌인다. 양쪽 가위의 활약에 이윽고 양쪽 모두 불구자가 된다.

혹시 좁은 방안에 가두어서 서로 밀치다가 흥분한 녀석들 사이의 폭행이라면 이해하겠다. 하지만 사육장은 두 포로가 밤에 댄스를 추더라도 너무 넓은 장소라 이해가 되지 않는다. 그 안에서는 날아갈 자유만 없을 뿐 부족한 게 없다. 날지 못해서 성격이 날카로워졌을까? 녀석들은 다른 하늘소와 얼마나 다르더냐! 유럽장군하늘소는 12마리가 같은 철망뚜껑 밑에서 한 달을 함께 보냈어도 옆집과 언쟁 한 번 없었다. 되레 서로 올라타던가, 때로는 혀로 상대의 등을 핥으면서 애무도 해주었다. 족속이 다르니 습관도 다르구나.

이렇게 동료 사이에 팔다리를 분지르는 야만적 성향이 소나무곤충과 맞먹을 정도인 종을 알고 있다. 바로 붙이버들하늘소(Ægosome : *Aegosoma* → *Megopis scabricornis*)로서, 역시 야행성이며 긴 뿔을 가졌다. 애벌레는 늙은 버드나무 고사목에 살며, 성충은 담갈색 복장에 아주 대단한 더듬이를 단 멋진 녀석이다. 유럽장군하늘소,

버들하늘소 요즘 서울 근교에서는 대형 하늘소를 보기 어렵다. 하지만 애벌레가 오리나무에 기생하며, 성충은 몸길이가 30~55mm인 버들하늘소는 조금 남아 있다. 애벌레는 황철나무, 소나무, 전나무 등의 죽은 나무를 먹고산다. 시흥, 25. VII. '92

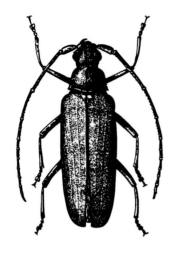

붙이버들하늘소 수컷

재주꾼톱하늘소와 함께 프랑스의 하늘소 중 가장 큰 덩치로 주목을 받기도 한다.

7월의 무덥고 조용한 밤 11시경, 녀석들이 구멍 뚫린 버드나무 줄기의 거친 껍데기에 붙어 있는 게 자주 보인다. 수컷이 더 잦다. 초롱불을 비춰도 놀라는 기색 없이, 깊은 곳의 너덜너덜해진 목질부에서 꼼짝 않고 숨어 있는 암컷이 나오기를 기다린다.

붙이버들하늘소도 푸줏간 식칼 같은 튼튼한 가위로 무장했다. 이 큰턱은 막 성충이 되어 탈출할 때 길을 트고 나가기에는 딱 맞는 연장이다. 그런데 당치도 않게 동료끼리 남용해서 서로 팔다리를 자르는 버릇이 있다. 채집한 녀석을 튼튼한 종이 고깔에 따로따로 분리해 두지 않으면 원정길에서 돌아온 상자는 분명히 손발이 잘린 녀석을 보여 줄 것이다. 노상에서 큰턱 칼날끼리 난무하여 거의 모두가 팔다리 하나쯤은 잘릴 것이다.

철망뚜껑 밑 은신처에 썩은 버드나무와 무화과, 배, 기타 과일을 함께 넣어 주면 어느 정도 얌전하다. 3~4일 뒤 해질 무렵, 포로들이 크게 활동하기 시작한다. 철망을 이리저리 분주하게 달리면서 서로 싸우며 물어뜯어 상처투성이가 된다. 암컷은 거의 모두 자취를 감춰 결혼식은 볼 수가 없었다. 그래도 녀석들의 난폭한 행동은 직접 보았으니 약간의 지식은 얻은 셈이다. 소나무의 하늘소도, 버드나무의 하늘소도, 모두 다리 자르는 명수일 뿐, 연애 기술은 대단치 못한가 보다. 녀석들은 상대를 때려눕히고 불구자를 만들다가 자신도 얻어맞는다.

　이런 일이 하늘소에만 국한되었다면 스캔들이 대단치 않을 것이다. 하지만 맙소사! 우리 인간 역시 부부싸움을 한다. 광명은 습성을 부드럽게 해주고 어둠은 문란케 하니 곤충들의 싸움 습관은 야간 생활 덕분이란다. 정신이 암흑 상태에 있으면 결과가 더욱 나빠진단다. 그래도 제 아내를 때리는 자는 야비하고 어리석은 놈이다.

7 지중해소똥풍뎅이 - 아가 방

본능 연구는 그날그날의 운을 따르게 마련이다. 오늘 시작했다가 내일 그치기도, 한참 뒤에 다시 시작했다가 또 그만두기도 하여 일이 좀처럼 순조롭지 못하다. 계절이 바뀌면 별 수 없이 오랫동안 팔짱을 끼고 진절머리 나게 기다릴 수밖에 없다. 기대하는 결과가 그리 멀지 않은데 다음 해로 연기되기도 한다. 게다가 사건 하나하나는 대체로 별로 흥미 없는 우연한 것들이다. 그래서 문제는 예상치도 못했고, 질문의 실마리마저 포착이 어려운 안개 같은 상태로 뛰쳐나온다. 아직 생각해 보지도 못한 문제를 어떻게 질문할 수 있을까? 자료가 없으니 문제로 곧장 뛰어들 수도 없다.

조각조각인 자료를 주워 모아 그 가치를 검토해 보려고 여러 실험을 해본다. 그것들을 분류해서 미지의 부분을 하나의 다발로 묶어 명확하게 구분한 다음, 거기서 차례대로 결론을 끌어내야 한다. 그럴 수 있는 시간이 아주 짧아서 결론을 맺는 데는 오랜 시일이 걸린다. 세월은 흘러간다. 완전한 해결이 나오지 않는 경우도 매우 잦아 메워야 할 틈새가 항상 남아 있다. 밝혀진 사건의 배후에는 어둡고 확실치 않은 불분명함이 항상 기다리고 있다.

이야기를 매번 반복하지 말고 그때그때 완전한 기록을 남겨 두는 게 바람직하다. 그러나 본능의 세계에서 누가 감히 귀중한 이삭을 모두 주웠다고 자만할 수 있을까? 때로는 밭에 남아 있는 이삭 다발이 먼저 수확한 다발보다 더 흥미로울 때도 있다. 만일 지금 연구 중인 문제를 세부사항마저 모두 알아낼 때까지 기다려야 한다면, 누구도 지금 알고 있는 자신의 보잘것없는 성적을 발표할 용기가 없어지게 마련이다. 문제의 결과를 커다란 모자이크에 비한다면 진리는 그 안에 하나씩 끼워진 작은 돌에 지나지 않는다. 아무리 하찮아 보이는 견해라도 그것을 다른 사람에게 알리도록 하자. 장차 다른 사람이 나타나서 그도 연구의 수확을 얻고, 이것저것 합쳐서 전체를 하나의 커다란 그림으로 키워 나가게 하자. 하지만 언제까지나 모르는 것이 많아서 이 빠진 그림으로 남아 있을 것이다.

게다가 나는 나이 탓에 원대한 희망을 갖지도 못한다. 내일조차 믿을 수 없으니 관찰한 것을 그날그날 기록해 둔다. 좋아서 그런 게 아니라 어쩔 수 없는 이 방법으로 새로 찾은 사실을 옛 기록에 보충하며, 때로는 옛 연구로 몇 번이고 되돌아가 수정도 한다.

확정된 계획은 없이 그저 생활 습관에 따라 흥미 있는 곤충을 이것저것 뒤섞어서 간단히 사육하다가 특히 소똥풍뎅이(Ontho-phage: *Onthophagus*)를 주목해서 관찰한 결과를 몇 개 얻었다. 물론 이미 출판한 책자에 대강 이야기된 것들이다. 하지만 당시에 얻은 결과는 급하게 관찰했거나 우연히 얻은 것들이다. 그래서 독자에게 너무 간단하게 소개했던 습성, 기능, 발생 등을 면밀히 관찰하고 싶은 욕망이 솟아났다. 소똥이라면 정신을 못 차리는 주민이면서 작은 뿔을 가진 소똥풍뎅이 이야기를 다시 꺼내련다.

　내 뜻대로 고른 게 아니라 운에 따라 최근에 채집되어 길러진 종들로서 지중해소똥풍뎅이(O. taureau: *O. taurus*), 진소똥풍뎅이(*O. vacca*), 갈고리소똥풍뎅이(O. fourchu: *O. furcatus*), 모래밭소똥풍뎅이(*O. nuchicornis*), 넉점꼬마소똥구리(O.→*Caccobius schreberi*), 유령소똥풍뎅이(*O. lemur*) 등이다. 곤충 수가 충분한 것이면 사육했는데 첫번째 종이 가장 많았다. 더욱 다행인 것은 이 종이 그 노동조합의 우두머리였다는 점이다. 복장을 따지자면 녀석 말고도 눈부시게 구릿빛인 녀석이 있지만, 사육조에는 수컷의 뿔이 그보다 멋진 녀석이 없어서 특히 눈에 띄었다. 녀석이 특별히 알려 준 것은 없어도 그저 그런 거동을 반복해서 기록한 것이 이 족속을 대표하게 된 것이다.

지중해소똥풍뎅이
실물의 2.5배

　다른 녀석도 5월에 함께 잡혔다. 만물이 소생하는 이 계절에 양(*Ovis*)의 배설물 밑에서 우글거리는 녀석들이 대단히 분주하다. 배설물은 올리브 같은 모습이 좀 길게 뿌려졌거나, 약간 크고 둥글넓적하게 떨어진 것들이다. 전자는 너무 건조하고 인색해서 거들떠보지 않지만 후자는

유령소똥풍뎅이
채집: St. Martin de Crau, Bouches du Rhone, France, 25. V. '72, J-P. Lumaret

둥근 빵 같아서 즐기며 배부르게 먹는 식량이다.

수북이 쌓인 노새(Mulet)의 배설물도 곧잘 이용되나 심줄이 너무 많다. 이것은 쉽게 구해지며 자신의 요리는 되어도 새끼의 이용감은 못 된다. 일단 둥지가 마련되면 양의 넓적한 똥이 최고이다. 그것은 아주 잘 반죽되어 있어서 왕소똥구리(*Scarabaeus*), 뿔소똥구리(*Copris*), 긴다리소똥구리(*Sisyphus*)처럼 전문가의 안목을 가진 소똥구리들이 쏜살같이 몰려든다. 양의 것이 없을 때는 신중하게 생각한 다음 산더미 같은 노새 똥으로 만족한다.

소똥풍뎅이의 사육은 아주 쉽다. 즐겁게 뛰놀 만큼 넓은 집이 필요치도 않고, 넓으면 오히려 잡다한 무리가 떠들어 대서 관찰하기만 불편하다. 무엇보다도 실험실에 들여놓을 수 있는 가장 간단하며 알맞은 방 감으로 여러 개의 병을 택했다. 그러면 자주 검사하기도 편하고 흙을 파헤쳐야 하는 번거로움도 없다. 과연 무엇을 집으로 택했을까?

집에서 쓰는 유리병 중 넓은 아가리에 양철 뚜껑을 돌려서 잠그는 것이 있다. 겨울에 구하기 힘든 벌꿀, 과일의 설탕 절임, 잼, 젤리 따위의 식료품을 담는 것들로서, 우리 주부가 미리 장만해 둔 것이다. 식료품 창고의 선반을 한 바탕 뒤져서 그런 용기 12개를 찾아냈다. 용량은 평균 1*l* 정도였다.

각 유리병에 신선한 모래를 절반쯤 넣고 양에서 얻은 과자를 얹어 놓는다. 그리고 종별로 한 쌍씩 넣었다. 유리 숙소가 바닥났는데 곤충 수가 급격히 늘어나면 화분을 동원해서 규정대로 처리하고 유리판으로 덮었다. 전체를 연구실 큰 책상에 늘어놓았다. 포로는 거기서 따뜻한 온도, 아늑한 햇살, 그리고 최고급 식단이 언어진 집에 만족했다.

소똥구리의 지극한 행복에 이보다 필요한 것은 무엇일까? 암수 사이의 도취 말고는 아무것도 없을 것이다. 5월 후반, 백리향(Thym: *Thymus*) 덤불 틈바구니에서의 놀이를 중단시키고 새집으로 이

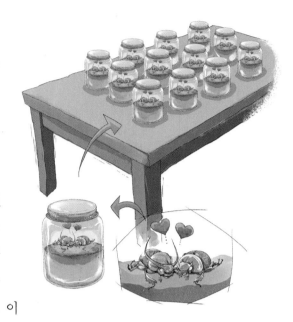

사시킨 사태에도 전혀 괴로워하지 않았다. 녀석들은 그 놀이를 잃지 않았다. 그저 서로 열심히 사랑하고 노닥거리며 짝을 짓는다.

첫 질문의 답변을 찾아내기에 가장 좋은 기회였다. 소똥풍뎅이 부모도 함께 자식을 돌볼 줄 알까? 녀석들은 긴다리소똥구리(Sisyphe: *Sisyphus schaefferi*), 금풍뎅이(Géotrupe: *Geotrupes*), 유럽장수금풍뎅이(Minotaure: *Minotaurus→ Typhaeus typhoeus*)가 보여 준 것처럼 오래 지속되는 부부생활을 영위할까, 아니면 한 번 짝지었다가 곧 영원히 헤어질까? 지중해소똥풍뎅이가 이 질문에 답해 줄 것이다.

신선한 모래를 깔고 식량을 보급한 유리병에다 짝짓기가 이루어진 쌍을 옮겼다. 별 탈 없이 이사시킨 두 마리가 아직도 껴안고 있다. 약 15분 뒤 서로 물러났다. 긴요한 일은 끝났고, 식량은 옆에 있다. 두 녀석은 잠시 거기서 식사를 한다. 그러고는 상대에게

전혀 관심 없이 각자 제 굴을 파고 들어가 버린다.

약 일주일 뒤 수컷이 밖으로 나왔다. 녀석은 어쩐지 걱정스러운 듯, 기어오르려 애쓰며 이리저리 방황한다. 둘의 인연은 이미 끊어져 완전히 끝났으니 녀석이 밖으로 나가고 싶은 것이다. 얼마 뒤 암컷이 올라온다. 그녀는 근처의 둥근 빵과자를 이리저리 건드리더니 제일 맛있는 부분을 떼어 내 땅굴로 가져간다. 그녀가 둥지를 지어도 제 짝은 그런 일에 눈치조차 채지 않는 것 같다. 녀석과 그런 작업과는 상관이 없는 것이다. 여러 종에게 같은 방법으로 물어보았는데 모두 같은 답변이었다. 결국 소똥풍뎅이 족속은 부부의 연분을 전혀 몰랐다.

그런 연분을 알아서 충실하게 맞벌이하는 녀석들에게는 어떤 이득이 있을까? 나는 잘 모르겠다. 좀더 솔직히 말해서 전혀 모른다고 고백하련다. 부피 큰 순대를 상대하는 금풍뎅이가 보존식품을 제조하는 데 아비의 조력이 크게 도움 된다는 설명이 가능했다. 또 유럽장수금풍뎅이의 우물이 한없이 깊어서 수컷의 창으로 어미가 파낸 흙을 밖에다 버리는 것을 도와줄 필요성이 있음도 그럭저럭 이해된다. 하지만 식량 모으기도, 땅파기 작업도 크게 줄인 긴다리소똥구리의 경우는 이해되지 않는다.

긴다리소똥구리도 수컷이 구슬을 지켜 주고, 어깨 힘을 써서 도와주고, 또한 앞에서 암컷에게 용기를 북돋아 준다는 점은 나도 인정하겠다. 하지만 왕소똥구리의 경우는 협력자의 역할이 별로 없다. 그저 일반 곤충의 규칙처럼 어미는 어떤 도움도 없이 혼자서 착실하게 일한다. 한편, 지중해소똥풍뎅이는 긴다리소똥구리보다 훨씬 작다. 이런 난쟁이는 두 마리가 협력해서 환약을 굴려야 저들만큼의 작업 목표를 달성할 것이다.

자, 그런데 재주와 솜씨는 어떻게 분배되었을까? 사실 위에다 사실을, 관찰 위에다 관찰을 쌓아올리면 어느 날 그것을 알게 될까? 내 생각에는 의심스럽다. 사람들은 가끔 내게 이렇게 충고한다. "당신은 벌써 자세한 사실을 풍부하게 수집해 놓았소. 그것들을 일단 분석한 다음 모두 종합하여 총체적인 견지에서 본능의 발생을 보편화시킬 때입니다."

그들은 어찌 그리도 신중치 못하단 말이더냐! 내가 바닷가의 모래 몇 알을 파냈다고 해서 바다의 깊이까지 알 수 있다는 말인가? 생명이란 헤아릴 수 없이 많은 비밀을 지니고 있다. 인간의 지식은 날파리의 최후의 진실을 듣기 전에 세상의 고문서에서 지워질 것이다.

둥지 문제도 이해하기 어렵다. 둥지란 산란과 새끼의 발육을 보호하려고 만든 일체의 집을 의미한다. 집짓기에는 벌(Hymenoptera)이 뛰어난 재주를 가졌다. 벌은 솜, 밀랍, 나뭇잎, 수지로 방을 만들며, 흙을 반죽해서 탑을, 돌로 둥근 지붕을 건축한다. 진흙으로 항아리를 빚기도 한다. 거미(Aranéide: Araneae)가 벌의 적수였다. 어느 왕거미(Araneidae)는 기구(氣球)나 별무늬의 포물체(抛物體)를, 타란튤라(Lycosa)는 공 모양 주머니

벌의 진흙집 공사 중인 벌을 보지 못하여 정확하진 않지만 보석나나니류의 집일 것 같다. 인제, 2. VIII. 05, 강태화

를, 풀거미(*Agelena*)는 첨두식(고딕식) 둥근 지붕의 은신처를, 납거미(*Clotho→ Uroctea*)는 천막이나 렌즈 모양 주머니를 연상시키는 집을 짓는다.

메뚜기(Criquet: Acrididae)는 거품 덩이 연통을 쌓아올린 움막을 짓고, 사마귀(Mantis)는 점액질을 부글부글 끓여 해면질 같은 건축물을 짓는다. 파리(Diptera)와 나비목(Lepidoptera) 곤충은 이런 자애로움을 모른다. 녀석들은 애벌레가 스스로 식량과 은신처를 찾아낼 수 있는 장소에다 알을 낳아 줄 뿐이다. 딱정벌레목(Coleoptera) 곤충도 자식에게 둥지를 지어 주는 섬세함을 모른다. 딱지날개를 장착한 수많은 무리 중에서 아주 진귀한 예외로 오직 소똥구리(Bousiers)만 자식 기르는 재주를 가져, 이 방면에 천부의 자질을 가진 자와 어깨를 나란히 할 수 있다. 녀석들에게는 이런 재주가 어디서 왔을까?

대담한 이론을 환상적이며 모험적으로 수용하는 정신은 이렇게 주장한다. 미래의 과학은 섬유조직과 세포의 깊은 늪에서 퍼낸 자료들로 각 동물군을 분류한 계통관계표를 만들어서 장소를 미리 관찰하지 않고도 본능 이야기를 할 수 있게 될 것이란다. 수(數)가 대수에 의해 결정되듯이 재능도 학문의 공식으로 결정된다는 것이다.[1]

엄청나구나. 하지만 잠깐. 우리에게는 소똥구리의 경우가 있다. 본능의 대수표를 만들기 전에 녀석들과 잠깐 의논해 보자. 소똥풍뎅이는 멋진 소똥 경단 제작에 숙달한 뿔소똥구리, 왕소똥구리, 긴다리소똥구리 등과

1 계통관계표는 이미 제작되기 시작했으며 21세기가 끝나기 전에 상당한 수준까지 작성될 것으로 보인다. 하지만 장소 선택이나 습성 따위의 본능을 예견하는 것과는 완전히 다른 각도의 문제이다. 더욱이 다음에 예시된 새의 몸집 크기 따위의 비교는 거의 억지 수준으로 보아야 할 것이다.

친척이다. 동물 표에서 녀석이 차지한 위치에 따른 둥지 제작 기술을 얼마나 알고 있는지, 이 공식을 통해서 미리 이야기해 보자.

소똥풍뎅이는 덩치가 매우 작은 게 사실이다. 하지만 몸집이 작아서 재주도 작다고 할 수는 없다. 스윈호오목눈이(Mésange penduline: *Remiz pendulinus*)◉, 굴뚝새(Troglodyte: *Troglodytes*), 유럽되새(Serin: *Serinus*)를 보시라. 녀석들은 프랑스의 새 중 가장 작음에도 불구하고 그야말로 훌륭한 예술가들이다. 소똥풍뎅이와 가까운 친척은 알 모양이나 조롱박 모양의 세공품을 만들어서 아름다움에도 아주 뛰어난 솜씨를 가진 녀석들이다. 그러니 요 귀엽고 몸단장도 정말 단정한 녀석(소똥풍뎅이)은 틀림없이 더욱 멋지게 일할 것이 분명했다.

자, 그런데 대수표는 우리를 속였고 공식은 착각을 일으켰다. 소똥풍뎅이는 아주 서툰 예술가에 지나지 않았다. 녀석의 둥지야말로 허술하기 짝이 없어서 사실대로 사람 앞에 내놓을 수가 없을 정도였다. 사육 중인 6종은 유리병과 화분에 아주 많은 둥지를 만들어 놓았다. 지중해소똥풍뎅이의 경우는 100개가량을 내게 제공했다. 그런데 같은 거푸집, 같은 공장에서 찍어 냈다면 모양이 닮았어야 할 텐데 정확히 닮은 것은 거의 하나도 없었다.

더욱이 아주 심하거나 조금 다른 모양까지 있었다. 물론 이렇게 서툰 작품이라도 전체에서 본보기대로 작업한 원형을 찾지 못할 정도는 아니다. 마치 바느질할 때 쓰는 골무 모양이며, 둥근 입구를 위로 향해 수직으로 서 있는 점은 모두 같았다.

가끔은 사육병 가운데의 모래 속에 둥지를 지었는데, 이때는 4면의 모래 속 저항이 같아서 둥지의 모양이 비교적 규칙적이다.

하지만 소똥풍뎅이는 바닥이 무른 흙보다 단단한 것을 좋아해서 둥지를 유리병의 벽, 특히 밑바닥에 잘 지어 놓았다. 만일 받침대가 세로 방향이면 주머니가 세로로 잘린 원통 모양이다. 둥지의 유리벽 쪽은 매끄럽지만 다른 면은 전체가 까칠까칠하다. 또 받침대가 수평일 때는 방의 아랫면이 평평하고 위는 뚜렷하게 달걀처럼 둥근 지붕이 된다. 하지만 대개는 정해진 설계도가 있어도 규정된 견적을 따르지 않아 굴곡이 심했다. 유리에 접촉한 면을 제외한 표면은 아주 거칠고 모래가 붙은 껍데기 같았다.

보기 흉한 바깥 껍질이 공사의 진행을 설명해 준다. 산란이 임박한 소똥풍뎅이는 별로 깊지 않게 대롱 모양 우물을 파는데, 날이 달린 쇠스랑 모양의 앞다리와 머리방패로 파낸 흙더미를 몸으로 눌러서 단단하게 만든다. 그럭저럭 적당한 둥지의 넓이가 되면 허물어지기 쉬운 담벼락에 시멘트를 발라야 한다.

우물 밖의 표면으로 올라간 녀석이 그 문턱에서 흙더미로 만든 회반죽을 한 아름 안고, 법적 주소지인 아래로 내려가 모래벽에 붙이고 누른다. 자갈 섞인 콘크리트의 덮개가 벽에도 보충되는데 양 똥의 시멘트가 함께 쓰인다. 여러 번 오르내리면서 반복적으로 사방에 덧칠을 한다. 모래알이 잔뜩 들어간 시멘트 벽은 무너질 염려가 없다. 방이 준비되었으니 이제는 알을 낳고 식량을 채워야 한다.

제일 밑에 마련된 넓은 방이 벽에 알을 낳아 둘 부화실이다. 다음 새끼의 식량을 수집한다. 이때는 배려가 아주 신중하다. 건축할 때는 걸쭉한 것으로 바깥을 바르는데 흙으로 더럽혀져도 상관하지 않았다. 하지만 이제는 복도의 중앙으로 식량을 들여가는데,

이것은 침을 갖춘 치즈 상인처럼 수집한다. 상인은 치즈의 맛을 시험하려고 속이 빈 침으로 치즈의 속까지 찔렀다가 빼내서 견본을 얻는데, 마치 그것처럼 마련하는 것이다.

채굴 중인 물건에 정확히 둥근 구멍을 뚫고 곧장 중심으로 간다. 거기는 공기를 만나지 않아 본래의 부드럽고 진한 맛 그대로이다. 거기서 한 아름씩 채취해서 광으로 옮기고, 반죽해서 적당한 곳으로 밀어 넣어 굳힌다. 이런 식으로 방안을 충분히 채운 다음 모래와 똥을 절반씩 섞은 회반죽으로 벽을 바를 때처럼 입구를 틀어막는다. 그런데 밖에서 조사해 봤자 그전에 무엇이 있었는지, 그 다음에 어떻게 변했는지를 알 수가 없다.

세공품과 그 질을 판단하려면 안을 열어 봐야 한다. 맨 구석을 차지한 넓고 달걀 같은 방이 바로 부화실이다. 알은 가늘고 흰 대롱 모양이나 양끝은 약간 둥글며, 방의 밑바닥이나 옆의 벽에 고정되었다. 산란 직후의 길이는 1mm 정도이며, 수란관이 뿌리를 내린[2] 받침대도 없이 허공에 똑바로 서 있다.

궁금증이 큰 사람 눈에는 이렇게 작은 배아가 그렇게 넓은 방, 즉 알에 비해 너무 큰 방에 들어 있음을 의심한다. 어미가 만든 덩어리의 안팎은 발린 것이 아주 달랐다. 내벽을 자세히 보면 반들반들한 녹색에 반유동성 미립자 죽이 발려 있어서 또 하나의 질문이 생긴다.

왕소똥구리, 뿔소똥구리, 긴다리소똥구리, 금풍뎅이, 그 밖의 똥으로 보존식품을 마련하는 녀석들은 식량 속에 파 놓은 알 방의 벽에 이와 비슷한 칠을 해놓았다. 정도에는 차이가 있으며, 다른 종류의 방에서는 소똥

---

2 '알을 고정시키는'이라고 해야 할 말을 잘못 쓴 것이다.

풍뎅이의 부화실만큼 많이 발린 경우를 보지 못했다. 왕소똥구리가 보여 준 이런 걸쭉한 죽이 오래전부터 마음에 걸렸었는데, 그때는 식량 더미에서 스민 액체가 표면에 고인 것으로 생각했었다.

하지만 나는 또 틀렸다. 진실이란 깊게 주목해 볼 필요가 있는 것이다. 소똥풍뎅이를 많이 연구한 오늘, 나는 이 질문을 다시 풀어 봐야겠다. 번들거리는 반유동성 크림의 칠이 저절로 스민 것일까, 아니면 어미의 따뜻한 배려의 산물일까? 가장 단순한 것은 언제나 마지막에 생각나는 법이라, 아주 단순하면서도 결정적인 실험 하나가 답변을 줄 것이다. 미처 생각하지 못했던 그 실험을 이제 처음으로 해봐야겠다. 실험은 다음과 같다.

달걀 용량의 광구 유리병에다 소똥풍뎅이에게 필요한 양 똥을 넣는다. 완전히 매끈한 자리가 남을 유리막대로 찔러서 깊이 1cm 가량의 홈을 만들었다. 막대를 빼낸 입구를 같은 재료로 막고 전체가 마르지 않도록 정확히 마개를 해서 보관했다. 이것은 대충 왕소똥구리의 부화실인 배(梨) 모양 경단이며, 또한 많이 과장된 소똥풍뎅이의 알 방이다.

모세관현상으로 액체가 스몄다면 유리막대를 빼낸 홈에서 크림 같은 바니시가 곧 보일 것이고, 안 스몄다면 광택 없는 그대로일 것이다. 이틀을 기다렸다. 모세관현상이 일어날 경우를 가정하여 그럴 시간을 준 것이다.

이제 홈을 조사했다. 벽에는 스며 나와 반들거리는 검록색 죽의 흔적이 전혀 없고, 광택 없이 마른 겉모습이 처음과 같았다. 3일을 더 기다렸다가 다시 한 번 조사했다. 역시 아무 변화도 없다. 유리막대로 만들어진 우물에는 스민 게 전혀 없다. 오히려 그전보다 더 마른 것 같아, 모세관작용으로 스민 액체와는 관계가 없다. 그렇다면 어느 방이든 벽에서 보이는 겉칠의 도료(塗料)는 무엇일까? 그것은 어미가 만든 죽으로, 갓난이를 위해 만든 수프라는 답변밖에 할 수가 없다.

새끼 비둘기(Pigeonneau: *Columba*)가 주둥이로 어미 입을 쑤시면 어미가 몸을 힘차게 떨어 먹이를 토해 준다. 처음에는 모이주머니에서 분비한 치즈 죽처럼 걸쭉한 죽을, 좀 뒤에는 부드럽게 소화되기 시작한 낟알을 먹여 준다. 갓난이가 받아먹은 것은 갓 태어나서 허약한 위장에 크게 도움이 된다. 소똥풍뎅이 애벌레가 삶의 첫발을 내디딜 때도 대체로 이런 식이다. 최초 먹이를 쉽게 먹이려는 어미는 제 모이주머니에서 가볍고 영양이 풍부한 크림을 준비한 것이다.[3]

소똥풍뎅이 어미는 맛있는 식량을 입에서 입으로 직접 옮겨 줄 수가 없다. 게다가 다른 곳에도 둥지를 지어야 하는 중대한 사정이 있다. 각각의 알은 충분한 시간 간격을 두고 낳아야 하며, 그것들을 부화시키는 데도 일손이 많이 들어 비둘기처럼 많은 가족을 기르려면 무엇보다도 시간이 모자란다. 그러니 아무래도 또 하나의 다른 방법이 요구된 것이다.

어린애가 먹을 죽인 잼은 방안의 모든 벽에 토해서 발라 놓아 어디에서도 보인다. 조금 자라서 튼튼해진 다음에는 양(*Ovis*)의 선물이며 전혀 조리되지 않은 식품을 먹는다. 잼은 어미가 모이주머니에서 미묘하게 가공한 것이며, 갓난이는 제 주변 어디서든 살살 핥은 다음 용감하게 빵을 공격한다. 우리네

---

3 파브르는 이 첫 먹이가 소화하기 쉽다는 점에 초점을 맞추었으나 현대 생물학에서는 소화보다 면역을 위한 항생물질에 더 관심을 두는 경향이 있다.

갓난아기도 이와 별로 다를 게 없다.

어미가 죽을 토해서 바르는 것을 보고 싶지만 좁은 홈 속에서 진행되는 일이다. 과자 만들기조차 내 눈이 닿지 않는 곳이라 제대로 볼 수가 없다. 게다가 빛이 들어가면 어미가 놀라서 하던 일을 포기한다.

직접 관찰하지는 못했어도, 적어도 유리막대로 만든 홈에서의 실험은 정말 명백하게 밝혀진 셈이다. 소똥풍뎅이는 제 자식에게 최초의 식량을 토해서 먹인다. 방법은 달라도 이 점은 비둘기와 좋은 맞수라 하겠다. 식량에 둘러싸인 부화실 만들기에 숙달한 다른 여러 소똥구리 역시 같은 사정일 것이다.

토해 낸 죽을 꿀의 형태로 만드는 꿀벌(Apiaires: Apidae) 말고는 어느 곤충도 이런 사랑을 베풀지 못한다. 똥을 이용하는 녀석들이 자신의 행동으로 우리에게 모범을 보였다. 그 중 몇몇은 암수가 함께 맞벌이 가정을 이루었고, 또 몇몇은 어미의 가장 숭고한 표현인 젖 먹이기의 서곡을 연주했는데 젖꼭지는 모이주머니가 대신했다. 삶이란 천태만상이다. 그래서 가족의 특성에 천부의 혜택을 받은 녀석들을 똥 속에 묻어 두었다. 더욱이 거기서 느닷없이 새(Oiseaux: Aves)와 같은 세상으로 숭고하게 날아오르는 것도 사실이다.

소똥풍뎅이가 낳은 알은 금세 아주 커져, 길이가 약 2배로 늘어나 부피는 8배가 된다. 소똥구리(Bousiers)의 알은 모두가 이렇게 자란다. 어느 종류든 산란 직후의 크기를 재었다가 부화할 무렵에 다시 재 보면 희한하게도 이렇게 커졌으니 이를 보고 정말 놀라지 않을 수 없다. 예를 들면 진왕소똥구리(Scarabée sacré: *Scarabaeus sacer*)

부화실이 최초의 알에게는 충분한 여유가 있었으나 알이 점점 부풀어 올라 나중에는 방 전체를 차지할 정도가 된다.

처음에는 알이 양분을 섭취했을 것이라는 아주 단순하면서도 유혹적인 생각이 떠올랐었다. 강한 냄새를 발산하는 물질에 둘러싸여서 그 냄새가 신축성이 강한 알껍질로 스며들어 부풀었다는 생각이었다. 이런 미묘한 문제가 처음 눈앞에 나타났을 때, 나는 마치 씨앗이 비옥한 토양에서 부풀듯이 양분을 흡수해서 자란 것으로 생각했었다. 하지만 그게 정말일까? 아아! 식사 때 불고기집 앞에 서서 맛있는 요리 냄새를 코로 들이마시는 것으로 충분하다면, 우리네 세상은 얼마나 달라졌겠더냐! 그것은 너무도 지나친 꿈이로다.

소똥풍뎅이, 뿔소똥구리 따위처럼 벽에 크림을 바르는 똥구리가 이번에는 알의 성장으로 우리를 속여 착각에 빠뜨렸다. 얼마를 지나서 유럽장수금풍뎅이가 딱 잘라서 말해 주었다. 즉 과거의 해석을 근본적으로 고치라는 강요였다. 녀석의 알은 식량 안에 갇혀 있지 않았으니 방사 물질로 성장한다는 말은 성립될 수 없다는 것이다. 그 알은 사방이 모래에 둘러싸인 순대 바깥의 아주 밑에 있었는데도 역시 기름진 방안에 넣어 둔 것만큼 크게 자랐다.

더욱이 막 태어난 애벌레 역시 통통하게 살이 쪄서 나를 놀라게 했다. 녀석은 자신이 들어 있던 알보다 7~8배나 컸다. 그릇보다 들어 있던 내용물이 훨씬 큰 것이다. 녀석의 앞쪽은 모래 천장으로 막혀 있어서 먼저 거기를 통과해야 식량을 만난다. 그런데 식량을 만나기 전에 어떤 새로운 물길이 녀석에게 추가되어 이렇게 희한한 성장을 계속하는 것 같다.

까슬까슬한 모래 속에는 성장시키고 살찌울 발산물이 없다. 그렇다면 알과 애벌레의 성장은 어디서 왔을까? 랑그독전갈(Scorpio → *Buthus occitanus*)이 가장 훌륭한 출발점을 제공했었다. 전혀 먹지 않은 애벌레가 같은 형태의 성충으로 넘어갈 때, 갑자기 길이가 2배로 늘어나 부피는 8배로 증가했음을 보여 주었다. 생체는 아주 고차원적인 내부 배치가 이루어져서 새로운 물질의 보탬 없이도 크기가 커진다.[4]

동물은 같은 양의 재료로 지금보다 커질 수 있는 구조물이다. 모든 것은 세포가 어떻게 건축했느냐에 따라 결정되며, 이것은 삶의 몸 떨기인 진동에 따라 점점 더 세련되어진다. 꽉 찬 알의 내용물이 퍼져서 생물이 되고, 이것이 여러 기능의 기관을 가짐에 따라 알 시대보다 부피가 커진다. 공업 산물인 기관차 역시 같은 이유로 재료인 철을 한 덩이로 녹였을 때보다 넓은 면적을 갖는다.

신축성 있는 알껍질이라면 부풀리는 힘에 늘어나며, 소똥구리의 경우가 모두 그런 것이다. 껍질이 단단한데 증발한 경우는 어느 부분에 공간이 생겨, 내용물의 부피가 늘어나는데 필요한 넓이를 제공한다. 신축성 없는 석회질 껍데기로 둘러싸인 새알이 바로 그런 경우이다. 어느 경우든 부푸는 성질이 있는데, 연한 것으로 싸였으면 밖에서도 내부의 작용이 인식되나, 단단한 껍데기일 때는 겉에서 안 보이는 차이가 있을 뿐이다.

부화한 다음 전혀 먹지 않고 발육하는 게 불가능하다고 할 수는 없다. 애벌레는 얼마 동안 계속해서 자라는데, 생활체로서의 평형을 유지하면서 완전히 안정하려는 노력이 계속된 것이다. 좀 부족

---

4 알이 커짐은 모든 풍뎅이에서 나타나는 현상인데, 방사 물질을 섭취한 게 아니라 주변의 수분을 흡수해서 부피가 늘어난 것이다.

한 크기도 보충시켜서 완성하려 한다. 전갈도 같은 이야기를 들려주었다. 장수금풍뎅이와 그 밖의 소똥구리도 증명했었다. 이는 옛날에 메뚜기의 날개가 작은 싹에서 나와 갑자기 넓은 돛대처럼 펼쳐지던 것[5]의 작은 예일 뿐이다.

결국, 소똥구리 이야기에서 내 견해는 두 번 바뀌었다. 처음에는 녀석이 태어난 방안 벽에 칠한 죽에 대해서, 다음은 산란된 알의 부피가 커지는 것에 대해서였다. 나는 내 잘못 때문에 얼굴을 크게 붉히지는 않는다. 다만 전의 이야기를 수정할 뿐이다. 바늘로 단번에 진짜 광맥을 찌른다는 것은 그렇게도 힘든 일이다. 인간이 잘못을 저지르지 않는 길은 단 하나 밖에 없다. 아무것도 하지 않는 것이다. 특히 사상을 밭을 갈지 않는 것이다.

5 『파브르 곤충기』 제6권 17장 참조

8 지중해소똥풍뎅이
– 애벌레와 번데기

5월은 각종 소똥풍뎅이(*Onthophagus*), 특히 지중해소똥풍뎅이(*O. taurus*)가 둥지를 짓는 달이다. 그때는 어미가 둥글넓적한 소똥과자 밑으로 찾아가 별로 깊지 않게 땅을 판다. 건축과 식량 재료는 천장 과자에서 가져온다. 수컷은 애초부터 도와주러 올 생각이 없었다. 가족 따위는 팽개쳐 두고 그저 들떠서 돌아다니며 세월을 보낸다. 어미 혼자서 방을 만들어 알을 낳고 식량을 가득 채운다. 하지만 일솜씨가 단순하고 촌티 나서 멋진 뿔을 단 친구의 도움이 필요치도 않다. 기껏해야 이틀 동안 5~6개의 방을 만드는 게 어미 한 마리의 작업 전부이다. 봄의 환희를 맛볼 여가도 충분히 남아 있다.

지중해소똥풍뎅이 애벌레
실물의 3배

　대략 일주일이면 꼬마가 부화한다. 그런데 등에 아주 큰 혹이 있어서 정말로 희한하고 괴상한 모습이다. 그래서 조금이라도 서서 걸으려면 혹의 무게에 눌려서 엎어지므로 언제나 웅크리고 있어야 한다. 예전에 진왕소똥구리(*Scarabaeus sacer*) 애벌레도 등에 짊어진 주머니를 보여 주었다. 그 주머니는 어쩌다 식량 상자가 터지면 땜질해서 식량이 너무 빨리 마름을 방지하기 위한 시멘트 창고였다. 소똥풍뎅이 애벌레 역시 그와 비슷하게 원뿔 모양인 기념품을 보라는 듯이 과장했다. 마치 괴상하고 기상천외한 만화 같다. 가면무도회의 즐거운 웃음거리일까? 나중에 이용될 만한 쓰임이 있는 기형일까? 이제 그것을 알게 될 것이다.

이런 괴상한 모습을 적당히 표현할 말을 찾지 못하겠으니 번거로운 장광설은 보류하련다. 독자께서는 『곤충기』 제5권의 노랑다리소똥풍뎅이(Oniticelle: *Euoniticellus fulvus*) 그림을 보시기 바란다. 두 곱사등이가 매우 닮았다.

애벌레는 등혹을 똑바로 지탱할 수 없어서 모로 누워 손 닿는 방에 발린, 즉 천장, 벽, 방바닥 전체에 발린 크림을 핥는다. 한 곳을 모두 핥고 나면 잘 움직여 주는 다리로 얼마간 이동하여 다시 누워서 핥는다. 넓은 방에 크림을 듬뿍 발라 놓아 당분간은 식량 걱정이 없다.

금풍뎅이(*Geotrupes*), 뿔소똥구리(*Copris*), 왕소똥구리(*Scarabaeus*)의 갓난이들은 단 한 번의 식사로 좁은 방안에 칠해 놓은 크림을 모두 먹어 버린다. 크림은 맛이 별로 없는 식품에서 식욕을 일게 하지만, 위장이 그 대비에 겨우 족할 정도의 양이었다. 하지만 이 꼬마는 일주일분 이상의 크림을 보유하고 있다. 그의 고향 방이 녀석에게 걸맞지 않게 넓은 덕분에 이런 사치가 가능했다. 이제는 빵을 파먹는다. 한 달쯤 지나면 주머니 바깥만 남기고 모두 먹는다.

이제 등에 짊어진 혹이 훌륭한 역할을 할 때인데, 진행 과정을 보려고 준비해 둔 유리관 덕분에 더욱 뚱뚱해지며 혹이 거창해지는 애벌레를 추적할 수 있었다. 쓰러질 듯이 낡은 오두막의 구석으로 들어가는 녀석은 거기서 이제부터 탈바꿈할 작은 상자를 만든다. 회반죽 재료는 혹에 간직해 둔 소화 찌꺼기를 변화시킨 것이다. 건축기사는 그 주머니에 준비해 두었던 똥을 사용해서 정말 아담한 걸작을 만들려 한다.

지금 한창 작업 중인 녀석을 확대경으로 쫓았다. 녀석은 몸을 둥글게 말아 소화관 끝을 막으며[1] 몸의 양끝끼리 만나, 분출시킨 똥덩이를 큰턱으로 잡아 시멘트로 이용한다. 목을 천천히 돌려서 건축자재인 돌(모래알)을 제자리에 가져다 놓는다. 다른 재료도 계속 조심해서 쌓아 올린다. 수염(더듬이)으로 가볍게 두드려서 벽돌이 안정되었는지, 정확하게 쌓였는지, 줄이 곧은지를 확인한다. 건축물이 높아져 가면 마치 탑을 쌓아 올리는 석공처럼 작품의 가운데서 제 몸을 돌려 가며 작업한다.

가끔 시멘트가 빈약해서 쌓아 놓은 돌이 떨어진다. 그때는 큰턱으로 집어서 다시 쌓기 전에 접착제를 발라야 하는데, 곧 엉덩이에서 튼튼히 할 고무 같은 액체가 조금 스며 나온다. 등혹은 재료를 제공하고, 창자는 물체끼리 합칠 필요가 있을 때 쓰일 풀을 내보내는 것이다.

이렇게 해서 아름다운 집 하나가 지어진다. 타원형 방안의 벽이 화장한 것처럼 반들거리며, 바깥은 서양삼나무(Cèdre: *Cedrus*) 열매의 돋친 비늘처럼 멋을 냈다. 각 비늘은 거기서 솟은 자갈에 해당된다. 상자가 별로 크지는 않아 서양버찌만 해도 귀엽게 잘 정돈되었고 곤충의 공예품

---

1 '막았다'는 과장된 표현이다.

중 가장 훌륭한 작품과 견줄 만하다.

공예품이 지중해소똥풍뎅이만의 전매특허는 아니며, 소똥풍뎅이 전체가 그렇게 뛰어난 기술을 보유했다. 가장 작은 갈고리소똥풍뎅이(*O. furcatus*)의 작품은 거의 후추 알만 해도 녀석의 솜씨는 삼나무 열매 모양을 만든 장인에 못지않은 명인의 솜씨이다. 소똥풍뎅이의 복장과 뿔 모양 따위의 외모에는 차이가 있어도 계열 전체의 재능에는 변함이 없다. 들소뷔바스소똥풍뎅이(*Bubas bison*)나 노랑다리소똥풍뎅이, 그 밖에 여러 종이 번데기 될 때가 다가오면 소똥풍뎅이의 것과 비슷한 건축양식의 집을 짓고 들어간다. 그래서 본능은 형태에 종속되지 않는다고 단정적으로 말할 수 있다.

7월 첫 주, 지중해소똥풍뎅이의 둥지를 완전히 벗겨 보자. 방안은 애벌레가 모두 파먹었는데, 안쪽 층 칸막이까지 갉아먹어서 집이 쓰러질 형편이다. 허름한 오막살이가 마치 완전히 익은 호두 껍데기처럼 쉽게 벗겨진다. 안에는 껍데기와 전혀 붙어 있지 않은 알맹이의 용화(蛹化, 번데기로 바뀌는 것) 상자가 만들어져 있다. 이 보석을 깨뜨려 보자. 마치 수정처럼 반투명한 번데기가 보인다. 운이 좋아서 이마에 멋진 뿔이 달린 수컷을 만났다.

아름다운 초승달 모양의 뿔이 뒤쪽으로 기울어져 어깨를 덮었다. 생명 전체가 액체에서 태어난 것 같고, 뿔 역시 그렇게 부풀

들소뷔바스소똥풍뎅이 채집: France, 7. IX. '91, J-P. Lumaret

었다. 지금은 보지 못하지만 머지않아 시력을 줄 것을 약속하는 눈은 갈색이다. 머리방패도 부풀어 올랐다. 앞에서 본 머리는 황소의 머리 같은데, 특히 유럽들소(Urus: *Bos primigenius*)를 닮아서 얼굴이 넓고 뿔도 아주 크다.

파라오(Pharaons) 시대의 예술가가 막 태어난 이 소똥풍뎅이를 보았다면 틀림없이 녀석을 영웅의 조상으로 모셨을 것이다. 녀석은 사제(司祭)의 상징이 나타내는 기발함을 보여서 진왕소똥구리와 충분히 견줄 만하다. 앞가슴 가장자리에도 뿔 하나가 우뚝 서 있는데, 두 뿔처럼 원통 모양이며 끝은 분명히 뾰족하다. 역시 앞으로 향했으며 초승달 모양인 이마(머리방패)의 가운데로 끼어들어 조금 솟아났다. 정말로 그럴 듯하며 독특하게 배열되었다. 고대 이집트의 화가는 거기서 세계의 곶(岬)에 잠긴 이시스(Isis)[2]의 초승달을 보았을 것이다.

번데기의 또 다른 이상한 점이 호기심을 자아낸다. 몸통(배) 좌우에 어마어마한 수정 같은 가시가 4개씩 있다. 이마에 2개, 앞가슴에도 1개로 총 11개의 전투무기로 옷단장을 했다. 고대 동물은 괴상한 뿔을 달고 기뻐했다. 지질시대의 어떤 파충류(Reptilia)는 눈꺼풀 위에 날카로운 막대기를 세워 놓았다. 소똥풍뎅이는 좀더 대담하게 등에도 창을 심어 놓았고, 배의 양쪽에도 8개나 장착했다. 이마의 뿔은 널리 쓰이는 것이라 그런 대로 이해하겠다. 하지만 다른 뿔들은 도대체 어디에 쓰려는 것인지 알 수가 없다. 사실은 아무 데도 안 쓰인다. 그것들은 청춘시대로 접어든 한때의 기쁨인 변덕일 뿐, 성충이 되면 흔적조차 없어진다.

2 이집트 여신. 『파브르 곤충기』 제5권 155쪽 참조

번데기가 지금 성숙해 간다. 처음에는 온통 유리 같았으나 지금은 이마 가장자리에 활처럼 구부러진 적갈색 선이 보인다. 진짜 뿔 모양새를 갖추고 굳어지면서 색깔이 생기는 시기인 것이다. 하지만 앞가슴과 배의 돌기들은 유리막대 모양 그대로 있다. 이것은 발육할 싹이 없는 주머니로서 생체가 힘이 넘쳐날 때 만들어졌을 것이다. 그러다가 필요 없어졌거나 힘이 빠졌을 것이다. 그래서 만들었던 것이 이용도 못하고 사라져 버린다.

이런 이상한 뿔들은 성충 모습의 얇은 옷을 벗는 허물벗기 때 누더기처럼 완전히 쭈그러든다. 조금 전까지 있던 자리를 확대경으로 아무리 찾아보아도 위치의 흔적조차 찾을 수 없다. 빠져나간 자리의 표면은 밋밋할 뿐, 거기는 아무것도 없이 증발해 버렸다. 그렇게도 장래가 촉망되던 무기 모양이 지금은 없다. 마치 깨끗하게 닦아 낸 것 같다.

이렇게 번데기가 옷을 갈아입으면 모두 사라지는 뿔이 지중해소똥풍뎅이에게만 국한된 것은 아니다. 이 족속의 다른 종도 번데기 때는 배와 앞가슴에 이와 비슷한 것들이 있었다. 가령 유령소똥풍뎅이(*O. lemur*) 성충은 작은 돌기열 4개로 앞가슴의 앞쪽을 반원 꼴로 장식했는데, 양끝의 2개는 멀고, 가운데 2개는 서로 가깝다. 후자는 번데기 시대의 가슴 뿔이 자취를 감춘 듯이 줄어든 장식인 것 같다. 하지만 이것보다 큰 양쪽 돌기는 번데기 때 뿔이 없었던 위치에 자리 잡았다. 따라서 쓸데없는 생각은 안 하는 게 좋겠다. 이 소똥풍뎅이(*Onthophagus*) 번데기의 무장 역

유령소똥풍뎅이
실물의 3배

시 다른 종처럼 한때의 속임수일 뿐, 나중에는 물거품이 되어 버린다.

소똥풍뎅이의 친척들 역시 번데기 시대에 뿔을 가지고 있다. 조사된 예의 하나인 노랑다리소똥풍뎅이도 번데기 때는 앞가슴에 매우 아름다운 뿔 1개, 배 양옆에 한 줄로 4개의 가시가 있었으나 성충이 되면 모두 사라진다.

오래전 몽펠리에(Montpellier)에서 보내온 들소뷔바스소똥풍뎅이를 기를 때 잘 관찰했다면, 이 번데기에게서도 틀림없이 앞가슴과 배의 무기를 발견했을 것이다. 하지만 당시에는 이런 점을 전혀 몰랐고, 더욱이 부부의 쌍을 유지하려는 생각에만 빠져 있다가 기회를 놓치고 말았다.

노랑다리소똥풍뎅이, 들소뷔바스소똥풍뎅이, 소똥풍뎅이의 세 종류는 모두 용화(蛹化)할 무렵 비늘이 솟아서 오리나무(Aulne: *Alnus*) 열매나 서양삼나무의 솔방울을 연상시키는 방을 짓는다는 점도 지적해 두자. 그래서 더 많이 탐색하지 않고도 이런 작은 상자의 건축가를 모두 앞가슴 뿔과 배 양옆의 뿔 8개로 무장한 번데기로 인정해도 되겠다. 물론 무장이 상자를 결정하거나 상자가 무장을 결정한다는 뜻은 아니며, 다만 괴상한 특징이 서로 무관하게 일어날 뿐이다.

사실을 피력하는 것만으로는 답답해서 사치스러운 뿔의 내력을 알고 싶었다. 이 뿔은 제대로 균형 잡힌 현재의 세계에서는 추방당한 것이며, 생명력 넘치는 젊음을 괴상한 물건 만들기로 과시하던 시대의 어렴풋한 추억일까? 옛날에는 뿔을 가졌으나 이미 멸망한 부족의 대표적인 모형이 소똥풍뎅이일까? 녀석들이 우리에게

노랑다리소똥풍뎅이
채집: Labrachere Ales France,
21. VII. '75, J-P. Lumaret

과거의 모습을 어렴풋이 보여 주는 것일까?

이런 추측들은 인정받을 근거가 없다. 생물 전체의 연대기로 볼 때 소똥구리는 말기에 속하는 동물이다. 이 세상에서 가장 늦게 나타난 동물 중 하나인 녀석을 상대했다가는 상상의 선구자 발견에 유리한 과거로 빠져들 방법이 없다. 지질시대의 얇은 판암은 물론 파리목(Diptera)이나 바구미(Charançon: Curculionoidea)가 풍부한 호소(湖沼)의 판암마저도 오늘날 똥을 세공하는 벌레에 대해서는 어떤 흔적도 보여 주지 않았다.[3] 그렇다면 오늘날의 소똥풍뎅이가 먼 옛날 뿔 달린 벌레의 퇴화한 자손이라는 말은 꺼내지 않는 게 현명하겠다.

과거는 아무것도 설명해 주지 않으니 미래로 눈을 돌려 보자. 가슴 뿔이 무엇인가의 흔적이 아니라면 미래에 생길 뿔의 징조일지도 모른다. 즉 지금부터 주뼛주뼛 시험해 보면서 수많은 세기 뒤에 몸에 항상 지닐 무기로서의 역할을 굳히고 있는 중인지도 모른다. 그렇다면 그것은 새로운 기관이 차차 만들어지는 것을 우리에게 보여 주고 있는 셈이다. 지금의 성충 앞가슴에서는 보이지 않아도, 언젠가 갖게 될 도구가 만들어지는 중임을 보여 주는 것이다. 따라서 우리는 지금 신종(新種)이 창조되고 있는 현장을 보고 있는 것이다. 즉

3 『파브르 곤충기』 제7권 4장 내용 참조

장래가 어떻게 준비되어 가는지를 현재가 알려 주는 셈이다.

이 벌레가 장차 등에다 가시를 우뚝 세우려는 야심을 품었다면 그 무기를 어디에 쓸까? 적어도 대장부다운 풍채를 갖는 데는 도움이 되며, 이 현상은 성충과 굼벵이가 모두 썩은 식물질을 먹는 외국의 여러 풍뎅이(Scarabée: Scarabaeoidea)에서도 유행한다. 딱지날개 갑옷을 걸친 거구로서 평화스러워 보이는 뚱뚱한 체격에도 위협적인 미늘창을 기꺼이 맞이했다.

잠깐 이쪽을 보자. 이 곤충은 불볕더위 속 앤틸리스(Antilles)[4]의 썩은 나무 그루터기에 찾아온 손님인 헤라클레스장수풍뎅이(Dynaste Hercule: Dynastes hercules)이다. 온순해도 몸길이는 3뿌스[5]나 되는 거인의 이름이 잘 어울린다. 위협적인 앞가슴의 긴 칼, 톱날 같은 이빨이 달린 이마, 기중기 같은 괴물의 모습 따위를 갖추지 못한 암컷에게 사나이의 풍채를 자랑할 필요가 있었을까? 혹시 유럽장수금풍뎅이(Typhaeus typhoeus)의 세 창살처럼 똥구슬을 꿰거나 흙을 끌어내는 데 한몫하듯, 어떤 일에

4 남·북아메리카의 중간인 카리브해 제도

5 1pouce는 27mm이므로 약 8cm, 아주 큰 개체는 가슴 뿔을 포함해서 10cm에 달한다.

장수풍뎅이 우리나라 풍뎅이 중 월등히 큰 종이며, 수컷이 머리에 사슴뿔 모양의 뿔을 가진 것이 특징이다. 요즘은 호기심으로 기르는 사람이 많고 판매되는 경우도 있다. 구례, 14. VIII. '93

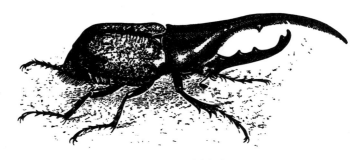

헤라클레스장수풍뎅이 수컷
실물의 1/2

쓰일지도 모른다. 하지만 나는 앤틸리스 제도의 장수풍뎅이와 사귀어 본 적이 없어서 무시무시한 도구의 역할에 대해서는 문득 이 정도밖에 생각나지 않는다.

자, 그런데 잘 생각해 보면 내 사육장에도 이렇게 거창하게 몸치장을 한 진소똥풍뎅이(*O. vacca*)가 있다. 진소똥풍뎅이 번데기의 이마에는 아주 큰 뿔 하나가 솟아올라 뒤로 구부러졌고, 앞가슴에도 같은 것이 앞으로 구부러졌다. 이 두 개의 끝은 서로 근접해서 집게 모양을 하고 있다. 앤틸리스 제도 장수풍뎅이의 독창적인 몸치장을 도입했는데, 부족한 것은 무엇이었을까? 참을성이 부족했다. 녀석의 이마에 우뚝한 것은 성숙시켰으나 앞가슴의 것은 줄어들어 없어졌다. 등에 세울 계획이었던 가시를 지중해소똥풍뎅이처럼 성공시키지 못했다. 결혼식 때 녀석의 모습을 아주 사나이답게 하고 싸움에서 자신을 용감하게 돋보이게 할 도구를 갖출 기회를 놓친 것이다.

다른 종 역시 장식 늘리기에 성공하지 못했다. 6종을 길렀는데 모두 번데기 시대에는 가슴 뿔과 방사상 가시 8개로 왕관 모양의 몸집을 갖췄으나, 그렇게 멋있는 도구를 끝까지 유지한 녀석은 어느 종에서도 없었다. 이 일대의 소똥풍뎅이 무리는 12종가량, 전 세계에는 수백 종이 알려졌다.[6] 대대로 그 지방에 살던 녀

진소똥풍뎅이
실물의 3배

석이나 외국산도 모두 같은 구조를 가진 점으로 보아 녀석들 모두가 젊은 시절에는 등에 돌기를 가졌을 것으로 생각된다. 게다가 오늘날은 열대나 온대지방처럼 기후 변화가 있어도 그 돌기를 완전한 뿔로 굳힌 종은 전혀 없다.

이렇게 명확하게 밑그림이 그려진 도구가 언제쯤 작품으로 완성될까? 이 문제는 누구나 한 번쯤 생각해 보게 마련이다. 지중해 소똥풍뎅이 번데기 시대의 이마 뿔을 확대경으로 검사해 보자. 앞가슴의 뾰족한 사냥창도 보도록 하자. 처음에는 전체적인 겉모습 말고는 둘 사이에 아무런 차이가 없었다. 양쪽 모두 유리처럼 투명한 액체로 부풀었을 뿐, 명확한 모습을 갖추기로 예정된 기관과 다를 게 없었다. 지금 만들어지고 있는 다리, 이마, 앞가슴도 더는 무엇인가를 미리 이야기해 주지 않았다.

번데기의 발육은 아주 빨라서 몇 주일 안에 성충이 된다. 미숙한 가슴 뿔은 시간이 모자라서 더 굳지 못하고 미완성의 돌기로 남았다. 이마 뿔의 완성은 짧은 시간으로도 충분했는데 가슴 뿔의 완성에는 왜 더 많은 시간이 필요했는지 모르겠다. 이리저리 궁리한 끝에 번데기 기간을 좀 연장시켜 볼 생각을 했다. 기온을 낮추면 몇 주일 만에 발생하

6 현재는 세계적으로 소똥풍뎅이 속 약 2,000종, 각각 수백 종씩의 20여 근연 속이 알려졌다. 옮긴이가 알아본 프로방스에는 소똥풍뎅이 20종, 근연 속 10종, 우리나라에서는 전자 22종, 후자 5종이 조사되었다.

던 것이 몇 달로 연장되어, 즉 발달 기간이 늘어나면 기대하는 결과를 얻을지도 몰라서였다.

이 실험은 내게 쓴웃음을 짓게 했다. 우선 내게는 장시간 온도를 낮출 시설이 없으니 실험할 수가 없다. 시설도 있고 계획도 포기하지 않았다면 결과를 얻었을까? 탈바꿈 속도만 늦췄을 뿐 변화는 보지 못했을 것이며, 그 뿔은 여전히 사라졌을 것이다.

내 확신에는 이유가 있다. 탈바꿈이 일어나는 소똥풍뎅이의 집은 얕은 곳에 있다. 거기는 변덕스럽기 짝이 없는 계절의 기온 변화의 영향을 쉽게 받는다. 프로방스의 하늘 밑에서 5, 6월의 두 달 동안에는 북풍이 한 번만 휩쓸어도 겨울이 다시 돌아온 것 같을 때가 있다.

이런 일기 변화에다 북쪽 지방의 기후도 참작해야 한다. 소똥풍뎅이는 여러 위도(緯度)에 걸쳐서 아주 넓은 지역에 살고 있다. 남쪽보다 햇볕의 혜택을 덜 받은 북쪽 녀석들은 탈바꿈 시기의 기후 변화에 실험하고 싶은 만큼 영향을 받았을 것이다. 그래서 용화(蛹化)시기에 따뜻하거나 차가운 기후 조건은 우리가 손대지 않아도 여기저기에 존재한다. 그렇다면 북쪽 지방에서는 가끔이라도 가슴의 무기를 뿔로 굳힌 녀석이 나타났어야 할 것이다.

몸의 형성 과정에 시간을 과도하게 늘려 보면 무엇이 생길까? 약속한 뿔이 성숙될까? 그런 일은 있을 수 없으며, 자애로운 태양의 자극에 뿔은 움츠러든다. 곤충학 기록에는 앞가슴에 뿔이 난 소똥풍뎅이가 전혀 없다.[7] 게다가 내가 번데기의 괴상한 무기

7 소똥풍뎅이도 앞가슴에 뿔(돌기)을 가진 종이 많다. 앞에서도 유령소똥풍뎅이의 가슴돌기에 대해서 말했다. 따라서 이 문장을 액면 그대로 인정해서는 안 된다. 다만 파브르가 지금 보려던 뿔 모양 돌기 중에서 완성된 뿔은 없다는 이야기이다.

이야기를 꺼내지 않았다면 아무도 그런 게 있다는 생각조차 못했을 것이다. 결국 여기에 온도의 영향은 없다.

더 파고들면 문제가 더욱 복잡해진다. 소똥풍뎅이, 뿔소똥구리, 장수금풍뎅이 등의 뿔 장식은 수컷에게만 주어진 선물이다. 암컷은 그런 게 없거나 작은 견본 모양일 뿐이니, 뿔은 장식품으로 보는 게 좋겠다. 수컷은 결혼할 때 사나이다워 보이려 한다. 장수금풍뎅이가 부숴야 할 환약을 세 창살로 찔러 짊어지는 것 말고, 뿔이 달리 쓰인 경우는 보지 못했다. 이마 뿔, 세 창살, 앞가슴의 닭 볏이나 초승달 모양은 애교 부리는 남성의 보석일 뿐 별게 아니다. 구혼자를 유혹할 암컷에게는 그런 도구가 필요 없다. 여성이

라는 것만으로도 충분하니 화장 따위가 필요 없는 것이다.[8]

지금 생각해 볼 또 하나의 사실이 있다. 뿔이 없는 암컷 소똥풍 뎅이의 번데기도 수컷 번데기처럼 길고 희망적인 유리 모양 뿔을 가슴에 달았다. 만일 수컷 뿔이 완전히 자라지 못한 계획 중의 장식이었다면 암컷의 것도 마찬가지일 것이다. 그렇다면 암수 모두가 몸을 단장하려는 야심에 불타고 있었으며, 함께 열심히 가슴 뿔이 생기도록 노력했을 것이다.

그렇다면 우리는 진짜 소똥풍뎅이가 아니라 그 집단의 어느 파생종(派生種)의 발생에 입회하고 있는 것이다. 소똥구리는 암수 어느 쪽도 등에 말뚝을 세운 녀석이 없는데 아주 묘한 사건이 벌어진 셈이다. 모든 곤충 계열에서 암컷은 언제나 옷차림이 단정한데, 지금 엉뚱하게도 멋진 모습이어서 수컷과의 경쟁이 엿보인다. 나는 이런 야심을 절대로 받아들일 수 없다.

우리는 이렇게 믿는다. 장차 이 세상에서 가슴 뿔을 세운 소똥구리의 탄생이 가능하더라도, 현재의 관습에 저항한 이 혁명가는 번데기 가슴의 부속물 굳히기에 성공한 소똥풍뎅이가 아니라 새로운 형태로 태어날 곤충이다. 창조하는 힘은 낡은 허섭스레기의 주형틀을 버리고, 무한히 변화하는 설계에 따라 새로 반죽한 틀로 바꾼다. 이 공장은 죽은 자의 헌 옷을 산 자에게 입히는 인색한 고물상이 아니라, 각자의 형태대로 특별한 도장을

8 파브르는 아직도 곤충을 점잖은 인간상, 정숙한 여인상에 맞추려고 애썼다. 그래서 다음다음 문단처럼 인간이나 동물의 암컷이 수컷을 유혹하는 것을 못마땅하게 생각했다.

9 파브르 시대에는 '자매종(Sibling species)'의 존재조차 몰랐으니 오해를 할 만도 하다. 자매종이란 형태에는 변화가 오지 않았으나 종 자체는 바뀐 경우, 즉 서로 같은 형태라도 종은 이미 분화된 경우를 말한다. 결국 자연은 애초의 종이 남아 있든, 멸망해서 사라졌든 그 종의 헌 옷을 양쪽 모두에게 입힌 인색한 고물상이며, 낡은 주형을 그대로 다시 쓸 만큼 인색한 공장일 수도 있는 것이다.

파 주는 메달 공장이다. 공장 안에는 그 본이 풍부해서 낡은 것을 수리해 새로 쓰는 따위의 인색함은 없다. 낡은 주형은 모두 파괴해 버릴 뿐, 시시한 수리 따위는 없다.[9]

그러면 성숙하기 전에 움츠려 드는 뿔은 무엇을 뜻할까? 나는 내 무지함을 조금도 부끄러워함 없이, 전혀 아무것도 모른다고 고백하련다. 학자인 체하지 않는 내 문체로 쓴 답장에는 적어도 어떤 가치가 있다. 즉 거짓이 조금도 없다는 말이다.

9 소나무수염풍뎅이

이 장의 제목을 감히 소나무수염풍뎅이(Hanneton des pins)로 써 놓고, 나는 비난받을지도 모를 딴소리를 내놓겠다. 이 곤충의 정식 이름은 흰무늬수염풍뎅이(H. foulon: *Melolontha*→ *Polyphylla fullo*)이다.

수염풍뎅이 유럽의 흰무늬수염풍뎅이와 우리의 수염풍뎅이는 너무 닮아서 전문가라야 두 종을 구분할 수 있다. 유럽 종은 소나무와 밀접한 관계가 있는데 수염풍뎅이는 주로 큰 하천가에서 발견된다. 환경부가 지정한 '멸종 위기 1급 곤충'이다.

재료의 이름이 어려우면 안 된다는 걸 나는 잘 알고 있다. 무엇이든 소리를 내 보고 그 꼬리에다 라틴어 어미를 붙여 보시라. 그러면 그 음조에서 곤충학자의 표본상자에 줄지어 있는 많은 카드의 이름과 비슷한 이름이 만들어질 것이다. 목쉰 소리일망정 다른 나라 말이 뜻하는 벌레 외에 어떤 뜻도 갖지 않았다면 그런대로 용서될 수 있겠다. 하지만 일반적으로 벌레의 이름은 그리스 어나 타국어 어근(語

根)의 의미가 들어 있어서 이제 막 공부를 시작한 학자는 벌레와 그 의미가 얼마나 관련이 있는지 알아보려고 애쓰게 된다.

그러다 보면 괴로워진다. 학자의 말뜻은 아주 이해하기 힘들고 어려웠는데 실은 별것도 아니었기 때문이다. 대부분의 경우가 관찰이 제공한 진리와는 동떨어져서 아무 관계도 없는 곳으로 인도하여 길을 잃게 하는 것이다. 때로는 확실히 틀리기도, 아주 이상하게 암시하기도 한다. 정확하게 발음되었어도 뜻이나 어원을 찾아낼 수 없다면 좋아할 수 있겠더냐!

만일 훌로(fullo)란 단어가 즉시 그 벌레의 뜻을 머리에 떠올리게 하지 못한다면 격에 맞지 않는 이름이다. 이 라틴 어의 뜻은 시냇물에서 모직물을 발로 밟아 부드럽게 하여 직물의 결함을 없애는 훌론(foulon)을 말한 것이다. 이 장의 제목 같은 소나무수염풍뎅이가 어떤 점에서 모직물을 밟는 직공과 관계가 있을까? 아무리 머리를 쥐어짜도 이해할 수가 없다.

훌로란 단어가 벌레에게 맨 처음 쓰인 예는 플리니우스(Pline＝Plinius)의 박물지에서였다. 위대한 박물학자는 그 책의 어디에서 황달, 열병, 수종(水腫)에 대한 치료약 이야기를 했는데, 그 고대 처방전에는 무엇에 대해서든 조금씩은 다 적혀 있다. 검정개(Chien noir: *Canis lupus familiaris*)의 가장 긴 이빨, 장밋빛 헝겊으로 싼 생쥐(Souris: *Mus*)의 뾰족한 코, 살았을 때 뽑아서 염소(Chèvre: *Capra*) 가죽 부대에 넣어 둔 녹색장지뱀(Lézard vert: *Lacerta viridis→bilineata*)의 오른쪽 눈, 왼손으로 빼낸 뱀(Serpent: Squamata)의 심장 등이 나열되었다. 전갈(Scorpion)의 네 번째 꼬리마디의 칼을 검정삼베로 싸서 환자에게 바르고, 환자는 3일 동안 약도, 약을 발라 준 사람도 보지 못하게 했단다. 그 밖에도 이런 종류의 이야기가 엄청나게 많이 실려 있다. 사람의 병을 고치는 기술이 이렇게 황당무계한 늪지대를 거쳐서 우리에게 전달되었다는 이야기를 들으면 어처구니가 없어서 책을 덮어 버리게 된다.

의학의 서곡인 이런 미치광이 같은 짓 속에 수염풍뎅이가 등장한다. 원문에는 '훌로라고 불리며 흰 점이 있는 벌레를 잘라 두 팔에 붙인다(*Tertium qui vocatur fullo, albis guttis, dissectum utrique lacerto adalligant*).'라고 적혀 있다. 결국 열병과 싸우려면 이 훌론수염풍뎅이(Scarabée foulon)를 둘로 잘라서 절반은 오른팔에, 절반은 왼팔에 붙이면 좋다는 것이다.

자, 그런데 옛 박물학자는 어느 것을 훌론수염풍뎅이라고 한 것일까? 흰 점(*Albis guttis*)이 있다는 표현은 흰 무늬를 가진 소나무(Pin: *Pinus*)의 풍뎅이와 잘 부합하지만 확실히 그것이라고 단정할 수는 없다. 플리니우스 자신도 효능이 뛰어나다는 그 벌레를 확실히 알지는 못했을 것이다. 당시에는 곤충이 사람의 눈에 들어오지 않았다. 너무 작아서 아이들이 긴 실에 묶어 빙빙 돌리며 즐겼을 뿐, 제구실하는 어른이었다면 관심을 가질 대상이 못 되었다.

그 이름은 아마도 시골 사람이 지었을 것이다. 대단찮은 관찰자이며 엉뚱한 이름을 잘 짓는 사람이 그렇게 전했을 것이다. 학자는 촌사람의 표현이 어린애 같은 공상의 산물일지 모르는 것이라도 검토 없이 그대로 기록했을 것이다. 그런 이름이 옛날 향기에 싸인 채 전파되었고, 근대 박물학자가 그것을 그대로 수용했다. 그래서 이 나라의 가상 낭랑한 벌레 하나가 직물을 밟는 벌레로 둔갑했으며, 수세기 동안의 장엄함에 희한한 이름이 헌정된 것이다.

나는 옛날 언어에 대한 존경심을 아끼지는 않는다. 하지만 지금의 경우는 직물을 밟는다는 게 비상식적이라 마음에 들지 않는다. 양식이 있다면 잘못된 이름을 바로잡아야 한다. 그래서 이 벌레를 소나무수염풍뎅이라고 부르련다. 2~3주 동안의 공중 생활 시대에 낙원 삼아 사랑하던 나무를 기념하는 것이 어째서 나쁠까? 그보다 자연스러

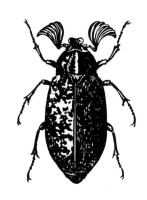

흰무늬수염풍뎅이 수컷

운 것도 없고 아주 단순하다는 것이 결국 이 이름을 내놓게 된 이유였다.

광명으로 반짝이는 진실에 도달하려면 먼저 아주 오랫동안 캄캄한 오류 속을 헤매야 한다. 수(數)의 과학을 포함한 우리 과학이 이를 증명하고 있다. 로마 기호로 쓴 수 한 줄에 산수의 덧셈을 해 보시라. 혼란스러운 기호에 머리가 멍해질 것이다. 그리고 영(0)의 발견이 수의 계산에 어떤 혁명을 가져왔는지 이해하게 될 것이다. 이것도 언제나 콜럼버스(Colomb)의 달걀처럼 대수롭지 않은 노력이나, 그것을 착상한다는 것은 중요한 일이다.

여기서는 직물을 밟는다는 부적합한 이름이 망각 속으로 사라지길 기다리며 소나무수염풍뎅이로 부르자. 소나무에만 모여드는 벌레이니 이름이 틀릴 염려는 없다. 녀석은 풍채도 당당해서 유럽장수풍뎅이(Orycte nasicorne: *Oryctes nasicornis*)와 틀림없는 맞수이다. 녀석의 복장에 딱정벌레(*Carabus*), 비단벌레(Buprestidae), 점박이꽃무지(*Cetonia*→*Protaetia*) 따위의 금속성 화려함은 없다. 하지만 적어도

드물게 시각적인 멋은 간직했다. 검거나 밤색인 바탕에 흰 우단의 변화무쌍한 무늬가 조밀하게 분포해서 은은하면서도 돋보인다.

더듬이는 짧은 대신 수컷은 7마디를 옆으로 긴 잎사귀처럼 늘려서 장식했다. 이 7장을 부채처럼 펼쳤다 접었다 하면서 그때그때의 감정을 나타낸다. 이렇게 아름다운 잎사귀를 미묘한 냄새나 음파가 거의 없어서 우리는 감지하지 못하는 자극을 지각하는 아주 예민한 감각기관으로 보고 싶다. 그러나 암컷은 그런 생각에 너무 깊이 빠져들지 말라고 경고한다. 적어도 어미로서의 의무라면 그녀 역시 수컷과 같은 정도의 예민함을 가졌을 텐데, 앞쪽의 잎사귀 모양 더듬이는 작고 6장뿐이다.[1]

그렇다면 수컷의 저 큰 부채는 무엇에 쓸까? 소나무수염풍뎅이에게 7장의 얇은 잎사귀 기관은 하늘소(Cerambycidae)의 긴 수염(더듬이), 소똥풍뎅이(*Onthophagus*) 이마에 장식된 전투용 뿔, 사슴벌레(Lucanidae)의 뿔 모양 큰턱에 해당하는 것이다. 각자가 나름대로 혼례에 대비해서 기상천외한 몸치장에 열중했다.

소나무수염풍뎅이는 매미(Cicadidae)가 나오기 시작하는 하지 때 모습을 드러낸다. 녀석이 나타나는 시기는 너무도 정확하다. 달력만큼이나 규칙적이어서 곤충 달력 노릇을 하는 셈이다. 해가 가장 길어서 낮이 계속되는 하지 때라 저녁이 되어도 마냥 훤하기만 한, 그리고 보리가 황금빛으로 물드는 계절에 소나무로 달려온다. 태양 잔치의 어렴풋한 추억인 생 장(Saint-Jean)에서 동네 어린이들이 불을 켜는 날[2]도 이만큼 정확하지는 못하다.

1 수염풍뎅이류는 더듬이가 9마디인데, 기부 2~3마디는 다른 곤충처럼 가늘고 짧으나 나머지는 매우 넓고 긴 나뭇잎처럼 늘어났다. 특히 수컷은 대개 7마디가 길게 늘어났고, 암컷은 5~6마디가 겨우 늘어난 정도이다.
2 6월 24일

이 계절에 날씨가 덥고 땅거미가 깔릴 무렵이면 녀석들이 저녁마다 앞뜰의 소나무를 찾아온다. 날아다니는 것을 매일 보지만 소리를 안 내면서도 기운차게 난다. 특히 수컷은 잎사귀 더듬이를 활짝 펼치고 빙글빙글 도는데, 사실은 암컷이 기다리는 작은 나뭇가지로 찾아가는 길이다. 마지막 빛이 사라져 가는 푸른 하늘에서 오가는

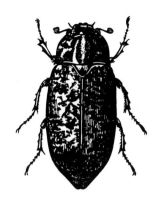

흰무늬수염풍뎅이 암컷

녀석들이 마치 검은 점 같아 보인다. 날개를 접었던 녀석이 다시 떠나려고 성급하게 빙빙 떠돈다. 이 축제가 계속되는 보름 동안의 저녁때, 녀석들은 그 위에서 무엇을 했을까?

그것은 뻔하다. 부드럽고 아름다운 아가씨의 기분을 살핀 것이다. 녀석들은 밤이 깊어 가도록 그녀에게 아첨을 떤다. 다음 날 아침에는 아래쪽 나뭇가지에 앉아 있다. 따로 앉아서 꼼짝 않는 녀석은 주변에서 무슨 일이 벌어져도 상관치 않을 것 같다. 잡으려고 뻗치는 손을 보고도 도망칠 생각을 안 한다. 하지만 뒷다리로 매달려서 소나무 잎을 먹는 녀석도 있다. 입을 오물거리면서 깜빡깜빡 조는 것 같다. 다시 저녁때가 되면 또 까불거리며 떠돈다.

높은 가지에서 노는 것을 보고 싶지만 불가능했다. 어느 날 아침 암수 4쌍을 잡아 어떻게든 관찰해 보려 했으나, 날아다니며 뛰놀지 않는 바람에 전혀 기대에 미치지 못한 것이다. 가끔 수컷이 마음에 드는 암컷에게 다가가 잎 더듬이를 펼쳐, 약간 떨면서 그녀의 관심을 떠본다. 거드름을 피우며 잎의 아름다움을 과시했지

만 쓸데없는 과시였다. 암컷은 그런 시위를 전혀 느끼지 못했는지 꼼짝도 않는다. 혹은 포로의 신세라 갖가지 참기 어려운 슬픔이 있었는지, 내게 보여 주는 것이 없었다. 짝짓기는 아무래도 깊은 밤에 이루어지는 것 같다. 그래서 나는 적당한 시간에 입회할 수가 없었다.

세부 사항 하나가 특히 내게 흥밋거리였다. 소나무수염풍뎅이는 암수 모두 음악을 연주하는 재능이 있다. 녀석들 중 구혼자가 유혹과 부름의 신호로 그 소리를 이용할까? 사랑의 노래에 암컷도 노래로 화답할까? 보통 때 작은 나뭇가지에서 흔히 그런 일이 있을 것 같지만 소나무에서도, 사육장에서도 전혀 노래를 들어 보지 못했다.

노래는 몸통의 끝에서 나온다. 뒤쪽의 여러 배마디가 천천히 번갈아 오르내리며 고정된 날개의 가장자리를 비비는 것이다. 비비는 면이나 마찰되는 면에는 특별한 소리 장치가 없다. 확대경으로 조사해 봐도 양쪽이 모두 매끈할 뿐, 소리 내기에 알맞은 가는 도랑 따위가 없다. 그렇다면 소리가 어떻게 만들어질까?

손끝을 적셔서 유리판이나 유리창에 미끄러뜨리면 수염풍뎅이 소리와 많이 닮은 소리가 제법 크게 난다. 더 좋은 방법은 고무 덩이로 유리를 비벼 보는 것인데, 상당히 비슷한 소리가 난다. 멜로디를 잘 흉내 내면 어느 것이 진짜 벌레의 소리인지 모를 정도로 비슷하다.

자, 그렇다면 손끝의 근육과 고무 덩이는 수염풍뎅이가 흔드는 배에 해당하며, 유리판은 신동시키기에 적합한 날개 막에 해당한다. 수염풍뎅이의 발성 기구는 이렇게 아주 간단했다.

다른 몇몇 딱정벌레도 발성 특권을 가졌다. 예를 들어 스페인뿔소똥구리(Copris espagnol: *Copris hispanus*), 송로버섯(Truffe: *Tuber melanosporum*)을 먹고사는 프랑스무늬금풍뎅이(Bolbocère→ *Bolbelasmus gallicus*) 따위도 배를 아래위로 천천히 흔들며 딱지날개의 뒤쪽 끝을 비벼 소리를 낸다.

하늘소(Cerambycidae)도 마찰이 원칙인 소리를 내나 방법은 조금 다르다. 예를 들어 대형 하늘소(Grand Capricorne: *Cerambyx* spp.)는 앞가슴을 가슴관절에 비빈다. 거기는 단단한 원통 같은 것이 솟아올라 앞가슴의 오목한 곳에 꽉 박혀, 튼튼하면서도 자유롭게 운동하는 관절을 형성한다. 이 돌출부의 윗부분에 약간 높은 면이 그 가문의 방패 모양 문장(紋章)[3]이며, 매끈한 도랑은 보이지 않는다. 이것이 녀석의 음악 기구이다.

역시 앞가슴의 매끈한 안쪽 가장자리가 앞뒤로 율동적인 운동을 하면서 이 면을 비비면 젖은 손가락으로 유리판을 비빌 때와 흡사한 소리가 난다. 그러나 내가 죽은 벌레의 앞가슴을 움직여 보았을 때는 소리가 나

3 실은 소리를 내는 활이다.

네모하늘소 몸길이가 20mm 미만이라 작기는 해도 날씬하고 멋있게 생긴 하늘소이다. 소나무류의 벌채목에 모여드는데 흔하지는 않다. 오대산, 6. VIII. '96

지 않았다. 소리는 못 들었어도 문지르는 손가락에서 마찰 표면의 날카로운 진동은 느꼈다. 조금 더 어떻게 해보면 소리가 날 것 같기도 한데, 무엇이 부족했을까? 살아 있는 곤충만이 할 수 있는 활 (弓)의 사용법이 부족했다.

꼬마인 유럽병장하늘소(*C. cerdo*)도, 장미 향내를 피우는 사향하늘소(Aromie à odeur de rose: *Aromia moschata*)도 방법이 같다. 하지만 위풍당당한 긴 뿔 족속(Longicorne, 하늘소 무리)인 붙이버들하늘소 (Aegosome: *Aegosoma*→ *Megopis scabricornis*)나 재주꾼톱하늘소(Ergate→ *Ergates faber*)는 앞가슴에 꼭 끼는 돌출부가 없다. 그보다는 두 기관의 연결에 필요한 돌출부만 있다고 하는 편이 옳겠다. 실제로 이 거물들은 벙어리였다.

수염풍뎅이의 자질구레한 소리 기구 찾아내기가 간단함은 알았는데, 그 용도는 아직 수수께끼였다. 곤충은 그것을 사랑 고백에 이용할까? 그럴지도 모른다. 그러나 가장 적당한 시간에 아무리 귀를 기울여도 소나무에서는 전혀 소리가 들리지 않는다. 거리 문제가 없는 집 안의 사육장에서도 안 들리기는 마찬가지였다.

벚나무하늘소 사향하늘소의 친척뻘이며, 옛날에는 벚나무에서 흔히 볼 수 있었다. 그러나 요즘은 거의 보이지 않는 정도로 희귀해졌다.
시흥, 15. VII. '89

수염풍뎅이를 울려 보고 싶으면 손으로 붙잡아 조금 귀찮게 하면 된다. 발음장치가 곧 작동했다가 안정을 되찾을 때까지 계속한다. 그렇다면 이것은 기쁨의 노래가 아니라 탄식의 독백(獨白)이다. 즉 불운에 대한 항의인 것이다. 근심은 노래로 표현하고, 기쁨은 침묵으로 표시하다니 참으로 묘한 세상이로다.

서툴게 배와 앞가슴을 비비는 다른 악사들의 몸짓도 마찬가지였다. 스페인뿔소똥구리의 어미가 둥지 밑의 소시지 위에 있다가 습격당하면 마치 슬퍼서 탄식하는 것처럼 소리를 낸다. 프랑스무늬금풍뎅이를 손으로 잡고 있으면 장중한 비애의 노래로 항의한다. 붙잡힌 하늘소는 이를 가는 소리처럼 울어 댄다. 하지만 일단 위험이 멎으면 안정을 되찾고 침묵을 지킨다. 녀석들을 놀라게 하지 않는 한 작은 기구를 비비며 소리 내는 녀석은 하나도 없었다.

고도로 발달한 악기를 소유한 녀석은 노래를 부르면서 고독을 달래고, 사랑의 모임에 서로 초대하며 삶의 즐거움과 태양의 제전

을 축하한다. 이런 노래를 부르는 대다수가 위험을 느끼면 곧 잠 잠해진다. 여치(Dectique: Tettigoniidae)는 조금만 웅성거려도 음악 상자를 닫고, 활로 진동시키던 북의 덮개도 덮는다. 귀뚜라미(Gri-llon: Gryllidae)는 높이 세웠던 날개를 내린다.

그와 반대로 매미는 우리 손가락 사이에서 필사적으로 울어 댄 다. 민충이(*Ephippigera*)는 불평한다. 찌르륵거리는 이 악기는 슬픔 과 기쁨의 표현이 같아서 정확히 어느 쪽인지 알 수가 없다. 기쁜 벌레가 과연 즐거운 마음을 노래한 것일까? 괴롭힘을 당할 때는 불운을 탄식한 것일까? 벌레가 소리로 적을 위협하고 싶었을까? 발성기관은 필요할 때 적수를 물러서게 하는 자기방어의 선전 수 단일까? 하늘소와 매미는 위험에 처하면 울며 떠들어 대는데, 메 뚜기와 귀뚜라미는 잠자코 있으니 어찌된 일일까?

결국, 벌레의 발성학에서는 울게 하는 요인을 전혀 알 수가 없 다. 음을 알아듣는지의 문제도 마찬가지였다. 곤충의 청각은 우리 귀가 듣는 음을 들을까? 벌레의 귀는 우리가 음악이라고 하는 음 에 특별히 예민할까? 어둠에 싸인 이런 문제를 해결하려는 당치도 않은 희망에 관해 나는 실험을 한 번 해보았다. 이것은 말해도 좋 겠다. 독자 한 사람이 나의 벌레 이야기에 대단히 감동하여, 청각 연구에 다소 도움이 될 것 같다며 주네브(Genève = 스위스 제네바)에 서 음악상자를 보내왔다. 그것이 큰 도움이 되었는데 이제 그 이 야기를 해보자. 내게는 이 음악상자를 선물하신 분에게 감사를 표 하는 기회가 되기도 할 것이다.

음악상자에는 매우 다양한 연주곡이 들어 있었고, 소리가 수정 같이 맑아 곤충의 주의를 끌 것이라고 생각했다. 내 계획에 가장 잘 맞는 곡은 「코르느빌의 종(*Cloches de Cornevill*)」[4]이었다. 이 곡이 수염풍뎅이나 하늘소, 귀뚜라미의 주의를 끌 수 있을까?

첫 상대는 유럽병장하늘소였다. 운 좋게 나는 거리를 둔 채 배우자에게 비위를 맞추는 중인 녀석을 발견했다. 앞으로 쭉 뻗은 더듬이가 움직이지 않는 것으로 보아, 아직 눈치를 보고 있는 것 같았다. 바로 그때 「코르느빌의 종」이 즐겁게 울리기 시작했다. 벌레가 깊이 생각하는 것처럼 보이는 자세로 꼼짝도 않는다. 청각기관인 더듬이가 떨리지도, 구부러지지도 않는다. 시간과 날짜를 바꿔 가면서 시험을 되풀이했으나 보람이 없었다. 벌레가 조금이라도 음악에 끌린 것처럼 더듬이를 움직이는 경우는 한 번도 없었다.

소나무수염풍뎅이도 결과는 같았다. 얇은 잎 다발 더듬이를 소리가 없는 곳과 똑같이 펼치고 있다. 팽팽한 실처럼 당겨진 귀뚜라미의 더듬이는 음의 물결에 쉽게 진동할 것처럼 보였지만 결과는 마찬가지였다. 실험한 세 종류의 곤충은 나의 감동 수단에 대해 마치 귀가 없는 것같이 굴었다. 어떤 인상을 받은 것처럼 보이는 녀석은 하나도 없었다.[5]

그 옛날, 플라타너스(*Platanus*) 밑에서 대포를 쾅쾅 쏘았을 때도 매미의 합창은 전혀 쉬거나 흐트러짐이 없었다. 한참 뒤, 열심히 그 물을 짜던 왕거미(*Araneidae*)는 축제에 들떠 법석대는 군중의 소란에도, 바로 옆에서 요란하게 쏘아 대는 불꽃놀이에도, 그물 짜기 기하학이 전혀 뒤엉키지 않았다. 지금 「코르느빌의 종」이라는 맑은 음악을 들려주었으

4 로베르 플랑케트(Robert Planquette)의 곡을 막스 모리스(Max Morris)가 각색하여 1877년 4월 파리 극장에서 처음으로 공연한 3막 4장의 희가극
5 전에는 각질의 막대기 토막일 뿐인 더듬이가 어떻게 귀나 코가 될 수 있냐고 했던 파브르가 이제는 많이 발전한 것 같다. 한편, 21세기에 들어선 지금도 실험한 세 종류의 더듬이가 청각기관임을 확언하지는 못한다.

나 내 느낌엔 전혀 모른다는 얼굴이다. 그렇다면 녀석은 귀가 없다고 추론해도 될까? 그건 너무 지나치다.

실험은 단지 이런 생각만 허용한다. 곤충의 겹눈 광학이 우리 눈의 광학과 다르듯이 청각기관도 다르다는 것이다. 물리학의 보석인 확성기는 우리에게 침묵 같은 소리도—만일 이런 종류의 말이 허용된다면—듣게 해준다. 우리는 너무 강하거나 큰 소리도 듣지 못한다. 큰 천둥소리에는 고장을 일으켜 잘 작동하지 않을 것이다. 더욱 정교한 보석인 곤충은 어떨까? 벌레는 음악이든 잡음이든, 음에 대해서는 전혀 무관심했다. 녀석들은 자신의 세계를 위한 작은 소리의 세계에서 살 뿐, 다른 소리에는 전혀 관심이 없다.

7월 초의 보름 동안, 사육실의 소나무수염풍뎅이 수컷은 옆으로 물러나거나, 때로는 땅속으로 들어가 아주 평온하게 일생을 마친다. 하늘이 정한 목숨이다. 암컷은 산란할 준비, 좀 예쁘게 말해서 씨 뿌릴 준비를 한다.[6] 둔한 가래 모양의 배 끝으로 땅을 파고 그 안으로 쑥 내려간다. 때로는 어깨까지 내려간다. 완두만큼 오목한 곳에 20개 내외의 알을 하나씩 뿌린다. 그야말로 묘목 꽂기식이며 더 손볼 것도 없다.

아프리카의 콩과식물인 땅콩〔Arachide : Arachis hypogaea, 낙화생(落花生)〕[7]을 생각나게 한다. 이 식물은 꽃꼭지가 오그라들어 땅속으로 파고들며, 기름 많고 호두 맛이 나는 종자를 움트게 하여 이 지방에서 나는 이중과일 식물인 완두(*Vicia amphicarpa*)를 연상시킨다. 이것들의 위쪽 콩 깍지는 콩사가 많으나 땅속 깍지는 알맹이가 커도 2개뿐인 것이 많다. 두 종자는 서로

6 우리 어감으로는 예쁜 말이 아닌 것 같다.
7 원산지는 아프리카가 아니라 남아메리카인 것으로 알려졌다.

값이 같아서 한쪽이 줄면 상대도 준다.

완두와 낙화생은 스스로 축축해서 식물이 움트기 좋은 땅속에 종자를 뿌려 놓는다. 소나무수염풍뎅이도 어미로서 갖춘 준비성으로 식물과 경쟁했다. 그녀는 그저 땅속에 종자를 뿌렸을 뿐, 두 콩과식물보다 훌륭하게 한 일이 조금도 없다. 절대로 그뿐이니, 자식 문제로 그렇게 신경을 쓰는 유럽장수금풍뎅이(*T. typhoeus*)와는 얼마나 먼 이야기이더냐!

알은 양끝이 둥글고, 길이는 4.5mm였다. 빛깔은 흰색 달걀의 백악질 껍데기처럼 흐릿해 보이나 부화한 다음의 껍질은 반투명하며, 얇고 부드러운 막이었다. 백악질 빛깔은 결국 내용물이 투시된 것이다. 부화는 산란한 지 한 달 뒤인 8월 중에 한다.

어떻게 하면 애벌레를 기르되 처음부터 식량을 먹는 자리에 입회할 수 있을까? 이미 성숙한 애벌레가 많은 곳을 조사해서 알아낸 것의 안내를 받아, 축축한 모래와 썩어서 갈색이 된 잎 부스러기를 제공했다. 갓난이는 여기서도 잘 자랐다. 녀석들은 여기저기에 짧은 통로를 뚫고 다니며 부엽토를 맛있게 먹었다. 그래서 녀석들의 경과 시간인 3~4년 동안 사육하면 틀림없이 탈바꿈에 들어갈 시기의 성숙한 애벌레를 얻을 것이다.

하지만 사육에 그렇게 시간을 허비할 필요는 없기에 들에서 잘 자란 애벌레를 파냈다. 갈고리처럼 몸을 구부린 녀석들은 통통하게 살이 쪘다. 앞쪽은 버터 색이나 뒤쪽은 나중에 있을 탈바꿈 때 방에 바를 시멘트, 즉 매우 요긴한 똥의 저장소여서 북처럼 뚱뚱하며 갈색이다. 장수풍뎅이(*Oryctes*), 꽃무지, 수염풍뎅이, 검정풍뎅이(*Anoxia*) 등 어느 풍뎅이든, 몸을 갈고리처럼 구부린 뚱보 굼벵이는 똥을 무척 아껴서, 방을 건축할 때가 오면 뚱뚱한 배 속에 회반죽을 어김없이 간직하고 있었다.

뚱뚱한 굼벵이를 채집한 곳은 모래가 많이 섞인 땅속이었다. 거기는 아주 초라한 잡초 그루터기가 있을 뿐, 성충은 별로 왕래하지 않는 곳이다. 서양삼나무(Cèdre: *Cedrus*) 말고는 송진을 가진 나무와 멀리 떨어진 곳이다. 그렇다면 오직 소나무 잎만 먹는 성충은 새끼에게 땅속의 썩은 풀잎이 필요해서 아주 멀리 찾아와 알을 낳았다는 이야기이다. 결국, 소나무 잎을 조금 먹어야 하는 성충은 혼례식의 낙원을 멀리 가서 펼칠 수밖에 없었다.

일명 망(Man)이라 불리는 시골왕풍뎅이(→ 원조왕풍뎅이, *Melolontha vulgaris→ melolontha*) 굼벵이는 어린뿌리만 갉아먹어서 밭에 재앙을 불러온다. 소나무수염풍뎅이 굼벵이는 분해된 식물의 부스러기인 썩은 뿌리면 충분할 뿐 뿌리는 먹지 않는다. 만일 내가 밭을 가졌더라도 녀석들이 해를 끼친다고 생각하지는 않을 것이며, 수없이 많은 잎이 몇 번씩 입으로 듬뿍 들어갈지라도 크게 문제 삼지는 않겠다. 상관없으니 내버려 두자. 녀석들은 무더운 여름밤의 예술품이요, 하지 무렵의 멋진 보석이니까.

10 노랑꽃창포바구미

열매를 가진 식물은 오늘날까지 인간의 주된 영양원이 되어 왔다. 동양의 전기(傳記)들이 우리에게 전해 주는 옛날의 낙원도 다른 식량 자원을 갖지는 않았다. 맑은 시냇물이 흐르는 거기는 즐거운 정원이었으며, 모든 종류의 과일이 자라고 있었다. 우리에게 치명적인 사과(Pomme)도 있었다. 한편, 사람은 고통을 덜기 위해 옛날부터 약초의 효과에 도움 받기를 바랐다. 그 효과가 확실한 것에 대해서는 물론이고 증상을 덜어 주는 것까지도 마찬가지였다. 병에 대한 약과 식량 덕분에 우리가 식물과 사귀게 된 것은 아주 오랜 옛날부터였다.

그와 반대로 곤충과 사귄 것은 아주 최근의 일이다. 옛날 사람은 이런 조그만 벌레 따위는 무시했을 뿐 눈길 한 번 돌리지 않았다. 이와 같은 경멸이 오늘날이라고 해서 사라질 것 같지는 않다. 꿀벌(Abeille: *Apis*)과 누에(Ver à soie: *Bombyx mori*)가 하는 일이 어떤 것인지는 어렴풋이 알았고, 개미(Formicidae)의 놀라운 지혜도 들은 적이 있다. 매미(Cicadidae)가 노래한다는 것은 알지만 이 가수의 정체는 몰랐으며, 때로는 다른 벌레와 혼동하기도 했다.[1] 또 나비(Lepidoptera)의 아름다움은 멍하니 바라만 볼 뿐, 대부분의 사람에게 곤충학(Entomologie)이란 이런 정도였다. 유명한 곤충일지라도 전문가가 아니면 그 이름을 누가 알아맞힐까?

논밭의 일이라면 관찰의 안목이 대단한 프로방스(Provence) 농부도 곤충의 그 넓은 세계에 대해서는 아주 어수선하며, 10여 개의 낱말밖에 모른다. 하지만 식물에 관한 어휘는 정말로 풍부해서, 식물학자만 알 정도의 풀이름도 물어 보면 정확하게 잘 대답한다.

자, 그런데 일반적으로 채식주의 곤충은 자신을 길러 주는 식물에 대해 아주 양심적이다. 곤충은 식물과 이렇게 유대 관계를 가져서 처음 공부하는 사람의 고충을 많이 덜어 준다. 또한 피해를 입은 식물은 망친 벌레의 이름을 알려 준다. 예를 들어, 연못가에서 자라는 아름다운 노랑꽃창포(Iris des marais : *Iris pseudoacorus*)°를 모르는 사람도 있을까? 칼 모양인 잎과 노란 꽃다발을 시냇물에 비추고 있는 식물 말이다. 예쁜 유럽개구리 (Grenouille verte : *Rana esculenta*)와 청개구리

1 『파브르 곤충기』 제5권 13장 '매미와 개미의 우화' 참조

노랑꽃창포
시흥, 5. VI. '90

(Rainette: *Hyla meridionalis, H. arborea*)는 우기가 가까워 오면 목청을 풍적(風笛) 주머니만큼 부풀리고 쉰 목소리로 떠들어 댄다.

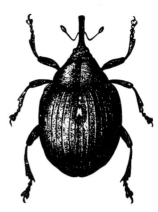

노랑꽃창포바구미
실물의 8배

좀더 접근해 보자. 6월 무더위에 깍지판 세 개가 익어 가기 시작한 꼬투리에서 괴상한 광경이 벌어진다. 땅딸막한 구릿빛 바구미(Charançon) 무리가 서성대며 서로 껴안았다 헤어지고 또 다시 껴안는다. 지금 한창 사랑하면서도 주둥이로 일하는 이 바구미(Ch. de l'iris des marais, 노랑꽃창포바구미)가 오늘 이야기의 주인공이다.

녀석의 대중적 이름은 없으며, 학명은 모노니쿠스 슈도아코리(*Mononychus pseudoacori→ ? punctumalbum*)[2]라고 괴상하게 지어졌다. 글자대로 해석하면 발톱(onychus) 하나(mono)에 가짜(pseudo) 눈동자가 없는(acori) 곤충이다. 글자의 내장을 갈라낸 문법학자의 칼은 해부용 칼처럼 희한한 것을 보여 준다. 한번 듣고는 뭐가 뭔지 모를 뜻에 대해 이 학자의 횡설수설을 설명해 보자.

고대 의학이 어떤 눈병에 썼던 식물이, 즉 눈동자가 없는 것처럼 시력이 약한 사람을 고치는 식물이 창포(Acore)였다. 그 잎은 칼 모양으로 창포를 어느 정도 닮았다. 결국 노랑꽃창포는 가짜 눈동자를 갖지 않아서 유명한 약초로 둔갑한 것이다.

단 한 개의 발톱이란 종아리마디(Tarse)와

2 존재하지 않는 학명으로, 아마도 노랑꽃창포를 해치는 *M. punctumalbum*인 것 같다.

연결된 발목마디에 대한 설명이다. 곤충의 일반적 규칙은 여섯 발목마디가 각각 두 개의 발톱을 갖는 것인데 녀석은 한 개뿐이다. 이런 희귀한 예외는 기록해 둘 만하다. 어쨌든 누구나 '발톱 하나에 가짜 눈동자가 아닌 바구미'라는 이름보다는 '노랑꽃창포바구미'란 이름을 택할 것이다. 속칭 근엄한 용어에 아랑곳 않고, 또한 그런 용어 따위에 정신이 빠지지 않도록 평범한 이름으로 이 곤충을 안내하련다.

6월에 노랑꽃창포의 줄기를 채집했다. 머리에는 벌써 오래전에 다 자란 녹색 꼬투리 다발이 실린 채 싱싱하다. 물론 꼬투리를 착취하는 바구미도 함께 모셔 왔다. 녀석들은 철망뚜껑 밑의 포로 신세였으나 여전히 시냇가에서처럼 활발하다. 대다수가 무리를 짓거나, 혼자 좋은 자리를 찾아서 쉰다. 그러다가 녹색 무더기에 주둥이를 꽂고 마냥 홀짝거리며 맛을 본다. 배가 불러서 물러나면 그 자리에서 고무 같은 방울이 스민다. 이것이 나중에는 우물가에 말라붙어서 빨았던 자리의 표시가 된다.

부드러운 꼬투리를 공격해서 먹는 녀석은 씨앗 가까이까지 껍질을 벗긴다. 꼬마 주제에 게걸스럽게 먹어 대는 대식가여서, 몇 마리가 식탁에 둘러앉으면 넓은 장소가 바닥난다. 그러나 새끼를 위해 종자까지 내려가지는 않고 남겨 둔다. 대부분의 다른 녀석은 먹기에는 관심 없이 쏘다닌다. 서로 만나면 잠시 희롱하다가 짝짓기를 한다.

산란 행위는 끝내 보지 못했으나 다른 바구미의 주사 방식과 별로 다를 게 없을 것이다. 분명히 어미가 주둥이로 우물을 판 다음 몸을 돌려서 산란관으로 알을 내려 보낼 것이다. 꼬마 구더기 모습으로 막 깨어난 갓난이는 재료가 조직되기 시작한 알맹이 속에 자리 잡았다.

7월 말, 냇가에서 그날 가져온 꼬투리를 열어 보았다. 절반 이상에서 애벌레, 번데기, 성충이 나왔다. 꼬투리에는 3개의 방에 각각 15개 내외의 납작한 종자가 빽빽하게 한 줄로 들어섰는데, 애벌레 한 마리당 식량은 서로 이웃한 알맹이 3개였다. 가운데의 딱딱한 것도 껍질만 벗기면 바로 먹을 수 있고, 양옆의 것은 갉다가 놔두었다. 그래서 세 조각의 알맹이로 구성된 작은 방이 생겼는데, 가운데 것은 반지 모양, 양옆의 두 개는 조금 파인 술잔 모양이다.

꼬투리의 각 방마다 씨앗이 15개가량이므로 기껏해야 5마리에게 적당한 식품과 옆방 신세를 지지 않을 독립가옥이 제공된다. 하지만 꼬투리 표면에는 방마다 20개 정도의 구멍 흔적인 굳은 고무방울 모양 회색 돌기가 보인다. 그 수만큼 바구미가 쫀 것이다.

그런 꼬투리는 여러 주민이 식사한 자리와 알을 하나씩 식량 속에 낳은 흔적이나 겉에서 보면 식당과 요람이 구별되지 않는다. 따라서 뚫린 구멍의 조사표로는 꼬투리에 몇 개의 알이 들어 있는지 알 수가 없다. 우선 평균수를 인정하기로 하자. 방 하나에 찔린 자리가 20개이면 그 중 10개만 산란했다고 가정하자. 이 숫자 역시 먹여 살릴 방의 두 배인 셈이다. 그러면 다른 주민은 어떻게 되었을까?

여기서 완두콩바구미(Bruche: *Bruchus pisorum*)°가 생각난다. 녀석들은 안에 들어 있는 식량과는 비교도 안 될 만큼 많은 알을 완두(Pois: *Pisum*) 꼬투리에 뿌렸었다. 노랑꽃창포의 산모도 식량의 양은 따지지 않고 이미 산란된 곳에 알을 지나치게 뿌려 메우려 했다. 선견지명 없이 무턱대고 낳겠다는 의지뿐 장래는 생각하지 않은 것이다. 살아남는 녀석만 살겠지.

우단담배풀(*Verbascum thapsus*)°이 종의 유지에 단 한 개면 충분한 종자를 48,000개나 맺는 것으로도 알 수 있듯이, 그 줄기의 식량 창고는 수많은 소비자가 이용할 수 있다. 완두콩바구미, 노랑꽃창포바구미, 기타의 여러 종이 심하게 슘아 내지 않더라도 이용할 자원과는 상의하지 않고 터무니없이 자식의 수를 늘리려는 것은 왜인지 이해가 잘 안 된다.

노랑꽃창포의 열매 꼬투리는 자리가 모자라서 한 집에 10마리의 손님 중 겨우 4~5마리만 살아남는다. 물론 생존경쟁은 경쟁자 간의 학살이라는 몹쓸 행위로 가득 찼다. 하지만 평화적인 바구미 애벌레처럼 훼방꾼의 목 비틀기 행동 따위가 없는 여기서 다른 녀석이 모두 죽었다면 그 원인을 찾아볼 필요가 있다. 완두콩바구미 때[3] 이야기한 행동은 이랬다. 좋은 장소에 늦게 도착한 녀석은 이미 다른 녀석이 차지한 것을 알면 그를 쫓아내려는 투쟁도 없이 죽었다. 늦은 녀석에게는 굶주림과 죽음뿐인 것이다.

8월에는 성충이 노랑꽃창포의 열매 밖으로 모습을 드러낸다. 애벌레는 완두콩바구미 애벌레보다 재능이 없어서 제 이빨로 끈질긴 외출 준비를 하지 못하며, 성충의 솜씨로 단단한 껍질과 두꺼운 과실의 벽에 구멍을 뚫는다. 9월이면 갈색이 된 꽃창포 열매의 꼬투리 3개가 터진다. 지금 집이 허물어질 것 같다. 마지막까지 거기에 살던 녀석이 쫓겨나기 전에 하늘창을 통해 이사한다. 일기가 불순한 겨울에는 어딘가의 은폐물 밑에서 보내고, 봄이 찾아와 꽃창포가 노랗게 물들 때 다

3 『파브르 곤충기』 제8권 2, 3장 참조

시 새끼를 꼬투리에 입주시키기 시작한다.

바구미가 자주 찾아오는 지역 근처의 식물상은 노랑꽃창포 말고도 3종의 붓꽃이 있다. 가까운 언덕에는 시스터스(Ciste: *Cistus*)와 로즈마리(Romarin: *Rosmarinus*) 사이에 유럽난쟁이붓꽃(Iris nain: *Iris chamœiris*→ *lutescens*)이 무성하다. 꽃 빛깔은 보라색, 노란색 또는 흰색으로 가지각색이며 때로는 세 가지 색이 뒤섞였다. 이 식물의 키는 손바닥보다 작아도 꽃의 크기는 다른 종에 뒤지지 않았다.

같은 언덕에서 빗물이 아직 축축한 곳에는 잡붓꽃(I. bâtard: *I. spuria*)이 깔개를 깐 것처럼 자란다. 가냘픈 잎의 날씬한 모습에 보기 드물 만큼 곱게 꾸민 꽃으로 덮였다. 끝으로, 이 곤충을 관찰한 개울 근처에서 잎을 비비면 마늘을 다져 넣은 양 다리 고기 요리 냄새를 피우는 양다리붓꽃(I. gigot: *I. foetidissima*)을 만난다. 씨앗은 붉은색을 띠어 아름다운 주황색이며, 다른 곳에서는 볼 수 없는 희귀한 종이다.

결국, 재배용으로 근처의 정원에 와 있을지 모르는 외래종이 아니라도 이 바구미가 먹을 만한 토착 붓꽃은 4종이나 되며, 서로가 비슷한 모습에 씨앗도 풍부하며 영양 성분도 같을 것이다. 꽃도 같은 계절에 핀다. 바구미가 4종을 모두 이용하면 종족이 상당히 번성할 텐데, 다른 종은 어느

오직 노랑꽃창포~

꼬투리에도 바구미가 들어 있지 않았고 오직 한 종만 택했다.

녀석들은 어떤 이유로 여러 종의 식물을 택하지 않고 빈약한 종 하나만 택할까? 혹시 성충과 애벌레의 입맛이 관여했을지도 모른다. 성충은 꼬투리의 살찐 부분을 먹고, 애벌레는 액체 성분이 가득해서 굳지 않는 종자를 먹는 것에 있을지도 모른다. 어느 붓꽃의 열매든 성충의 식욕을 만족시킬 수 있을까? 어디 한 번 조사해 보자.

철망뚜껑 밑에 여러 종의 붓꽃 꼬투리를 뒤섞어 놓았다. 4종뿐만 아니라 외국산인 창백붓꽃(I. pâle: *I. pallida*), 칼붓꽃(I. xiphioïde: *I. xiphioides→ latifolia*) 꼬투리도 함께 넣었다. 토착종은 뿌리줄기를 갖지만 외국산은 이와 달리 덩이줄기를 갖는다.

사실상 모든 꼬투리가 노랑꽃창포의 꼬투리처럼 녀석들 마음에 들었다. 바구미는 그것 모두를 찔러서 상처투성이로 만들었고 껍질을 벗겨 들창을 냈다. 내가 거둬 준 꼬투리와 개천가에서 보이는 창포는 서로 가까워서 소비자가 양쪽을 구별하지 않았다. 새로운 식량이지만 망설임 없이 돌아다니며 열심히 공격했다. 붓꽃이라면 어느 것이든 다 좋아한 것이다.

이런 행위가 포로 생활에서 온 우울증에 따른 탈선행위로 보일지도 모르나 그렇지는 않다. 뜰에서 창백붓꽃의 녹색 꼬투리 식탁에 여러 마리가 머문 것도 보았다. 삼면이 토담으로 둘러쳐진 집 안에서는 이런 순례자를 본 적이 없는데 갑자기 어디서 왔을까? 개천가 주민은 이런 불모지 자갈밭을 예쁘게 꾸며 준 붓꽃이 개화했음을 어떻게 알았을까? 그건 그렇고, 막 싹이 돋은 꼬투리 중 녀석들이 발견하지 못한 것은 하나도 없고, 이것들도 모두를 만족시

컸다. 바구미가 엉뚱한 식물에도 가족을 정착시키는지, 이 기회를 이용해 알아볼 생각이다.

글라디올러스 시흥, 6. Ⅷ. '98

식물학적으로 붓꽃과 아주 가까운 식물에도 녀석들이 좋아할 꼬투리가 있을까? 이태리글라디올러스 (Glaïeul des moissons: *Gladiolus segetum → italicus*)와 두 수선화(Asphodèles: *Asphodelus cerasiferus*와 *A. luteus*)의 꼬투리는 아무리 권해도 본체만체했다. 흔히 야곱의 지팡이(Bâton de Jacob)로 불리는 수선화의 녹색 꼬투리에는 주둥이로 찔러 맛만 보고 물러나는 게 고작이었다. 제공한 물건이 못마땅했고, 굶주림도 벌레의 기호를 바꾸지는 못했다. 가문의 전통이 아닌 식량에 손대느니 차라리 굶어 죽는 편을 택하는 것이 녀석들이 바라는 바이다.

이 식물들에서는 산란 정보 역시 얻지 못했다. 성충이 제 식량이 아니라고 판정하면 자식의 식량으로도 거절한다. 시험해 본 각종 붓꽃에서 노랑꽃창포 말고는 산란하지 않았다. 포로 생활이라 거절했을까? 아니다. 포로 생활이라도 그 꼬투리에는 상당히 많은 애벌레를 정착시켰다. 자식 정착시키기는 중요한 문제여서 옛날부터 습관이 되지 않은 것은 절대로 수용하지 않는 게 가문의 전통에 대한 확고부동한 충성이었다. 봄에 두껍게 살찐 수많은 유럽난쟁이붓꽃 역시 꼬투리가 맛있어 보이지만 여기에 정착시킨 새끼는 사실상 전혀 없었다.

11 채식주의 곤충

살아 있는 것 중 오직 문명인만 먹는 방법을 안다. 이 말은 인간이
자기 입에만 사치를 부린다는 뜻으로 들어 두면 된다. 인간은 훌
륭한 요리법을 가졌고 소스 제조법에도 세련되었다. 의식과 예법
에 따라 진행되는 어마어마한 식사에 접시는 사치스럽다. 연회를
열 때는 짐승을 죽인 것을 위장하려고 음악과 꽃을 준비한다. 다
른 동물은 오직 건강을 해치지 않는 수단으로 먹는 것이면 충분할
뿐, 이런 나쁜 습관을 갖지는 않았다. 동물은 살기 위해서 먹지만,
우리는 무엇보다도 먹기 위해 사는 것이 우선한다.

　인간의 밥통은 먹을 수 있는 것이라면 무엇이든 모조리 쓸어 담
는 밑 빠진 독이다. 채식주의 곤충의 창자는 엄격한 조리장으로
서, 정확하게 정해진 한입 말고는 결코 접수하지 않는다. 식물이
차려진 연회장의 손님은 제 식물, 제 열매, 제 꼬투리만 가지며,
그것에만 열중해서 열심히 이용할 뿐, 다른 식품은 설사 같은 가
치를 가졌어도 거들떠보지 않는다.

　반면에 육식성 곤충은 협소한 전문 요리에서 벗어나 어떤 고기

든 다 먹는다. 금록색딱정벌레(Carabe doré: *Carabus auratus*)는 송충이(Chenille), 사마귀(*Mantis*), 왕풍뎅이(Hanneton: *Melolontha*), 지렁이(Lombric: *Lumbricus*), 뾰족민달팽이(Limace: Limacidae), 그 밖의 어떤 노획물이든 가리지 않고 먹는다. 노래기벌(*Cerceris*)은 바구미(Curculionoidea)나 비단벌레(Buprestidae) 어느 종이든 모두 사냥해서 애벌레의 식량으로 저장한다. 하지만 완두콩바구미(*Bruchus*)는 완두(Fève: *Vicia faba*)와 그 국물 맛밖에 모른다. 금빛복숭아거위벌레(Rhynchite doré: *Rhynchites auratus*)는 오직 버찌(Prunelle), 얼룩점길쭉바구미(*Larinus maculosus*)는 작고 푸른 엉겅퀴(Chardon: *Echinops*, 절굿대)의 꽃봉오리, 서양개암밤바구미(*Balaninus nucum*)는 개암, 조금 전의 노랑꽃창포바구미(? *Mononychus punctumalbum*)는 노랑꽃창포(*Iris pseudoacorus*)⊙의 꼬투리밖에 모르며, 다른 녀석도 똑같다. 채식주의자는 시야가 좁은 완고한 전문주의자, 육식주의자는 거기서 해방된 진보주의자이다.

옛날에 나는 각종 육식성 애벌레의 식성 바꾸기에 잘 성공하여, 이 사실이 나의 관찰을 무척 즐겁게 했었다. 나는 바구미 대신 메뚜기(Acrididae)를, 메뚜기 대신 파리(Diptera)를 주었었다. 그렇게 길러진 애벌레는 자기 문중에서 알려지지 않은 식품을 서슴없이 먹었다. 게다가 소화시키기에도 지장이 없었다. 하지만 나뭇잎만 먹는 송충이 따위의 사육은 떠맡지 않으련다. 녀석들은 다른 것을 입에 대느니 차라리 굶어 죽는 편이 났다고 항변할 것이다.

동물질은 식물질보다 정제되어 있어서 위장이 더 익히지 않아도 첫 고기에서 다른 고기로 잘 옮아간다. 하지만 식물질은 좀 거칠어서 먹는 쪽이 잘 익혀야 한다. 양고기를 늑대 고기로 바꾸기는 쉬운 일이어서 조금 손을 보는 정도면 충분하다. 그러나 풀로 양고기 만드는 데는 고급 소화 화학이 필요해서 풀을 먹고사는 반추동물(Ruminant)은 위가 4개라도 모자랄 지경이다. 하지만 육식성 벌레라면 어떤 먹이든 값이 같아서 주 식품과 관계없이 식량을 바꿀 수 있다.

식물성 식품은 더 많은 조건을 요구한다. 식물은 자체의 녹말, 지방, 휘발성분과 향기, 간혹 독성 물질까지 보유해서, 식량의 교체를 시도하려면 그야말로 위험한 혁신적 모험이 필요하다. 곤충은 그런 일을 당장 그만두려 한다. 그렇게 위험하고 꺼림칙한 물건보다는 옛날부터 물려받은 가전(家傳) 요리가 얼마나 좋더냐! 틀림없이 그런 이유로 채식주의 곤충은 자기네 식품에 충실하다.

지상에 널린 풍부함이 소비자 사이에는 어떤 형태로 분배되었을까? 이 문제는 우리의 연구 수단을 엄청나게 뛰어넘어야 하니, 그것을 알아보겠다는 희망은 버리자. 우리는 실험을 통해 그 양상의 한 모퉁이를 캐내 곤충의 식품이 어느 정도 고정적인지를 조사하고, 혹시 가능하다면 그것의 변화까지 기록하는 정도가 고작이다. 그렇게 수집된 자료를 미래에 이용해서 앞에서와 같은 일을 더 추궁해야 할 것이다.

가을이 끝날 무렵, 똥금풍뎅이(*Geotrupes stercorarius*)를 노새(Mulet)가 수북이 선물한 식량 더미와 함께 사육장에 넣었다. 이 포로로 당장 무엇을 연구하겠다는 계획은 없었다. 그저 기회를 그냥 버리고 싶지 않은 나의 오랜 습관을 따른 것일 뿐, 우연한 기회가 녀석들을 내 수중에 넣어 준 것이다. 그러니 나중에 있을 뒤처리도 우연이란 것이 해주겠지.

호화판 식량을 선사받은 똥금풍뎅이는 그 덕에 자식을 위해 열심히 일할 일감을 잔뜩 얻었다. 나는 별로 해주는 일도 없이 겨울 동안 그대로 내버려 두었다. 봄이 돌아올 무렵까지 놔두었던 사육장을 지금 조사해 보고 싶었다. 철망을 덮은 사육장의 벽 옆으로 큰비가 새어 들었으나 마룻바닥에는 빗물 빠질 구멍이 없었다. 당연히 벌레집은 흙탕물로 변했다.

부모벌레가 직접 만든 식량 순대가 상당히 많았으나 정말 비참한 꼴이 되었다. 스며든 빗물에 색이 바랬고, 속까지 씻겨서 조금만 건드려도 누더기처럼 너덜너덜 흐트러진다. 겨울 동안 이렇게 황폐한 상태로 얼어붙은 진흙에서도 늦가을에 낳은 각 방의 알은 피해를 입지 않았다. 알이 통통하게 건강한 모습으로 빛났으며, 마치 부화할 날이 머지않은 것처럼 보였다.

규격대로 제작된 순대가 짚더미처럼 되었다. 마치 낡은 새끼줄이나 다름없는 부스러기를 갓난애에게 줄 수는 없겠다. 그러니 굼벵이가 나오면 도대체 무엇을 주어야 하나? 어떻게 하지? 몰상식한 농간질을 한 번 저질러 보자. 금풍뎅이에게는 전혀 알려지지 않은, 말하자면 내가 손수 발명한 요리를 선물해 보자.

땅에서 썩어 가는 개암나무(Noisetier: *Corylus*), 서양벚나무(Cerisier: *Prunus*), 느릅나무(Orme: *Ulmus*), 칠엽수(Marronnier: *Aesculus*, 마로니에), 야생 마르멜로(Cognassier: *Cydonia*), 그 밖의 여러 나뭇잎으로 애벌레의 식량을 만들었다. 잎을 물에 불려 애연가의 가는 담배처럼 잘게 썰었다. 시험관 밑에 알을 놓고, 썬 것을 그 위에 채웠다. 대조(對照)군인 다른 알에게는 비에 씻겨 줄거리만 남은 본래의 식량을 주었다.

3월 초, 알이 부화해서 막 깨어난 애벌레들이 눈앞에 있다. 아주 옛날에 불구자로 발견되어서 나를 무척 놀라게 했던 녀석들이다. 이 괴상한 모습의 애벌레 이야기로 돌아가고 싶지만 서두만 간단히 하자. 머리는 아주 크다. 거기에 붙은 거대한 가위(큰턱)는 푸줏간에나 어울릴 만큼 커다랗고 칼끝은 톱니 모양이다. 기부는 강한 박차를 움직이는 근육으로 부풀었다. 이런 이빨이라면 갓난애가 목질섬유 따위라도 겁내지 않을 것임을 당장에 알아볼 수 있었다. 잘 써는 도구를 가졌다면 지푸라기쯤은 빵과자에 지나지 않을 것이다.

녀석들이 처음 먹는 자리에 입회했다. 금풍뎅이는 지금까지 한 번도 먹어 보지 않은 물건을 앞에 놓고 틀림없이 불안하게 망설이며 식량을 찾을 것으로 믿었다. 그러나 천만의 말씀. 똥 제품 순대 소비자가 처음부터 마른 잎 제품 순대를 받고 단숨에 접수해 버렸다. 이 첫 식사 행각 덕분에 나의 엉뚱한 계획이 성공할 것임을 확

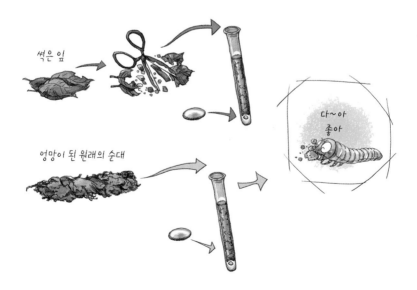

썩은 잎

다~아
좋아

엉망이 된 원래의 순대

신했다.

꼬마 굼벵이가 처음에는 근처에서 잎맥이 있는 잎을 발견하고, 그것을 끌어당겨 큰턱과 앞다리로 뒤집었다가 다시 뒤집는다. 그러고는 조용히 갉기 시작한다. 곧 다 먹어 버리고 또 다른 부스러기를 먹는다. 식품의 크기에 신경을 쓰거나 골라잡지도 않고 큰턱에 닿는 것을 그대로 갉는다. 언제까지나 쉬지도 않으며 변함없는 식욕이 계속된다. 애벌레가 결국은 성충이 되었다. 등이 흑단처럼 검어지고, 배는 자수정처럼 보라색이 되었을 때 풀어 주었다. 녀석들이 나에게 가르쳐 준 것에 대해 오직 경탄할 따름이다.

아무래도 시험을 거꾸로 해볼 필요가 생겼다. 똥구리가 마른 잎 요리를 먹고도 번영했다면 반대로 부엽토 소비자를 똥 먹이로 길러도 성공할까? 부엽토를 만들려고 정원 한 귀퉁이에 모아 놓은 낙엽 더미에서 절반쯤 자란 유럽점박이꽃무지(Cétoine dorée : *Cetonia aurata*→ *Protaetia aeruginosa*) 굼벵이 12마리를 수집했다. 녀석들을 광구 유리병에 넣고 식량은 길거리에서 며칠 동안 바람에 말라서 굳은 노새의 배설물만 주었다. 장차 장미꽃 손님이 될 녀석 역시 망설이거나 싫어하는 기색 없이 똥 식품을 즐겁게 먹었다. 절반쯤 말라서 지푸라기 냄새를 풍기는 노새의 배설물 식량도 갈색 부엽토의 맛과 다름이 없었다. 두 번째 병에는 예전의 식량을 먹는 애벌레가 들어 있다. 겉보기에는 두 집단 사이의 식욕이나 건강 등에 전혀 차이가 없다. 나중에는 양쪽 모두 규정대로 탈바꿈을 했다.

이번에 성공한 두 실험으로 나는 다음과 같이 돌이켜 보며 생각하게 되었다. 꽃무지 애벌레가 부엽토를 버리고 큰길에서 노새가 배설한 것을 먹기로 결정한다면, 녀석에게 그 짓은 큰 손실이 될

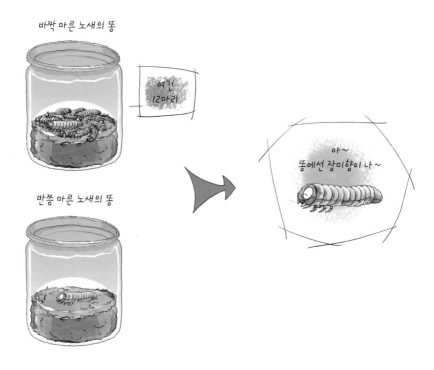

것이다. 무진장한 풍부함과 깊은 곳에서의 축축하고 따뜻한 안전
을 버리는 대신, 인색하고 행인에게 짓밟힐 위험이 있는 먹이를
먹게 되니 말이다. 이 새로운 식량에 얼마나 매력을 느낄지는 몰
라도 그런 바보 같은 짓은 하는 게 아니다.

금풍뎅이 애벌레의 경우는 이야기가 전혀 다르다. 짐승 똥이 들
판에서 귀한 물건은 아니라도 아무 데서나 만나는 것은 아니다.
주로 큰길에서 볼 수 있는데, 머캐덤〔macadam, 쇄석(碎石)〕식으로
포장된 도로에서 둥지를 틀려면 아주 골칫거리인 장애물을 만나
기 쉽다. 반대로 절반쯤 썩은 잎은 어디든 산더미처럼 무진장이
며, 게다가 쉽게 파이는 흙 위에 쌓여 있다. 낙엽이 모두 말라도

그 밑의 축축하고 부드러운 곳까지 파고들기는 문제가 아니다. 녀석의 이름 자체가 '땅파기 벌레(Géotrupe)' 이니 한 뼘가량 파 내려간 둥지라도 거기는 대개 적당히 축축한 광이어서 근사한 부식 공장이 되어 있다.

금풍뎅이 애벌레는 실험에서 증명되었듯이 부엽토 병에서도 잘 자랐다. 따라서 똥 제품 순대가 아니라 발효시킨 잎을 이용하면 얼마나 이익일지 궁금해졌다. 그 종족은 이 식량을 좋아하는 것이며, 안전한 장소에 얼마든지 있다는 것을 알게 되면 잘 번성할 것이다.

하지만 금풍뎅이는 그런 일을 한 번도 해보지 않았고, 나도 인공 사육밖에 해본 일이 없다. 식량은 소비자의 식욕에 따라 결정되는 게 아니라 오로지 경제의 법칙으로 결정되며, 각 종은 제 몫을 챙기되 관리할 물품 창고에서 사용되지 않는 것은 없게끔 되어 있다.

예를 좀더 들어 보자. 해골박각시(Sphinx atropos : *Acherontia atropos*)는 등에 해골 무늬가 그려진 희한한 나방인데, 애벌레 시대의 세

해골박각시
실물 크기의 3/4

력권은 감자(Pomme de terre: *Solanum tuberosum*) 잎이다. 녀석은 분명히 저를 길러 준 식물과 함께 아메리카에서 건너온 이방인이므로 감자와 같은 가지과(Solanée: Solanaceae) 식물로 애벌레를 길러 보았다. 분명히 허기가 졌어도 사리풀(Jusquiame: *Hyoscyamus*), 흰독말풀(Stramoine: *Datura stramonium*), 담배(Tabac: *Nicotiana tabacum*) 따위를 주면 완강히 거절했다.

그것들이 강력한 알칼로이드를 많이 함유해서 이렇게 거절하는 것일 수도 있다. 그렇다면 독성이 덜한 솔라닌[Solanine, glycoalkaloid 독물(毒物)]으로 바꿔 보자. 하지만 토마토(*Solanum lycopersicum*→ *Lycopersicon esculentum*), 가지(*S. melongena*), 까마중(*S. nigrum*), 털까마중(*S. villosum*)의 잎 역시 거절했다. 반면에 뉴질랜드 원산의 까마중(*S. laciniatum*)과 이 지방 어디에나 흔해 빠진 배풍(*S. dulcamara*)은 감자 잎처럼 잘 먹었다.

흰독말 홍성, 4. X. 05

까마중 시흥, 2. IX. 02

이런 모순된 결과를 나는 어떻게 이해해야 할지 모르겠다. 해골박각시 애벌레에게는 솔라닌으로 맛을 낸 식량이 필요한데, 어째서 같은 가지과 식물 중 어떤 종은 게걸스럽게 먹고 다른 종은 거절할까? 솔라닌의 양이 서로 달라

해골박각시 애벌레
실물 크기의 2/3

서일까? 또 다른 이유가 있을까? 나는 짐작조차 할 수가 없었다.

레오뮈르(Réaumur)[1]가 대단히 아름다운 미녀라고 부른 등대풀꼬리박각시(Sphinx des l'euphorbe: *Hyles euphobiae*)의 송충이에게는 설명할 수 없는 이상한 기호 식품이 있다. 어느 풀이든 상처에서 불같은 맛의 하얀 유액을 내놓는 대극과의 등대풀(Tithymales: *Tithymalus*) 종류면 된다. 이 지방에서는 땅빈대(*Euphorbia characias*)에서 자주 보이는데, 좀 작은 종(*E. serrata*와 *E. geraldiana*)들이 더 마음에 드는 식품 식물이다.

사육장의 애벌레는 어떤 등대풀에서든 다 잘 자랐지만 누구도 입을 대지 못할 아린 맛의 요리가 아니면 모두를 역겨워했다. 뜰에 심은 상추(Laitue: *Lactuca*), 후추[Menthe poivrée: *Mentha × piperita*, 서양산규(西洋山葵)], 유황이 많이 든 십자화과(Cruciferae) 식물, 알알한 매운 맛의 미나리아재비(Renoncule: *Ranunculus*), 그 밖에도 얼마간 짜릿한 고추 성분이 든 식물이라도 맛이 없다는 듯 고개를 돌린다. 녀석은 제 목구멍 말고는 어느 목구멍이라도 다 태워 버릴 만큼 유액이 듬뿍 들어

1 17세기 프랑스 과학자, 『파브르 곤충기』 제1권 319쪽 참조

등대풀 완도, 5. IV. 02

있는 등대풀 종류만 원했다. 이렇게 불타는 듯이 매운 것을 맛있다며 볼이 미어지도록 먹으려면 태어날 때부터 그 특성을 타고나야겠다. 틀림없이 그렇다.

강한 향신료만 먹는 소비자가 드문 것도 아니다. 예를 들어 마늘소바구미(*Brachycerus algirus→ muricatus*)는 프로방스(Provence)의 농민만큼이나 마늘 마요네즈의 열렬한 팬이다. 녀석은 마늘쪽 외의 다른 식량은 아무것도 먹지 않으면서 뚱뚱하게 살찐다.

이보다 더한 녀석이 있다. 이름은 모르는 애벌레가 마전자(Noix Vomique: *Strychnos nuxvomica*, 馬錢子, 약용식물)에 앉아 있는 것을 본 일이 있다. 맹독성인 이 식물은 떠돌이 개(Chiens)나 늑대(Loups)의 순대(위장)에 들어가 녀석들을 죽이는 풀이다. 특제품 위장을 갖지 않았다면 스트리키닌이 들어 있는 이것을 먹자마자 죽었을 텐데, 이 물질의 소비자는 무서운 독성에 점점 익숙해진 게 틀림없을 것 같다.

식물에 독이 있든 없든 그런 것에 상관이 있는 것도, 없는 것도, 예외도 많다. 또 무엇이든 다 먹는 채식주의자도 있다. 흉악한 이주메뚜기(Criquet voyageur: *Locusta*)[2]는 어느 식물이든 다 먹는다. 농촌의 메뚜기(Acri-

2 주로 아프리카에서 크게 발생하는 떼풀무치 종류

196

diens: Acrididae)도 못 먹는 게 없어서 잔디(Gazon: *Poa*)마저 휩쓴다. 어린이의 심심풀이로 잡혀 바구니에 담긴 들귀뚜라미(Grillon champêtre: *Gryllus campestris*)도 상추나 풀상추(Endive: *Cichorium*)의 잎을 맛나게 먹으며, 가죽처럼 질긴 야생잔디(Gramens)까지 얻어먹는다.

4월, 길가의 푸른 둑에서 가끔 볼품없는 구릿빛 뚱보벌레 집단을 만난다. 빈약한 다리 6개로 간신히 걸을 때 창자 끝이 보조역할을 해서 앞으로 밀고 나가는 코피홀리기잎벌레(Chrysoméle noire: *Timarcha tenebricosa*)이다. 녀석들은 조금 귀찮게 하면 거북이처럼 몸을 웅크리고 주황색 방어용 기름을 분비하는 야비한 녀석이다.

지난해 봄, 이 애벌레 무리가 풀을 뜯고 있는 것을 보고 나는 반가웠다. 녀석들이 먹는 풀은 꼭두서니과(Rubiacée: Rubiaceae)의 어린 솔나물(*Galium verum*)[*]이었다. 길을 가며 찾아보니 갖가지 풀을 맛있게 먹었다. 특히 풀상치, 님므민들레(*Pterotheca ne-mausensis*), 국화(*Chondrilla juncea*), 쇠채(*Podospermum laciniatum→ Scorzonera laciniata*), 콩과식물(Légumineuses: Leguminosae)인 개자리(*Medicago falcata*)와 토

솔나물 시흥, 10. V. 02   **쇠채** 제천, 10. VI. 02

개자리 완도, 1. VI. 02

끼풀(*Trifolium repens*)ˢ 등이었다. 아린 맛도 싫어하지 않는 녀석 몇 마리가 꽃이 땅에 닿을 만큼 늘어진 한 그루의 땅빈대(*E. geraldiana*)에서 부드러운 꼭대기까지 올라가 토끼풀만큼 맛있게 먹고 있었다. 어쨌든 다리를 비틀거리는 이 뚱보가 식량을 이것저것으로 바꾸었다.

　이렇게 풀을 가리지 않고 먹는 벌레가 얼마든지 있는데, 여기서 계속 머뭇거릴 게 아니라 나무를 해치는 녀석들에게로 가 보자. 콧수스(Cossus)라는 나방 이름으로 잘못 알려졌던 재주꾼톱하늘소 (*Ergates faber*) 애벌레는 썩은 소나무(Pin: *Pinus*) 그루터기에서만 살고, 붙이버들하늘소(*Megopis scabricornis*)는 버드나무(Saules: *Salix*) 고목에서만 산다. 이런 녀석들은 전문주의자[3]이다.

　유럽병장하늘소(*Cerambyx cerdo*)는 애벌레를 장미과(Rosacées: Rosaceae) 관목인 산사나무(Aubépine: *Crataegus*), 유럽벚나무(Prunellier: *Prunus spinoza*), 살구나무(Abricotier: *P. armeniaca*), 라우로세라스(Lauriercerise: *P. laurocerasus*)에다 맡긴다. 녀석은 희미한 청산 (靑酸) 냄새가 특징인 목본식물에 충실하여 그 범위에 다소 융통성이 있다.

　참나무굴벌레나방(Zeuzère: *Zeuzera aesculi*) 은 흰색에 푸른 점무늬가 아주 많아 멋진 대

---

3 전문주의자란 생물학 용어로 단식성(單食性)이나 협식성(狹食性) 동물을 말한 것이며, 먹이 선택의 폭이 넓은 종류는 광식성 (廣食性)이라고 한다.

참나무굴벌레나방

형 나방이지만 내 정원의 교목과 관목의 대부분을 해쳐서 귀찮은
녀석이다. 그 송충이는 특히 라일락(Lilas: *Syringa*)에 많고, 느릅나
무(Orme: *Ulmus*), 플라타너스(Platane: *Platanus*), 야생 마르멜로(Cog-
nassier: *Cydonia oblonga*), 백당나무(Boule-de-neige: *Viburnum sargentii*),
배나무(Poirier: *Pyrus*), 마로니에(Marronnier: *Aesculus*)에서도 보인다.
녀석들은 언제나 위로 향하는 직선 굴을 판다. 그래서 줄기가 가는
나무는 굵은 대롱처럼 되어 북풍이 세게 불면 부러진다.

다시 전문주의자를 보자. 곰보긴하늘소(Saperde Carcharias: *Saperda*

산호랑나비 애벌레 호랑나
비에 비해 산 쪽에 살며, 애
벌레는 미나리, 바디나물,
어수리, 참당귀, 방풍, 기름
나물, 탱자나무, 유자나무
등의 잎을 먹고 자란다.
횡성, 23. IX. 06, 강태화

carcharias)[4]는 흑양(Peuplier noir: *Populus nigra*)을 해칠 뿐 백양(P. blanc: *P. alba*)은 건드리지 않는다. 점박이긴하늘소(S. ponctuée: *S. punctata*)는 느릅나무가 단골이며, 긴하늘소(S. scalaire: *S. scalaris*)○는 죽은 벚나무에 충실하다. 유럽대장하늘소(*C. miles*)는 때에 따라 서양떡갈나무(Rouvre: *Quercus petraea*)나 털가시나무(Yeuse: *Q. ilex*)에서 애벌레를 기른다. 녀석을 기르기는 어렵지 않다. 네 조각 낸 배와 둥글게 자른 나무로 충분히 기를 수 있고 재미난 실험도 할 수 있다.

암컷이 매끈한 산란관으로 여기저기를 고르다가 나무껍질 사이에 꽂아 넣은 알을 채집하여 여러 실험을 했던 일이 있다. 부화한 갓난이가 어떤 나무를 택할까? 이것이 문제였다.

손가락 서너 개 굵기의 세로로 자른 통나무를 택했는데, 수종은 털가시나무(Chêne vert: *Q. ilex*), 느릅나무, 보리수(Tilleul: *Tilia*), 아카시나무(Robinier: *Robinia*), 서양벚나무, 버드나무, 딱총나무(Sureau: *Sambucus*), 라일락, 무화과나무(Figuier: *Ficus carica*), 월계수(Laurier: *Laurus*), 소나무 등이었다. 갓난이가 굴착 장소를 찾아다니다 떨어질 것을 염려

4 대표적인 단식성 곤충이다.

긴알락꽃하늘소 늦봄에서 여름 사이에 각종 꽃에 모여들어 꽃가루받이에 중요한 역할을 하는 하늘소로서 유럽에서 일본까지 널리 분포한다.
오대산, 20. VII. '96

하여 자연 상태를 흉내 내 주었다. 즉 작은 칼로 나무껍질을 파서 알이 절반쯤 묻힐 구멍을 파내 완전히 성공할 수 있었다. 유럽대장하늘소는 알을 여기저기 하나씩 나무껍질 틈에 집어넣고, 아주 적은 양의 풀로 고정시킨다. 하지만 내 풀은 알의 생명을 위협할 수 있어서 풀칠 대신 주름이라는 안전한 장소를 택한 것이다.

며칠 뒤, 알들이 칼로 정해 준 장소에서 부화했다. 아직 꼬리에 흰 껍질을 매달고 엉덩이를 팔딱거리며 껍질과 목질부를 향하는 연약한 꼬마들을 보고 나는 감동했었다. 녀석들은 그날과 다음 날 사이에 뚫어서 부서진 나무 부스러기 속으로 들어가 자취를 감췄다. 녀석들의 힘에 비하면 두더지(Taupe: *Talpa*) 굴은 아무것도 아니다. 그냥 놔두자. 이 두더지 굴이 2주일가량 지나면 파이프에 한 번 담을 양의 실담배만큼 늘어난다. 그때는 모든 일이 끝난다. 그런데 떡갈나무 말고는 나무 부스러기가 늘어나지 않았다.

첫 활동을 하는 데는 모든 나무가 향기나 맛이 아주 달라도 먹잇감으로서의 질은 같은 것으로, 그보다는 어린 하늘소가 식품의 좋고 나쁨을 가리지 않는 착한 위장을 가졌을 것으로 생각했었다. 그래서 아린 맛의 유액을 분비하는 무화과, 휘발성 냄새가 나는 월계수, 송진이 스미는 소나무 따위도 탄닌 맛의 떡갈나무처럼 먹고 자랄 것을 기대했었다. 하지만 잘 생각해 보면 이런 오산에서 벗어날 수 있다. 즉 지금의 갓난이는 먹을 때가 아니라 편하게 먹을 자리인 깊숙한 거처를 마련할 때였다.

벌레 먹은 자국을 확대경으로 조사했더니 부스러기가 창자를 통과하지 않았다. 영양 섭취가 없었다는 이야기이다. 가루는 큰턱 칼로 잘게 부순 부스러기일 뿐 별게 아니었다.

애벌레가 원하는 깊이까지 내려가면 그때 식욕이 생겨 겨우 먹기 시작한다. 녀석의 이빨 밑에서 전통적인 식품의 수렴제가 든 떡갈나무 즙액을 만나면 그때부터 마시고 소화시킨다. 그렇지 않으면 모든 것을 거절한다.

맞는 식량을 만나지 못한 애벌레는 그 안에서 어떻게 하고 있을까? 부화한 지 6개월이 지난 3월에 조사해 보았다. 통나무를 가르자 꼬마들이 있었는데, 잘 자라지는 못했어도 여전히 활기차서 조금만 건드려도 날뛰었다. 이런 조무래기 생명이 먹지 않고 그렇게 오랫동안 지탱했음은 참으로 놀라운 일이다. 상비앞다리톱거위벌레(*Attelabus curculionoides*→ *nitens*) 애벌레를 생각나게 했던 지구력이다.[5] 떡갈나무 잎으로 제작한 통조림 캔 속에서 햇볕에 쪼들려 먹지 못하고, 가을비가 식품을 부드럽게 만들어 줄 때까지 4~5개월 동안 죽은 듯이 잠만 잤던 녀석들이다.

그때는 애벌레의 필요에 따라 내가 임시변통할 수 있었다. 말라 버린 나뭇잎 캔을 빗물 대신 적셔서 부드럽게 불려 먹을 수 있게 해주었다. 그랬더니 갇혔던 녀석들이 원기를 회복하고 잘 자랐다. 지금 떡갈나무의 하늘소 애벌레 역시 먹기 곤란한 나무속에서 6개월을 단식했지만 녀석들도 신선한 떡갈나무로 옮겨서 그 부스러기를 먹였다면 원기를 회복했을 것이다. 이 방법은 성공이 너무나 확실할 것 같아서 실험하지 않았다.

내 머릿속에는 다른 계획이 있었다. 생명의 정지 기간이 얼마나 오랫동안 지속되는지 알고 싶었던 것이다. 부화 후 1년이 지나 녀석들을 다시 조사했다. 이번에는 정도가 너무 지나쳤다. 애벌레가 모두 죽어서 갈색 알

5 『파브르 곤충기』 제7권 12장 참조

갱이가 되어 있었다. 실험은 틀림없었다. 유럽장군하늘소의 단골은 떡갈나무였고, 다른 나무는 모두 애벌레의 목숨을 앗아 갔다.

식구를 쉽게 무제한으로 늘릴 수 있는 점을 자세히 요약해 보자. 채식주의자 중에는 무엇이든 다 먹는 녀석이 있다.[6] 이 말은 전혀 다른 식물이라도 먹을 수 있다는 뜻이다. 그렇다고 해서 무차별적으로 먹는 것은 아니다. 다른 녀석은 다소 전문적이다.[7] 하지만 극도로 협식성인 종류는 매우 적었다. 벌레의 대연회장에 참석한 손님은 알칼로이드 맛을 지닌 식물 속(屬), 군(群), 또는 과(科)의 단골이다. 손님 일부에게는 맛이 좀 순하거나 또는 조금 강한 식물이 필요하다. 제3군은 특정 식사만 요구할 뿐 다른 것은 절대 거절이다.[8] 제 꼬투리, 제 꽃, 제 줄기, 제 뿌리만 요구할 뿐, 좀 받아들여도 될 만한 것마저 배타적인 기호로 모두 거절할 만큼 범위가 좁다.

북새통인 곤충의 연회장에서 망설일 게 아니라 유럽장군하늘소와 유럽병장하늘소의 두 하늘소 종만 생각해 보자. 작은 종은 큰 종의 정확한 축소판으로, 녀석들 사이보다 가까운 종은 없다. 앞에서 이야기한 긴하늘소(*Saperda*) 3종도 함께 생각해 보자. 녀석들 역시 같은 거푸집에서 찍어 낸 메달 같아서, 크기와 색깔 차이 말고는 서로 구별하기 어렵다.

이론가는 이렇게 말한다. 본래 한 줄기가 수세기를 거치는 동안 가지가 갈라져 나가 2종의 하늘소가 된 것이며, 긴하늘소 3종도 하나의 형에서 변화한 것이란다. 두 하늘소 족속의 공동 조상 역시 먼 선구자로부터 나왔고, 이 선구자도 그 앞의 먼 선구자에서

---

6 광식성을 말한다.
7 협식성을 말한다.
8 단식성을 말한다.

비롯되었다는 등등이다. 자, 이런 식으로 과거의 어둠 속으로 껑충 날아가 보자. 그러면 동물의 기원에 도달한다. 누구에서 시작했는가? 원생동물(Protozoon: Protozoa)이다. 그 성분은? 한 방울의 단백질이다. 그 뒤의 모든 동물은 최초에 굳어서 엉긴 물체(원생동물)로부터 다음다음으로 갈라져 나갔다.

상상이란 참으로 멋지다. 그러나 엄밀한 과학 기록으로 수록될 가치가 있는 단 하나의 방법으로, 즉 관찰이나 실험으로 확인되는 사실은 원생동물의 걸음보다 느리게 얻어진다. 그래도 그런 일은 이렇게 이야기한다. 먹이가 생의 가장 근본적인 요인인 이상 소화 능력은 더듬이 길이나 딱지날개의 색깔처럼 덜 중요한 다른 세목 요인보다 더 우선하여 유전(遺傳)으로 전해져야 할 것이다.[9] 오늘날의 식량은 다양한 양상을 띠었어도 선구자들은 무엇이든 조금씩 먹었다. 그들은 자기 가문의 번영에 중요한 원인인 혼식을 자손에게 남길 수밖에 없었다.

공동 조상은 꼼짝없이 공통 식량만 먹어야 했다. 지금까지 우리는 무엇을 보았는가? 각 종은 근연종이 좋아하는 것과는 무관하게 기호가 아주 한정되었음을 보았다. 부자 간에 혈연관계가 있다면 어째서 하늘소 중 하나는 떡갈나무를, 다른 하나는 산사나무나 라우로세라스를 단골로 삼았을까? 긴하늘소 3종 중 하나는 흑양을, 또 하나는 띡길나무를, 세 번째는 벚나무 고사목을 택한 이

9 이 생각이 옳은지는 21세기인 현재도 판정할 수 없다.

10 무척 크게 우회하여 설명한 글이라 단순히 읽기만 해서는 무슨 소리인지 이해하지 못하는 독자가 있을 것 같다. 간단히 다시 말하자면, 유전이나 진화에는 위장과 먹이의 연계성이 가장 중요한 요인인데 형태 따위를 중요하다고 해선 안 된다는 것이다. 결국 파브르는 아직도 유전론이나 진화론은 인정할 수 없다는 이야기이다. 파브르는 70대 중반까지도 강력한 어투로 진화론자를 공격했었는데 80대에 들어선 지금에 와서는 분류학자나 진화론자에 대한 공격 태도가 조금 유순해진 느낌이 든다.

204

유도 무엇인지 모르겠다. 이것을 이해하기란 절대로 불가능하다. 창자의 독립성은 그 기원이 독립적임을 확고히 지지한다. 식량문제는 대담한 이론이 언제나 환영받는다고 장담할 수 없음을 간단하게 말하고 있다.[10]

12 난쟁이

프로방스(Provence)에는 이런 속담이 있다.

어느 항아리나 제 뚜껑이 있다(Chasque toupin trobo sa cubercello),

어느 남자라도 제 여자가 있다(Chasque badau, sa badarello).

암! 그렇지. 항아리마다 제 뚜껑이 있고, 남자에게는 자기 여자
가 있지.[1] 곱사등이, 애꾸눈이, 앙가발이[2], 기형아, 부도덕한 자 모
두가 나름대로 매력이 있어서 그런 것을 수용하는 눈이 있다.

곤충도 인간이나 항아리처럼 멀쩡한 녀석이 그렇지 못한 상대
와 짝을 이루기도 한다. 유럽장수금풍뎅이(Minotaure→ *Typhaeus ty-
phoeus*)가 바로 그런 멋진 예를 보여 주었다. 전에 땅굴을 파다가 뜻
밖에 작업 중인 쌍을 만났다. 암컷은 전혀 트집 잡을 데가 없었다.
풍채 좋은 아낙네였는데 수컷은 어찌 그리
도 초라하단 말이더냐! 달을 채우지 못하고
태어난 녀석인지, 가운데 뿔이 반들거리는

---

1 한국에는 '짚신도 짝이 있다.'
는 속담이 있다.
2 다리가 짧고 굽은 사람을 얕잡
은 말

알맹이 정도의 크기였다. 양쪽 뿔도 정상이라면 머리 앞까지 닿아야 하는데 겨우 눈앞에 와 있었다. 보통은 몸길이가 18mm인데 이 난쟁이(Nain)는 겨우 12mm밖에 안 되었다. 그러니 녀석은 규정된 체격의 거의 1/4밖에 되지 않았다.[3]

앞의 제3장에서 유럽장수금풍뎅이 암컷이 녀석에게 상납했던 풍채 당당한 수컷을 끝내 거절했다는 이야기를 했었다. 그때 훌륭한 뿔을 가진 수컷은 둥지를 계속 지키고 있었다. 내가 한 세대를 만들어 주려고 수차례 노력했으나 암컷은 밤마다 도망쳐서 다른 곳에 집을 지으려 했다. 결국은 새로운 상대로 바꿔 주어야만 했고, 처음에 내가 밀어붙인 녀석은 거절당했다. 풍채가 당당하고 창뿔 3개를 구비한 녀석이 퇴짜를 맞았다면 칠삭둥이는 어떻게 그 아리따운 암컷을 차지할 수 있었을까? 소똥구리〔Bousiers = 분식성(糞食性) 풍뎅이〕 사회에서 이렇게 걸맞지 않는 부부를 인간 세상에서는 이렇게 말할 수 있겠지. 사랑에는 눈이 먼다고.

이 장수금풍뎅이처럼 어울리지 않는 부부가 시조(始祖)가 되면 어떻게 될까? 가족의 일부는 어미처럼 거구를, 나머지는 아비처럼 난쟁이를 물려받을까? 그때는 사방을 판자로 막은 흙 탑처럼 적절한 관찰 기구를 갖추지 못했었다. 그냥 유리 기구 7개 중 가장 깊은 것에 신선한 모래와 식량을 넣고 벌레를 입주시켰을 뿐이다.

처음에는 모든 일이 규정대로 되어 갔다. 어미는 구멍을 파고 아비는 흙더미와 환약을 날랐다. 하지만 기구 밑에 도착하자 향수병에 걸린 부부가 죽고 말았다. 모래 깊이가 충분치 못했던 것이다. 부부가 식량인 순대를 알 위에 쌓으려면 1m 깊이가 필요했는

---

3 계산이 너무 과장된 것 같다. 1/3 정도라야 맞지 않을까 하는 생각이 든다.

데, 우물을 끝까지 파 내려가도 흙의 깊이는 50cm밖에 안 되었던
것이다.

이 실패가 질문의 종지부는 아니다. 어떻게 이런 꼬마가 태어났
을까? 유전에 따른 특수 소질의 결과일까? 그래서 꼬마에서 태어
났고, 자신도 배 속에서 칠삭둥이를 생산할까? 혹시 혈통과는 관
계없이 우연하게 태어났을까? 이 녀석만 작을 뿐 아비에서 물려받
지는 않은 것일까? 나는 우연 쪽에 마음이 쏠린다. 그러면 어떤 우
발적 사건일까? 위험하지 않으며 풍채가 줄어들게 하는 수단은 오
직 식량이 충분치 못한 경우 하나뿐이다.

이런 이야기를 할 수도 있다. 동물의 모양은 마치 쇠를 녹여 도
가니에 부을 때 쇳물의 양에 따라 덩치가 크거나 작아지는 것과
같다. 모양이 겨우 만들어질 정도의 분량을 받았을 때는 꼬마가
되고, 그보다 적게 받으면 굶어 죽는다. 반대로 양이 점점 많아질
수록 생은 번영하며, 그때는 보통이거나 더 큰 체격이 태어난다.
물론 그 양에는 한계가 있다. 덩치의 크기는 식량의 최대량과 최
소량이 결정하는 것이다.

만일 이 이론이 헛된 속임수가 아니라면 꼬마를 마음대로 만들
어 낼 수 있을 것이다. 죽지 않을 정도로 식량을 줄이면 될 것이기
때문이다. 반면에 무리하게 많이 먹여서 거인을 만들 수는 없다.
위장이 어느 정도 차면 더는 거절할 수밖에 없으니 말이다. 식욕
이란 하나의 층계 같아서, 위로 넘어갈 수는 없어도 낮은 층의 계
단이나 제일 밑에 있는 계단보다 조금 높게 만들 수는 있다.

규정에 맞는 식사의 양을 먼저 알아야 한다. 애벌레는 무한한
식량 속에서 자라므로 식욕을 억제하지 않으면 먹고 싶은 대로 먹

는다. 소똥구리(Bousiers)나 벌(Hymenoptera)처럼 천복(天福)을 많이 받은 친구들은 어미가 각 알에게 많지도 적지도 않은 아주 정확한 양의 식량을 준비해서 저장한다. 꿀벌(Mellifère)⁴은 진흙, 송진, 종이, 나뭇잎 등으로 만든 그릇에 새끼의 생활에 맞는 양의 꿀을 채워 놓는다. 게다가 장래의 암수를 이미 알고 있어서 몸집이 조금 큰 암컷이 될 새끼의 밥상에는 좀더 많이, 작은 수컷의 밥상에는 좀 적게 준비해 놓는다. 포식성 벌(Hyménoptère prédateurs＝사냥벌)도 새끼의 암수 별로 식사의 양을 조절해 놓는다.

벌써 옛날 일이지만, 현명한 어미가 장래를 위해 차례대로 진행하는 일을 방해하여, 즉 풍족한 녀석의 식량을 빼앗아 가난한 녀석에게 늘려 주었던 적이 있다. 그래서 덩치에 다소 차이가 생긴 시험 성적을 얻었으나 거인이나 꼬마라고 말할 정도는 못 되었다. 물론 성의 전환이나 결정이 식량의 양과는 무관하다는 생각도 못 했었다. 꿀벌이든 사냥벌이든, 벌은 애벌레의 체질이 너무 약해서 지금의 실험에는 적당치 않다. 지금은 격심한 시험에도 견뎌 낼 수 있는 아주 튼튼한 위장이 필요하다. 그런 재료는 진왕소똥구리 (*Scarabaeus sacer*)에서 찾을 수 있다. 녀석은 풍채가 당당해서 몸에 생긴 변화를 쉽게 구별할 수 있다.

커다란 똥구슬을 굴리는 진왕소똥구리는 정확한 양의 배(梨) 모양 빵을 각 애벌레에게 한 개씩 양식으로 나눠 준다. 빵의 크기가 모두 같지는 않아 좀더 크거나 작기도 하다. 하지만 아주 근소한 차이이다. 어쩌면 벌에서 흔히 보았던 것처럼 애벌레의 성을 고려해서 암컷에게는 조금 큰 것을, 수컷에게는 조금 작은 것을 주

---

4 양봉꿀벌인 *Apis mellifera*에 해당하는 용어이나 문장의 내용은 꿀벌과(科)의 의미로 썼다.

는 것과 같은 차이일 것이다.

지금까지 나는 이런 점을 별로 따지지 않았다. 어쨌거나 왕소똥
구리의 배 모양 빵은 어미가 각각의 자식에게 알맞게 계산해서 주
는 식량이다. 이 과자에 손을 대서 그 녀석을 더 먹이거나 덜 먹이
는 것은 내 자유이다. 우선 덜 먹이기부터 시작해 보자.

5월에 배 모양 경단 4개를 구했다. 젖꼭지 모양인 끝 쪽 방안에
알이 들어 있다. 가로 등분선을 따라 잘라서 모자 모양인 아래쪽
절반을 떼어 내고, 알이 있는 위쪽 절반만 놔두었다. 잘라 낸 아래
쪽 4개는 건조나 습기를 염려할 필요가 없는 광구 유리병에 보관
했다.

절반으로 줄인 식량에서도 보통 때처럼 자랐다. 하지만 나중에
2마리는 죽었는데 분명히 위생 시설이 나빠서, 즉 내가 모자 모양
으로 잘라 낸 둥지가 따뜻하고 축축한 둥지와는 비교되지 않아서
일 것이다. 남은 2마리는 관찰하려고 뚫은 벽의 들창을 똥으로 땜
질한다. 활동이 끝나 갈 무렵, 녀석들이 정상인 배를 먹인 친구들
에 비해 무척 작았음을 발견했다. 먹이를 덜 먹인 결과가 확실히
나타난 것이다. 그러면 어떤 성충이 되었을까?

9월에 껍데기(고치)에서 성충이 나왔다. 야외에서는 이런 난쟁
이를 채집해 본 일이 없다. 얼굴은 모습을 제대로 갖췄으나 크기
는 엄지손가락 손톱보다 별로 크지 않은 난쟁이였다.

수치를 정확하게 대 보자. 머리방패에서 날개 끝까지의 길이는
19mm였다. 들에서 자유롭게 자란 다음 내 상자에 보관된 표본 중
가장 작은 녀석도 26mm는 되었다. 식량을 줄여 기른 녀석의 체적
을 따져 보면 야생에서 가장 작은 녀석의 절반이다. 그런 크기는

식량을 줄인 양과 대략 비례했다. 축소된 생체의 크기는 식량의 양에 비례함을 반복한 셈이다.

나는 실험으로 꼬마벌레를 만들어 냈다. 굶주리게 하여 달이 안 찬 새끼를 출산시킨 것이다. 그것을 자랑할 생각은 없다. 다만 곤충 세계에서 난쟁이의 변이는 적어도 선천적 소인이나 유전이 아니라 영양부족으로 일어나는 우발적 사건임을 알게 된 것이 기쁠 뿐이다.

벌레에게 굶주림에 대한 연구를 암시해 준 난쟁이 유럽장수금풍뎅이에게는 어떤 일이 있었을까? 틀림없이 식량이 부족했었다. 어미가 식량 나르는 기술은 노련했어도 알 위에 순대를 제대로 마련하는 데는 실패했다. 아마도 재료가 부족했거나 곤란한 일이 생겨서 일을 중단한 것 같다. 어쩌면 식량이 부족했어도 애벌레가 아주 튼튼해서 잘 견뎌 냈을 것이다. 보통 성충 체격에 필요한 양의 먹이를 먹지 못해서 죽지는 않고 작게 태어났을 것이다. 난쟁이 유럽장수금풍뎅이의 비밀은 틀림없이 거기에 있다. 녀석은 가난이 만들어 낸 아들이다.

식량을 줄여서 작게 만들 수는 있어도 무작정 공급해서 크게 만들 수는 없다. 왕소똥구리 애벌레에게 어미가 만들어 준 양의 두세 배를 주었으나 특별히 크지는 않았다. 당연한 결과이다. 식욕에는 한계가 있고, 한 번 한계에 도달하면 아무리 호화판 식탁이라도 손님의 손이 나가지 않는 법이다. 녀석은 먹을 만큼 밀어 넣으면 더는 먹지 않을 테니, 나는 잔뜩 먹여서 거인을 만드는 것에는 손을 들었다.

하지만 거인 진왕소똥구리가 존재한다. 코르시카(Corse)의 아작

시오(Ajaccio)와 알제리(Algérie)에서 입수한 녀석들은 몸길이가 34mm였다. 이 수치와 비교해 보자. 단식시킨 꼬마의 체적을 1로 했을 때, 세리냥(Sérignan) 근처 녀석들은 2, 코르시카와 아프리카의 녀석들은 5였다.

이런 거인을 만들려면 물론 풍부한 식량이 필요하다. 그런데 식욕의 촉진은 어디서 올까? 우리는 향신료로 식욕을 자극시킨다. 곤충도 나름대로 향신료를 가졌을 것이 틀림없다. 가령 바닷바람이라는 후추나 풍부한 은혜의 햇볕이라는 고추 따위가 아프리카 왕소똥구리의 덩치를 키웠으며, 세리냥 녀석들은 못 자라게 했다는 것이 내 생각이다. 바닷바람과 햇볕 같은 식욕 증진제는 내 마음대로 하지 못하니 먹이만 과하게 먹여 거인으로 만드는 것은 단념하련다.

이번에는 어미가 준비한 식량이 아니라 생각나면 얼마든지 먹을 수 있는 애벌레로 시험해 보자. 예를 들어, 부엽토의 손님인 구릿빛점박이꽃무지(Cétoine floricole : *Cetonia floricola→ Protaetia cuprea*) 굼벵이를 보자. 녀석들이 우글거리는 담 모퉁이의 흙더미에도 식욕

을 만족시킬 부엽토가 남아돌 정도이니 잔뜩 먹여서 거인을 만들 자신은 없다. 거기서 특별히 크게 자란 성충을 본 일도 없고, 그런 시도는 필요도 없다. 녀석도 보통보다 크게 만들려면 왕소똥구리처럼 내가 모르는 기후 따위가 필요할 것이다. 이런 조건은 실현시킬 능력이 없으니, 결국 내가 할 수 있는 단 하나의 실험은 역시 굶기기뿐이다.

점박이꽃무지 애벌레

4월 초, 제대로 사육하면 여름에 탈바꿈할 구릿빛점박이꽃무지 굼벵이를 부엽토에서 찾아내 세 집단으로 나누었다. 4월로 들어서면 막 먹어 대는 시기가 시작되며, 녀석들의 부피가 두 배로 늘어나 성충 형성에 필요한 에너지를 저축한다. 수집한 무리는 빠른 건조를 염려해서 크고 뚜껑이 꼭 맞는 양철 상자에서 길렀다.

제1집단은 12마리였는데, 식량을 풍부하게 공급했고 필요하다면 더 주었다. 녀석들은 부엽토 속에서 아주 즐거웠으나 상자에 갇혀 있으니 조금은 덜 행복했을 것 같다.

흰점박이꽃무지 풍뎅이 무리 중 한여름에 잘 날아다니는 종류이며, 예전에는 이 녀석으로 놀이를 할 정도로 흔했으나 지금은 드물어져 제주도 등 남쪽 지방에서나 볼 수 있다. 굼벵이를 약용으로 길러서 판매하는 사람도 적지 않다. 제주, 12. Ⅶ. '98

극락세계의 이 창자들 옆에 역시 12마리가 든 제2상자가 있다. 식량이 완전히 중단된 굶주림의 지옥이다. 잠자리는 다른 상자처럼 똥 섞인 지푸라기여서 뛰놀거나 파고들기는 자유롭다.

제3집단도 12마리이며, 가끔씩 빈약한 부엽토를 씹어서 큰턱을 즐기게 해줄 정도였다.

서너 달 뒤인 7월, 무더위가 찾아왔다. 정상적인 제1집단의 12마리는 성충으로 자라나 우화했다. 아무리 조사해 봐도 봄에 장미꽃 속에서 단물을 빨며 조는 녀석과 조금도 다르지 않았다. 이 결과가 다른 집단의 상자 사육도 실수가 아님을 확인시켜 준 셈이다.

엄격하게 단식시킨 제2집단은 껍데기만 두 개가 남았는데 난쟁이였다. 제1군은 벌써 두 달 전에 나왔는데 녀석들은 아직도 닫혀 있다. 9월 중순까지 기다리다 껍데기를 열어 보니 모두 죽어서 아직까지 안 열린 이유를 알았다. 절대 기근이 애벌레의 인내력을 넘어섰다. 먹지 못한 12마리 중 10마리는 가죽만 남기고 죽었고, 2마리만 주변의 똥으로 껍질을 만들어 몸을 둘러쌌다. 이것이 최종의 노력으로, 탈바꿈이라는 필수 과정은 이루지 못하고 죽은 것이다.

식량이 몹시 인색했던 제3집단은 12마리 중 11마리가 심하게 여윈 상태로 죽었다. 한 마리만 완전한 모습을 갖췄으나 대단히 작은 껍데기 속에 웅크리고 있었다. 살아남은 녀석이 더 있더라도 난쟁이일 수밖에 없는 집단이었다. 철이 다 지났어도 스스로 깨트릴 가망성이 없어서 9월 중순에 상자를 열어 주었다.

상자 속에 남아 있던 녀석은 날아오르는 기쁨을 누릴 만큼 절정까지 인도되었다(끝까지 자랐다). 요 녀석은 진짜 살아 있는 꽃무지로서, 금속성 광택이 빛나며 흰색 무늬가 몇 줄 있었다. 풍부한 부엽토에서 자유롭게 자란 녀석 그대로의 형태에 복장도 완전했다. 하지만 크기는 정말로 작았다. 눈앞에 만발한 산사나무(Aubépine: Crataegus) 꽃에서는 한 번도 채집해 본 적이 없는 난쟁이, 오직 나의 귀여운 보석일 뿐이다. 내 손으로 만든 보석이 머리방패에서 딱지날개 끝까지 꼭 13mm였다. 상자 밖에서 적당한 식량을 먹고 자란 성충이라면 20mm 정도였을 텐데, 이 난쟁이의 부피는 정상 개체의 1/4 정도였다.

서너 달 동안 24마리의 굼벵이 중 어떤 녀석은 절대 굶주림으로, 다른 녀석은 좀 모자라는 식량으로 기른 실험에서 단 1마리만 성충의 모습을 갖췄다. 하지만 단식의 장애는 절대적이라 난쟁이로 나타났다. 껍데기 깰 시기가 벌써 지난 녀석이 밖으로 나갈 준비도 못했다. 어쩌면 그럴 힘이 없었을 것이다. 그래서 녀석의 방을 내가 부숴 주어야 했다.

난쟁이는 지금 광명의 축복을 받아 자유의 몸이 되었다. 내가 조금 놀리면 몸짓을 하거나 걷기도 하지만 무엇보다도 쉬고 싶어 했다. 무엇인가 피곤해하는 것 같다. 나는 더운 이 계절에 꽃무지의 식욕이 어떤지, 어느 과일을 공격하는지 잘 알고 있기에 살살 녹는 무화과 한 조각을 주었다. 녀석은 졸려 할 뿐 손을 대지 않는다. 껍데기에서 해방시켰으나 아직 식사 시기가 안 되었을까? 칩거하던 껍데기 속에서 겨울을 난 다음 장차 야외에서의 기쁨과 위험에 대처할 작정일까? 어쩌면 그럴지도 모르지.

어쨌든 내 진귀한 꼬마 짐승, 보통 크기의 1/4로 줄인 꽃무지가 크게 설득력은 없어도 진왕소똥구리(S. sacer)가 알려 준 것을 반복했다. 곤충에서, 어쩌면 또 다른 동물에서도 왜소증(Nanisme, 矮小症)은 결코 선천적 소질이 아니라 영양부족[5]의 결과였다.

불가능하거나 무척 힘들 경우를 상상해 보자. 굶겨서 쌍을 만든 벌레가 건강하게 살았다는 가정 아래, 그 쌍이 한 가계의 조상이 되었다면 그 후손은 어떻게 될까? 어쩌면 오랫동안 기다리며 바라도 녀석들은 답변이 없을 것 같다. 하지만 식물은 곧 회답해 온다.

4월, 내 집 자갈밭 길에 조금 습기가 있는 곳이면 속물인 꽃다지(Drave printanièr: Draba verna, 십자화과)가 나온다. 발에 밟힌 잔돌로 굳은 흙에는 영양분이 별로 없어서 꽃다지는 굶주린 꽃무지 같다. 고생 끝에 까칠해진 근생엽이 가지도 치지 못해 하나뿐인 1cm 길이의 털북숭이 줄기에 올라앉았다. 그래도 대체로 열매를 맺는다. 어쨌든 내 뜰에는 빈약한 이 난쟁이 풀이 있다. 이것이 왕소똥구리나 꽃무지를 상대로 실험할 때와 같지는 않을 것이다.

가장 빈약한 그루에서 종자를 받아 이듬해 봄에 비옥한 땅에 심었다. 실제로 왜소증이 사라졌다. 달도 못 채우고 태어난 것처럼 빈약했던 식물의 직계 자손은 정상의 화려한 잎을 달고 나왔다. 10cm가 넘는 가지도 여럿이며, 열매도 많이 맺혔다. 정상상태로 돌아온 것이다.

난쟁이도, 내 농간질을 당한 꼬마도, 또 퇴화를 조장하는 조건을 합쳐서 만든 녀석도 살아남기만 하면 꽃다지의 경우를 반복할 것이다. 왜소증은 우발적인 것이다. 마치 다리가 비틀리거나 손을 잃는 것이 다음 세대로 전해지지 않듯이, 부사시간이라서 왜소증이 전해지는 것은 아니다.

5 영양부족이라는 결론적인 발언은 적절치 않다. 여러 병저 요인, 특히 유전병적 요인도 고려했어야 할 것이다.

13 불구자

불구자(Anomalies)란 규정에서 벗어나 정상 형태와 일치하지 않은 것을 말한다. 곤충은 다리가 6개이며 그 끝에 발가락(발목마디)이 있다. 이것이 정상이다. 다리는 6개일 뿐, 왜 더 많지도 적지도 않으며, 발가락은 어째서 오직 하나뿐일까?[1] 우리는 이런 의문을 머리에 떠올리지조차 않는다. 분명 의미가 없는 의문이어서일 것이다. 정상은 정상이니까 그냥 정상이다. 그렇게 증명되는 것뿐이다. 우리는 정상이 존재하는 이유를 모르면서도 잠자코 있는 것이다.

그와 반대로, 불구는 우리를 불안하게 만드는 동시에 생각을 혼란에 빠트린다. 왜 예외나 불규칙은 정규의 법전과 모순되는가? 이런 무질서가 할퀸 자국이 왜 여기저기 남아 있을까? 음악의 흐름 속에서 왜 불협화음이 와글거리고 있을까? 이것은 큰 문제이다. 크게 해결할 희망은 없어도 좀 조사해 볼 필요는 있는 문제이다.

우선 규정 안에서 몇몇 찢긴 자국의 예를 들어 보자. 무심코 잡히는 대로 조사된 것 중 금풍뎅이(Géotrupe: *Geotrupes*) 애벌레가 가

1 『파브르 곤충기』 제1권 59쪽
주석 참조

장 괴상한 녀석의 자리를 차지했다. 내가 이 불구자 굼벵이를 처음 만났을 때는 이미 다 자란 녀석들이었다. 그래서 일생을 살아가다 많은 어려움에 부딪쳐서 뒷다리가 변칙적으로 뒤로 젖혀진 불구가 되었는지, 혹은 식량이 가득한 좁은 복도를 왕래하다 방해물에 걸려서 이렇게 묘한 기형이 되었는지 알 수가 없었다.

지금은 충분히 조사되었다. 금풍뎅이 굼벵이는 다리를 삐어서 차차 불구가 된 것이 아니다. 녀석들이 막 태어났을 때 확대경으로 조사했는데, 그때부터 틀림없는 불구자였다. 성충이 되고 나면 그 뒷다리가 수확물을 짓밟아 순대로 밀어 넣는 강력한 압착기로 쓰이는데, 지금은 바깥쪽으로 구부러져서 등 쪽에 놓여 쓸모없는 기형에 불과하다. 마치 저울의 갈고리처럼 구부러져서 그 끝이 힘을 받지 못하고, 땅에 닿지도 않아 몸을 지탱할 구조가 아니다. 한마디로 말해서 다리라고 할 수가 없었다.

확신이 없는 앞다리는 어중간해서 참으로 볼품없는 작품이었다. 모양은 제법 갖추었는데 크기가 너무 작다. 그래도 몸의 앞쪽을 끌어당겨 갉을 물건을 잡는 데는 쓰인다. 가운데다리 한 쌍만 길고 튼튼하며 결점이 없다. 받침대처럼 건장한 이 다리가 뚱보의 구부러진 배에 안전성을 준다. 등 쪽에서 보면 마치 똥배가 죽마를 탄 것처럼 이상야릇한 느낌을 준다.

어떤 목적으로 이렇게 괴상한 모양의 몸이 만들어졌을까? 만화처럼 등이 솟은 소똥풍뎅이(*Onthophagus*) 애벌레의 혹은 너무 무거워서 걸을 때면 언제나 몸통이 뒤집힌다. 하지만 그것은 빵 설탕이 들어 있는 배낭임을 알았으며, 탈바꿈할 방을 만들 때 필요한 시멘트 포대였음도 알았다. 그러나 불완전하게 시들어 버린 금풍뎅이

218

애벌레의 두 다리는 이해되지 않는다. 만일 폐물 같은 두 다리와 갈퀴가 튼튼하다면, 소시지 속을 마음껏 오르내리며 양질의 식량을 찾아다니기가 아주 편해서 큰 도움이 되었을 것이다.

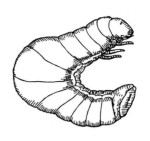

진왕소똥구리 애벌레

한편 좁은 공간에 갇혀 사는 진왕소똥구리(Scarabée sacré: *Scarabaeus sacer*) 애벌레는 엉덩이를 조금만 움직여도 바로 턱에 닿는 식량이 마련되어 있어서 걸어 다닐 필요가 없다. 그런데도 아주 훌륭한 다리 6개를 가지고 있다. 다리가 뒤틀린 녀석은 돌아다녀야 하고, 멀쩡한 녀석은 갈 곳이 없다. 불구의 다리를 가진 녀석은 멀리까지 가고, 온전한 다리를 갖춘 녀석은 꼼짝할 필요가 없다. 이런 모순을 설명할 방법이 없다.

내가 알기로는 진왕소똥구리, 반곰보왕소똥구리(S. semipunctué: *S. semipunctatus*), 목대장왕소똥구리(S. à large cou: *S. laticollis*), 곰보왕소똥구리(S. varioleux: *S. variolosus*) 성충도 모두 앞 발목마디가 없는 불구자였다. 이 4종의 증언은 그렇게 묘한 탈락이 이 종류 전체에 공통임을 확인시켜 준다.

몰상식한 명명법에 열중한 사람이 지나친 근시안으로 옛날부터 고상하게 불려 온 왕소똥구리(*Scarabaeus*)라는 이름을 '무기를 갖지 않았다.'는 뜻의 아토쿠스(*Ateuchus*)[2]라고 생각했다. 그런데 이렇게 명명한 사람은 뜻밖에도 머리가 별로 좋지 않았다. 가령 왕소똥구리와 가장 가까운 똥구리(Bousiers)로 소똥구리(Gymnopleures: *Gymnopleurus*)가 있음을 잊었

2 『파브르 곤충기』 제1권 31쪽 주석 참조

다. 만일 이 사람의 목적이 고유한 특징을 나타내는 말로 곤충을 지칭하려는 것이었다면 소똥구리에게는 아토쿠스를, 왕소똥구리에게는 '앞 발목마디가 없다.' 라는 이름을 주었어야 했다. 왕소똥구리와 그 친척은 모두가 이 이름을 가질 권리가 있는데 아무도 그런 생각은 하지 않았고, 그런 점까지는 알려지지도 않았다. 사람들은 그저 모래알만 보았을 뿐, 산은 보지 못했다.[3]

대부분의 곤충은 앞다리 종아리마디 끝에 5개(마디)의 발목마디를 가졌는데, 어째서 왕소똥구리만 이것이 없는가? 어째서 발목마디를 갖는 일반 법칙 대신 절구통처럼 잘린 앞다리일까? 우선 그럴 듯한 답변이 있다. 열심히 똥덩이를 굴리는 녀석은 머리를 아래로, 엉덩이를 위로 향하고 뒷걸음질로 짐을 밀어 간다. 앞다리 끝으로 몸을 단단히 지탱하려고 거친 땅과 계속 접촉하는 2개의 지렛대 끝이 짐을 운반할 때의 모든 힘을 다 받는다.

이런 조건에서는 가냘픈 발목마디가 뒤틀리기 쉬워서 벌레는 처치 곤란인 그 마디를 없앨 생각이었다. 언제, 어떻게 없앴을까? 일하던 도중 실수로 없어졌을까? 아니다. 일하다가 그것이 잘린 녀석은 보지 못했다. 그 마디는 경단 껍데기 속에 칩거 중이었던 번데기 때부터 없었다.

과거로 거슬러 올라가, 이 절단을 이렇게 가정해 보자. 왕소똥구리가 그 옛날 어떤 사고로 별로 쓸모가 없는 손가락을 잃었다. 없어지고 보니 생각보다 편리해서 후련한 마음으로 그 절단을 후손에게 유전시켰다. 그때부터 녀석은 손가락을 갖는 규칙의 예외

[3] 분류학자가 이용한 특징은 어떤 종이나 그 생물 집단이 그런 특징을 가졌다는 뜻이지, 그 특징을 가진 생물이 모두 그 종(류)이라는 뜻은 아니다. 파브르는 평생 이 점을 이해하지 못했는지, 곤충기 첫 권부터 마지막 권까지 계속 명명자가 무식하다며 불평했다.

220

가 되었다.

이런 해설이 귀에는 솔깃할지 몰라도, 여기에는 여러 어려운 문제가 있다. 동물의 구조가 어째서 이상하게 변덕을 부려서 귀찮고 처치 곤란한 물체로 둔갑했으며, 그래서 없어졌다는 것인지를 의심해야 할 것이다. 동물이 구조를 건축하면서 논리적 설계도 없이 무턱대고 세웠다는 말인가? 골격이 단지 뼈를 주물럭거리다 맹목적으로 나열된 건조물일까?

그렇지는 않으니 이런 얼빠진 생각은 쫓아내자. 왕소똥구리는 지금 없는 발목마디를 옛날에도 갖지 않았다. 똥을 굴려갈 때의 자세가 뒤집혀서 그것이 없어진 게 아니라 옛날부터 없었다. 역시 똥 굴리기 선수인 소똥구리(*Gymnopleurus*)와 긴다리소똥구리(Sisyphe: *Sisyphus*)도 거부할 수 없는 증거가 된다. 이 녀석들도 왕소똥구리처럼 머리를 숙이고 뒷걸음질로 밀며, 심하게 일할 때는 역시 앞다리 끝으로 버틴다. 그래서 땅바닥을 얼마큼 문질렀지만 발목마디가 분명히 남아 있다. 왕소똥구리가 비틀려서 필요치 않다고 했던 마디를 이 녀석들은 보존했다. 그런데 전자들은 정상으로 이루어지고 후자는 예외가 된 동기가 무엇일까? 머리 좋은 선생께서 이 우문에 현답을 주시면 얼마나 고맙겠더냐!

다른 녀석은 모두 발목마디 끝에 저울의 갈고리 같은 발톱 2개를 나란히 갖추고 있는데, 조금 전의 노랑꽃창포바구미(*Mononychus pseudoacori→? punctumalbum*)에게는 하나뿐인 이유를 알게 되면 더욱 고맙겠다. 어떤 이유로 두 발톱 중 하나를 없앴을까? 쓸모가 없었을까? 쓸모는 분명히 있을 것이다. 이 꼬마 불구자도 미끄러운 노랑꽃창포(*Iris pseudoacorus*) 줄기를 기어오르고, 꽃을 찾아 꽃잎 아랫면에서 윗면까지 탐색하는 녀석이다. 미끄러지기 쉬운 꼬투리의 뒷면에서도 기어오른다. 갈퀴 하나가 더 있으면 몸을 안정시키는 데 유리할 것이다. 녀석은 규칙상 주둥이가 긴 부족[4] 사이에서 널리 인정되며, 실제로 사용되는 두 갈퀴를 쓸 권리가 있다. 하지만 물정에 어두운 녀석이 그것을 잃어버려 자유롭지가 않다. 꽃창포의 꼬마 불구자야, 네가 잃어버린 발톱의 비밀은 어디에 있느냐?

발톱 한 개를 잃은 것이 원칙에서는 중대해도 실제로는 자질구레할 뿐 큰 문제는 아니다. 이 손상을 조사하려면 확대경이 필요하나 구태여 그것의 도움을 받지 않아도 눈에 잘 띄는 녀석이 있다. 방뚜우산(Mt. Ventoux) 높은 등성이에 찾아오는 손님인 알프스밑들이메뚜기(Criquet des pelouses alpines: *Pezotettix*→ *Podisma pedestris*)[5] 는 확대기가 필요 없다. 녀석은 어린 모습 그대로 성충이 되며, 결혼 시기가 임박하면 몸치장을 조금 하는데 넓적다리마디를 산호

4 코벌레 무리, 즉 바구미상과

5 『파브르 곤충기』 제6권 15장에서는 C. pédestre의 학명을 *Pezotettix pedestris*로 썼는데, 이 학명은 보행밑들이메뚜기인 C. pansu에 해당하는 *Pez. giornae*의 잘못일 것이다. 지금의 원문은 *Pez. pedestris*의 프랑스 이름을 '알프스밑들이메뚜기'라고 했는데 이에 해당하는 학명은 *Podisma pedestris*라야 한다. 즉 양쪽이 서로 다른 종인 것으로 보고, 학명과 우리말 이름을 각각 달리 번역했다.

밑들이메뚜기 밑들이메뚜기류 대부분은 다 자라도 날개가 없어서 어린것과 성충을 구별하기 어려워 파브르 입장에서 보았을 때 모두 불구자였다. 우리나라에는 11종이 있는데 대부분 들보다는 야산이나 큰 산에서 발견된다. 횡성, 23. IX. 06, 강태화

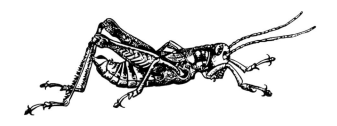

알프스밑들이메뚜기 수컷 실물의 2배

의 분홍색, 종아리마디를 하늘색으로 치장하면 끝이다. 이 상태로 결혼도 하고 산란도 한다. 하지만 다른 메뚜기처럼 나는 능력은 갖지 못했다.

뒷날개와 두텁날개를 모두 갖춘 메뚜기 중 이 종만 '어색하게 걷는(pedestris) 자'라는 라틴 어 이름을 얻었다. 이 불구자는 어깨의 초라한 케이스 안에 날지도 못하는 도구를 감추어 놓았다. 다리는 짙은 청색으로 아름답게 단장한 녀석이 무슨 변덕을 부렸기에 성장 과정에서 두 날개를 잃어버리고, 그 싹만 초라한 바구니 안에 남겨 놓았을까? 날기로 약속된 녀석이 날지 못한다. 그 기계는 특별한 이유도 없이 톱니바퀴를 세워 두고 있다.

더욱 미심쩍은 것은 풀주머니나방(*Psyche graminella*→ *Acanthopsyche atra*)의 경우이다. 암컷은 처음의 약속대로 나방이 되지 못하고 송충이 모습으로 남아 있다가 겨우 알이 가득한 주머니로 변한다. 그녀는 나비목(Lepidoptera)의 최종 선물인 풍부한 비늘 날개를 가질 수 없게 되었다. 수컷만 예정된 모습을 갖추어 아름다운 풍채의 검정 우단으로 장식하고 날아다닌

풀주머니나방 수컷

다. 양성 중 암컷은 초라한 순대의 모습으로 남고 수컷만 탈바꿈하여 아름다워지니, 이 어찌된 영문인가?

애벌레 시대에 버드나무(*Salix*)와 포플러(*Populus*)의 손님인 벌하늘소(*Necydalis major*)°는 어떻게 말해야 좋을까? 녀석도 풍채가 당당해서 산사나무(*Crataegus*)의 유럽병장하늘소(Petit Capricorne : *Cerambyx cerdo*)와 비교된다. 하지만 딱정벌레목(Coleoptera)에 속하면서도 딱지날개가 예쁜 케이스처럼 몸에 박혀 있을 뿐, 연약한 배와 얇은 뒷날개를 보호하지 못한다. 그런 규칙 따위에 코웃음을 치는 녀석의 딱지날개는 어깨 부분이 좀 인색해 보이는 재킷처럼 두 갈피로 되어 있다. 헝겊 조각이 모자랐는지, 넉넉한 치수의 웃옷을 만들지 못하고 겨우 기워 놓은 짧은 저고리 같다.

그 끝에서 넓은 뒷날개가 아무런 보호도 없이 불쑥 솟아나 엉덩이 앞까지 미진다. 언뜻 보면 일종의 커다란 말벌(Vespidae) 같다. 진짜 딱정벌레라면 이렇게 시시한 딱지날개를 어디에 쓸까? 재료가 모자랐을까? 어깨에서 만들려던 방어용 칼집을 길게 늘이려면 비용이 그렇게 많이 든다는 말일까? 이런 인색함에는 정말 놀라지 않을 수가 없다.

역시 딱정벌레인 반날개왕꽃벼룩(*Myiodites*→ *Rhipiphorus subdipterus*)은 어떻게 말해야 할까? 녀석의 애벌레는 어떻게 침공했는지 몰라도 집주인인 얼룩말꼬마꽃벌(Halicte zèbre: *Halictus zebrus*→ *scabiosae*)의 번데기를 잡아먹고, 성충은 여름 내내 가시 돋친 미나리(Panicaut: *Eryngium*)의 두상화에서 돌아다닌다. 녀석을 언뜻 보면, 딱지날개로 덮이지 않은 두 장의 커다란 뒷날개 덕분에 마치 파리목(Diptera)의 어떤 종처럼 보인다. 하지만 자세히 보면 작은 비늘 같은 딱지날개 두 개가 어깨에 붙어 있다. 이것 역시 갖지 못했거나 완성시킬 줄 몰라서 흔적만 남겨 놓은 웃음거리였다.

딱정벌레 가운데 수가 가장 많은 종의 하나인 반날개(Staphylins: Staphylinoidea) 전체가 정상 딱지날개의 1/3 ~ 1/4를 잘라 냈다.[6] 녀석들 모두는 너무 절약한 나머지 지나치게 짧은 옷이 되어 버렸다. 그래서 싱싱하게 흔들어 대는 긴 배가 어울리지 않는다.

이렇게 불구자, 조금 부족한 녀석, 정상이 아닌 녀석들의 일람표는 한참 계속될 것이다. 왜, 왜 하며 질문도 계속되겠지만 동물은 말이 서툴다. 대신 식물에게 잘 부탁하면 상냥하게 대답해 줄 것 같으니 이 변칙에 대해 물어보자. 어쩌면 무엇인가 가르쳐 줄지도 모른다.

장미나무(Rosier: *Rosa*)가 이런 수수께끼를 던졌다.

---

6 현재까지 단일 생물군으로는 6만 종가량이 알려진 바구미 무리가 가장 큰 분류군이다. 하지만 반날개는 극히 미세해서 조사되지 않은 종이 무척 많다. 이들이 대충 조사되면 7만 종 정도일 것으로 예상한다.

우리는 5형제입니다. 둘은 수염이 있고, 둘은 수염이 없고, 하나는 절반
만 났답니다.

라틴 어 시(詩)에서도 같은 수수께끼를 읊는다.

우리 형제는 다섯 명.
하나와 다른 하나는 수염이 있대요, 둘은 수염이 없대요.
나는 수염이 절반만 났지요.

이 5형제란 무엇일까? 꽃받침이 5조각으로 되어 있는 장미꽃의
이야기일 뿐이다. 그 꽃을 조사해 보자. 양쪽에 잎 돌기 모양의 수
염 같은 것 두 개가 있다. 이것이 때로는 본래의 형태로 돌아가서
진짜 잎의 작은 잎과 비슷한 잎으로 뻗는다. 식물학에서는 꽃받침
을 사실상 잎이 변한 것이라고 하며, 이것이 수염 난 두 형제이다.
다른 두 개는 양쪽 모두 부속물이 없다. 이것은 수염 없는 두 형
제이다. 마지막 꽃받침은 한쪽에 수염이 났고 다른 쪽은 없다. 이
것은 절반만 수염이 난 형제이다.
이런 현상은 우연한 일로 개개의 꽃에 달리 나타나는 게 아니
다. 장미꽃은 모두 이런 구조이며, 모두가 수염이 세 종류로 나뉜
꽃받침을 가졌다. 마치 비트루비우스(Vitruve)[7]의 건축 기법이 현
재의 우리를 지배하듯, 꽃의 구조를 지배하는 규칙이다. 아름답고
도 단순한 이 법칙을 식물학에서는 이렇게 규정한다. 식물의 세계
는 '5'라는 숫자의 질서가 가장 중요하며,
꽃은 5개의 부속물을 거의 같은 원둘레를 따

226

라 일정 간격을 두고 나선처럼 배열한다.

꽃받침에 관한 이 규칙을 알면 장미꽃의 건축을 쉽게 설계할 수 있다. 원둘레 하나를 5등분해서 처음 쪼갠 지점에 꽃받침 한 개를 놓아 보자. 제2의 꽃받침은—만일 이것을 제2분할점에 놓으려면 쪼갠 원둘레 두 개를 차지하지는 못하면서—회전 한 번으로 쪼갠 원둘레의 전체를 차지하게 되어, 제2분할점에 놓지 못하고 제3분할점에 놓는다. 그렇게 매번 한 분할점을 건너뛰며 계속된다. 이 진행 방법이 나선을 두 바퀴 돈 다음 출발점으로 되돌아가는 단하나뿐인 방법이다.

꽃받침이 잘 닫힌 울타리가 되려고 밑이 상당히 넓은 경우를 생각해 보자. 그러면 분획 1과 3의 꽃받침은 회전권의 밖이 되며, 분할 2와 4의 가장자리는 바로 옆의 꽃받침 안쪽으로 끼어들게 된다. 마지막 분할점 5의 꽃받침은 한쪽 가장자리가 덮이고, 다른 쪽 가장자리는 노출된다. 한편 다른 꽃받침 밑에 끼어든 가장자리는 거기에 겹쳐진 것의 방해를 받아 발달에 지장이 생긴다. 그래서 생활력이 약한 부속물은 당연히 나오지 못한다. 이렇게 하여 분할 1과 3의 꽃받침은 수염을 달았고, 2와 4는 없으며, 5는 한쪽만 수염이 있다.

장미의 수수께끼는 이런 것이다. 5조각 꽃받침 모양의 차이는 이치에 어긋나는 구조처럼, 또한 변덕스러운 변칙처럼 보였으나 실제로는 수학적 법칙의 필연적 귀결이며, 우주에 잠겨 있는 긍정적 대수학이다. 무질서는 실제로 질서를 말하며, 불규칙은 규칙을 증언한다.

식물 세계로 계속 산책해 보자. '5'의 질서는 완전하게 정돈되어 꽃에게 윤생(輪生)으로 펼쳐진 5개의 꽃받침을 준다. 그러나 대개의 꽃부리[Corolle, 화관(花冠)]는 정상적 집합에서 이탈한다. 예를 들면 입술화관(C. labiées)과 가면화관(C. personnée)이 그렇다. 전자는 5개의 찢어진 가닥이 대롱 밑에서 열리며 둘레를 만들어 통은 5개의 화판을 보여 준다. 하나씩 아래위로 크게 벌려 두 입술로 정리되었고, 윗입술은 2개로 찢어지며, 아랫입술은 3개이다.

후자 역시 2개의 입술로 나뉘고 윗입술은 2개, 아랫입술은 3개로 갈라졌다. 하지만 아랫입술은 둥근 천장처럼 부풀어서 입구를 막고 있다. 손가락으로 양쪽을 누르면 입술이 열리고 놓으면 닫힌다. 마치 동물의 코나 입과 비슷한 면이 있어서 그 모양을 잘 나타내려고 풀이름을 낯짝(Muflier)이나 늑대아가리(Gueule-de-Loup)라고 강조했다.[8] 금어초의 두터운 입술과 옛날 극장에서 배우의 분장으로 썼던 가면의 과장된 표정 사이에 어떤 유사성을 찾으려는 사람도 있었기에 가면화관이라는 말이 생겼다.

두 입술을 가진 꽃부리의 변칙은 울타리가 넓은가 좁은가에 따라 수술에 변화를 가져온다. 5개의 수술 중 한 개는 없어지고, 없어진 증거로 나중에 흔적을 밑에 남기는 수가 많다. 나머지 4개는 길이가 다른 2쌍으로 나뉘며, 짧은 쌍은 장차 없어지는 경향이 있다.

샐비어(Sauge: *Salvia*)는 이것을 완전히 소멸시켜서 꽃은 한 쌍의 긴 수술뿐이다. 게다가 각 수술대는 꽃밥이 절반밖에 없다. 절대다수의 규칙을 따르면 꽃밥 하나에 방 두 개가 서로 등끼리 붙은 결체조직으로 격리되었다. 이 벽을 크게 늘려서 수술에 가로놓인 저울의 대 같은 역할을 한다. 대의 한쪽 끝에는 꽃밥 주머니의 절반이 놓였고 다른 쪽

8 두 이름 모두 우리말로는 금어초(金漁草)이다.

228

은 아무것도 없다. 꼭 필요한 수술 외의 모든 수술의 윤생은 이국 풍인 꽃부리의 멋진 모습에 희생된다.

그런데 왜 꿀풀과(Labiées→ Labiatae)와 가면 모양(Personnée)[9], 기타의 과에도 정상 구조를 뒤엎은 불구자 꽃이 있을까? 이 문제를 건축에 비교해 보자. 뽕띠프(Pontifes)라는 영예로운 이름을 받은 사람, 즉 다리를 놓는 사람은 우선 아주 무거운 돌을 다듬어서 허공에 매단다. 그 돌의 평형을 유지하면서 규정대로 활처럼 반원 모양으로 다듬어서, 돌 자체의 무게가 평형을 이루어 홍예문 모양의 허리를 받치게 한다. 이것은 당당하고 튼튼하긴 해도 좀 단조롭고 매끈한 면이 없지 않다.

다음에 첨두홍예(고딕식)가 나타나서 중심이 다른 두 개의 아치를 마주 세웠다. 이 새로운 규격으로 높이 솟아올라 꼭대기를 장식할 수 있게 되었다. 무한히 아름다운 조화를 가진 변형들이 단조로운 것과 바뀌게 된 것이다.

자, 그런데 정상적인 꽃부리는 홍예 모양이다. 초롱꽃과(Campunalée→ Campnulaceae), 협죽도과(Urcéolée→ Apocynaceae), 윤상(Rotacée, 輪狀) 꽃부리, 별 모양(Étoilée), 그 밖에 다른 모양 꽃은 주변에 비슷한 부속품을 모아 놓고 있다.[10] 불규칙한 꽃부리는 대담하게 고딕식 아름다움을 표출했다. 꽃의 시는 무질서로 진정한 시에게 아름다움을 안겨 준다. 두터운 입술을 가진 금어초(Muflier)의 가면이나 아가리를 벌린 목구멍 같은 샐비어는 산사나무(Aubépine: *Crataegus*)나 유럽벗나무(Prunellier: *Prunus spinoza*)의 장미 모양과 맞먹는다. 그것은 음계(音階)에 그만큼의 반음계가 추가된 음색,

9 현삼과를 말하는 것 같다.
10 윤상 꽃부리는 물레나물과, 별 모양은 석죽과를 말하는 것 같다.

근사한 테마에 그만큼의 테마가 보태진 아름다운 변조(變調), 그리고 조화음의 가치를 더욱 돋보이게 해주는 그만큼의 불협화음이다. 꽃의 교향악은 예외로 들려주는 솔로가 보태져 더욱 아름다워진다.

같은 이유의 질서로 키 큰 범의귀(Saxifrages: *Saxifraga*) 사이를 팔딱팔딱 뛰어다니는 밑들이메뚜기는 나는 능력을 상실했음을 증명했고, 반날개는 재킷을, 벌하늘소는 윗도리를 줄였으며, 반날개왕꽃벼룩은 파리의 모습을 보였다. 각자 제 방식대로 전체의 단순함을 깨고 그것을 돋보이게 했다. 각자가 함께 연주하는 음악의 특별한 노트가 있다. 그런데 왕소똥구리는 왜 앞 발가락을 포기했고, 노랑꽃창포바구미는 왜 발톱이 하나뿐이며, 금풍뎅이 굼벵이는 왜 태어나면서 불구였을까? 이런 사소한 불구의 동기는 무엇일까? 그것을 답변하기 전에 다시 한 번 식물의 의견을 들어 보자.

온실에 원산지가 남아메리카 페루인 잉카백합(Lis des Incas: *Alstroemeria hybrida*)이 있다. 이 희한한 식물이 수수께끼 같은 질문을 던진다. 언뜻 보기에는 잎이 버드나무 잎 같을 뿐, 특별히 조사할

한국민날개밑들이메뚜기
성충이 되어도 날개가 전혀 없는 불구자이며 몸의 양 옆쪽에 있는 굵고 광택이 있는 검정 줄무늬가 특징이다. 높은 산의 관목 위에서 많이 발견된다.
함백산, 30. VIII. '92

가치는 없어 보인다. 그러나 좀 자세히 보면 약간 길고 평평한 잎 꼭지가 빙그르르 돌아서 완전히 꼬였는데, 모든 잎이 다 그렇게 꼬였다. 이 식물은 전체가 다 그렇다.

손가락으로 조금씩 조절해 가며 꼬인 리본 모양의 잎꼭지를 펼쳐, 다른 식물처럼 질서를 돌려놓아 보자. 놀라운 일이 당신을 기다리고 있을 것이다. 꼬인 것을 이렇게 풀어서 제자리로 고쳐 놓으면 잎의 모양이 뒤집혀 있다. 기공(氣孔)이 많고 두꺼운 잎맥이 있어서 아래를 향해야 할 흰색 면이 위로 향했다. 물론 위를 향해야 할 푸른색의 매끈매끈한 면이 아래를 향했다. 정상적인 식물과는 이렇게 반대로 되어 있는 것이다.

다시 말해서 잉카백합의 잎은 꼬인 것을 풀어서 정확히 정상적인 모습으로 고쳐 놓으면 앞뒷면이 서로 뒤바뀐다. 빛을 받아야 할 면이 그늘을 만나게 되고, 그늘을 상대할 면이 빛을 받게 된다. 이렇게 방향이 뒤바뀐 잎은 본래의 기능을 발휘하지 못한다. 그래서 식물이 잘못된 배열을 수정하려고 쉴 새 없이 잎꼭지를 돌려 잎의 머리를 돌아가게 한다.

태양광선이 잎꼭지를 꼬이게 했는데 사람이 잘 조작하면 태양이 꼬아 놓은 것을 본래 형태로 돌려놓을 수 있다. 특별한 방법이 아니라 부목과 몇 가닥의 노끈으로 백합의 싹을 구부려 머리를 아래로 향하게 해놓았다. 잎이 햇빛을 받으면 며칠 만에 꼬인 것을 풀고 평평한 리본 모양으로 되돌아간다. 그래서 매끄러운 초록색 면이 햇빛을 향하고, 흰 잎맥을 보이는 면은 그늘을 향한다. 꼬임도 모두 풀려서 정상 방향으로 돌아갔지만 정상 식물에 비하면 거꾸로 서 있는 셈이다.

잎을 뒤집어서 줄기에 꽂아 놓은 잉카백합의 경우, 식물은 태양의 도움을 받고자 잎꼭지를 비틀었는데 우리가 그것을 큰 실수로 보는 것일까? 그것은 생체가 무심코 저지른 잘못일까, 아니면 무질서를 따른 흠집일까? 오히려 우리가 원인과 결과를 이해하지 못하고, 그래서 참말로 정당한 진실을 틀렸다고 판단한 것이 원인은 아닐까? 만일 우리가 좀더 많은 것을 알았다면, 웬만큼 귀에 거슬리는 소리도 조화롭게 바뀌지 않더냐! 그렇다면 의문을 그대로 남겨 두는 것이 가장 현명하다.

우리가 사용하는 기호 중에서 그 뜻을 가장 잘 나타낸 것은 바로 의문부호이다. 발밑에는 둥근 원자(原子), 그 위에는 고대 로마의 점성술(占星術)용 구부러진 지팡이, 즉 미지를 향해 질문을 던지는 점술사의 지팡이가 거창하고 보기 좋게 구부리고 있다. 나는 사물을 상대로 '어떻게'와 '왜'로 영원히 대화하는 과학의 문장(紋章)을 기꺼이 이 부호 속에서 보고자 한다.

좀더 잘 보겠다고 아무리 높이 올라간들, 이 의문의 지팡이는 여전히 검고 좁은 지평선 한가운데 있어서, 미래의 탐구는 이 지평선을 더욱 멀리 옮겨야 할지도 모른다. 하지만 옮겨도 다시 암흑의 지평선으로 바뀔 뿐이다. 지식의 진보에 따라 하나씩 고생해 가며 타파해야 할 지평선 저쪽에는 무엇이 있을까? 틀림없이 완전히 명확한 왜에 대한 왜, 이성에 대한 이성, 결국은 방정식 세계에서의 커다란 x가 있다. 결코 만족하지 못하며, 결코 피곤할 줄 모르는 우리의 질문 본능이 그것을 증명한다. 그리고 벌레의 세계에서 오류를 범하지 않는 본능이 성신세계에서 낮게 평가되지는 않을 것이다.

나는 힘껏 곤충의 변칙(불구자)의 근본 이유를 조사해 왔다. 하지만 확신을 굳히고 답변하려면 아직도 요원하다. 그래서 의문이 아직 많이 걸린 채 남아 있는 이 장(章)을 끝내면서, 이 종이의 한 가운데다 점술가의 부호인 의문부호를 명확하게 세워 놓겠다.

14 금록색딱정벌레 - 급식

이 장에 착수하면서 머리에 떠오른 것은 시카고(Chicago)의 대형 도살장이다. 거기는 1년에 소 108만 마리, 돼지 175만 마리를 도살하는데, 산 동물이 기계로 들어갔다가 통조림, 소시지, 햄, 돼지 기름(Saindoux)으로 변신하여 다른 구멍으로 나온단다. 도살이라 면 딱정벌레(Carabes: Carabidae) 족속의 솜씨도 그 정도이거나 훨씬 더 뛰어나서 그 도살장 생각이 났다.

유리를 끼운 넓은 사육장에서 금록색딱정벌레(Carabe doré: *Carabus auratus*) 25마리를 기르고 있었다. 녀석들은 여기저기의 널빤지 밑에 숨어서 꼼짝 않는다. 배는 시원한 모래에 묻고, 등은 햇살로 데워진 나무판자에 기댄 채 꾸벅꾸벅 존다. 뜻밖에도 운이 좋아 소나무행렬모충나방(Processionnaire du Pin: *Thaumetopoea pityocampa*) 애벌레 행렬이 지나간다. 탈바꿈하려고 나무에서 내려와 파고들기 좋은 땅을 찾아가는 녀석들이다. 하지만 딱

금록색딱정벌레

234

정벌레 도살장에서는 녀석들이 무엇보다도 훌륭한 희생감이다.

내가 잡아서 사육장에 집어넣은 녀석들이 다시 행렬을 짓는다. 150마리가량이 일렬로 줄지어, 등을 높였다 낮췄다 넘실거리며 행진한다. 마치 시카고의 돼지처럼 염주 모양 줄 하나가 되어 널빤지 옆을 지나간다. 자, 지금이 바로 우리 안의 야수를 풀어놓을 때이다. 다시 말해서 딱정벌레가 숨어 있던 널빤지를 벗겼다.

잠자던 녀석들이 가까이 지나가는 요릿감 냄새에 갑자기 눈을 떴다. 한 마리가 달려든다. 서너 마리가 뒤따른다. 행렬이 동요하기 시작하고, 땅속에 숨어 있던 모든 살육자가 송충이 무리로 달려든다. 그야말로 잊을 수 없는 광경이다. 행렬의 앞뒤, 가운데 할 것 없이 여기저기, 등이나 배도 가리지 않고 큰턱으로 물고 찢는다. 털이 곤두선 피부가 터지고, 먹은 솔잎의 녹색으로 물든 내장이 쏟아져 나온다. 송충이는 몸을 마구 떨고 엉덩이를 격렬하게 휘두르며 싸운다. 다리로 달라붙어 침을 뱉으며 깨문다. 멀쩡한 녀석은 재빨리 땅속으로 도망치려고 필사적으로 땅을 판다. 하지만 모두가 실패한다. 겨우 절반쯤 파고 몸을 숨겼으나 딱정벌레에게 들켜 끌려 나온다.

살육은 소리 나지 않는 세상에서 일어났지만 여기서도 틀림없이 시카고 도살장에서처럼 고래고래 질러 대는 소리가 났을 것이다. 창자를 물어뜯기는 벌레의 비참한 아우성 소리를 듣고 싶다면 마음의 귀를 열어야 한다. 나는 그런 귀를 가졌으니 이렇게 무정한 횡포를 꾸며 놓고는 회한에 잠긴다.

자, 여기는 온통 죽은 녀석과 죽어 가는 녀석의 산더미 속인데, 딱정벌레는 여기저기 가리지 않고 제각기 물어서 끌어당긴다. 한

입 물고는 부러워하는 동료를 피해 멀찌감치 물러가서 먹는다. 다 먹으면 급히 다시 한 입 물어뜯고 또 물어뜯는다. 뜯어 먹힐 송충이가 남아 있는 한 이 짓이 계속된다. 몇 분 뒤에는 행렬하던 송충이가 완전히 잘게 도마질되었다.

송충이는 150마리, 살육자는 25마리였으니, 딱정벌레 마리당 희생자는 6마리인 셈이다. 살육자는 도살장의 백정처럼 묵묵히 살육에만 몰두했다. 만일 백정 100명이 하루에 10시간 일했다면 총 희생 동물 수는 36,000마리가 되겠다. 시카고의 공장이 이만큼 생산을 올린 적은 한 번도 없다.[1]

공격하기 힘든 점을 감안하면 녀석들의 살육 속도에 정말 놀라지 않을 수 없다. 딱정벌레에게는 돼지 다리를 꿰어 천장에 매달았다가 백정의 칼 앞에 던져 주는 운반차 따위가 없다. 그런데도 벌레에게 직접 달려들어 짓누르고 상대의 작살이나 갈고리를 피해야 하며, 그 자리에서 죽여서 먹어야 한다. 녀석들이 오직 죽이기만 했다면 이 얼마나 대단한 학살이겠더냐!

시카고 도살장과 딱정벌레의 잔치는 우리에게 무엇을 알려 줄까? 자, 이런 것이다. 현금의 세상에서 덕망 높은 사람은 참으로 드물다. 문화인이란 자들의 피부 밑에는 제4기 지질시대의 우리네 조상처럼 동굴 속 곰(Ours: Ursidae)과 같은 야만인이 숨겨져 있다. 진짜 인간은 아직 존재하지 않으며, 수많은 세월에 걸쳐 효소(酵素)와 양심으로 훈련되는 과정에서 천천히 만들어진다. 더 좋은 방향으로, 하지만 가망성 없는 걸음으로 아주 천천히 전진한다.

현대에 와서는 고대사회의 기초가 되었던

---

1 계산의 근거가 설명되지 않았는데, 딱정벌레는 10분 동안 6마리를 죽였나 보다.

노예제도가 거의 사라졌다. 피부색이 검어도 진정한 하나의 인간이며, 인간으로서 존경받을 가치가 있다.

옛날의 여성은 어땠는가? 여러 근동국가(Orient)에서는 아직도 그러하지만 영혼 없는 가축이나 다름없었다. 신학자들이 오랫동안 이 문제에 대해서 토론했다. 17세기의 위대한 주교(主教), 보쉬에(Bossuet)[2]조차 여성을 남성의 축소판으로 생각하여, 아담(Adam)이 처음 가졌던 뼈에서 남는 13번째 갈비뼈에서 이브(Éve)가 태어났음을 분명히 증명하고 있었다. 그 뒤에 남성은 여성도 영혼을 가졌으며, 애정과 헌신은 자기들보다 뛰어나다는 점을 인정했다. 여성도 교육을 받을 수 있게 된 한편, 일부 여성은 만만치 않은 적수인 남성과 같은 열성으로 임했다. 그러나 법전, 즉 오늘날까지 야만적 습속의 둥지를 틀어 놓은 동굴은 아직도 여성을 무능력자, 미성년자로 취급하고 있다. 결국은 법전도 조수처럼 밀려오는 진리에 무릎을 꿇고야 말 것이다.

노예제도 폐지와 여성 교육, 이것들은 도덕의 진보에 공헌한 커다란 두 걸음이다. 우리 자손은 앞으로 더 멀리 진보하리라. 그들은 어떤 어려움도 넘어설 만큼 명석한 이해력을 가지고 있다. 전쟁이란 우리의 미친 짓 중에서도 월등히 미친 짓이다. 전쟁에 이겨서 다른 나라 사람을 착취하는 정복자는 제아무리 미움을 받아도 모자란다. 총을 겨누는 것보다 악수를 교환하는 편이 훨씬 유리하다. 가장 행복한 국민은 대포를 가장 많이 가진 나라의 국민이 아니라 평화롭게 일하며 물건을 많이 생산하는 나라의 국민이다. 평화로운 생활에는 국경 따위도 필요 없다. 가장 훌륭한 사회는

2 Jacques Bénigne Bossuet. 1627~1704년. 프랑스 작가, 『세계사론』의 저자

외국에서 돌아올 때 짐 속에 손을 집어넣고 휘저을 세관 관리가 기다리는, 그런 국경 따위가 필요 없는 사회이다.

놀랍도록 몰상식한 오늘날의 망상과는 다른 훌륭한 것을 우리 후손이 보는 날이 오겠지. 이 공상의 창공(蒼空)은 어디까지 올라간 것을 보여 줄까? 별로 높이 올라가지는 못할 것 같아 걱정이다. 지금 우리가 아무리 애써서 씻어도 지워 버릴 수 없는 모순을, 또한 우리 의지 밖의 상태를 죄라고 부르겠다면, 일종의 원죄(原罪)인 이 모순으로 고민한다. 우리는 이렇게 만들어 놓고 그것을 어쩌지도 못한다. 짐승 같은 원죄의 무한한 원천은 배고픔에 있다.

창자가 세상을 지배한다. 우리의 가장 중대한 문제 안에 접시와 밥의 문제가 엄연히 도사리고 있다. 소화시킬 창자가 존재하는 한 이것을 채울 물질이 필요하다. 하지만 창자는 결코 가까운 장래에 사라지지 않으며, 강자는 약자를 불행으로 몰아넣는다. 삶이란 죽음만이 채워 주어야 하는 깊은 구렁이다. 그래서 사람이든 딱정벌레든, 또 다른 누구든, 모두가 서로의 먹기 놀음을 끝없이 계속하는 살육의 장이 된다. 지구가 한없이 큰 도살장으로 변한다. 거기에 비하면 시카고의 도살장 따위는 아무것도 아니다.

약자를 먹는 자는 무수히 많지만 식량은 거기에 대응할 만큼 풍부하지 못하다. 덜 가진 자는 많이 가진 자를 부러워하거나 시기한다. 굶주린 자는 배부른 자를 위협한다. 이빨을 내보이고 으르렁거린다. 여기서 소유권을 결정하는 싸움이 시작된다. 인간은 그때 군대를 동원하여 그 수확물, 그 식량 창고인 광을 빼앗는다. 그것이 전쟁이다. 그러면 전쟁은 없어질까? 맙소사, 슬프지만 아니로다! 일곱 번이라도 맙소사로다! 세상에 늑대(Loups: *Canis lupus*)

가 존재하는 한 양(Mouton: *Ovis*) 떼를 지키는 몰로스(Molosses) 개가 필요하다.

생각의 흐름을 타다 보니 어느새 딱정벌레와는 까맣게 멀어졌구나! 빨리 제자리로 돌아가자. 조용히 땅속으로 파고들려던 소나무행렬모충을 도살자 앞에 데려다 놓고 무참히 죽게 만든 이유는 무엇이었을까? 살육 장면을 실컷 보고 싶었을까? 물론 그것은 아니다. 나는 언제나 벌레의 고통을 불쌍히 여겨 왔다. 가장 작은 생명조차도 존엄한 것이다. 그런 측은한 점에서 다른 데로 마음을 돌려 보려고 시도되는 과학적 연구가 때로는 참혹한 짓을 요구한다.

내가 조사하고 싶었던 것은 뜰 안의 작은 파수꾼이라 일명 정원사딱정벌레(Jardinière)라고 불리는 금록색딱정벌레의 습성이었다. 익충이라는 멋있는 간판이 어느 정도나 맞을까? 녀석은 무엇을 사냥할까? 우리 화단에서 어떤 벌레를 내쫓을까? 우선 행렬모충의 퇴치를 보니 아주 유망주였다. 이 방면으로 계속 조사해 보자.

4월 말, 정원에서 여러 번 송충이 행렬을 보았다. 수는 때에 따라 아주 많기도, 좀 적기도 했다. 녀석들을 잡아서 유리 딱정벌레 통에 넣었다. 맛있는 요릿감을 넣자마자 즉시 난투극이 벌어진다. 한 마리, 또는 여러 마리가 달려들어 배를 찢는다. 15분도 안 되어 깨끗이 전멸했다. 무참하게 갈기갈기 찢긴 집단 전체가 여기저기 흩어졌다. 조용한 곳에서 요리를 즐기려고 도망쳐 판자 뒤로 가져가서 먹는다. 녀석과 마주친 동료는 그 이빨에 매달린 것에 다시 식욕이 생겨 노상강도로 돌변한다. 두세 마리가 짝지어 정당한 소유자를 등치려 한다. 서로 달려들어 물고 당기지만 큰 싸움이 일어나지는 않으니 전쟁 정도는 못 된다. 뼈 한 조각을 놓고 싸우는 개처럼 치고받지는 않으며, 그저 날치기나 하는 정도였다. 하지만 주인이 버티면 입을 맞대고 같이 먹다가 조각이 생기면 제 몫을 가지고 도망친다.

소나무행렬모충은 지난번 연구[3] 때, 내 피부를 고추처럼 따갑고 심하게 짓무르게 했었는데 딱정벌레는 이런 고추 맛을 아주 좋아한다. 송충이를 주는 족족 먹어 버린다. 내가 아는 한, 딱정벌레나 그 애벌레가 이 송충이의 명주실 천막에서 만난 적은 없고, 나마저도 천막에서 만날 희망을 갖지 않았었다. 그런데 이 식품은 녀석의 구미에 잘 맞았다. 천막에 머무는 겨울철에는 딱정벌레가 먹지 않고 땅속 숙소에 잠들어 있다. 송충이는 4월에 땅속에서 탈바꿈하려고 적당한 장소를 찾아 행렬을 시작한다. 이때 행운의 딱정벌레가 녀석들을 만나 생각지도 않았던 횡재를 잔뜩 먹게 된다.

녀석들은 송충이 털을 싫어하지 않는다. 다만 털 많은 벌레 중에서도 최고인 쐐기벌레(Hérissonne)[4]처럼 절반은 검고, 절반은 불그레한 털이 수풀처럼 수북한 녀석에게는 게걸스런 딱정벌레들마

3 『파브르 곤충기』 제6권 18~ 25장 참조
4 불나방(*Arctia caja*)ᵔ 애벌레

불나방류 몸 전체가 흰색이며 배의 옆쪽 무늬와 앞다리 일부만 붉은색인 흰제비불나방 같다. 그러나 날개에 뚜렷한 점무늬가 있어서 종의 확인이 어렵다. 불나방류의 애벌레는 쐐기벌레처럼 털이 많은 경향이 있다.
내장산, 10. VIII. '95

쐐기벌레

저 경계심을 갖는 것 같다. 이 송충이는 사육장 안에서 살육자들
과 함께 며칠이라도 돌아다닌다. 딱정벌레는 그 녀석의 정체를 알
수 없는 모양이다. 가끔 하나가 녀석의 주위를 한 바퀴 돌면서 조
사하고, 그 다음에는 무성한 털 속을 휘저어 본다. 그러다가 빽빽
한 털에 찔려서 한 번도 물지 못하고 퇴각한다. 쐐기벌레는 아무
상처도 없이 등의 털을 물결치면서 유유히 지나간다.

하지만 아주 오래 가지는 않는다. 굶주린 녀석이 겁쟁이라도 기
세가 오르면 동료의 도움을 받아 단호한 공격에 나선다. 네 마리
가 쐐기벌레 하나를 둘러싸고 앞뒤에서 아주 끈질기게 공격한다.
녀석은 결국 쓰러진다. 마치 방어 능력이 전혀 없는 벌레처럼 배
가 찢기고, 걸신 들린 듯한 녀석들에게 먹혀 버린다.

그동안 여기저기서 털이 있든 없든 눈에 띄는 대로, 또한 그 밖
의 다양한 벌레도 사육장에 넣었다. 녀석들은 모두를 좋아했다.
물론 사냥감이 너무 크지도 작지도 않아 살육자의 몸집에 걸맞아
야 했다. 너무 작으면 한입거리도 안 되어 깔본다. 너무 크면 딱정
벌레보다 힘이 세다. 예를 들어 등대풀꼬리박각시(*Hyles euphobiae*)나
공작산누에나방(*Saturnia pyri*)도 딱정벌레가 매우 좋아한다. 그러나

물린 나방이 거대한 엉덩이를 휘둘러 공격수를 멀리 팽개쳐 버린다. 몇 번 공격을 시도하다가 멀리 쫓겨나면 감당하지 못한 딱정벌레가 포기한다. 힘이 너무 센 이 두 종류의 애벌레를 2주일 동안 녀석들과 대면시켰지만 결국은 요리하지 못했다. 갑자기 휘두르는 엉덩이 힘에 딱정벌레는 잔인한 큰턱을 대 보지도 못했다.

금록색딱정벌레는 힘이 별로 세지 않은 벌레라면 어떤 녀석이라도 몰살시킨다. 이것이 바로 딱정벌레의 첫째 특징이다. 하지만 결점 하나가 녀석들의 주가를 아주 떨어뜨렸다. 나무에 기어오르는 데 서툴렀다. 그래서 사냥은 땅에서만 할 뿐, 높은 곳의 잎에서는 하지 못한다. 어느 관목의 가지에서든 녀석들이 사냥감을 찾는 것은 한 번도 보지 못했다. 사육장 안에는 한 뼘 가량의 백리향 위에 구미에 당기는 사냥감이 있는데 거들떠보지도 않는다. 만일 녀석들이 나무를 잘 올랐다면 서너 마리의 동아리가 땅을 떠나 원정을 가서, 눈 깜짝할 사이에 배추 밭의 해충인 배추벌레(Chenille du chou, 배추흰나비 애벌레)를 완전히 소탕하지 않았겠더냐! 가장 뛰어난 녀석에게도 어딘가에 결점은 있는 법이다.[5]

작은뾰족민달팽이(Limace grise: *Deroceras reticulatum*)⦁도 훌륭한 식품이다. 회색에 갈색 무늬가 있는 이 민달팽이는 가장 큰 녀석이라도 잡아먹힌다. 그 큰 덩치가 서너 마리의 살육자에게 순식간에 무참히 변을 당한다. 맛있는 곳은 등 쪽의 심장과 허파 근처로서, 내부 등딱지의 조가비가 만들어져 돌멩이 성분이 가장 많은 곳이다. 이 광물질 조미료가 녀석의 입에 맞는가 보다. 밤에 샐러드의 어린 싹으로 기어오르는 민달팽이는 잡기도 쉽고 맛도 좋아서 딱

5 다른 딱정벌레, 특히 우리나라의 명주딱정벌레처럼 식물에서, 또는 주로 나무 위에서 사냥하는 종류도 있다.

정벌레의 제철 식량인 것 같다. 송충이와 더불어 틀림없는 딱정벌레의 일상식품이다.

비오는 날엔 지상으로 기어 나오는 지렁이(Lombric: *Lumbricus*)를 메뉴에 추가해야겠다. 가장 큰 지렁이라도 딱정벌레의 기를 꺾지는 못한다. 길이가 두 뼘(2pans, 약 40cm)이나 되는 지렁이를 던져 주었다. 녀석들은 보자마자 그 거대한 환형동물(Annelide: *Anne-lida*)을 공격 대상으로 삼았다. 6마리가 한꺼번에 달려든다. 수세에 몰린 지렁이가 몸을 뒤튼다. 전진 후퇴하다가 뒤틀거나 사린다. 그뿐이다. 왕뱀(Boa: *Boa*) 같은 괴물이 살육자들을 아래위로 끌고 다녔지만, 딸려 다니는 녀석들은 분투를 계속할 뿐 꽉 물고 늘어져서 놓지를 않는다. 계속 뒹굴다가 모래 속으로 파고들었으나 소용이 없어 다시 나온다. 녀석들의 기를 꺾을 수가 없다. 다른 데서는 보지 못할 대육박전이다.

녀석들은 처음 물었던 곳을 계속 물고 늘어졌다. 필사적으로 발버둥치는 지렁이에게 이빨을 꽉 꽂고만 있으나 결국은 피부가 버티지 못한다. 창자가 피처럼 굼실굼실 흘러나오자 걸신 들린 녀석들이 머리를 처박는다. 다른 녀석도 달려와 식사에 끼어든다. 순식간에 커다란 환형동물이 참혹한 시체로 변했다. 지나치게 많이 먹어 이제부터 하려는 실험에 부적합할 것을 염려한 나는 그 대향연을 끝내 주기로 했다. 요리를 보고 기뻐서 날뛰는 모습을 보면 그 큰 먹이를 한 조각도 남기지 않고 다 먹어 버릴 게 틀림없어서 지렁이를 끌어낸 것이다.

대신 작은 지렁이 한 마리를 보상으로 던져 주었다. 물린 녀석이 여기저기 끌려 다니며 마디가 하나씩 떨어져 나갔다. 녀석들이

제각각 남의 눈에 띄지 않는 곳으로 한 토막씩 가져갔다. 먹이가 조각나기 전까지는 식탁에서 얌전했던 녀석들이다. 하지만 일단 조각이 나면 남이 탐내지 않을 곳으로 바삐 가져간다. 지렁이는 모두의 것이었으나 조각이 나면 개인 재산이다. 따라서 도둑맞지 않게 빨리 숨겨야 했다.

내 손이 미치는 데까지 식량을 바꿔 보자. 구릿빛점박이꽃무지(Cétoine floricole : *Protaetia cuprea*)가 약 2주일 동안 딱정벌레와 함께 있었다. 서로 상대를 건드리지 않았다. 기껏해야 지나치다 서로 힐끗 곁눈질이나 할 정도였다. 이런 사냥감은 마음에 안 드는 것일까? 아니면 공격하기 힘든 것일까? 이제 알아보자. 꽃무지의 딱지날개와 뒷날개를 뜯어 버렸다. 불구자가 되었다는 소문이 퍼지자 녀석들이 몰려왔다. 한눈 팔 것도 없이 공격하기 시작해서 순식간에 꽃무지의 배 속이 텅 비었다. 그러고 보면 사냥감이 맛있음은 알고 있었고, 식육성인 녀석이 처음에 사양했던 이유는 빈틈없이 꽉 닫힌 딱지날개 갑옷에 있었다.

뚱뚱한 코피흘리기잎벌레(*Timarcha tenebricosa*)의 경우도 마찬가지였다. 그대로는 딱정벌레의 마음에 들지 않았다. 사육장에서 녀석들끼리 자주 마주쳐도 꽉 닫힌 식량 상자를 열어 볼 생각 없이 헤어진다. 그러나 딱지날개를 떼어 버리면 주황색 액체가 흘러나와도 아주 맛있게 먹었다. 한편 피부가 미끄러운 이 잎벌레의 애벌레는 뚱뚱해서 딱정벌레에게 큰 잔칫상이 마련된다. 거의 금속성이면서 칙칙한 청동색 피부로도 이 사냥꾼의 기세를 꺾지는 못했다. 맛있는 요리가 눈에 띄자마자 물어뜯어 먹어 버린다. 사육장에 넣어 준 청동색 애벌레는 녀석들의 마음에 들어서 모두 먹혔다.

튼튼한 딱지날개 지붕이 덮인 꽃무지와 잎벌레는 갑옷을 열고 연한 배에 손을 댈 수 없어서 공격하지 못했다. 하지만 상자 단속이 덜 되어 딱지날개가 조금이라도 열렸으면 육식동물(Carnassier)인 녀석들이 그것을 아주 멋지게 들어 올려 목적을 달성한다. 흰무늬수염풍뎅이(Hanneton→ *Polyphylla fullo*), 유럽병장하늘소(*Cerambyx cerdo*), 그 밖의 몇몇 딱정벌레도 서너 차례 실패한 다음 뚜껑을 비집어 열고 즙이 많은 살을 도려냈다. 상자를 열 수만 있다면 모든 갑충(甲蟲, 딱정벌레)이 접수되었다.

며칠 전에 산란한 공작산누에나방을 녀석들 앞에 내놓았다. 뚱뚱한 사냥감이어서 경계할 뿐, 다짜고짜 덤벼들지는 않았다. 가끔 다가가서 배를 물어 보려 하지만 나방은 큰턱이 조금만 닿아도 발버둥 치며 넓은 날개로 땅바닥을 친다. 그러다가 갑자기 공격자를 멀리 차 버린다. 계속 날개를 펄럭이며 차는 힘도 보통이 아니다. 이런 요리는 어찌할 도리가 없다. 뚱뚱한 녀석의 날개를 잘라 냈더니 즉시 공격자들이 달려들었다. 7마리가 불구인 나방의 배를 끌어당겨 갉는다. 가는 비늘이 솜처럼 날고 피부가 찢어진다. 녀석들은 배 속에 입을 들이밀고 정신없이 파먹는다. 마치 말(Cheval: *Equus*) 한 마리를 잡은 이리(Loups: *Canis lupus*) 떼 같다. 공작산누에나방의 배가 순식간에 텅 비어 버린다.

갈색정원달팽이(*Helix aspersa*)도 그대로는 금록색딱정벌레의 마음에 들지 않았다. 이틀 동안 굶겨서 식욕이 왕성해진 녀석들에게 달팽이 두 마리를 넣어 주었다. 껍데기 속으로 들어간 연체동물(Mollusques: Mollusca)은 모래 속으로 잠겨 버린다. 딱정벌레가 번갈아 그 앞에 와서 멈췄다가 침을 핥아 본다. 그것뿐, 손도 안 대고 기다리지도 않고는 그냥 가 버린다. 달팽이는 조금만 건드려도 허파 속 공기를 내뿜어 거품을 쏟아 낸다. 끈적이는 거품이 방패 노릇을 했다. 지나가다 거품을 조금 핥은 녀석은 달팽이를 수색할 생각도 없이 물러갔다.

거품덮개는 정말로 효과가 컸다. 달팽이 두 마리를 아침부터 저녁까지 굶주린 녀석들 틈에 놓아두었으나 아무 일도 없었다. 이튿날도 여전히 원기 왕성했다. 딱정벌레가 싫어하는 거품을 없애 주려고 껍데기를 손톱만큼 들어내 허파주머니 근처를 노출시켰다. 곧 시작된 공격이 그칠 줄을 몰랐다.

거품 없이 드러난 살을 대여섯 마리의 딱정벌레가 물고 늘어졌다. 먼저 도착한 손님 사이에 끼어드는 녀석이 줄을 잇는다. 자리가 충분하면 더 많은 손님이 끼어들 것이다. 터진 틈새에서 딱정벌레 무리가 붐볐다. 가장 좋은 자리를 차지한 녀석이 갉아 댄다. 다른 녀석은 그 틈에서 옆집 고기를 빼앗으려 한다. 점심때가 지나자 껍데기 밑까지 완전히 비웠다.

이튿날, 학살이 한창 진행될 때 달팽이를 빼앗고, 대신 똑같은 녀석을 입구가 위로 향하게 모래 속에 묻어 놓았다. 물 몇 방울을 머금은 녀석이 생기가 돌아 백조 같은 얼굴을 뚜껑 밖으로 내민다. 기다란 눈망울로 살육자 무리를 내려다보는 것 같다. 쉽사리 먹힐 사냥감이 당장 물릴지도 모르는 위험 앞에서 연한 피부를 몽땅 드러낸다. 먹던 것을 빼앗긴 대식가들이 방해받은 연회를 계속하려고, 곧 달려들어 배를 가를 것 같다. 그런데 이게 어찌된 일일까?

굉장한 요릿감이 요새에서 온몸을 드러내 조용히 넘실거려도 거기에는 눈길을 보내는 녀석이 전혀 없다. 굶어서 가장 대담해진 녀석 하나가 입을 대 보려 하면, 달팽이가 몸을 비틀며 집으로 들어가 거품을 내뿜는다. 이것이면 상대를 물리치기에 충분했다. 녀석은 25마리나 되는 도살자 앞에서 하루 종일, 그리고 밤새 지냈으나 아무 일도 없었다.

같은 실험을 여러 번 반복했으나 달팽이는 여전히 그대로 남아 있었다. 비가 온 다음에는 온몸을 껍데기 밖으로 자랑스럽게 내보

이며, 젖은 풀 사이를 기어 다녔으나 딱정벌레는 공격하지 않았다. 녀석은 아무래도 껍데기가 깨져 기가 죽은 불구자 달팽이만, 즉 거품을 토하지 않는 곳으로만 덤벼들 필요가 있었다. 화단을 망치는 이 연체동물이 예기치 못한 재난을 만나 껍데기가 좀 부서지면 구태여 딱정벌레가 나서지 않아도 곧 죽을 것이다. 결국 정원사딱정벌레가 달팽이의 못된 짓을 막는 데는 제대로 역할을 하지 못했다.

가끔 딱정벌레의 식량을 폭넓게 조사해 볼 목적으로 푸줏간의 쇠고기 한 토막을 던져 주었다. 녀석들은 즐겁게 달려와서 자리잡고 잘게 잘라 먹는다. 이런 식품은 농부의 삽에 맞아 죽은 두더지(Taupe: *Talpa*)의 고기 말고는 그 종족에게 알려지지 않았을 것이다. 그렇지만 송충이나 배추벌레처럼 마음에 들었다. 어느 날은 메뉴가 정어리(Sardine: Clupeidae) 요리였는데, 대식가들이 몰려와 조금 맛보고는 모두 물러가 다시는 오지 않았다. 아무래도 너무 생소한 요리였나 보다. 결국, 이 딱정벌레는 물고기를 제외한 어떤 종류의 고기라도 다 좋아했다.[6]

잊기 전에 한마디 해둬야겠다. 사육장 안에는 물이 가득 담긴 그릇이 있다. 딱정벌레는 식사 후 자주 와서 물을 마신다. 몸이 더워지는 식품 탓에 목이 마른 것인지, 달팽이를 자를 때 입에 묻은 점액이 끈적거려서인지, 이유는 잘 모르겠다. 어쨌든 목을 축이고 양치질도 하며, 모래가 붙어 무거워진 발도 깨끗이 씻는다. 그러고는 판자 밑 은신처로 돌아가 조용히 긴 낮잠에 빠진다.

6 혹시 염장이나 다른 처리가 된 정어리를 주고 잘못 판단한 것은 아닌지 모르겠다.

248

15 금록색딱정벌레 - 혼인 풍습

금록색딱정벌레(Carabe doré: *Carabus auratus*)는 송충이나 배추벌레, 민달팽이 따위의 도살자였으니 채소밭과 화단의 엄중한 감시자로서 정원사딱정벌레(Jardinière)라는 이름이 어울림을 알았다. 하지만 내 연구 결과가 이 방면에 대한 예전부터의 평판에다 추가한 것은 없다. 그렇지만 적어도 다음 이야기는 지금까지 알려지지 않은 새로운 사실이다. 이번에는 포악하고 게걸스럽게 먹는 녀석, 제 손아귀에 걸려들면 무엇이든 먹어 치우는 녀석 자신이 먹힐 차례였다. 누구에게 먹힐까? 제 종족과 그 밖의 동물에게 먹힌다.

우선 녀석의 외적을 알아보자. 외적은 여우(Renard: *Vulpes vulpes*)ᵒ와 두꺼비(Crapaud: *Bufo bufo*)ᵒ였다. 먹이가 극도로 부족하면 여우란 녀석도 별 수 없어서, 말라빠졌고 짜릿한 군것질거리를 그냥 놔두지 않는다. 배설물을 뒤지고 다니는 지중해송장풍뎅이(Trox perlé: *Trox perlatus*) 이야기[1] 때 언급했듯이 여우 배설물은 대부분 토끼털이 채웠으나 때로는 이 딱정벌레의 딱지날개가 들어 있었다. 금박으로 장식된 배설

───────────

1 『파브르 곤충기』 제8권 17장 내용 참조

물이 이 벌레를 먹었다는 증명서가 되지만 딱정벌레는 별로 영양
가가 없다. 더욱이 숫자도 많지 않으며 맛도 별로이다. 다만 녀석
들 몇 마리로 허기증을 달랠 수는 있다.

두꺼비 역시 좋은 증거가 있다. 여름에 가끔 정원의 오솔길에서
묘하게 생긴 물건을 만난다. 처음에는 그게 무엇인지 짐작도 못했
었다. 새끼손가락 굵기의 조그만 소시지 모양인데 햇볕에 마르면
쉽게 부서진다. 거기에 개미(Formicidae)의 머리가 잔뜩 들어 있고
가는 다리도 섞여 있다. 수백 개의 개미 머리가 뒤섞인 이 알맹이
가 도대체 무엇일까?

처음에는 올-빼미(Chouette: *Strix aluco*)°가 위에서 양분을 골라내고 토해 낸 것이 아닐까하는 생각을 했었다. 하지만 조금만 생각해 보아도 그것은 아니다. 야행성 육식조류(Rapace, 肉食鳥類)가 곤충을 좋아한다고 해도 이런 꼬마 개미를 먹을 수는 없다. 먼지처럼 작은 것을 한 마리씩 부리로 쪼아 먹자면 웬만한 시간과 인내심 없이는 안 될 일이기 때문이다. 도대체 어떤 녀석의 짓일까? 울타리 안에는 개미 고기 스튜를 만들 만한 녀석이 없어 보이는데, 두꺼비일까? 이 수수께끼를 실험이 풀어 주겠지.

옛날부터 뜰에 낯익은 녀석이 있었고, 나는 녀석의 주소도 안

다. 저녁때 정원을 한 바퀴 돌다가 가끔씩 만나는 녀석인데, 금빛 눈으로 나를 쳐다보다가 바쁜 듯이 저쪽으로 홀쩍 가버린다. 몸집은 커피 잔 받침 접시만큼 넓적한 두꺼비였다. 식구들이 '철학자'라고 부르며 존경하는 노익장이다. 녀석에게 한번 부탁해서 개미 머리 뭉치의 문제를 풀어 보자.

두꺼비를 사육상자에 감금하고 굶겨서 똥똥하게 부푼 배 속 것이 소화되기를 기다렸다. 시간이 많이 걸리는 일은 아니다. 며칠 뒤, 녀석이 뜰에서 본 것과 똑같은 모양의 배설물을 내게 선사했다. 역시 개미 머리의 반죽덩이였다. 덕분에 나를 괴롭히던 난제를 풀었으니 이제 그 철학자를 풀어 주었다. 두꺼비는 다량의 개미 소비자임을 이번에 확실히 알았다. 이 사냥감은 매우 작아도 얼마든지 쉽게 구할 수 있는 식량이다.

그렇다고 해서 두꺼비가 개미만 특별히 좋아한다는 이야기는 아니다. 좀더 굵은 식품이 가까이 있었다면 그것을 더 좋아했을 것이다. 뜰에 개미는 많아도 다른 벌레는 적어서 개미가 주식이 되었지만 어쩌다 화려한 곤충을 만나면 그야말로 훌륭한 요리가 된다.

뜰에 널린 배설물로 녀석의 특별 요리를 알아보자. 내용물은 거의가 딱정벌레의 금빛 딱지날개였고, 나머지 반죽에 개미 머리가 섞여 있었다. 누구의 것인지는 뻔하다. 운 좋은 두꺼비가 딱정벌레를 잡아먹은 것이다. 정원의 내 협력자는 그에 못지않게 중요한 다른 협력자를 탈취했으니, 우리와의 이해관계를 따진다면 유익한 녀석이 또 다른 익충 하나를 망친 것이다.[2] 세상만사는 우리를 위해 만들어졌다는

2 익충이지만 다른 익충을 죽였으니 해충이라는 이야기이다.

어리석은 생각을 꾸짖는 조그마한 교훈이다.

더 나쁜 일이 있다. 송충이와 민달팽이의 감시자인 금록색딱정벌레는 동족끼리 잡아먹는 나쁜 습관이 있다. 어느 날 집 앞의 플라타너스 그늘에서 딱정벌레 한 마리가 제법 분주해 보였다. 손으로 집어 보니 딱지날개 끝이 조금 떨어져 나갔다. 어쩌면 동료끼리 싸웠는지도 모르겠으나, 내가 보기엔 중상자가 아니어서 별 문제는 없어 보였다. 대충 조사해 보았으나 큰 상처는 없어 보이는 이 순례자를 환영하며 사육장의 식구 하나로 삼았다. 괜찮을 것 같아서 먼저 사육장에 들어온 25마리의 손님으로 모신 것이다.

이튿날, 새 식구가 죽어 있었다. 밤새 패거리가 공격해서 부서진 딱지날개 틈으로 내장을 모두 파먹었다. 조리 솜씨가 출중해서 겉모습은 아주 말짱했다. 다리, 머리, 가슴은 그대로 있고, 속만 들어내서 넓은 구멍을 남긴 것이다. 금빛 조가비 같은 딱지날개 두 장도 눈앞에 있었다. 알맹이를 빼먹은 굴 껍데기도 이보다 깨끗하지는 못하겠다.

사육장에 항상 식량이 모자라지 않도록 조심했는데도 결과가 이러해서 나는 깜짝 놀랐다. 달팽이, 수염풍뎅이(*Polyphylla*), 황라사마귀(*Mantis religiosa*), 지렁이, 송충이, 그 밖에도 녀석들 마음에 드는 식량을 번갈아 충분히 넣어 주었다. 그래서 갑옷의 상처로 공격받기 쉬운 친구를 잡아먹은 것과 식량이 모자랐다는 것과는 관련이 없다.

다시 살아날 수 없는 부상당한 동료의 숨통을 끊어 주거나, 불구자가 된 동료를 먹어 버리는 게 녀석들의 습관일까? 곤충 사이에서 불쌍하다는 감정은 생각할 수도 없는 문제이다. 필사적으로 허우적거리는 불구자 앞에서 발걸음을 멈추거나 도와주려는 동족은 어디에도 없었다. 육식성(Carnassier) 곤충 사이에는 사태가 더욱 비극적으로 변할 뿐이다. 때로는 길을 가던 녀석이 불구자에게 다가간다. 도와주려는 것일까? 천만에. 절름발이를 맛보러 가는 것이다. 그 녀석이 맛있으면 몽땅 먹어 버려 앓던 병을 철저히 없애 준다.

그러고 보면, 딱지날개가 없어져 배 끝이 드러난 딱정벌레가 동료의 식욕을 부추겼다는 게 더 그럴 듯하다. 녀석들에게 불구자란 뜯어먹어도 괜찮은 식품의 하나로 보이는 것이다. 하지만 불구자가 아니면 서로 존경해서 양보한다는 말일까? 우선은 모든 점이 평화적 관계임을 증명한다. 식사 때나 손님과의 회식 때도 서로 입으로 빼앗는 정도일 뿐 싸움은 절대로 없다. 판자 밑에서 낮잠을 자는 동안에도 주먹다짐이 없다. 시원한 모래 속에 절반쯤 몸을 묻은 25마리가 각자 멀리 떨어진 것도 아닌 제 구멍에서 졸고 있을 뿐이다. 판자를 들어 올리면 모두 잠이 깨서 뿔뿔이 흩어지다가 서로 부딪쳐도 사고는 일어나지 않는다.

그래서 평화가 아주 깊고 오래 지속되는 것 같아 보였다. 그러나 6월, 더위가 날로 심해질 무렵 사육장에서 죽은 녀석이 눈에 띄었는데, 팔다리가 상한 곳은 없고 금색 조가비처럼 아름다울 뿐이다. 사실은 앞에서 먹힌 불구자의 모습과 같은 상태였다. 배 속이 파 먹혀서 마치 굴속 같았다. 시체를 조사해 보았으나 배 속이 빈 것 말고는 별 이상이 없었다.

다시 며칠 뒤, 또 한 마리가 살해되어 앞에서처럼 처치되었다. 갑옷은 어디에도 상한 곳이 없다. 시체를 엎어 놓으면 이상이 없는 녀석처럼 보이나 뒤집어 놓으면 배 속에 살이 하나도 없이 텅 비었다. 이런 식으로 계속 한 마리씩 사육장 식구가 급격히 줄어들었다. 이런 광란의 살생이 계속된다면 사육장에는 아무것도 남지 않겠다.

나이를 먹어 자연사한 늙은 녀석의 시체를 남아 있는 녀석들이 먹었을까, 아니면 젊은데도 식구 감소의 대상이 되었을까? 잡아먹는 일은 주로 밤에 이루어져서 문제를 밝히기가 쉽지 않았다. 하지만 감시를 소홀하지 않았으며, 두 번은 대낮에 살육 장면을 보았다.

6월 중순, 눈앞에서 암컷 한 마리가 수컷을 죽이고 있었다. 수컷은 암컷보다 덩치가 조금 작았다. 지금 막 공격이 시작되었는데, 달려든 암컷은 배 끝을 물고 늘어져 딱지날개 끝을 들어올린다. 물린 수컷은 아직 원기가 왕성한데도 상대하거나 돌아보지를 못한다. 그저 날카로운 이빨을 피하려고 이리저리 도망치거나 밀칠 뿐이다. 싸움은 15분가량 계속되었다. 지나가던 수컷들이 잠시 멈춰서 바라보며 이렇게 말하는 것 같았다. '내 차례도 곧 오겠지.' 수컷이 마지막 힘을 다해 암컷을 밀쳐 내고 도망친다. 만일 도망치지 못했다면 그 흉악한 암컷에게 배가 갈려 속이 텅 비었을 것이다.

며칠 뒤에도 똑같은 광경을 만났는데 이번에는 완전히 결말이 났다. 암컷이 수컷의 배 끝을 물었는데, 도망치려 하면 되레 더 조일 뿐 전혀 저항하지 못하고 잡혀 버렸다. 마침내 피부가 찢기며 상처가 열린다. 머리를 배 속에 처박은 암컷이 창자를 모두 비워 버렸다. 수컷은 다리를 떨면서 불쌍한 최후를 맞았다. 도살자는 그런 것에 꿈쩍도 않고 좁은 가슴 속까지 깊이 뚫고 들어간다. 죽은 자가 남긴 것은 작은 배^{3}처럼 접합된 두 장의 딱지날개와 전혀 상하지 않은 상체뿐이다. 까칠하게 말라붙은 시체만 그 자리에 남는다.

사육장에서 가끔씩 보였던 시체는 모두 수컷이며, 모두가 이런 식으로 죽은 게 틀림없다. 아직 살아남은 녀석도 이런 식으로 죽을 것이다. 처음에 25마리였던 것이 6월 중순부터 8월 1일 사이에 암컷 5마리만 남았다. 20마리의 수컷은 모두 배가 찢기고 먹혀 버려 완전히 빈 껍데기가 되었다. 누구의 짓일까? 분명히 암컷의 짓이다.

운 좋게 두 번의 공격 장면을 관찰했기에, 즉 암컷이 수컷 딱지날개 밑에 있는 배에 구멍을 뚫으려는 것과 뚫고 먹는 광경을 보았기에, 이 일은 증명이 되었다. 후자의 경우는 모든 과정을 직접 관찰하지는 못했어도 증거는 된다. 잡힌 녀석은 맞붙어 싸울 생각도 못하고, 방어하려 하지도 않았다. 다만 될수록 몸을 끌어내 도망치려고만 했다.

이것이 만일 생존경쟁에서 오는 보통의 살생처럼 단순한 전투였다면, 공격받는 녀석도 틀림없이 저항했을 것이다. 수컷도 그럴 능력이 있으니 싸웠을 것이다. 1:1의 승부였다면 공격해 올 때 반격하고, 물리면 도망치면서 서로 겨룰 만큼 힘이 있다. 그런데 이 멍청이는 아무런 대책 없이 엉덩이를 물리고 있다. 덤벼들며 물어뜯는 암컷에게 맞서서 조금이라도 깨물면 될 텐데 그럴 마음이 내키지 않는가 보다.

이런 인내력은 랑그독전갈(Scorpion Languedocien: *Scorpio*→ *Buthus occitanus*)을 생각나게 한

3 딱정벌레는 좌우 두 장의 딱지날개가 완전히 봉합되어 마치 배처럼 보이는 종이 많다.

256

다. 녀석도 혼례식이 끝나면 암컷에게 타격이 가능한 독침을 써 보지도 않고 순순히 먹혔다. 사마귀의 사랑 장면도 생각난다. 몸이 동강 나 야금야금 먹히면서도 전혀 반항 없이 남은 일을 계속했다. 이런 것이 혼례 의식이니 수컷은 할 말이 없다.

사육장에서 배가 뚫린 수컷은 첫째부터 마지막까지 모두 같은 습성을 가지고 있었다. 즉 녀석들은 4월에서 8월까지 4개월 동안 매일 교미했다. 어느 때는 단지 교미를 시도하기만 했으나 대부분의 경우는 잘 성공했다. 불같은 열정을 가진 녀석들에게 이 일은 영원히, 절대로 끝나지 않을 것 같았다. 그러고는 교미를 실컷 만족시켜 준 암컷에게 희생당했다.

딱정벌레의 사랑 행각은 대단히 재빠르다. 대다수가 유혹도 없이 지나가는 암컷에게 달려든다. 붙잡힌 암컷은 승낙의 표시로 머리를 쳐든다. 기사는 더듬이 끝으로 암컷의 목덜미를 가볍게 두드린다. 교미가 끝나면 각자 제자리로 돌아간다. 헤어진 녀석들은 곧 달팽이를 먹는다. 그러고는 각자 다른 혼례의 길로 바삐 떠난다. 또 다른 수컷이 있는 한 혼례는 계속된다. 요리를 먹은 다음 혼례, 혼례를 올린 다음 요리, 딱정벌레의 생이란 그것뿐이다.

사육장은 암수가 각각 5마리와 20마리로, 암컷과 구혼자의 수가 어울리지 않았다. 하지만 상관없다. 사랑의 경쟁도, 싸움도 없었다. 아주 평화롭게 참을성을 가진 모두가 지나가는 암컷과 교미하며 뜻을 이루었다. 어떤 녀석은 하루 앞서, 다른 녀석은 하루 늦게, 운에 따라 몇 번이고 제각기 마음의 불꽃을 태웠다.

나는 암수의 균형을 원했지만 녀석들은 내게 선택된 게 아니라 우연히 손에 들어왔을 뿐이다. 이른 봄에 주변의 돌 밑에서 암수를 모르는 금록색딱정벌레를 모조리 수집해서 기르다가 몸집이 조금 큰 녀석이 암컷임을 알았다. 결국 사육장은 우연의 결과였으며 성의 균형은 엉터리가 되었다. 자연 상태에서도 이렇게 수컷이 많을 것 같지는 않다.[4]

야외의 돌 밑에는 이렇게 많은 딱정벌레가 떼 지어 살지 않는다. 대개 혼자일 뿐, 한 둥지에 두세 마리가 함께 머문 경우조차 드물었다. 사육장처럼 큰 집단을 이룬 경우는 극히 드물 텐데 녀석들이 소동을 일으키지는 않았다. 유리 상자가 매우 넓어서 멀리 원정하거나 뛰놀 수가 있었다. 또 혼자 있고 싶으면 혼자, 친구가 필요하면 곧 친구를 만날 수도 있었다.

녀석들은 포로 생활에도 맛있는 요리를 실컷 먹고 매일 교미하는 것으로 보아 괴로움이 전혀 없는 것 같았다. 들판이 자유롭기는 해도 식량이 여기보다 풍족하지도, 활동이 활기차지도 않을 것이다. 포로일망정 여기는 안락하며 평상시의 습관을 유지하기에 알맞았다.

여기서는 다만 야외보다 동료를 더 자주 만나는 것뿐이다. 오직 이런 이유로 암컷은 쓸모없어진 수컷을 못살게 굴며, 엉덩이를 깨물어 배 속을 비우려 했을 것 같다. 옛 애인을 쫓아가 사냥한 것은 너무 가까이 지내다 보니 더 그렇게 보였을 뿐, 이런 습성이 새로 시작된 것도, 즉석에서 만들어진 것도 아닐 것이다.

들에서도 교미를 끝낸 암컷은 만난 수컷과의 의식을 끝낸 뒤 식품 취급을 해서 잡아먹을 것이다. 그런데 돌을 아무리 들춰 봤어

4 암수의 성비는 각 종별로 조사해 봐야 한다. 옮긴이는 우리나라에서 연노랑풍뎅이(*Blitopertha pallidipennis*)의 성비를 조사한 일이 있는데, ♀ : ♂ = 15 : 985로 수컷이 절대적으로 많았다.

도 이런 광경은 한 번도 보지 못했다. 하지만 사육장에서의 사건만으로도 나는 충분히 확신한다. 난소(알)의 수정에 수컷의 필요성이 없어지면 교미한 신랑을 잡아먹다니, 금록색딱정벌레의 세계는 어찌도 이렇단 말이더냐! 이런 식으로 수컷을 토막 내다니. 생식의 법칙은 수컷을 이렇게 홀대할 수 있는 것이더냐!

이렇게 사랑이 끝난 다음 동족을 포식하는 습성은 과연 널리 퍼져 있을까? 벌써 아주 뚜렷한 예가 셋이나 있었다. 황라사마귀, 랑그독전갈, 그리고 금록색딱정벌레가 그랬다. 산 자가 아니라 죽은 자를 먹어서 덜 잔인한 경우도 있었다. 여치(Locustiens) 족속은 사랑했던 녀석을 먹이로 삼는 무서운 암컷이 적지 않았다. 대머리여치(*Decticus albifrons*)는 죽은 수컷의 넓적다리 살을 즐겨 먹으며, 중베짱이(*Tettigonia viridissima*)⊙의 행위도 마찬가지였다.

여치와 중베짱이는 육식성이니 녀석들은 어느 정도 식량이 필

잔날개여치 우리나라 등 극동 아시아에 분포하는 종으로 잡초 지대에 많고, 갈색여치보다 훨씬 작으며 꼬마여치와 혼동하기 쉽다. 모두 밑들이메뚜기처럼 날개가 발달하지 못한 불구자들이다. 광덕산, 27. VI. '94

중베짱이 베짱이와 매우 닮았으나 날개의 등쪽을 수평으로 접어서 구별이 가능하다. 중베짱이는 일본과 대만에도 분포하나, 베짱이는 구북구에 널리 분포하면서도 일본에는 없는 것이 두 종의 차이점이다. 시흥, 10. IX. '95

요하다는 핑계를 댈 수 있겠다. 암컷은 죽은 자가 동일종이라도, 또한 어제의 연인이었어도 먹어 버린다. 먹이라는 점에서는 수컷도 마찬가지였던 것이다.

채식주의자는 어떨까? 산란기가 임박한 유럽민충이(Éphippigère: *Ephippigera vitium*→ *ephippiger*)는 원기 왕성하게 상대의 배에 구멍을 뚫고 실컷 먹는다. 온순하고 뚱뚱한 귀뚜라미(*Gryllus*)도 갑자기 난폭해져, 그토록 열렬하게 세레나데를 들려주던 수컷을 두드려 패고, 날개를 잡아 빼 바이올린을 부수며 연주가의 살을 잘라 먹는다. 교미한 뒤 암컷이 수컷을 죽일 만큼 싫어하는 경우는 특히 육식성 곤충에서 흔하다. 이런 횡포의 습성에는 어떤 이유가 있는 것일까? 만일 기회가 주어진다면 이유를 조사해 보고 싶다.

8월 초에 들어서 사육장 식구는 수컷을 먹어 치운 암컷 5마리만 남았는데 거동이 달라졌다. 먹는 데 냉담해져 껍데기를 절반쯤 벗긴 달팽이를 주어도 거들떠보지 않았다. 무척 즐겼던 뚱보 사마귀나 송충이도 관심이 없다. 판자 밑에서 잠들었을 뿐, 거의 모습을 보이지 않았다. 산란 준비를 하는 것일까? 하지만 제 어미의 시중

왕귀뚜라미 우리나라에 흔한 귀뚜라미의 하나인데, 전체적으로 약간 작고 산란관이 훨씬 짧은 새왕귀뚜라미를 이 종과 혼동하기 쉽다. 요즈음은 귀뚜라미를 길러서 작은 동물의 사료로 쓰는 경우가 많다. 시흥, 14. VIII. '92

을 받아 보지 못해서 새끼 다루는 기술이 없을 것 같다. 그래서 어리석을 것 같은 어미의 출산을 보고 싶어 매일 조사했다.

유럽민충이 약간 축소

보람 없게도 기대했던 산란은 없었다. 냉기가 밀려오는 10월에 4마리가 죽었다. 수명을 다했나 보다. 남은 한 마리가 전에는 산 수컷을 갈기갈기 찢어서 제 배 속에 매장했는데 지금은 매장을 거절한다. 단지 사육장의 모래를 될수록 깊이 파고 들어가 쪼그리고 있다. 11월이 되어 방뚜우산에 첫눈이 내리면 그 속에서 깊은 잠에 빠진다. 이제 건드리지 말자. 설마, 그녀는 겨울을 넘기겠지. 그리고 봄이 오면 알을 낳겠지.

16 검정파리 - 산란

죽음이 더럽힌 대지를 닦아 내고, 죽은 동물의 잔해를 삶의 보고 (寶庫)로 바꿔 놓으려면 어디든 수많은 (돼지고기) 청부업자가 필요하다. 그런 업자는 이 지방 누구나 다 잘 아는 검정파리(Mouche bleue de la viand : *Calliphora vomitoria*)°와 고기쉬파리(Mouche grise : *Sarcophaga carnaria*) 따위이다. 커다란 흑청색 파리인 전자는 우리가 잠깐 한눈을 판 사이 찬장에서 한몫 잘 챙겨 먹고는, 햇빛 비치는 밖으로 나가 알을 까고 싶어 유리문에서 붕붕거리는 녀석이다. 사냥해 온 동물이나 푸줏간에서 가져온 고기 따위를 해치며, 지긋지긋한 구더기로 바뀌는 알을 그녀는 어떻게 낳을까? 그녀의 계략은 어떤 것이며, 우리는 어떻게 그것을 막을 수 있을까? 여기서 조사를 좀 해보련다.

검정파리 실물의 2배

검정파리는 추위가 심해지기 전인 가을부터 겨울 사이에 인가를 자주 드나든다. 하지만 야외에서는 훨씬 일찍 나타나, 2월 초에도 날씨가 따듯하면 햇볕이 잘 드는 돌담에 붙어서 몸을 덥힌다. 4월에는 벌써 상당히 많은 수가 티너스백당(Laurier-tin: *Viburnum tinus*)의 작고 하얀 꽃에 나타나 스미는 꿀을 핥으며 교미한다. 따듯한 계절에는 이 꽃 저 꽃으로 날아다니며 밖에서 세월을 보내지만 가을의 사냥철에 인가로 침입한 녀석은 나가지 않는다.

나는 원래 외출을 싫어하는 성품인데다 나이까지 쌓여서 다리가 무거워져 마구 휠 판이다. 이럴 때는 찾아 뛰어다닐 필요가 없는 이 벌레야말로 연구 재료로 안성맞춤이다. 게다가 제 쪽에서 나를 만나러 오는데, 내게는 경계를 게을리하지 않는 조수까지 있다. 내 계획을 식구들에게 미리 알렸더니 모두가 방금 유리창에서 잡은 시끄러운 방문객을 종이나팔(삼각지)에 담아서 가져온다.

모래를 채우고 철망뚜껑을 한 화분 사육조에다 수집된 검정파리를 넣는다. 꿀을 담은 접시가 이 건물의 식당이며, 포로는 아무 때나 꿀을 마시러 온다. 어미파리의 시중을 들어야 하는데, 아들이 뒤뜰에서 총으로 쏘아 잡은 방울새(Pinsons: *Fringilla*), 되새(Linottes: *Carduelis*), 참새(Moineaux: *Passer*) 따위의 작은 새를 이용하면 된다.

그저께 사냥한 되새 한 마리에다 검정파리를 딱 한 마리만 넣고 뚜껑을 덮었다. 두 마리를 넣으면 혼동할 염려가 있어서였다. 녀석은 배가 부른 것으로 보아 곧 산란할 것 같다. 실제로 한 시간쯤 지나 감금당한 감정이 가라앉자 알을 낳으려 한다. 사냥물을 머리에서 꼬리로, 꼬리에서 머리로, 불규칙한 걸음걸이로 돌아다니며 조사한다. 몇 번 왔다 갔다 한 다음 이미 완전히 풀려서 움푹해진

눈 근처에 자리 잡는다.

산란관을 직각으로 구부려 새의 부리 기부에 찔러 넣고는, 거의 반시간 동안 계속 알을 방출한다. 이 중대한 일에 마음을 빼앗긴 녀석은 내가 확대경으로 초점을 맞추고 들여다봐도 꼼짝 않는다. 하지만 내가 움직이면 그녀가 질겁할 테니 나도 움직이지 않는다. 움직이지 않는 나는 그녀에게 없는 것이나 다름없을 테니 불안하지 않을 것이다.

알의 배출은 난소가 완전히 빌 때까지 계속하는 게 아니라 중간중간에 사이를 두고 한 뭉치씩 내보낸다. 녀석은 부리를 여러 번 떠났으며 그때마다 철망에서 뒷다리끼리 비빈다. 알을 쏟아 낼 산란관을 다시 한 번 써먹기 전에 매끈하게 닦아 깨끗이 청소한다. 다시 배가 부풀었음을 느끼면 제자리로 돌아가 또 산란한다. 또 쉬었다가 다시 한다. 이렇게 새의 눈 가까이서 산란하기와 철망에서 쉬기를 반복하는 동안 두 시간이 흘렀다.

드디어 산란이 끝났다. 파리가 다시는 새에게 돌아오지 않는다. 난소가 비었다는 증거이며 실제로 그녀는 이튿날 죽었다. 알은 새의 혀 밑에서 입천장까지 목구멍 입구에 낳았다. 숫자가 상당히 많아서 목구멍 쪽이 모두 하얗다. 짧고 가는 막대를 새의 부리에 끼워서 입을 벌려 놓고, 안에서 일어나는 일이 보이도록 해놓았다.

이렇게 해놓아 부화에 이틀이 걸림을 알았다. 조그만 구더기가 곧 꼼지락거리며 태어난 자리를 버리고 깊은 곳으로 사라진다. 녀석의 생활을 더 조사하는 것은 무리였다. 나중에 좀더 조사하기 쉬운 조건에서 알아보자.

파리의 침략을 받은 새의 부리는 원래 닫혀 있었다. 다만 거기에 머리카락 하나가 겨우 통과할 정도의 좁은 홈이 있었는데 그리 산란한 것이다. 대롱 모양인 산란관은 끝이 각질이라 약간 단단하다. 하지만 대롱 자체는 신축성이 있어서 똑바로 펴서 그 끝을 꽂을 수 있다. 굵기는 틈새의 폭과 잘 맞았다. 하지만 부리가 꽉 닫혔다면 알을 어디에 낳았을까?

두 번째 되새는 부리를 실로 잘 묶어서 아래위의 턱을 꼭 닫아 놓고 두 번째 파리를 대면시켰다. 이번에도 역시 이틀 만에 부화한 구더기가 살이 많은 눈 속으로 파고들었다. 부리와 눈, 이곳이 날개 달린 먹잇감의 내부로 침투하는 주요 통로였다.

다른 길은 상처가 난 곳이다. 이번에는 되새에게 종이 모자를 씌워 부리와 눈으로는 들어가지 못하게 했다. 그렇게 조처한 새를 사육 상자에 넣고 제3의 파리와 대면시켰다. 새에는 총알을 맞은 상처가 있다. 하지만 그 자리에서 피가 나지 않아, 상처가 어디에 있는지 알아내기는 쉽지가 않다. 게다가 내가 털에 빗질까지 해놓아 상처가 없는 것 같았다.

파리가 곧 전신을 조심스럽게 조사한다. 앞발로 배와 가슴을 가볍게 두드리며 촉각(觸覺)으로 청진(聽診)해 본다. 녀석은 그 속이 어찌 되었는지를 알았다. 후각을 동원했어도 아직은 썩은 냄새가 나지 않아 별 도움이 안 되었을 텐데, 상처 자리가 곧 들켰다. 거기는 총알이 함께 밀고 들어간 털로 덮여서 피는 한 방울도 나지 않았다. 파리는 털을 좌우로 헤치지도 않고 그 자리에 멈춰서, 깃털 사이로 배를 숨긴 약 두 시간 동안 움직이지 않았다. 파리는 제 일 때문에 거기를 떠나지 않았고, 나는 호기심으로 떠나지 않았다.

그녀가 일을 끝내면 대신 내가 일한다. 알을 꺼내려면 상처에

상처를
빗으로 빗고

고깔을 씌워
눈을 가린 후

상처 부위 발견

앗싸!!

이런!
나쁜…

상처 부위에
산란한 알

틀어박힌 솜털을 끌어내고 약간 깊은 곳을 찾아봐야 한다. 산란관은 멋대로 늘어나서 털이 박힌 총알구멍까지 들어갔다. 알은 한 덩어리였으며, 수는 약 300개였다. 만일 부리나 눈으로 접근할 수 없고 상처가 없어도 산란은 하겠지만, 산란 장소가 옹색해서 자리를 찾기가 쉽지는 않을 것이다. 이런 사실을 확실히 확인하려고 그런 접근로는 물론 새털까지 모두 종이 고깔로 씌웠다. 파리는 오랫동안 불규칙하게 걸어 다니며 새의 몸 전체를 샅샅이 조사한다. 특히 머리를 앞발로 가볍게 두드리며 청진한다. 결국 종이 고깔은 그녀에게 깊은 경계심을 일으켰다. 그녀는 제 계획에 맞는 입구가 거기에 있음을 알았고, 나약한 꼬마 구더기가 가로막힌 장애물에

266

구멍을 뚫고 돌파하지 못한다는 것도 잘 알았다. 그래서 종이에 숨겨진 머리의 유혹에도 불구하고, 얇은 종이 모자 위에는 전혀 산란하지 않았다.

어미파리는 장애물을 치워 보려고 여러 번 쓸데없이 애를 쓰다가 지쳐서 다른 장소를 택하기로 결심한다. 그녀에게는 피부가 얇고 말랑말랑하며 좀 어둡고 조용한 구석이 필요한데, 가슴이나 배의 가죽은 아주 건조한데다가 너무 밝은 곳이라 흠이다. 그래서 겨드랑이 밑의 우묵한 곳이나 배와 연결되는 넓적다리의 기부를 택했다. 그런 곳에는 산란을 했어도 숫자는 많지 않았다. 면적이 좁은 거기는 할 수 없이 택했음을 증명하는 셈이다.

털을 뽑지 않았거나 종이 모자를 씌운 실험 조건에서는 산란하지 않았다. 털은 파리가 깊이 파고드는 데 방해가 되나, 가죽을 벗긴 새나 푸줏간에서 가져온 고기 조각이라면 어디든 알을 낳는다. 다만 좀 어두워야 한다. 가장 어두운 곳이 가장 좋은 장소였다.

이상의 사실들로 다음의 결론이 나온다. 검정파리가 산란할 때는 살이 노출된 상처, 입이나 눈처럼 별로 저항이 없는 피부의 점막을 고른다. 또 어두운 곳이 필요한데, 그런 곳을 좋아하는 이유도 알게 될 것이다.

종이 고깔은 파리가 눈알을 뚫고 들어가는 것을 막는 데 완전한 효과를 보였다. 이 방법을 모든 새에게 시도해 보았다. 사냥해 온 자연 상태의 피부에도 산란을 포기하는지 알아보려고 인공 피부인 종이로 싸놓았다. 상처가 깊거나 거의 없는 녀석도 각각 종이로 포장했다. 마치 꽃장수가 씨앗을 보관할 때처럼 풀을 먹이지 않고 접기만 하는 식의 종이였다. 종이는 어디에나 있으며 구겨진 것도 상관없다. 그런데 신문지 조각이 최고로 좋았다.

종이에 싼 시체를 책상에 놓고 하루 중 그늘과 햇빛이 드는 시간에 따라 자리를 옮겨 놓았다. 사냥해 온 새가 뿜어내는 냄새에 이끌린 검정파리는 열린 창문을 통해 모여든다. 매일 새 냄새를 맡고 달려온 파리들이 종이봉투에 앉아서 부지런히 조사하는 게 보인다. 녀석들이 계속 드나드는 것을 보니 몹시 탐나는 모양인데, 어느 녀석도 산란은 하지 않았다. 접힌 곳에 산란관을 집어넣으려는 녀석조차 없다. 좋은 계절이 다 지나가는데 코를 유혹하는 종이봉투에는 어느 녀석도 낳지 않았다. 어미파리는 모두 꼬마 구더기가 이 얇은 종이 장벽을 넘을 수 없음을 단정하고 산란하지 않은 것이다.

모성이란 어디서나 아주 명민하게 판단하는 법이니 어미파리의 조심성에는 전혀 놀라지 않았으나 다른 결과가 나를 놀라게 했다. 새가 든 종이봉투는 꼬박 1년 이상 책상에 놓였고 2년, 3년째에도 그대로였다. 가끔 안에 든 것을 조사했으나 이상이 없었다. 털은 그대로이며 악취도 안 났다. 다만 말라서 거칠고 가벼워졌을 뿐 분해되지 않은 미라였다.

대기 중에 버려진 시체가 다 그렇듯이, 나는 새가 썩어서 흐물흐물해질 것으로 생각했는데 그와 정반대였다. 식량이 전혀 부패하지 않았고 말라서 거칠어진 것뿐이다. 썩어서 분해되는데 무엇이 빠졌을까? 단지 파리가 손대지 않았다는 것뿐이다. 따라서 시체를 분해시키는 근본 원인이 될 구더기는 부패를 관리하는 훌륭한 화학자였다.

파리의 침투를 막으려던 종이봉투에서 소홀할 수 없는 이득 하나를 얻었다. 프랑스의 시장, 특히 남부 각 도시의 장터에서는 사냥한 새들을 아무 보호 장치도 없이 갈고리에 꿰어 매달아 둔다. 종달새(Alouettes: *Alauda*)는 한 타(12마리)씩 실에 코가 꿰어 진열된다. 지빠귀(Grives, Tourdes: *Turdus*), 물떼새(Pluviers: *Pluvialis*), 댕기물떼새(Vanneaux: *Vanellus*), 오리(Sarcelles: *Anas*), 새끼 자고새(Pardreaux: *Perdix*), 도요(Bécasses: *Calidris*) 등 가을에 이주해 와서 쇠꼬챙이 요리의 명품감이 된 모두가 1~2주 동안 검정파리의 공격을 받는다. 보기에는 멀쩡해서 무심코 걸려든 사람이 사간다. 집에서 요리하려다 맛있는 꼬치구이감이 파리의 먹이였음을 발견한다. 빌어먹을! 더럽게도 구더기 소굴이잖아, 기분 나쁘다. 버려라.

여기서 범인이 검정파리임은 누구나 다 안다. 소매상인, 도매상인, 사냥꾼 모두가 알고 있다. 어떻게 하면 예방할 수 있을까? 아무것도 아닌데, 즉 한 마리씩 종이로 싸면 되는데 방법을 생각해 보는 사람이 없다. 파리가 접근하기 전에 신경을 썼다면 어떤 새도 상하지 않고 미식가가 언제나 즐길 만큼 품질이 유지된다.

코르시카(Corse) 지빠귀(Merle: *Turdus merula*, 티티새)는 올리브
(Olivier: *Olea europaea*) 열매와 도금양(Myrte: *Myrtus communis*)의 즙을
먹고 살이 쪄서 문자 그대로 진미감이다. 그것들이 가끔 한 마리
씩 종이봉지에 싸여 공기가 잘 통하는 바구니와 함께 이곳 오랑주
(Orange)로 온다. 까다로운 주방장의 주문대로 완전하게 보존되어
서 온 것이다. 티티새에게 종이옷을 입힐 생각을 해낸 이름 모르
는 발송인에게 찬사를 보낸다. 이것을 본받은 사람이 있을까? 의
심스럽다.

이 보존법에 커다란 불만 하나가 있다. 종이옷을 입히면 상품이
곁에서 보이지 않는다는 것이다. 감싸면 고객에게 상품의 성질을
알릴 수 없고, 그래서 구미가 당기게 할 수 없단다. 상품을 드러내
는 방법 한 가지가 있는데 종이 모자를 씌우는 것이다. 머리는 목
구멍과 눈의 점막이 노출되어 제일 위협을 받는 부분이다. 파리가
흉계를 꾸미지 못하게 막으려면 그곳의 보호 장치만으로도 충분
하다.

조사 방법을 바꾸며 검정파리에게 계속 물어보자. 높이 10cm
가량의 양철통에 푸줏간에서 가져온 고기 한 덩이를 넣는다. 비스
듬히 닫힌 뚜껑 한 곳에 겨우 바늘이 들어갈 정도의 좁은 틈만 있
다. 녀석들이 꼬여 들게 썩은 고기 냄새를 풍기면 파리가 혼자, 때
로는 대여섯 마리로 떼 지어 나타난다. 좁은 틈에서 새어 나오는
냄새를 맡고 왔지만 내게는 냄새가 안 난다.

녀석들은 잠시 양철통을 조사하며 입구를 찾는다. 원하는 고기
조각으로 가는 길을 찾지 못하자 틈새 바로 옆의 통 거죽에 산란
했다. 가끔은 그렇게 좁아도 산란관을 틈새에 꽂고 통 둘레에 산

란했다. 안팎 모두 뚜렷하게 하
얀 알층이 일정한 배열로 붙어
있다. 내가 종이 삽으로 채집한
것은 여기 것이었다. 썩은 고기
에서 채집할 때도 더러운 것이
묻어서 종이 삽으로 채취한다.
그래서 깨끗한 배아를 필요한 만
큼 얻었다.

검정파리류 우리나라에도 수십 종의 검
정파리가 살고 있으나 아직 전문적으로
연구되지 않았다. 위생곤충이 많을 것이
나 기생파리처럼 다른 곤충의 천적인 종
류도 있을 수 있다.
원주, 28. X. 06, 변혜우, 최득수

썩은 되새 냄새가 나도 종이봉
투에는 검정파리가 산란하지 않
았는데 양철통에는 서슴없이 산
란했다. 장소의 성질과 산란과는 어떤 관계가 있을까? 양철 대신
종이 통을 만들었다. 막이 팽팽하게 풀로 붙이고는 칼로 가는 선
의 흠집을 냈다. 그것이면 충분해서 파리가 접수한다.

그렇다면 산란은 단순히 냄새만의 문제가 아니라 종이가 찢어
졌는지 아닌지가 문제였다. 무엇보다도 좁은 통로와 접한 바깥에
서 부화된 구더기가 침입할 틈새의 유무에 달렸다. 구더기 어미는
나름대로 윤리와 빈틈없는 장래를 예측하는 특수 능력이 있다. 그
래서 냄새가 유혹해도 갓 깨난 구더기가 스스로 들어갈 입구를 찾
을 수 없어 보이면 산란을 보류한다.

이번에는 특별한 환경에서 산란할 경우이다. 어미가 색깔, 밝
기, 굳기, 기타 성질의 장애물에는 어떤 영향이 있는지 알고 싶어
서 작은 광구 유리병에 고기를 썰어 넣었다. 뚜껑은 여러 색깔의
종이, 납을 바른 종이, 양조장의 술병 마개에 붙이는 여러 색의 주

석박이 등이었다.

이런 뚜껑에는 산란할 생각이 없는지 어미가 와서 앉아 보지도 않았다. 그러나 칼로 조그맣게 틈을 내면 머지않아 찾아와서 그 근처가 하얗도록 산란해 놓았다. 결국 장애물의 모양은 문제가 아니었다. 어둡거나 아주 밝은 색깔 어떤 것도 문제가 아니었다. 문제는 갓난이 구더기가 안으로 들어갈 수 있는지 여부에 달렸다.

원하는 식량과 멀리 떨어진 바깥에서 부화한 갓난이가 식당을 잘 찾아낸다. 알에서 나오면 전혀 망설임 없이, 놀랄 만큼 정확하게 냄새를 가려내, 시원찮게 뚫린 뚜껑이나 칼자국 밑으로 파고든다. 지금 녀석들은 약속의 땅, 악취가 코를 찌르는 천국으로 들어갔다.

녀석들은 급히 도착하려고 높은 벽에서 뛰어내릴까? 그렇지는 않다. 조용히 병의 벽을 더듬으며 기어서 간다. 항상 뾰족한 앞쪽 몸을 지팡이와 갈고리 삼아 탐색하면서 전진한다. 그러다가 식량이 있는 곳에 닿으면 거기에 정착한다.

연구 장치를 바꿔 보자. 약 한 뼘 높이의 시험관 밑에 푸줏간 고기 한 조각을 넣고 철망뚜껑을 씌웠다. 망의 눈금은 2mm 정도라 파리는 들어가지 못한다. 조금 기다리자 검정파리가 날아왔다. 시각보다 예민한 후각이 파리를 안내한 것이다. 녀석은 불투명한 뚜껑의 시험관과 열린 시험관을 열심히 왕래한다. 안 보이는 것도 보이는 것만큼 파리를 유인했다.

철망 위에서 자세히 검사한 검정파리는 내가 만들어 놓은 환경이 마음에 안 들었는지, 아니면 철망의 눈금을 의심했는지, 거기에는 산란하지 않았다. 그녀의 행동이 의심스러워서 고기쉬파리(*S.*

carnaria)에게 도움을 청해 보기로 했다.

고기쉬파리는 출산 준비 따위를 별로 하지 않는다. 게다가 알이 이미 완전한 모습을 갖추고, 구더기 상태로 태어나서 튼튼할 자신이 있는지, 내 청을 쉽게 들어준다. 철망을 검사하고 눈금 하나를 골랐다. 내가 지켜보아도 배 끝을 꽂아 넣고 태연히 연달아 10마리 정도를 쏟아 낸다. 그 뒤에도 여러 번 다시 와서, 내가 미처 알아내지 못했을 만큼 가족 수를 늘렸다.

갓난이는 약간 끈적이는 점액으로 잠시 철망에 붙어 있다. 하지만 꿈틀거린다. 허우적거리며 몸을 흔들어 깊은 구렁으로 떨어진다. 깊이는 한 뼘이 넘는다. 어미는 아들이 혼자서 다 잘 해낼 것을 믿고 물러난다. 구더기가 고기 위로 떨어지면 더 바랄 게 없겠지만 다른 곳에 떨어져도 기어서 목적지의 고기 조각으로 안내될 것이다.

보이지 않아도 냄새가 알려 준 것만으로 이 시험관을 신용한 점에 대해 좀더 조사해 볼 가치가 있었다. 어미는 어느 높이까지 아들을 떨어뜨릴 용기가 있을까? 그것을 알아보려고 병목에다 지름이 같은 시험관을 포갰다. 뚜껑은 철망이나 칼로 틈을 낸 종이였다. 장치의 높이가 65cm였으나 어리고 등뼈[1]가 연한 구더기는 떨어져도 괜찮으니 이 높이라도 상관없는 일이다. 며칠 만에 쉬파리 가족의 구더기가 우글거렸다. 작은 화판(花瓣)처럼 여닫히는 왕관 모양의 엉덩이 주름으로 고기쉬파리 구더기임을 금방 알아보았다.

어미가 작업 중에 자리를 비워서 산란하는 것을 직접 보지는 못했어도, 그녀가 왔었다는 점과 꼬마들이 뛰어내렸다는 점은 의심의

---

1 구더기에게 등뼈가 있을 리 없다. 몸이 유연해서 깨질 염려가 없다는 뜻으로 이해하자.

여지가 없다. 시험관이 진짜 증명서를 제공하고 있으니 말이다.

나는 녀석들의 곤두박질을 찬미했다. 그러고는 더 확실한 증거를 얻으려고 높이가 120cm인 대롱으로 바꿨다. 이 대롱은 조명이 아늑해서 파리가 잘 꼬이는 곳에 세웠다. 높이 말고는 전에 구더기가 자랐던 조건까지 모두 같았다. 여기가 파리에게 알려졌을 때 나는 좀 편하게 관찰하고, 손님은 쉽게 탐색할 수 있는 그런 장소였다.

검정파리와 고기쉬파리가 수시로 철망에 내려앉아 잠깐 조사하고 돌아갔다. 이 좋은 계절, 3개월 동안 장치를 그 장소에 계속 놔두었으나 어떤 결과도 얻지 못했다. 구더기 따위는 전혀 없었다. 이유가 무엇일까? 저렇게 깊은 곳에서는 썩은 고기 냄새가 밖으로 퍼지지 않았을까? 하지만 그것은 아니다. 냄새는 퍼졌다. 냄새를 잘 못 맡는 내 코로도 알았고, 증인으로 나선 아이들의 코로도 잘 증명되었다.

그렇다면 전에는 상당히 높은 곳에서 구더기를 떨어뜨린 고기쉬파리가 왜 두 배 높이의 대롱에서는 떨어뜨리지 않았을까? 구더기가 너무 높은 데서 떨어지면 상처를 입을까 봐 겁냈을까? 대롱이 너무 길어서 파리가 불안을 느꼈다는 징조는 없다. 녀석들은 철망에 앉은 일밖에 없었을 뿐, 직접 대롱을 조사하거나 그 길이를 재는 것은 보지 못했다. 혹시 밑에서 올라오는 냄새가 약해서 대롱의 깊이를 알았을까? 후각으로 거리를 계산하고, 그 대롱의 선택 여부를 결정했을까? 그럴지도 모르지.

어쨌든 고기쉬파리는 냄새의 유혹을 받았어도 지나치게 높은 데서 새끼를 곤두박질치게 하지는 않았다. 좀더 앞일을 내다본 어미는 번데기를 깨고 나온 자식이 날렵하게 날아올라야 할 때, 긴 굴뚝의 벽에 부딪쳐서 밖으로 탈출하지 못할 경우를 생각했을까? 이런 선견지명을 갖춘 모성 본능은 장래의 필요성에 따라 나타나는 법칙과 부합하기도 한다.

그러나 어느 한도 안에서는 막 태어난 쉬파리가 멋지게 곤두박질친다. 실험이 그것을 확인했는데, 이 사실은 가정경제에서도 쓸모 있게 응용할 수 있다. 곤충학적 불가사의가 때로는 우리를 평범한 실용성으로 안내하는 것은 좋은 일이다.

보통 파리장(모기장)은 4면이 철망으로 되어 있고, 상하 2면은 목수가 만든 커다란 상자 같다. 위쪽 판자 아랫면의 늘어진 갈고리에 파리가 먹으면 안 될 물건을 매달게 되어 있다. 공간을 될수록 넓게 이용하려고 물건을 아래쪽 판자에도 올려놓는 사람이 있다. 그 안에 놓아두면 안심하고 파리나 구더기를 막을 수 있을까? 천만의 말씀이다.

철망이 고기와 좀 떨어졌다면 그런 곳의 검정파리는 산란하지 않을 테니 안심해도 되겠다. 하지만 고기쉬파리가 있다. 대담한 이 녀석은 철망 틈에 산란관을 들이밀고 재빨리 구더기를 떨어뜨린다. 떨어진 녀석은 날렵하게 잘 기어가 쉽게 판자 위의 고기에 도달한다. 하지만 높은 곳으로 줄타기를 해서 올라가는 습성까지는 없어서 위에 매달린 고기는 안전하다.

흔히 식탁에 철제 방충망이 사용된다. 그러나 밑의 물건을 보호하려는 철망덮개는 파리장만도 못하다. 철망을 문제 삼지 않는 고기쉬파리가 그물을 통해서 구더기를 집어넣는다.

그렇다면 어찌해야 할까? 이렇게 간단한 문제도 없다. 사냥해 온 각종 지빠귀, 자고새, 도요 따위를 한 마리씩 종이봉투에 싸 두면 된다. 푸줏간의 고기도 마찬가지다. 공기가 잘 통하는 파리장이 아니라도 구더기는 전혀 침입하지 못한다. 종이에 그런 능력이 있어서 그런 게 아니라 넘을 수 없는 장벽이 만들어져서 그런 것이다. 종이에는 검정파리가 산란하기를 꺼린다. 고기쉬파리 역시 구더기를 낳으려 하지 않는다. 태어난 구더기가 이 장벽을 넘지 못한다는 것을 두 녀석 모두가 잘 안다.

모직물과 모피에 재앙을 가져오는 곡식좀나방(Tineidae)과의 전쟁도 종이로 성공한다. 모직물의 털을 먹는 녀석을 퇴치하려고 흔히 장뇌인 나프탈렌, 담배, 라벤더 따위의 냄새가 강한 방향족(芳香族) 화합물을 사용한다. 악담은 아니지만 이런 기피제는 써 봐야 별 효과가 없음을 인정해야 한다. 이런 물질의 발산은 곡식좀나방의 피해를 막지 못한다.

그래서 내가 주부들에게 권하고 싶은 것은 약품 대신 적당히 큰 신문지를 이용하라는 것이다. 모직물, 모피, 플란넬 등의 옷을 조심스레 신문지로 싸고, 그 끝을 이중으로 접는다. 접은 금에 틈새가 없어야 곡식좀나방이 침입하지 못한다. 우리 집사람도 내 말을 채택하고는 그전처럼 손해를 되풀이하지 않게 되었다.

다시 파리 이야기로 돌아가자. 광구병에 고기 한 조각을 넣고 그 위를 손가락 한 마디 정도의 가늘고 보슬보슬한 모래로 덮었다. 냄새에 이끌린 녀석이 모두 찾아온다.

검정파리가 준비된 병으로 곧 찾아와 안으로 들어갔다. 나왔다 다시 들어가며 무슨 냄새인지 알아본다. 안 보이는 물건이 무엇인지 잘 조사한다. 옆에서 지긋이 감시하자니 모래층을 발로 톡톡 두드리면서 조사하고 주둥이로도 조사했다. 매우 분주한 것 같다. 2~3주 동안 방문객 뜻대로 내버려 두었으나 산란한 녀석은 한 마리도 없었다.

죽은 새를 감싼 종이봉투가 보여 준 것과 똑같은 이유로 모래에는 산란하지 않았다. 종이는 나약한 구더기가 넘을 수 없는 벽이라고 판단한 것이다. 모래는 단단해서 어린 녀석에게 상처를 입힐 테니 더 나쁘다. 구더기의 활동에는 습기가 꼭 필요한데 모래는 건조하다. 자라서 탈바꿈을 준비할 애벌레는 땅속으로 파고 들어가야 하나, 막 허물을 벗은 녀석에게 마른 모래는 크게 부상을 입힐 위험이 있다. 그런 곤란을 모두 알고 있는 어미파리는 아무리 좋은 냄새가 코를 찔러도 거기서 가족을 기르는 것은 망설였다. 그래도 내가 알덩이를 제대로 보지 못했을 경우를 생각하여 병 속 모래를 아래위로 잘 흘려 보았다. 모래에도, 고기에도 애벌레나 번데기는 없었다. 절대로 벌레가 있을 것 같지도 않았다.

손가락 두께의 모래로 한 실험은 약간 조심할 게 있었다. 고기가 썩으면 부풀어서 여기저기가 조금씩 솟아오른다. 이 고기 섬들이 아무리 작아도 파리의 눈에 띄는 날이면 거기에 산란한다. 때로는 썩은 고기의 액체가 스며 나와 모래 한 귀퉁이를 적실 때도 있다. 구더기의 첫 숙소는 거기라도 충분하다. 그래서 덮은 모래의 두께가 1인치 미만이면 실험의 실패는 피할 수 없다. 그보다 두껍다면 검정파리, 고기쉬파리, 그 밖의 썩은 고기를 좋아하는 파리를 모두 피할 수 있다.

인생이 덧없음을 설교하려고 강단에 선 주교(主敎)들은 묘지의 구더기 이야기를 너무 남용한다. 그들의 침통한 설교를 멍청하게 믿어서는 안 된다. 우리 시체가 분해되는 과정은 화학적으로 충분히 이야기되었다. 그런데도 쓸데없이 무섭게 상상할 필요는 없다. 묘지의 구더기란 분별없는 사람들의 발명품이다. 죽은 자는 별로 깊지 않은 땅속에 조용히 잠들어 있다. 하지만 파리가 거기까지 분탕질하러 갈 수는 없는 깊이이다.

땅위의 노천이라면 그게 사실이다. 무서운 침공은 절대적으로 가능한 규칙이다. 재료를 녹여 다른 물체로 만드는 세상에서 시체는 어디까지나 시체이다. 사람이라고 해서 가장 저속한 동물과 다를 것은 없다. 그때는 인간이라 해도 파리가 제 권리를 주장하면서 대수롭지 않은 동물처럼 다룬다. 새것을 만드는 공장인 대자연은 인간을 특별히 구별해서 다루지 않는다. 그 도가니에서는 동물도, 사람도, 비렁뱅이도, 제왕도 절대적으로 동등하게 취급된다. 거기는 이 세상에서 오직 하나인 평등, 즉 구더기 앞에서의 평등만 있을 뿐이다.

17 검정파리 - 구더기

실험 장치에서든, 고기 조각에서든 근처에 틈새만 있으면 침투한 검정파리(Mouche bleue: *Calliphora vomitoria*)⁕ 알이 더운 계절에는 이틀 안에 부화한다. 부화 즉시 활동을 개시한 구더기가 식품을 잘게 자르거나 씹지 않는다. 엄밀한 의미에서 음식을 먹는 게 아니다. 한 쌍의 짧은 각질(角質) 막대기뿐인 입의 구조가 그런 일에는 맞지 않다. 막대기가 서로 접촉하며 미끄러져도 끝끼리는 만나지 않게 배치되어서 무엇을 깨물거나 씹을 수가 없다.

목구멍의 막대기 두 개, 이 갈고리 막대는 사실상 먹이를 씹는 데보다 걷는 데 더 쓸모가 있다. 구더기가 전진할 때는 이 갈고리를 번갈아 물체에 박은 다음 엉덩이를 수축해서 그만큼 앞으로 나간다. 구더기가 목구멍에 지닌 것은 몸무게를 지탱하면서 비약하는 체조 놀이에서 장대높이뛰기의 장대와 같은 것이다.

구더기는 입안의 그 도구 덕분에 피부 표면에서 잘 걷는 것은 물론, 아주 쉽게 살 속으로 파고든다. 마치 바닷속으로 자맥질하듯, 살 속으로 사라지는 것을 보았다. 거기서 나갈 구멍을 만들기는 해도, 통과하면서 먹을 것을 얻지는 않는다. 고형물을 조금이라도 갉던가, 액체를 마시지도 않았다. 구더기는 스스로 리비히(Liebig)[1]의 죽(粥) 같은 것을 쑨다. 녀석에게 소화란 결국 액화시키는 것에 불과하다. 음식을 삼키기 전에 자신은 녹이지 않고 그곳을 소화시킨다.

제약 회사는 허약한 위장을 보조하려고 돼지(Porc: *Sus*)나 양(Mouton: *Ovis*)의 위로 단백질 분해 효소, 특히 고기의 소화제인 펩신(Pepsine)을 제조한다.[2] 제약사가 구더기 위장으로 우수한 약품을 만들 수 있겠다더냐! 육식성인 구더기가 효력이 강력한 펩신을 가졌음을 다음 실험이 증명한다.

뜨거운 물에 익힌 달걀 흰자위를 잘게 썰어서 작은 시험관에 넣되, 그 안이 조금이라도 더러워서는 안 된다. 흰자위에다 덜 닫힌 양철통 표면에 산란되었던 검정파리의 알을 뿌린다. 다른 시험관에도 같은 흰자위를 넣었으나 파리 알은 넣지 않았다. 두 시험관에 솜마개를 하고 어두운 구석에 놔둔다.

며칠 뒤, 구더기가 우글거리는 시험관에는 물처럼 투명한 액체가 고였다. 물을 쏟아 내면 흰자위가 모두 녹아서 아무것도 남지 않는다. 한편, 자라던 구더기는 숨 쉴 공기가 없어서였던지 실신했다. 대다수는 제가 만든 수프에 빠져서 죽었다. 좀 강한 녀석은 유리벽을 타고 솜마개까지 기어올라가, 뾰족한 갈고리 같은 상반신으로 못처럼 섬유 속을 파고들었다.

알을 넣지 않은 제2시험관에는 변화가 없었다. 흰자위의 색깔과 굳기는 처음 넣었을 때 그대로였다. 이 첫 실험으로 결과는 아주

---

1 Justus Freiherr von Liebig. 1803~1873년. 독일의 유기화학자
2 『파브르 곤충기』 제8권 260쪽 참조

명백해졌다. 익힌 알부민(Albumine)은 검정파리의 구더기에 의해 액체가 된 것이다.

삶은 달걀 흰자위 1그램을 액체로 변화시키는 펩신의 역가(力價)를 검사해 보자. 두 혼합물을 섞어 60도의 보온기에 넣고 가끔 내용물을 섞어 준다. 하지만 파리 알이 부화되는 장치에서는 주변 공기의 온도에서도 조용히 이루어져, 보온이나 흔들어 주기는 필요치 않았다. 며칠 지나면 구더기의 활동으로 흰자위가 물 같은 액체로 변한다.

액화 재료의 반응제(용해제)가 내 시험관에서는 잡히지 않았어도 구더기는 목젖의 작은 막대를 입안으로 계속 드나들게 하면서 그 반응물을 아주 조금씩 토해 냈다. 적어도 나는 이렇게 일종의 입맞춤 같은 피스톤 운동에서 용해제가 분비된다고 생각한다. 구더기가 음식에다 침을 뱉었고, 침에는 흰자질을 액체로 변화시키는 물질이 들어 있다. 하지만 변화를 일으키는 본체가 내게는 보이지 않으니, 침의 양을 재지는 못하고 단지 결과만 관찰할 뿐이다.

자, 이렇게 빈약한 수단으로 얻은 결과를 생각하면 참으로 놀랍다. 돼지나 양에서 얻은 펩신은 이 벌레의 펩신과 겨룰 수가 없었다. 내게는 몽펠리에(Montpellier) 약학대학에서 얻어 온 펩신 한 병이 있는데, 검정파리 알로 실험했을 때처럼 잘게 썬 흰자위에다 다량의 약품을 부었다. 보온기를 쓰거나, 보조 물질인 염산이나 증류수를 가하지 않았어도 구더기의 시험관처럼 반응이 일어났다.

하지만 결과는 결코 기대했던 것만 못했다. 흰자위가 액화한 게 아니라 표면만 축축해졌다. 이 습기는 펩신의 풍부한 습기 때문일 것이다. 그렇다. 약제사가 구더기에서 소화제를 추출한다면 돼지나 양에서 얻는 것보다 훨씬 유익할 것이라는 말을 해도 되겠다.

같은 방법으로 실험한 것에 대해 아직 할 말이 남았다. 검정파리가 산란한 실험용 고기에서 부화한 알이 구더기로 자라게 놔두었는데, 양, 돼지, 소(Bœuf: Bos)의 근육은 마치 갈색 포도주 빛의 흐물흐물한 죽처럼 되었을 뿐 완전히 액화하지는 않았다. 간, 허파, 지라 따위는 더 잘 작용했으나 물에 희석되어 반유동적인 마멀레이드(설탕에 졸인 과자)보다 더 녹은 상태는 아니었다. 뇌도 액화하지는 않고 다만 흐물흐물한 죽처럼 되었다.

한편 소기름, 돼지기름, 버터 따위의 지방질은 별로 변화가 없었다. 더욱이 구더기가 살찌는 게 아니라 되레 여위어 갔다. 결국 이런 것은 녀석에게 맞지 않는 식품이다. 왜 그럴까? 애벌레가 토해 낸 용해제에 액화되지 않는 물질이라 그렇다. 펩신이 지방질에는 작용하지 않으며, 지방을 유화(乳化)시키려면 판크레아틴(Pancréatine)이 필요하다. 단백질에는 작용하고 지방질에는 작용하지 않는 성질은 묘하게도 벌레가 토해 낸 액체와 고등동물의 펩신 사이에 동질성이 있음을 확인시켜 주었다.

또 다른 증거가 있다. 진짜 펩신도, 구더기의 펩신도 각질(角質) 피부는 녹이지 못한다. 죽은 귀뚜라미(Gryllidae)의 배를 가르고 검정파리 구더기를 기르기는 쉬워도, 말짱한 귀뚜라미의 양분이 풍부한 배 속으로는 뚫고 들어가지 못해서 안 된다. 구더기의 펩신도 피부의 방어력은 뚫지 못하는 것이다. 피부를 벗긴 개구리(Grenouille: Ranidae) 넓적다리를 주면 살은 물론 뼈까지 녹여 버린다. 하지만 껍질을 벗기지 않으면 구더기 가운데서도 끄떡없다. 그렇게 얇은 피부라도 충분한 방어력이 있었다.

검정파리가 동물의 몸에다 무턱대고 산란하지 않는 이유는 펩신이 피부에 작용하지 못해서였다. 파리에게는 콧구멍, 눈, 목구멍처럼 연한 점막이나 노출된 상처가 필요하다. 다른 장소는 냄새나 명암 등이 아무리 유혹해도 소용없다. 내 실험 재료였던 새의 경우도 털을 뽑은 겨드랑이나 넓적다리 안쪽처럼 피부가 특별히 얇은 곳에나 겨우 산란했다.

검정파리 어미는 선견지명으로 갓난이가 토해 내는 물질의 작용에 용해되는 특별한 장소를 놀랄 만큼 잘 알고 있다. 자신은 후손의 화학을 사용하지 않는다. 그래도 본능의 높은 영감인 모성애가 그 일을 가르쳐 주어 잘 알고 있는 것이다.

검정파리가 산란 장소는 아주 까다롭게 선택해도 새끼의 식량질에는 무척 대범해서 썩은 고기라면 모두 먹었다. '썩은 고기에서 구더기가 나온다.'는 옛날부터 내려온 어리석은 생각을 최초로 깨뜨린 이탈리아 학자 레디(Redi)[3]는 실험 장치에서 여러 동물 종의 고기로 구더기를 길렀는데, 실험 결과를 결정적으로 증명하려고 식단을 극에 달하게 했다. 호랑이(Tigre: *Panthera tigris*), 사자(Lion: *P. leo*), 표범(Léopard: *P. pardus*), 곰(Our: Ursidae), 여우(Renard: *Vulpes*), 늑대(*Canis lupus*), 양, 소, 말(Cheval: *Equus*), 당나귀(Âne: *Equus asinus*) 등의 고기를 피렌체(Florence＝Firenz) 동물원에서 풍부하게 공급받아 구더기의 먹이를 크게 다양화시켰다. 이런 사치는 필요도 없었다. 늑대든, 양이든 가리지 않는 위장에서는 결국 하나같았다.

구더기 박물학자의 멀고도 먼 제자인 나는 그가 눈치채지 못한 방면에서 이 문제를

3 Francesco Redi. 1626~1697년. 구더기 실험으로 자연발생설(自然發生說)을 부정했다.

더 연구해 보련다. 고등동물의 고기라면 무엇이든 구더기에게 적합했다. 이처럼 고급스럽지 않은 체제의 동물인 물고기(Poisson: Pisces), 양서류(Batracien: Amphibia), 연체동물(Mollusca), 곤충(Insecta), 다지류(Myriapode, 多肢類) 따위의 고기 식단에서도 같을까? 구더기가 이런 것을 식량으로 삼을까? 가장 중요한 조건인 액화를 시킬 수 있을까?

생대구(Merlan: *Merlangius*)를 한 덩이를 주었다. 희고 연하며 반투명한 살이 우리 위장에도, 구더기의 용액에도 잘 녹았다. 오팔(단백석, 蛋白石)색 물처럼 유동적으로 용해되었다. 삶은 달걀 흰자위도 대체로 이랬었다. 아직 고형인 섬들이 남아 있을 때 구더기는 잘 자랐다. 하지만 수프가 된 다음에는 머물 곳이 없어, 빠져죽을까 봐 모두 유리벽을 기어올랐다. 시험관의 마개까지 올라와 솜을 뚫고 밖으로 나가려 했다. 모두가 끈질긴 녀석이라 방해물이 있어도 대부분 탈출했다. 흰자위를 넣었던 시험관에 있던 녀석들도 탈출했었다. 녀석들의 발육이 증명했듯이 식량은 적합했다. 하지만 빠져 죽을까 봐 불안해서 먹지 않고 도망쳤다.

가오리(Raie: Rajiformes), 정어리(Sardine: Clupeidae), 청개구리(Rainette: *Hyla*), 개구리(Grenouille: *Rana*) 근육도 생선처럼 죽이 되었고, 다진 뾰족민달팽이(Limace: Limacidae), 물기왕지네(*Scolopendra morsitans*), 황라사마귀(*Mantis religiosa*) 고기도 마찬가지였다.

구더기의 소화작용에는 이렇게 다양한 재료가 푸줏간 고기 못지않음이 명확하게 증명되었다. 구더기는 내 호기심 덕분에 강제로 제공받은 희한한 식량에도 만족하는 것 같았다. 녀석들은 이런 먹이를 먹고도 쑥쑥 자라며 탈바꿈하고 번데기가 되었다.

284

청개구리 우리나라에는 청개구리 2종이 사는데 겉모습이 같다. 다만 울음소리로 구별되는데 이 경우는 서로 자매종 (Sibling species)이다.
시흥, 10. Ⅵ. '92

그래서 결론은 레디 씨가 생각한 것보다도 훨씬 일반적이었다. 고기의 질이 고급이든 아니든, 파리가 자식을 키우는 데는 모두 적합했다. 털 난 짐승의 시체는 양이 풍부해서 얼마든지 산란할 수 있는, 특별히 훌륭한 식품이었다. 하지만 형편에 따라 다른 것도 불편 없이 접수한다. 생명이 끝난 동물의 살덩이라면 모두가 시체를 휩쓰는 이 패거리의 신세를 진다.

어미파리 한 마리의 구더기 수는 얼마나 될까? 지난번에 하나씩 포개진 알이 300개 정도라고 했는데 사정이 좋은 곳이라면 이보다 많겠지. 1905년 1월 초, 이 지방에서는 아주 오래간만에 잠시 예년에 없었던 호된 추위가 찾아왔다. 온도계가 섭씨 영하 12도를 가리켰다. 강한 삭풍이 불어 댔고 올리브 잎은 이미 갈색으로 시들었다. 그런데 누가 별로 멀지 않은 들판에서 죽은 올빼미(Chouette: *Strix aluco*)° 한 마리를 가져왔다. 내가 벌레 따위를 주무르며 산다는 소문을 듣고, 갖다 주면 좋아할 거라고 생각하여 이런 선물을 했다.

그건 사실이다. 그런데 내가 정말로 기뻐한 것은 선물을 가져온 사람이 미처 몰랐던 사실에 있었다. 겉보기에 멀쩡한 올빼미였다. 깃털도 매끈하고 눈에 상처도 없었다. 틀림없이 얼어 죽은 것이다. 그런데 죽어서 움푹해진 커다란 눈에 두껍게 낳아 붙인 알덩이가 있었다. 그게 검정파리의 알임을 즉시 알아보았다. 콧구멍 근처에도 덩어리가 있었다. 다른 사람이었다면 누구나 사절했을 선물이다. 하지만 나는 그것 때문에 이 선물이 아주 고마웠다. 혹시 내가 구더기 소굴을 원했다면 아직 보지 못한 바로 이런 것이다. 그만큼 풍부했다.

모래를 깐 항아리에 시체를 뉘어 놓고, 철망뚜껑을 한 다음 뒷일은 자연에 맡겼다. 설치한 장소는 평소의 작업실로서 거기는 대개 바깥 기온과 같았다. 그래서 옛날에 날도래(Trichoptera) 애벌레(Phrygane)를 기르던 수조(水槽)의 물이 꽁꽁 얼었던 일도 있었다. 이런 날씨라면 파리 알은 계속해서 올빼미 눈을 하얀 막처럼 덮고 있을 것이다. 역시 어떤 움직임이나 꿈틀거림이 없었으니 기다리다 지친 나는 시체를 돌아보지 않게 되었다. 추위가 파리 가족을 전멸시켰을지, 그 답변은 다음으로 미루자.

어느 날인지 모르겠는데, 3월에 보니 새의 상태에는 변함이 없는 것 같으나 알 무더기는 사라졌다. 위를 향한 배 쪽 털의 결도 변함없고, 빛깔도 신선한 그대로였다. 그런 새를 들어 올렸다. 가볍다. 속이 텅 비었다. 밭에서 햇볕에 졸아든 헌 구두짝 같다. 냄새도 안 난다. 이렇게 얼어붙는 계절이니 썩지 않고 말라 버렸을 것이다. 하지만 모래가 묻은 등 쪽은 달랐다. 일부의 털이 빠져서 가엾어 보였다. 꼬리의 큰 깃털도 축을 불쑥 드러냈고, 살이 떨어져 나간 뼈의 흰색이 드러났다. 검은 가죽 같은 피부의 여기저기에 구멍이 뚫려 마치 체처럼 보인다. 오싹 소름이 끼친다. 그러나 교육적이다. 무엇인가를 알려 준다.

불쌍한 올빼미(Hibou: *Asio*, *Bubo* = 부엉이), 등골이 빠졌구나. 한

286

편 영하 12도의 저온도 파리 알에게는 별게 아님을 알려 주는구나. 이 엄동설한에 부화한 구더기가 고기 국물로 뚱뚱하게 살찐 다음 새 등에 구멍을 뚫고 땅으로 내려가, 지금 모래 속에 번데기가 있을 것이다.

실제로 모래 속에 번데기가 있었다. 숫자가 엄청나다. 핀셋으로 하나씩 집어냈다가는 날 새겠다. 모두 수집하려면 모래를 체로 쳐 내야겠다. 쳐내자 번데기가 남았는데 하나씩 세는 것도 큰일이라 됫박으로 쟀다. 한 뭉치를 세었다가 됫박으로 계산한 결과는 거의 900마리였다.

이것들이 모두 한 어미에서 나왔을까? 나는 꼭 그렇다고 말하고 싶다. 추운 계절에는 집 안에서도 거의 찾아볼 수 없는 검정파리인데, 매서운 겨울바람이 휘몰아치는 들판에서 여럿이 떼 지어 산란한다는 것은 있을 수 없는 일이다. 살아남은 한 마리가 휘몰아치는 겨울의 찬바람 속에서 올빼미 눈에다 시급히 산란했을 것 같다. 어쩌면 그 어미 배 속에 있던 알 모두를 낳았을지도 모른다. 이 900개의 번데기가 올빼미 시체를 액화시켰다.

구더기가 휩쓴 올빼미(Effraie: *Tyto alba*)[4]를 버리기 전에, 또한 기분 나쁜 이야기를 하기 전에, 내용을 조사해 보자. 시체 속은 근육과 내장이 모두 사라져 우둘투둘한 말뚝 울타리로 둘러싸인 폐허의 동굴이 되었다. 죽이 된 내장은 구더기에게 흡수되었고, 젖었던 곳 여기저기는 말랐다. 흐물흐물하던 액체도 모두 굳었다.

올빼미 시체의 모든 구석을 핀셋으로 샅샅이 뒤졌으나 번데기는 하나도 없었다. 구더

---

4 새를 대개 Chouette로 썼는데, 앞에서 보았듯이 같은 새 한 마리에게 Hibou와 Effraie를 섞어 써서 정확히 어떤 종인지 알 수가 없다.

기가 모두 떠난 것이다. 전혀 한 마리도 남지 않고 연한 피부의 가냘픈 시체를 버리고 떠났다. 모두 우단을 버리고 깔깔한 땅속으로 들어간 것이다. 녀석들은 지금 마른 곳이 필요했을까? 그렇다면 바싹 마른 시체 안에 머무는 것이 더 좋았을 것 같다. 혹시 추위와 비를 조심한 것일까? 그렇더라도 어느 숙소에도 손색이 없을 만큼 푹신한 솜털 날개보다 더 좋은 곳은 없을 텐데, 모두 이렇게 편안한 곳을 버리고 불편한 숙소로 옮겨 갔다. 탈바꿈할 때가 되면 모두 좋은 집을 버리고 모래 속으로 파고든다.

죽은 육신의 다락방이었던 시체에서의 탈출은 가죽에 구멍 뚫기로 시작되었다. 구멍을 구더기가 뚫었음에는 의심의 여지가 없다. 그러나 앞에서는 저항성 피부로 보호된 살 어디에도 어미가 산란하기를 꺼린다고 했었다. 피부가 펩신의 작용을 받지 않았기 때문이라고 했으며, 그 부분은 액화되지 않아 수프가 만들어지지 않는다고 했다.

구더기 입안의 갈고리가 수프 재료인 피부를 찢고 살 쪽으로 가지는 못한다. 하지만 혹시 갈지도 모른다. 구더기가 땅속으로 내려갈 때쯤이면 아주 튼튼해진다. 게다가 필요한 기술에도 눈을 떠, 끈질기게 부식시키며 길 여는 법을 잘 알게 될 것이다. 그래서 갈고리를 박았다가 잡아당기며 쥐어뜯는다. 본능은 실제의 영감을 받아, 처음에는 몰랐던 기술을 쓸 때가 되면 배우지 않아도 알게 한다. 땅속으로 파고들기에 능숙해진 구더기는 어렸을 때 공격하지 못하던 막질 장벽도 뚫는다.

구더기는 그렇게도 훌륭한 은신처를 왜 버렸을까? 왜 땅속에서 자리를 잡을까? 시체의 첫번째 청소부였던 녀석이 썩은 물건을 열심히 말려 버렸다. 그러나 용해화학의 용해제로는 이용할 수 없는 쓰레기를 많이 남겼다. 말라붙은 이 쓰레기를 이제는 다른 해부가가 찾아와서 처리한다. 이 해부가는 흰 뼈가 노출될 때까지 피부나 인대 따위를 갉아먹는다.

해부 작업의 장인은 동물 시체를 갉아먹는 수시렁이(*Dermestes*)로서, 파리가 이미 분탕질한 다음에 찾아온다. 자, 번데기가 아직 그곳에 남아 있다면 어떤 일이 벌어질지는 뻔한 일이 아니겠나. 수시렁이는 고기를 즐기던 녀석이 만든 각질 작은 통(번데기 케이스)을 단번에 이빨로 부숴 버릴 것이다. 같은 제사공장에서 암검은수시렁이(*D. vulpinus*→ *maculatus*)°란 녀석이 번데기의 각질 피부를 공격하여 구멍을 뚫는다. 산 것은 밝히지 않아 알맹이(파리 번데기)는 그냥 놔둘지라도 단단한 껍질에만은 입맛을 다실 것이다. 상자에 구멍이 뚫리면 장래의 파리는 끝장이다.

암검은수시렁이
실물의 4배

어린 구더기는 그런 위험을 미리 눈치채고 그

녀석이 오기 전에 도망쳤다. 구더기 머리는 그것이 있어야 할 자리에 조금 뾰족 나온 것을 말한다. 그렇다면 머리의 뜻을 폭넓게 해석해야 할 텐데, 이런 변변치 못한 머리가 그런 지혜를 기억하고 있을까? 번데기의 안전을 위해서는 먹던 시체를 버리는 것이 좋다는 것, 또 파리의 안전을 위해서는 땅속으로 너무 깊이 파고들지 말아야 할 것 따위를 녀석이 어떻게 알았을까?

성충으로 우화해서 땅위로 올라오려는 검정파리는 머리를 두 갈래로 나누어 각각 움직인다. 크고 붉은 눈 두 개를 부풀려서 서로 접근했다 갈라지면 그 사이에서 유리 같은 헤르니아가 불쑥 올라왔다가 꺼진다. 다시 둘로 갈라지며 각 눈이 좌우로 밀릴 때마다 두개골 상자를 깨고 내용물을 몰아내서 헤르니아가 밀려 나온다. 둥근 머리가 마치 크고 뭉툭한 못처럼 된다. 다음, 헤르니아가 안으로 들어가 이마가 닫히며 코끝 같은 곳이 남는다.

어쨌든 여러 차례 반복적으로 깊게 고동치는 이마의 주머니(헤르니아)는 탈출 도구였다. 번데기에서 처음 빠져 나온 파리는 이 절굿공이의 힘을 빌려 모래를 톡톡 쪼아 무너뜨리고, 뒷다리로 흩어진 흙을 뒤로 젖혀서 차차 위로 올라간다.

머리를 갈라서 고동을 일으키며 솟아오르기는 정말로 힘겨운 일이다. 번데기 상자에서 나왔을 때는 체력이 가장 허약한 때인데 그렇게 지치는 일을 해야 한다. 몸통은 가로로 접혀서 몸마디가 불쌍할 만큼 짧다. 회색인 등줄 위에만 보기 흉한 가시털이 덮고 있다. 차마 눈뜨고 볼 수 없는 몰골이다. 조금 뒤 펼쳐질 날개는 큰 돛대 같아서 하늘 높이 날기에는 적절하겠지만, 지금 당장은 통과해야 할 길에 아주 번거로운 걸림돌이 된다. 깨끗하게 몸단장

290

하는 것도 나중에 할 일이다. 완전히 검정이던 것이 그때는 청람색 빛을 띠게 된다.

이마의 헤르니아가 고동친 힘으로 모래를 흩뜨리고 위로 올라왔으나 아직도 잠시는 써야 한다. 막 올라온 파리의 뒷다리를 핀셋으로 잡았다. 모래 속에서 구멍을 팔 때만큼은 아니라도 머리의 도구는 신축운동을 계속한다. 녀석은 다리만 자유롭지 못할 뿐, 제가 아는 단 하나의 장애물과 열심히 싸운다. 고동치는 혹으로 흙을 흩뜨렸을 때처럼 허공 찌르기를 계속한다. 난처할 때도 언제나 하나밖에 없는 재주, 즉 이마를 쪼개 헤르니아 신축시키기를 계속한다. 두 시간 동안, 때때로 좀 쉬지만, 내 핀셋 끝에서 고동치는 기계를 계속 작동시켰다.

절망적인 벌레는 마침내 피부가 굳기 시작한다. 날개를 펼치고 검푸른 상복(喪服)으로 갈아입는다. 양쪽으로 밀려갔던 두 눈이 서로 접근해서 제 위치를 찾는다. 갈라졌던 머리도 합쳐진다. 탈출할 때 필요했던 헤르니아도 안으로 들어가 다시는 나오지 않는다. 하지만 그 전에 주의할 점이 있다. 사라지는 혹을 앞발로 조심해서 청소해야 한다. 절반씩의 머리가 영구히 닫히는 시점에, 그 사이에 잔돌이 끼지 않도록 조심해야 하는 것이다.

어린 구더기가 파리가 되어 땅을 뚫고 올라와야 할 때, 어떤 어려움이 기다리는지 녀석은 잘 알고 있다. 몸에 지닌 빈약한 도구를 이용해서 올라가기가 얼마나 힘든 일인지도, 길이 멀 때는 목숨이 위험하다는 것도 이미 잘 알고 있다. 녀석은 장래의 위험을 예감하고 자신의 지혜로 그런 것을 피하려 한다. 목구멍에 두 개의 막대가 있어서 마음만 먹으면 아무리 깊은 곳이라도 내려갈 수 있다. 아주 조용하고 덜 추운 곳은 바로 깊은 곳이다. 내려갈 수만 있다면 가장 깊은 곳이 구더기와 번데기에게 가장 행복한 곳이 될 것이다.

땅속으로 마음대로 내려가는 것도 참으로 놀랍다. 구더기는 이 계시에 따라 마음껏 내려갈 수 있으나 실제로는 별로 내려가지 않는다. 사육 화분은 아주 가늘고 건조한 모래를 깊이 채워서 파내기 쉬운 흙인데도 녀석들은 아주 얕게 팠다. 대체로 가장 깊이 내려간 곳이 지표에서 손바닥 너비였다. 거기서 구더기의 피부가 굳은 관(棺, 케이스) 속에서 탈바꿈을 위한 잠을 잔다. 몇 주 뒤 모습을 바꾼다. 하지만 너무 나약한 녀석이 흙을 헤치고 올라올 도구라고는 갈라진 이마에서 고동치는 주머니만 보유한 채 눈을 떴다.

파리가 얼마나 깊은 곳에서 올라오는지를 알아보기는 쉽다. 한쪽 끝이 막힌 굵은 유리관 밑에 겨울에 입수한 검정파리 번데기를 15개씩 넣었다. 그 위는 마른 모래로 채웠으며, 각각의 장치는 높이가 모두 달랐다. 4월에 우화가 시작되었다.

유리 대롱 중에서 모래 높이가 가장 짧은 것은 6cm였는데, 이것이 가장 좋은 결과를 보여 주었다. 모래 밑에 묻힌 15마리의 번데기 중 14마리가 성충이 되어 아주 쉽게 지표면으로 나왔고, 단 한 마리만 올랐던 흔적도 없이 죽었다. 모래 높이 12cm에서는 4마리, 20cm에서는 2마리만 올라왔다. 나머지는 도중에 지쳐서 모두 죽었다.

끝으로, 모래 높이 60cm에서는 1마리만 성공했는데, 이 용감한 녀석은 그렇게 깊은 곳에서 올라오려고 무척 힘들여 싸웠을 것이다. 다른 녀석들은 뚜껑조차 열지 못했다. 유동성 모래의 압력은 마치 물속의 수압 같아서, 흙을 뚫고 올라갈 때의 어려움과 무관하지 않았을 것이라는 생각이다.

그래서 대용품 두 개를 마련했다. 이번에는 축축한 흙을 넣고 가볍게 다져서 모래처럼 유동적이지도 않고, 압력도 문제가 안 되게 했다. 하지만 6cm의 흙층에서는 15개의 번데기 중 8마리만 올라왔고, 20cm 층에서는 겨우 1마리만 내 손에 들어왔다.

성공률이 마른 모래층보다 더 나빴다. 내가 고안한 기술로 압력은 줄었으나 저항은 증가한 것이다. 유동성 모래는 머리로 문대면 흩어졌으나 젖은 흙에서는 갱도를 파야 했다. 탈출한 흔적을 조사했더니 역시 두 눈 사이의 일시적 주머니로 뚫은 통로가 남아 있었다.

모래땅이나 부식토, 또는 젖은 흙의 어느 장소든 파리에게는 뚫고 올라가야 하는 고난이 도사리고 있다. 구더기는 그래서 좀더 안전하려고 좁은 장소와 깊은 곳을 싫어했다. 나름대로 신경 쓰며 조심도 한다. 장래의 고난을 미리 예측하여, 현재의 편안을 위해 깊이 파고들지는 않았다. 즐거운 미래를 위해 현존하는 고통을 잊어야 하는 것이다.

18 구더기에도 기생벌

검정파리(Mouche bleue: *Calliphora vomitoria*)°에게 위험한 일은 흙을 뚫고 나오는 것만이 아니다. 녀석에게는 또 다른 위험도 많음을 알아야 한다. 삶이란 결국 서로 도살해서 각을 뜨는 공장인 셈이다. 오늘 잡아먹은 녀석은 내일 잡아먹힌다. 죽은 자를 분탕질한 녀석도 제가 당할 차례를 피하지는 못한다. 나는 녀석의 도살자를 알고 있다. 바로 둥근풍뎅이붙이(Saprin: *Saprinus*)로서 시체가 녹아 생긴 늪가에서 작은 순대를 낚는 딱정벌레이다. 거기서는 검정파리, 금파리(Lucilies: *Lucilia*), 고기쉬파리(M. grise: *Sarcophaga carnaria*) 애벌레가 함께 우글거린다. 둥근풍뎅이붙이는 이 녀석, 저 녀석 가리지 않고 물가로 끌어내서 먹어 치운다. 녀석에게는 모두가 같은 값어치의 먹잇감일 뿐이다.

그런 요릿감은 햇볕이 강하게 내리쬐는 들판에서나 보이므로 풍뎅이붙이나 금파리가 내 집에는 결코 들어오지 않는다. 고기쉬 파리는 몰래 살짝 들어오지만 결코 차분하게 머물지 않고, 검정파리도 바삐 사라져서 집에 있는 순대 소비자에게 구더기 공물을 바치지 않는다. 하지만 들판에서는 시체를 발견하는 즉시 산란해서 새끼를 풍뎅이붙이에게 듬뿍 선사한다.

그 밖에도 가장 무서운 재난이 녀석의 가족을 솎아 낸다. 내가 직접 본 것은 고기쉬파리의 자손이 당한 것뿐이나, 검정파리 역시 똑같이 당할 것이라고 생각한다. 아니, 꼭 그렇다고 믿는다. 이제부터 이야기할 고기쉬파리의 사건을 검정파리에서는 불행하게도 실증할 기회가 없었다. 그렇다고 해서 문제가 될 것은 없다. 두 종류의 파리 애벌레는 유년기가 너무도 닮아서 한 종에서 관찰한 사실을 서슴없이 다른 종에게 적용시켜도 무방하다는 생각이다.

관찰한 사실은 다음과 같다. 구더기 사육조 하나에서 고기쉬파리의 고치(번데기)를 많이 채집했다. 술잔처럼 오목한 왕관 모양의 꽃줄이 장식된 꼬리 끝을 조사하고 싶었다. 그래서 마지막 배마디를 예리한 칼로 뜯어냈는데, 각질인 그 가죽 부대에는 기대했던 것이 들어 있지 않았다. 대신 장소를 실용적으로 이용한 다른 구더기가 꽉 채우고 있었다. 마치 소금에 절인 멸치 따위가 꽉 들어찬 유리병 같았다. 질긴 가죽의 갈색 껍질 안은 사라진 파리 번데기 대신 구더기처럼 활발한 꼬마 집단으로 바뀐 것이다.

껍질 안에 있는 35마리나 되는 꼬마를 작은 통으로 옮겼다. 틀림없이 이렇게 많은 구더기로 가득 찬 또 다른 번데기도 수집될 것이다. 그런 것을 쉽게 확인하려고 각 번데기를 대롱 안에 늘어놓았다. 구더기가 어떤 종류의 기생충인지를 아는 것이 중요한 문제이다. 하지만 녀석들의 특성인 생활 습성만 보아도 충분히 짐작되니 우화까지 기다릴 필요도 없다.

녀석들은 살아 있는 내장을 싹쓸이하는 좀벌(Chalcidiens: Chalcidoidea)이다. 이 책 앞쪽[1]에서 희한한 바구미인 고약오동나무바구미(*Cionus thapsus*)가 탈바꿈하려고 만든 고치를 요런 꼬마 가족이 먹어 버렸다는 이야기를 했었다.

바로 지난겨울, 공작산누에나방(Grand-Paon: *Saturnia pyri*) 번데기 한 개에서 기생봉을 449마리나 끄집어냈다. 장차 나방이 될 모습은 사라졌고 번데기 껍질만 남아서, 마치 러시아의 예쁜 가죽 주머니처럼 되어 있었다. 거기에 꼬마 구더기가 빈틈없이 꽉 들어차서 서로 붙어 있는 상태였다. 붓으로 쓸어 냈더니 한데 뭉쳐진 덩어리 같아서 한 마리씩 분리해 내기가 어려웠다. 이토록 전혀 빈틈없이 꽉 차 있다니 참으로 놀랍다. 번데기 사체가 같은 부피의 매우 작은 생물(구더기)로 갈라져서 태어난 셈이다. 번데기에서 자란 기생충은 몸의 구조가 불투명한 일종의 유제품(乳製品) 모습으로, 말하자면 거대한 유방을 완전히 빨아먹은 꼴이다.

갓 태어난 육신이 400~500마리의 식솔에게 한 조각씩 뜯겨서 모두 먹혔다. 고문으로 사형에 처해진 벌레의 불쌍한 이 고통, 생각만 해도 소름끼치는 일이다. 그런데 거기에 진짜 고통이 있었을까? 의심해 봐도 좋을 것 같다. 고통이란 높은 단계의 인간이나 가질 자격이 있으며, 수난을 당하는 자의 단계가 높을수록 고통도 커지는 법이다. 같은 동물이라도 낮은 계열에서는 고통이 적으며 어쩌면 없을지도 모른다. 특히 지금 발생 중인 생명은 아직 안정된 평형을 갖지 못해서 더욱 그럴 것 같다. 계란에서 흰자위는 생활 물질일 뿐, 바늘로 찔러도 까딱하지 않는다. 수많은 해부가에게 세포를 하나씩 살리는 공작산누에나방 번데기도 과연 그랬을까? 고기쉬파리와 고

1 제5장 내용 참조

296

약오동나무바구미의 번데기 역시 그랬을까? 녀석들은 제2의 탄생을 위해 용해되어 알 상태로 되돌아간 생체이다. 그래서 산산이 부서지며 먹혀도 느낌을 모를 것으로 믿는 이유가 여기에 있다.[2]

8월 말이면 고기쉬파리 번데기의 기생충이 성충 모습을 갖추고 탈출한다. 역시 내 예측대로 좀벌 종류였다. 녀석들은 이빨로 힘들게 뚫은 구멍 한두 개를 통해서 나왔다. 세어 보니 대개 번데기 한 개당 30마리 정도였다. 식구가 더 많았다면 살 자리가 모자랐겠지.

날씬하고 멋진 창조물, 하지만 요런 난쟁이, 이 얼마나 작은 꼬마이더냐! 겨우 2mm 정도에 청동색을 띤 검정에 엷은 색의 다리, 짤록한 배는 심장 모양으로 약간 뾰족하고, 산란관은 보이지 않는다. 머리는 가로형이다.

수컷은 크기가 암컷의 절반 정도이며 숫자도 많지 않다. 이 종도 교미는 필수요건이 아니며, 일부만 교미해도 종족의 번영에는 차질이 없는가 보다. 그래도 대롱 안의 집단에서는 엇갈려 지나가는 암컷에게 소수의 수컷이 열심히 구애한다. 고기쉬파리의 계절이 끝나지 않는 한 이 난쟁이들은 바깥에서 할 일이 태산 같다. 꾸물거렸다가는 큰일이니 될수록 빨리 살육 솜씨를 보여 주려고 일찍 날아간다.

기생벌은 어떻게 고기쉬파리 번데기에 침입했을까? 진상을 밝혀 보려 했으나 늘 어두운 그림자만 던져졌다. 운 좋게 분탕질당한

2 마치 이기적 동물의 극치인 인간만이 고통을 느낄 수 있고, 하등한 동물일수록 고통을 모르거나 없다는 식으로 표현했다. 과연 인간 자신의 교만함을 한 번쯤 숙고해 봐야 할 대목이 아닐까? 파브르는 꼭 그런 의도로 썼을까? 과거에는 인간의 사고방식이 그랬으니 파브르도 그렇게 썼을 것이다. 뒷부분의 표현처럼 아직 신경계가 형성되지 않은 생명체는 물질세계와 별로 다를 게 없으니 어쩌면 고통을 모른다는 생각을 할 수도 있겠다. 하지만 흰자위는 분명히 물질이지 생명체는 아니니 착각하지 말아야겠다.

번데기를 얻었으나 분탕질하는 녀석은 그 행동을 보여 주지 않았다. 대롱 안에서는 녀석들이 침입하는 경우를 한 번도 보지 못했다. 내 주의가 거기까지는 미치지 못했으니 그런 것을 본다는 것은 정말로 어려운 일이다. 하지만 직접 관찰하지는 못했어도 사물의 이치가 진실과 매우 가까운 것을 알려 준다.

우선 번데기를 둘러싼 튼튼한 갑옷을 뚫지 못할 것이다. 이 난쟁이가 가진 도구로는 너무도 단단한 갑옷을 도저히 침범할 수 없고, 알의 주입이 가능한 곳은 구더기의 연한 피부밖에 없다. 어미벌 한 마리가 불쑥 날아와서 구더기가 우글거리는 고기 주변을 한 바퀴 돌다가 마음에 드는 녀석 위에 앉는다. 그러고는 지금까지 뾰족한 배 끝에 감추어 두었던 짧은 침을 꺼내서 수술한다. 배에 아주 작은 상처를 내고 알을 주입하는 것이다. 30마리 가량의 기생충을 주입시킨 것으로 보아 아마도 여러 번 찌를 것 같다.[3]

어쨌든 구더기 피부는 여러 곳에 구멍이 뚫린다. 게다가 구더기가 녹인 고기즙 속에서 헤엄칠 때 이 문제를 충분히 설명하려면 잠시 다른 이야기가 좀 필요할 것 같다. 이것이 지금의 문제와는 무관할 것 같아도 실은 밀접한 관계가 있다. 약간의 서문이 있어야 이해하기 쉬울 테니 우선 서문을 간략하

3 파브르는 여기서 크게 잘못 알았다. 좀벌 중에는 다배발생(多胚發生, Polyembryony)을 하는 종류가 많음을 몰랐다. 우선, 좀벌은 너무 빈약해서 산란관이 번데기를 뚫지 못할 것으로 생각했다. 그러나 적당한 실험실에서는 각질의 강도가 다양한 여러 종류의 번데기나 알껍질에다 좀벌이 직접 산란하는 장면을 쉽게 관찰할 수 있다. 오히려 액체 속의 구더기에서 활동할 수 있는지를 더 의심했어야 한다. 다배발생은 말벌을 포함한 여러 종류의 벌과 부채벌레목(Strepsiptera)에서 알려진 생식 방법인데, 한 개의 알에서 여러 개의 배아가 발생하여 여러 개체가 탄생하는 방법이다. 일반적으로는 수정된 난세포는 한 개가 수많은 세포분열을 거친 다음 하나의 독립된 개체를 이룬다. 하지만 다배발생 동물은 한 개의 알이 여러 세포로 분열한 다음 각각의 세포가 다시 따로 발생하여 각각 별개의 개체가 된다. 말하자면 수많은 일란성(一卵性) 쌍둥이가 태어나는 셈이다. 어떤 수중다리좀벌은 나방 애벌레에게 단 몇 개의 알을 낳았는데, 나중에는 2천 마리도 넘는 성충이 발생한 예가 보고되었다.

게 써 보자.[4]

당시는 랑그독전갈(Scorpion Languedocien : *Scorpio→ Buthus occitanus*)의 독성과 그 독이 곤충에게 미치는 영향을 연구하고 있었다. 그때는 독침으로 내가 원하는 위치를 찌르는 것이나 독의 배출량 조절하는 것이 절대로 불가능했었다. 한편 전갈이 멋대로 행동하게 놔두는 것도 위험한 일이었다. 그렇지만 상처 낼 곳과 배출량을 내 마음대로 정하고 싶었다. 그러면 어떻게 해야 할까? 가령 말벌(Guêpe : Vespidae)이나 꿀벌(Abeille : Apidae)은 독액 주머니가 있지만 전갈은 그런 독병이 없다. 조롱박 모양 꼬리의 끝마디에 달린 침에 독을 배출하는 가는 관이 있고, 이 관은 강한 근육 다발이 감싸고 있다.

전갈을 갈라 마음대로 채취할 독병이 없으니 독침이 달린 끝마디를 잘라 냈다. 이미 죽어서 마른 전갈에서 잘라 낸 것을 시계접시에 담아 물 몇 방울과 함께 갈았다. 24시간 동안 물속에 담가 두었다가 얻은 액체를 주사해 보려는 것이다. 만일 전갈 꼬리의 표주박에 독이 남아 있다면 적어도 시계접시에서 졸인 물속에는 그 흔적이 남았을 것으로 생각했던 것이다.

주사침은 가늘고 끝이 뾰족한 유리관을 이용해서 아주 간단했다. 이것으로 시험 액체를 빨아올렸다가 불어 낸다. 끝은 거의 모세관처럼 가늘어서 내 마음대로 양을 조절할 수 있고, 보통 1밀리미터 단위로 주입했다. 주사하는 곳은 각질이라 유리 끝이 깨지기 쉽다. 그래서 희생물의 주사할 자리에 미

---

4 사실 여부가 의심되는 문장이다. 다음 문단부터 전개되는 내용은 독성의 문제인지, 아니면 세균학(細菌學)의 문제인지를 가늠하기 어려운 글들이다. 실제로는 세균학의 문제인데 이를 의도적으로 배제한 내용이 포함되어 있어서 더욱 혼란을 준다. 추정 내용과 전개 과정보다는 눈앞에 나타난 현상만 참고하는 게 좋겠다.

리 길을 내 두었다. 이 구멍에 준비된 주사기를 꽂고 불어넣는다. 이런 조작을 솜씨 있게 순서대로 잘 해냈고, 더 정확한 연구를 하는 데에도 아주 편리했다. 이렇게 보잘것없는 도구로 성공했으니 나는 그야말로 그 기쁨에 매혹되었었다.

결과 역시 그에 못지않았다. 시계접시의 독처럼 물을 타지 않는 독을 주입했을 때도, 즉 전갈이 직접 찔렀을 때도 이만큼의 효과를 얻지는 못했다. 내가 조작한 것에 찔린 녀석은 경련이 더욱 심했다. 결국 내가 만든 독이 전갈의 독보다 더 강력했다는 이야기이다.

시험을 수없이 반복했다. 언제나 같은 독을 썼고, 증발해서 마르면 물 몇 방울을 가해서 계속 반복실험을 했다. 그런데 독의 강도가 줄어들기는커녕 증가했다. 수술당한 곤충의 사체는 지금까지 본 것과는 달리 이상한 부패 형태를 보였다. 그래서 이 경우는 전갈의 진짜 독과는 무관하다는 생각을 했다. 만일 그렇다면 전갈의 꼬리 끝마디인 독침 밑 독병에 들어 있는 물질은 이 벌레의 몸 전체에서 만들어질 가능성이 크다.

독병과 좀 떨어진 꼬리의 앞쪽 마디를 잘라 물속에서 갈았다. 24시간 동안 담갔다가 얻은 액체의 효력도 침 마디의 것과 같았다. 근육 덩이뿐인 전갈의 가위도 갈아서 시험했는데 같은 결과였다. 따라서 몸의 어느 부분에서 독을 추출했든 호기심거리인 독성이 있었다.

병대벌레(Cantharidae)는 몸의 안팎 전체가 발포제(發泡劑)로 가득 찼다. 하지만 전갈의 독은 꼬리 끝의 병에만 들었을 뿐 몸의 다른 부분에도 존재하는 것은 아니므로 그것과 비교할 수는 없다.

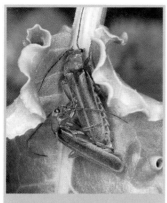

서울병대벌레 병대벌레란 혼자보다는 무리지어 나타나는 경향 때문에 붙여진 이름이다. 만일 이름이 요즘 지어졌다면 '군대벌레' 또는 '부대벌레' 라고 했을 지도 모른다. 수원, 2. V. 03, 강태화

결국 내가 관찰한 효과의 원인은 모든 곤충에서 보이는 일반적인 성질과 관련된 셈이다. 비록 그 독성이 별로 없더라도 그렇다는 이야기가 된다.

이 점에 관해 성질이 온순한 유럽장수풍뎅이(Orycte nasicorne: *Oryctes nasicornis*)에게 물어 보자. 재료의 성질을 명확하게 하려고 곤충을 갈아서 가루로 만들지 않고, 죽어서 바짝 마른 풍뎅이의 가슴마디 안쪽을 긁어낸 근육섬유만 사용했다. 또한 마른 넓적다리의 근육도 꺼냈고, 흰무늬수염풍뎅이(Melolontha→ *Polyphylla fullo*), 하늘소(Capricorne: *Cerambyx*), 점박이꽃무지(Cétoine: *Cetonia*) 따위의 마른 시체도 사용했다. 어느 것이든 물을 넣고 이틀 동안 불려서 녹은 것을 추출했다.

이번에는 크게 한 걸음 진보했다. 내가 만든 액은 모두가 하나같이 강한 독성을 지니고 있었다. 처음 상대한 곤충은 진왕소똥구리(Scarabée sacré: *Scarabaeus sacre*)였는데 결과는 독자의 판단에 맡긴다. 녀석은 덩치도 크고 힘도 세어 이런 시험의 대상으로는 안성맞춤이다. 12마리에게 앞가슴이나 가슴, 배, 특히 감각이 예민한

유럽장수풍뎅이 수컷
실물의 2/3

신경중추에서 멀리 떨어진 뒷다리의 넓적다리마디 등에 주사했다. 액이 주입된 곳은 어디든 모두 같은 결과가 일어났다.

녀석들은 모두 벼락 맞은 듯이 즉사했는데, 허공을 바라보고 누워서 앞다리를 불규칙하게 움직였다. 일으켜 주면 마치 생기 댄스(Danse de Saint-Guy)[5]를 추는 것 같았다. 왕소똥구리는 머리를 숙이고 등을 굽혀, 경련이 일어난 다리로 몸을 버틴다. 그러고는 제자리걸음으로 조금 나갔다가 물러서며 좌우로 넘어진다. 평형을 취하지도, 걷지도 못한다. 근육의 통제 상실로 심각한 고장이 나서 생긴 부조화 운동이었다. 그래도 움직임은 격렬해서 마치 건강한 벌레 못지않은 힘을 가졌다.

내 직업은 동물 심문꾼이다. 벌레 고문꾼이 이 나이가 되도록 그런 광경을 본 일은 드물었다. 만일 오늘 파낼 모래 한 알이 나중에 지식의 전당에 자리 잡아 우리를 도울 거라는 희망이 없었다면 나의 고충 역시 대단했을 것이다. 생명이라면 소똥구리의 몸뚱이

5 17~19세기, 미국과 유럽에 퍼졌던 춤 동작이나 실상은 유전병의 한 증상이었다.

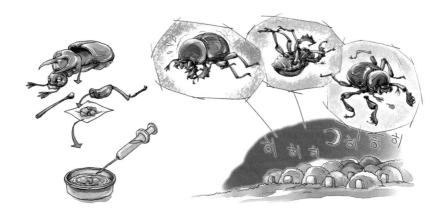

든, 인간의 몸뚱이든 같은 것이니, 벌레를 심문하는 것도 사람을 심문하는 것과 같다. 따라서 함부로 할 수 없는 발명의 길이지만, 한 걸음 전진하려는 이 희망이 참혹한 내 연구를 보상해 주겠지. 속이 빤히 들여다보이는 유치한 말 같지만 그것은 참말로 진지한 가치가 있는 연구일 것이다.

고문한 12마리 중 어떤 녀석은 그 자리에서 죽었고, 다른 녀석은 몇 시간 동안 목숨이 붙어 있었다. 그러나 그날이나 그 다음 날은 모두 죽었다. 시체를 실험대에 올려놓았다. 표본을 만들려고 질식시켜 죽인 곤충은 바싹 마르는데 이것들은 그렇지 않았다. 실내 공기가 건조한데도 되레 연해지며 관절이 물러져 각 부분이 쉽게 떨어져 나갔다.

하늘소, 수염풍뎅이, 갈색딱정벌레(*Procrustes*), 딱정벌레(*Carabus*)로 실험한 결과도 같았다. 모두가 근육운동이 마비되며 즉사했고, 관절이 이탈하며 부패가 빨리 진행되었다. 갑옷을 입지 않은 종류는 훨씬 빨리 부패했다. 꽃무지는 찌른 상처에 다시 흠집을 내도 저항력을 가졌을 만큼 강함에도 불구하고, 무서운 독 한 방울을 몸의 어디에 주사하든 바로 죽었다. 다음, 심하게 갈색으로 변했다가 이틀이 지나면 검게 썩었다.

전갈 독에는 거의 불감증인 듯했던 공작산누에나방도 독물 주사에는 왕소똥구리나 그 밖의 갑충보다 나을 게 없었다. 나방은 암수를 각각 한 마리씩 주사했다. 처음에는 아무렇지 않은 것 같더니 얼마 후 철망에 달라붙는다. 어느 틈에 꼼짝 않고 움직이지 못한다. 아마도 독이 몸에 퍼졌나 보다. 하지만 왕소똥구리처럼 소란을 피지는 않았다. 천천히 날개를 떨면서 잠들 듯 조용히 죽어 철망에서 떨어졌다. 시체는 다음 날 아주 연해졌으며, 배마디가 늘어나 조금만 당겨도 구멍이 났다. 털을 뽑아 보면 흰색이던 피부가 노랗게 변했다가 검은 색을 띤다. 부패도 급속히 진행되었다.

이 실험은 미생물과 배양기(培養基) 실험에 아주 좋은 기회이나 그것은 하지 않으련다. 보이는 것과 안 보이는 것 사이, 희미한 경계선상에 있는 사물에 대해서는 아무래도 현미경을 믿기가 어렵다. 현미경은 이론이 보고 싶어 하는 것을 마음씨 좋게 보여 주어 현실상과 상상의 상을 바꿔 놓기 쉽다. 다행히 세균을 찾아냈어도 문제가 해결되는 것이 아니라 방향을 바꿀 뿐이다. 생체가 찔려서 파괴된 문제 대신 이에 못지않게 어려운 문제를 또 제기할 것이다. 세균은 어떤 방법(작용)으로 이런 분해를 초래했을까? 그 작용 다음에는 무엇이 따를까?

그러면 지금까지 이야기한 사실을 어떻게 설명하는 게 좋을까? 방법이 없다. 전혀 없다. 내가 그런 것을 모르기 때문이다. 어쩔 도리가 없으니 미지의 검은 파도에서 머리를 잠깐 쉬기에 적합한 상상 두 가지와 비교해서 이야기해 보는 게 좋겠다.

누구나 어렸을 때는 카푸친 카드(Capucins de cartes) 놀이를 즐겼다. 카드를 될 수 있는 대로 반원처럼 구부러지게 세웠다. 테이블 위에 높고 낮은 순서대로, 그리고 적당한 간격으로 세워 놓으면 그 곡선과 규칙적인 배열이 보기 좋았다. 모든 활기찬 물체의 조건인 질서가 거기에 있었기 때문이다.

이제 첫번째 카드를 살짝 밀어 보자. 카드가 넘어지면서 다음 카드를, 다음 가는 세 번째 카드를 넘어뜨린다. 이런 식으로 차례대로 그 줄의 끝까지 넘어뜨린다. 넘어지는 물결이 점점 넓어지며 그 훌륭했던 건조물이 허무한 폐허가 된다. 죽음이라고 외치고 싶을 정도로 질서 다음에 무질서가 온 것이다. 카푸친 행렬을 이렇게 뒤엎으려면 무엇이 필요할까? 엎어진 전체와는 정말로 비교되지 않을 만큼 하찮은 최초의 작은 타격인 밀기였다.

가령 열을 가해서 과포화 상태로 만든 백반(白礬) 용액이 플라스크 안에 들어 있다고 하자. 끓는 동안 코르크 마개로 막았다가 식게 놔둔다. 안에는 아주 투명한 유동성 용액이 들어 있다. 그 유동성으로 보아 거기는 무엇인가 몽롱하게 살아 있는 모습이 있다. 마개를 열고 고체 백반을 넣어 본다. 아무리 작은 백반이라도 상관없다. 그러면 액체가 순식간에 고체로 변하며 열을 발생한다. 무슨 일이 일어났을까? 인력(引力)의 중심인 백반의 작은 조각에 닿아 결정체가 생긴 것이다. 그리고 결정이 다음다음으로 퍼져서 고체가 된 부분이 옆의 액체를 고체로 바꾼다. 이 활동을 일으키게 한 것은 극히 작은 입자였다. 하지만 일어난 활동은 무한했다. 즉 극히 작은 것이 거대한 것을 변화시킨 것이다.

지금 이야기한 두 예를 내 주사의 작용과 비교할 수는 없다. 다만 하나의 표현으로 받아 주었으면 좋겠다. 카드의 긴 카푸친 행렬은 제일 처음 카드가 손가락에 조금만 닿아도 모두 넘어졌다. 다량의 백반 용액이 눈에 보이지 않을 만큼 작은 알갱이의 작용을 받아 바로 굳었다. 그와 마찬가지로 내가 수술한 녀석들은 무시할 정도의 양이며, 아무것도 아닐 것 같은 한 방울에 경련을 일으키며 죽었다.

무서운 이 액체 속에는 도대체 무엇이 들어 있을까? 우선 물이 있다. 물 자체는 어떤 작용도 하지 않으며, 단지 작용하는 물질의 용매에 불과하다. 그것이 무해함을 증명해야 한다면 이렇게 한다. 왕소똥구리 넓적다리 6개 중 어느 다리에든 주사기로 물 한 방울을 주사해 본다. 물론 치명적인 주사약보다 훨씬 많은 양이다. 녀석은 풀어 주는 즉시 보통 때처럼 활기찬 발걸음으로 뛰어서 도망친다. 똥덩이 앞에 놓아주면 주사를 맞기 전과 같은 열기로 굴려 간다. 물 주사는 녀석에게 아무 작용도 하지 않았다.

시계접시의 혼합액에는 또 무엇이 들어 있을까? 시체의 폐물로서 특히 말라붙은 근육 찌꺼기가 들어 있다. 어떤 물질일지, 근본적으로 물에 용해되는 물질일까? 아니면 단지 부서져서 작은 가루로 만들어진 것일까? 나는 어느 것이라고 단정하고 싶지 않다. 어쨌든 독성은 항상 거기서, 반드시 거기서만 나왔다. 삶을 멈추게 한 물질은 생체 내에 있는 파괴적 원소들이다. 죽은 세포는 살아 있는 세포를 죽인다. 생명의 미묘한 정역학(靜力學)에서 죽은 세포는 살아 있는 세포를 거부하며 건조물 전체의 파괴를 유발하는 모래알이다.

이 문제는 의사들에게 시독증(屍毒症)으로 알려진 무서운 사고를 생각나게 한다. 익숙하지 못한 의과대 학생이 시체를 해부하다 해부칼에 조금 베이거나 무심코 작은 상처가 손에 생겼을 때, 대수롭지 않게 여기고 치료를 하지 않는 수가 있다. 하지만 썩은 것에 오염된 해부칼을 방심하여, 강력한 소독약으로 빨리 처치하지 않았다가 치명적일 수도 있다. 몸속으로 부패세균이 들어갔는데 처리 시기를 놓치면 부상자는 죽는다. 죽은 자가 산 자를 죽인 것이다. 이런 일은 탄저병(炭疽病)을 일으키는 파리를 생각나게 한다. 파리의 뾰족한 주둥이는 죽은 자의 고름으로 더럽혀져 있어서 큰 사고를 일으킨다.

결국 내가 벌레에게 주사한 것은 시독증이나 탄저 전염 파리(Mouches charbonneuses)에게 오염시킨 상처에 지나지 않았다.

내가 주사한 것은 살을 매우 빠르게 부패시켜서 갈색으로 궤양을 일으킴은 물론, 전갈 독에 찔렸을 때 일어나는 수준과 같은 경련을 일으켰다. 주사한 근육 추출액과 독침이 주입시킨 독액은 경련을 일으켰다는 점에서는 서로 아주 비슷했다. 그렇다면 독이란 대체로 분해의 산물로서 끊임없이 반응한 생체의 쓰레기였다. 다시 말해서, 다음다음을 거쳐 배설되는 것이 아니라 공격과 방어를 위해 몸속에 저장해 두는 노폐물인지도 모르겠다. 동물 중 제 창자의 찌꺼기로 집을 짓는 녀석이 있듯이, 이런 노폐물로 무장을 하는 것인지도 모른다. 생명의 찌꺼기가 방어 물질로 사용된 셈이다. 세상에 무엇이든 쓸모없는 것은 없다.

내가 만든 것을 잘 생각해 보면 고기의 추출물이었다. 곤충의 고기를 다른 고기로, 가령 소고기로 바꿔도 같은 결과가 나올까? 이론은 그렇다고 하며 일리가 있단다. 주방의 귀중한 식품인 리비히(Liebig)의 고기즙을 물 몇 방울로 희석시켜서 굼벵이 4마리, 성충 2마리의 꽃무지 6마리에게 시험해 보았다. 당장은 아무 일도 없었다. 하지만 성충은 다음 날, 저항력이 강한 굼벵이는 다음 날이나 다음다음 날 모두 죽었다. 6마리 모두가 관절이 늘어나며 육신은 갈색으로 변해 갔다. 부패의 징조였다. 그러고 보면 이 액체는 우리 혈관에 주사해도 역시 치명적일 것이다. 식도락가의 위장에는 맛있는 요리일지라도 순환계통에는 무서운 물질인 것이다. 즉 여기서는 영양분, 저기서는 독이 된다.

구더기가 액화시켜서 절벅거리는 다른 종류의 리비히 고기즙도 거의 비슷한 독을 가졌다. 혹시 독성이 내가 만든 용액보다 약할지는 몰라도 수술당한 하늘소, 왕소똥구리, 딱정벌레 모두가 경련을 일으키며 죽었다.

한동안 길을 잘못 들었다가 이제 겨우 제자리인 고기쉬파리 구더기 이야기로 돌아왔다. 언제나 썩은 시체의 물속에 떠 있는 구더기도 자신을 살찌우는 영양분을 주사하면 생명이 위태로울까? 내가 직접 실험해 볼 용기는 없다. 너절한 도구와 어설픈 손으로 그렇게 다루기 힘든 재료를 상대했다가는 너무 깊은 상처만 낼 것이며, 이 행위만으로도 녀석을 죽일 테니 말이다.

다행히 내게는 그야말로 솜씨 좋은 조수가 있다. 기생충인 좀벌이 있으니 녀석에게 부탁해 보자. 녀석은 구더기 배 속에 알을 집어넣으려고 여러 번 구멍을 뚫는다. 이 구멍은 무척 작지만 주변의 독은 아주 쉽게 들어갈 수 있다.

같은 장치에서 얻은 번데기 수가 많았는데, 대체로 같은 수의 세 그룹으로 나뉘었다. 한 그룹은 고기쉬파리 성충이, 또 한 그룹은 기생벌이 차지했고, 전체의 약 1/3인 나머지는 그해에도, 다음 해에도 탈출하는 녀석이 전혀 없었다.

앞의 두 경우는 파리나 기생충으로 발육해서 모든 것이 정상적으로 진행된 셈이다.

하지만 마지막 경우는 무엇인가 사고가 생겼다. 번데기를 쪼개 보았더니 안이 검게 칠해져 있었다. 죽어서 검게 썩은 구더기의 잔해였다. 따라서 이 구더기에게는 좀벌이 뚫은 작은 구멍을 통해서 독소가 침투한 것이다. 피부가 검은 껍질로 바뀔 시간은 충분

했다. 살이 벌써 독주사를 맞았으니 이미 때는 늦었다.[6]

지금 보았듯이 그랬다. 구더기는 수프 속이라도 중대한 위험에 노출되어 있었다. 그런데 지상 시체를 될수록 빨리 처리하려면 분해 능력이 큰 구더기가 아주 많아야 한다. 린네(Linné)는 "파리(Mouches: Muscidae) 3마리가 말(Cheval: *Equus*)의 시체를 사자(Lion: *Panthera leo*)처럼 빠르게 먹어 버린다."라고 했다.

조금도 과장된 말이 아니다. 확실히 그렇다. 고기쉬파리와 검정파리의 새끼는 아주 빠르게 작업한다. 만일 녀석이 고기를 먹는 다른 벌레처럼 큰턱이나 작은턱(mâchoire = maxilla) 가위를 가져서 할퀴며 싹둑 자른다면, 그렇게 어수선한 군중 속에서 할퀴어지는 상처를 면하지는 못할 것이다. 그렇게 상처를 입으면 둘레의 무서운 독인 수프에 치명적일 것이다.

구더기는 그렇게 무서운 일터에서 제 몸을 어떻게 지킬 수 있을까? 녀석은 씹지도, 마시지도 않는다. 먼저 펩신을 토해 내서 식량을 죽으로 만든다. 유례가 없는 기묘한 방법으로 영양을 섭취한다. 그래서 식량을 자르거나 찢는 무서운 기구, 말하자면 시독증이 염려되는 칼은 필요가 없다. 일반 위생 문제에 종사하는 보건 담당자인 구더기에 관해 내가 아는 것, 그리고 안다고 생각되는 아주 빈약한 지식은 여기서 끝내기로 하자.

---

6 박테리아나 바이러스 따위의 감염도 검토했어야 했다.

19 어린 시절의 추억

수염풍뎅이(Hanneton: *Polyphylla*)나 만발한 산사나무(Aubépine: *Crataegus*) 꽃에서 발견한 점박이꽃무지(Cétoine: *Cetonia*)를 구멍 뚫은 상자에 넣고 기르던 즐거움, 둥지에서 노란 주둥이를 벌려 대는 갓 난 새끼 새의 견딜 수 없는 매력, 그리고 가지각색으로 화려한 빛깔의 버섯(Champignon: Basidiomycota, Fungi)이 어린 시절의 우리를 유혹했었다. 처음 멜빵을 했을 무렵, 뜻도 모르는 글자를 겨우 깨우치게 된 순진하고 어린 소년, 그때 내가 처음 본 둥지, 처음 뜯어본 버섯을 앞에 놓고 즐거워하던 때가 아직도 눈에 선하다. 두세 가지 중대한 사건을 이야기해 보자. 늙으면 옛날을 회상하는 것이 즐겁다.

호기심에 잠 깨어 희미한 의식

풀색꽃무지 꽃무지 중에는 이 종처럼 광택, 특히 금속성 광택 없이 온몸이 비늘이나 털로 덮인 종도 있다. 풀색꽃무지는 우리나라 풍뎅이 중 숫자가 가장 많으며 몸 색깔에도 변이가 무척 많다. 그래서 여러 개체가 있을 때 종을 판단하기 어렵다. 제천, 12. IX. 06

상태에서 벗어나는 즐거운 시대, 그 먼 옛날의 추억은 가장 행복했던 때를 다시 한 번 되살아나게 해준다. 양지에서 한배의 새끼 자고(Perdrix: *Perdrix*, 鷓鴣)가 식후의 낮잠을 즐기다가 행인에 놀라서 도망친다. 마치 솜털 뭉치 같은 새끼들이 덤불 속으로 흩어진다. 이윽고 조용해지면, 어미가 부르는 소리에 모두 그녀의 날개 밑으로 찾아든다.

인생의 가시덤불로 무섭게 털이 뜯겨 나간 한 마리의 새끼 새 같았어도, 옛날을 되새겨 보면 유년 시대의 갖가지 추억이 되살아난다. 숲에서 벗어난 몇 가지는 머리가 아프고 다리가 후들거렸다. 새 그물의 한 귀퉁이에 가려져 지금은 그 모습이 안 보이는 것도, 생생하게 기억나는 것도 있다. 가장 생생한 것들은 세월이 할퀴고 지나갔어도 당시의 사건 그대로 살아 있다. 연한 밀랍 같은 어린애의 기억은 머리칼이 갈색이 되어도 변질될 수 없다.

어느 날, 간식으로 받은 사과 한 알을 싸들고 저쪽 언덕 꼭대기를 오르기로 마음먹었다. 내게는 거기가 세상의 끝이었다. 그 높은 산등성이에는 한 줄로 보이는 나무가 서 있는데, 등진 바람에 뿌리 채 뽑혀 나갈 듯이 흔들리고 있었다. 광풍이 부는 날, 우리 집 창문에서 그 나무들이 머리 숙여 인사하는 것을 몇 번이나 보았더냐. 그리고 몰아치는 북풍에, 또 산 중턱에 떨어지는 눈보라 속에서 저 나무들이 곧 쓰러질 듯, 흔들리는 것을 몇 번이나 보았더냐! 저 불쌍한 나무들은 거기서 무얼 하고 있을까?

오늘은 푸른 하늘 아래서 조용히 서 있다가 내일은 눈보라에 그렇게도 흔들리는, 저 연한 가지가 이상하기만 했다. 그것이 꼼짝 않고 있으면 나는 기뻤다. 하지만 미친 듯이 흔들리면 슬펐다. 불쌍한 내 친구들은 아무 때나 눈을 떠도 언제나 거기에 있었다. 아침이면 뚜렷하게 그려진 나무 뒤에서 해가 올라와 반짝인다. 태양은 어디서 올까? 거기에 한 번 올라가 보자. 그러면 바로 알게 되겠지.

언덕을 올랐다. 양(Mouton: *Ovis*)이 대머리로 만들어 놓은 보잘 것없는 벌판이었다. 집에 돌아가서 꾸중을 들을 만큼 다칠 만한 덤불 하나도 없다. 오르기 힘든 바위는 없고, 여기저기에 크고 넓적한 돌뿐이다. 사람이 지나간 발자국을 따라가면 된다. 그러나 지붕만큼 기운 벌판이 그야말로 길고도 길었다. 가끔씩 위를 올려다보지만 그렇게 짧은 내 다리로는 산등성이의 나무가 도무지 가까워지지 않는다. 힘내라, 꼬마야! 자, 계속 올라가자.

발밑에 저것이 무엇일까? 넓은 바위틈에 숨겨진 둥지에서 아름다운 새 한 마리가 날아갔다. 하느님의 은총이 거기에 털과 지푸라기로 만든 둥지를 놓아두었다. 내가 난생 처음 발견한 것으로, 새가 내게 처음 선사한 기쁨이었다. 그 둥지에는 알 6개가 가지런하게 서로 붙어 있었다. 마치 염색공이 물들인 것처럼 아름다운 하늘빛 알들이다. 너무 기쁜 나머지 풀밭에 몸을 던져, 엎드려서 마음껏 들여다보았다.

그동안 어미 새는 작은 소리로 택, 택 하며 운다. 뛰어든 불청객인 나와 별로 멀지 않은 돌 사이로 왔다 갔다 하며 불안해한다. 당시 내 나이에 자비심 같은 것은 있을 리가 없지. 장난꾸러기는 어미 새의 탄식 따위에는 아랑곳없다. 멋진 생각이 떠올랐다. 꼬마 맹수의 생각이다. 두 주일 뒤, 새끼 새가 날아가기 전에 다시 와서 가져가야지. 지금은 발견한 기념으로, 파랗고 예쁜 알 하나만 가져가야지. 깨뜨릴까 봐 손바닥에 이끼를 깔고 그 위에 올려놓았다. 어렸을 때 새둥지를 처음 본 기쁨을 이해하지 못하는 사람이면 내게 돌을 던지시라.

발을 헛디디는 날이면 까다로운 짐이 깨질 테니 산에 오르는 것은 포기했다. 하지만 어느 날, 해가 떠오르는 그 나무 대열을 다시 찾아갈 것이다. 언덕을 내려갔다. 산기슭에서 보좌신부가 성무일과(聖務日課)를 읽으며 산책하고 있었다. 그는 내가 성유물(聖遺物)을 운반하듯, 조심조심 걷는 것을 보았다. 그리고 등 뒤의 내 손에 무엇이 숨겨져 있는지 눈치챘다.

"꼬마야, 뭘 갖고 있지?"

신부님이 물었다. 그야말로 당황한 나는 손을 벌려 이끼에 싼 파란 알을 보여 주었다. 신부님이 말했다.

"아아! 그것, 싹씨꼴(Saxicole, 바위틈에 사는) 새의 알이구나. 너, 그것 어디서 잡았니?"

"저 위 바위 밑에서요."

질문은 꼬리를 물었고 결국 내 죄를 고백했다. 찾아다닌 건 아닌데 우연히 둥지가 눈에 띄었습니다. 알은 6개였는데 저는 한 개만 가져왔습니다. 이것이 그것입니다. 그리고 다른 알은 깨어 나오기를 기다렸어요. 새끼 날개가 커지면 가지러 가려고 했습니다. 신부님이 말했다.

"나의 꼬마 친구야, 그런 짓은 하는 게 아니다. 어미 새의 새끼를 훔쳐 오면 안 되지. 죄 없는 그 가족을 소중히 여겨야 해요. 하느님의 새는 들판의 즐거움이란다. 그러니 어린 새들이 자라서 하늘을 날게 하세요. 그러면 땅 위의 해충을 잡아먹거든요. 착한 어린이가 되려면 두 번 다시 둥지에 손대지 말아요."

나는 그렇게 약속했고 신부님은 산책을 계속했다. 그날 어린애 지식의 밭고랑에 뿌린 씨앗 두 개를 가지고 집으로 돌아왔다. 둥지를 파괴하는 것은 나쁜 일이라는 것을 신부님의 입을 통해서 배웠다. 들판을 해치는 곤충을 잡아먹는 것이 어째서 우리에게 도움이 되는지는 확실히 이해하지 못했다. 그러나 어미를 슬프게 하는 것은 나쁜 짓임을 마음속으로 느꼈다.

신부님은 내가 잡은 새를 보고 '바위틈에 사는 새'라고 불렀다. 저런! 나는 머리를 갸우뚱했다. 동물도 우리처럼 이름이 있나 봐. 누가 이름을 붙였을까? 들판에서, 그리고 숲에서 나와 잘 사귄 녀석들의 이름은 무엇일까? '바위틈에 사는 새'란 도대체 무엇일까?

몇 해를 지나 라틴 어를 배우게 되어 싹씨꼴이란 '바위에 사는 주민'이란 뜻임을 알았다. 알 앞에서 내가 넋을 잃었을 때, 새가 실제로 바위 사이를 날아다녔다. 새의 집인 둥지는 넓은 돌의 가장자리를 지붕 삼았었다. 책을 더 자세히 탐색하다가, 돌밭을 일굴 때 새가 밭이랑 사이를 누비며 흙덩이(motte)에서 흙덩이로 날며 벌레를 찾아다녀서, 프랑스 말로 '땅 뒤지는 새(Motteux, 딱새)'라고 부르게 된 것도 알았다. 또 프로방스 말로 '꽁무니가 흰 새(Cul-blanc)'란 이름도 알았다. 이 새가 밭두렁 사이로 찔끔찔끔 날 때 흰 부채처럼 펼친 흰 꼬리날개를 생각나게 한다. 참으로 잘 묘사하여 표현한 이름들이다.[1]

이렇게 해서 생겨난 어휘 덕분에 훗날 나는 들판 무대에서 춤추는 수천의 배우, 길가

1 프랑스의 Motteux Oreillard 와 M. vulgaire는 딱새(Saxi-cola: Oenanthe oenanthe)이며, Cul-blanc에는 도요새, 바다제비, 딱새 따위의 여러 종이 포함된다.

에서 미소 짓는 수천의 꽃에게 그들의 이름으로 인사할 수 있게 되었다. 신부님이 무심코 한 말이 내게 한 세계를, 즉 식물과 동물의 세계를 본래의 이름으로 보여 준 것이다. 방대한 학명 사전을 조사하는 것은 훗날로 미루고, 오늘은 바위틈에 사는 새의 추억을 이야기해 보자.

우리 마을의 서쪽에는 급경사를 이룬 밭이 계속되며, 자두와 사과가 익는 작은 과수원이 있다. 계단식 위층의 흙을 지탱하는 작은 옹벽들은 배가 불룩 나왔고, 무성한 지의(Lichens)와 이끼(Mousse) 색깔로 검었다. 이 경사의 밑에 시냇물이 흐르는데 너비는 어디든 단번에 뛰어넘을 정도였다. 다소 넓은 곳이 있어도 물위로 머리를 내민 징검돌이 다리가 되었다. 물은 어디든 무릎까지 올 뿐, 아이가 보이지 않으면 어머니들이 가슴을 졸일 만큼 깊은 못 따위는 없었다. 정다운 시냇물, 맑고 차가우며 조용한 시냇물, 나는 그 뒤에 큰 강도 보았지만 내 추억에는 어느 것 하나도 마음에 들지 않았다. 오직 그 조촐하고 졸졸 흐르는 얕은 여울만이 추억을 간직했다. 너의 아름다움은 내 마음에 맨 처음 새겨진 성스러운 시였구나.

들판을 저렇게 즐겁게 흐르는 시냇물을 방앗간 주인이 이용하려고 언덕 중턱에 운하를 만들었다. 경사를 낮춰서 개천 물의 일부를 커다란 저수지로 끌어간 것이며, 그것이 물레방아의 힘이 된다. 왕복이 잦은 길가의 이 저수지는 담으로 가로막혔다.

어느 날, 친구 어깨에 목말을 타고 어두컴컴한 담 너머로 고사리(Fougère: *Pteridium aquilinum*)가 무성한 그 안을 들여다보았다. 깊지는 않아도 죽은 물속이 미끈미끈한 머리카락 같은 녹색(녹조류,

綠藻類)으로 가득 찬 것을 보았다. 미끈거리는 깔개 사이에서 검정과 노란색의 땅딸막한 도마뱀(Lézard: Squamata)이 유유히 헤엄치고 있었다. 지금 같았으면 도마뱀이 아니라 도롱뇽(Salamandre: Caudata→ *Salamandra salamandra*, 유럽도롱뇽)이라고 불렀을 것이다. 그 당시는 살무사(Aspic→ *Vipera*), 용(Dragon), 아니면 옛날 동화에 나오는 짐승이라고 생각했다. 부르르! 이제 실컷 보았으니 빨리 내려가자.

조금 아래쪽에 시냇물이 흐른다. 물가 양옆은 오리나무(Aulne: *Alnus*)와 서양물푸레나무(Frêne: *Fraxinus exelsior*)가 무성해서 잎사귀끼리 서로 얽혀 마치 초록색 터널 같았다. 그 밑은 굵은 뿌리가 구부러져 어두운 복도의 현관이 되었다. 이렇게 열린 물속 은신처가 길게 계속된다. 나뭇잎이 무성한 이 은신처의 입구에는 약간 타원 같은 광선들이 새어 들어온다.

거기서 빨간 넥타이를 맨 피라미(Vairons: *Phoxinus phoxinus* =연준

모치●)가 진을 치고 있다. 살살 다가가서 배를 깔고 들여다보자. 정말 예쁘다. 저 목구멍이 작고 빨간 물고기를 한 마리씩 모여들게 한다. 머리는 물 흐름을 거스르고 볼을 부풀렸다 꺼트린다. 언제까지나, 언제까지나, 쉬지 않고 양치질한다. 꼬리와 등지느러미를 조금만 움직이면 흐르는 물에서 정지된다. 나무에서 잎 하나가 떨어졌다. 휙! 그 일대를 싹 지워 버린 듯 녀석은 사라졌다.

시냇가의 좀더 저쪽에는 줄기가 곧고 매끈한 너도밤나무(Hêtres: *Fagus sylvatica*) 숲이 있다. 그 그늘의 아름다운 가지 사이에서 털갈이를 하는 작은 까마귀(Corneille: *Corvus*)가 낡은 옷을 벗어 버리며 시끄럽게 지저귄다. 땅위는 이끼로 덮였다. 이 푹신한 깔개 위로 한 발만 딛고 들어서면, 아직 우산을 펼치지 않은 버섯이 눈에 띈다. 마치 어디선가 암탉이 헤매다가 낳아 떨어뜨린 알 같다. 내가 처음 본 버섯이며, 막연한 호기심에서 관찰하려는 마음이 싹트게 했던 버섯이다. 그 구조를 조사하려고 손가락으로 뒤집어 보고 또 뒤집어 본 최초의 버섯이다.

이윽고 크기, 모양, 색깔이 다른 것들이 눈에 띈다. 아주 풋내기의 눈에는 그런 것들이 정말로 즐거웠다. 그 중에는 드리운 종 모양, 양초 모양, 베틀의 추 모양, 깔때기 모양, 반구 모양, 으깨면 유액(乳液)이 나오는 것들이 있었다. 뭉개면 차차 남색으로 변하는 것도 있었고, 큰 것은 썩었거나 구더기 같은 벌레가 꾀었다.

한편 배(梨) 모양인 버섯은 가슬가슬하며 꼭대기에 둥근 연통처럼 구멍이 뚫렸다. 손가락으로 배를 톡 치면 연기 같은 것이 휙 하고 나온다. 그게 제일 재미있었다. 주머니에 가득 채워 와 틈나는 대로 비웠다. 그것이 마침내 부싯깃처럼 될 때까지 연기가 나오게 했다.

저 기쁨의 숲에는 즐거움이 얼마나 많았더냐! 처음 알게 된 다음에도 몇 번이나 그곳에 갔었다. 하지만 버섯을 처음 공부하게 된 것은 까마귀와의 인연 때문이었다. 내가 채취한 것을 집으로 가져갈 수는 없었다. 이 지방에서 보또렐(Boutorel)이라고 하는 그 버섯은 독으로 사람을 죽인다는 나쁜 평판을 받았다. 겉에서 보기엔 독이 없어 보이는 보또렐이 어째서 나쁜지 나는 몰랐으며, 어머니는 잘 조사해 보지도 않고 그 버섯을 식탁에서 추방해 버렸다. 어쨌든 나는 부모님의 경험담에는 순종했으므로 경솔하게 독버섯과 사귀다가 사고가 일어난 적은 없었다.

너도밤나무 숲을 자주 찾아갔다가 본 것은 세 종류로 나눌 수 있었다. 제일 많은 첫째 집단은 버섯의 우산 밑에 방사상으로 얇은 주름이 있다. 다음은 우산 밑에 겨우 눈에 보일 정도의 구멍이 뚫린 담요 같은 것이 포개졌고, 세 번째는 고양이 혀의 작은 유두 돌기 같은 돌기들로 가실가실하다. 정리할 필요가 있었으므로 기억을 도우려고 나는 이런 분류법을 생각해 냈었다.

오랜 시간이 흐른 다음 어떤 작은 책이 내 손에 들어왔는데, 거기도 내가 한 것 같은 세 가지 분류법이 수록되었음을 알았다. 게다가 라틴 어 이름까지 있었다. 나는 몹시 기뻤다. 내게 첫 주제와 첫 번역 주제를 준 라틴 어 덕분에 고상해졌고, 게다가 신부님이 아침 미사 때 쓰는 고대 언어 덕분에도 영광이 주어져서 버섯은 더욱 내게 존경받게 되었다. 마치 학자처럼 가치 있게 불리는 것을 보면 버섯은 아주 중요한 물건임에 틀림이 없었다.

그 책에는 연통처럼 연기를 뿜어내서 나를 즐겁게 했던 버섯의 이름도 있었다. '늑대가 소리 없이 뀌는 방귀(*vesse-de-loup*)'라고 불리는 버섯이었다. 이름이 아무래도 야비한 뜻 같아서 마음에 안들었다. 그 옆에 좀더 단정해 보이는 이름의 말불버섯(*Lycoperdon*)이란 학명도 있었다. 하지만 귀에 좋게 들리는 것은 표면적인 느낌뿐이었다. 어느 날 그리스 어 어원을 찾아보고 이 말이 바로 '늑대가 소리 없이 뀌는 방귀'임을 알았다. 식물학에는 드러내 놓고 번역하기 거북한 말들이 많다. 신중하지 못해서 사람들 앞에서 사용하기 거북하지만 옛날이 남겨 준 선물이라 그대로 간직하고 있는 이름이 많았다.

내 어린 호기심으로 버섯 지식을 얻었던 행복한 시절은 어느새 멀리 물러갔구나! 아아! '나이는 하염없이 도망친다(*Eheu! fugaces labuntur anni*).' 호라티우스(Horace)[2]가 한 말이다. 오오! 그렇다. 세월이란 인생의 끝이 가까워질수록 더더욱 빨리 지나간다. 별로 언덕도 아닌데 수양버들(Osiers: *Salix*) 사이를 천천히 흐르던 시냇물에 갑자기 물살 빠른 곳이 있다. 요즘은 모든 쓰레기를 싣고 늪을 향해서 돌진한다. 덧없는 목숨이지만 유익하게 살았다.

석양이 질 때 나무꾼은 서둘러서 마지막 나뭇단을 묶는다. 지식의 숲에서 변변찮은 나무꾼이었던 나도 그처럼 생애의 끝에 와서 내 나뭇단을 정리해야겠다. 본능에 관한 연구에서 무엇을 남겼을까? 물론 극히 조금일 게다. 아직 미지였던 하나의 세계에 대해 힘껏 노력했고, 가치가 있을 만한 것에 주의를 기울였다가 창문을 약간 열어 놓은 정도로구나.[3]

아주 어렸을 때부터 좋아했던 버섯 식물학에서는 더욱 운이 없었다. 그것을 계속 조

<hr>

2 Quintus Horatius Flaccus. 로마 시인. 『파브르 곤충기』 제9권 186쪽 참조

사했고 지금도 따뜻한 가을날 오후에는 버섯과 관계를 갖고자 다리를 질질 끌며 조사하러 나간다. 히이드(Bruyères: *Calluna vulgaris*)의 장밋빛 융단에서 그물버섯(Bolet: *Boletus*)의 커다란 머리, 주름버섯(Agaric: Agaricaceae)의 갓, 산호 가지 같은 국수버섯(Clavaires: Clavairiaceae)을 보면 언제나 즐거웠다.

말년에 칩거한 세리냥(Sérignan)에서도 버섯이 어지간히 나를 유혹했다. 그것들은 근처 언덕의 털가시나무(Yeuses: *Quercus ilex*), 서양소귀나무(Arbousiers: *Arbutus unedo*), 로즈마리(Romarins: *Rosmarinus officinalis*) 숲에도 얼마든지 있다. 너무 많아서 몇 해 전부터 엄청난 계획을 세웠다. 실물 그대로 상자에 보존할 수 없는 것은 그림으로 그려 보자는 것이다. 가장 큰 것에서 가장 작은 것까지 근처의 모든 종류를 실물 크기로 필사하기 시작했다. 나는 수채화가 무엇인지 모른다. 그러나 문제는 없다. 남이 그린 것을 본 일도 없지만 내가 공부해서 생각해 내면 된다. 처음에는 아주 서툴렀지만 조만간 얼마큼 좋아졌고, 그 다음에는 아주 잘 그리게 되었다. 그림 그리기는 매일 글을 쓸 때 느끼는 어려운 기분을 달래 주었다.

근처의 여러 종을 실물 크기로 그리고 물감으로 칠한 것이 마침내 수백 장이 되었다. 이것은 어느 정도 가치가 있었다. 예술적 가치는 없을지 몰라도 정확하다는 특징은 있었다. 일요일에 시골 방문객들이 그림을 보러 온다. 하, 하 웃으며 바라보다가, 컴퍼스니 자를 쓰지 않고 내 손으로 이렇게 아름다운 그림을 그렸다는 말에 깜짝 놀란다. 그들

3 파브르는 『파브르 곤충기』 제10권을 발간한(86세) 다음에도 6년을 더 생존했다. 그동안의 성정을 감안한다면 앞으로도 2~3권은 더 집필했어야 할 것이다. 하지만 본인은 벌써(어쩌면 제9권 집필 때부터) 인생의 마감을 예감했던지, 종말에 대한 문구들을 적어 놓고 있으며 실제로 제11권을 마무리하지 못하고 세상을 떠났다(92세).

은 그림을 보면서 이것이다, 저것이다 하며 알아맞힌다. 내게 속명도 알려 준다. 내 붓이 정직했다는 증거였다.

자, 이렇게 고심한 결과인 산더미 같은 수채화를 무엇에 쓰나? 얼마간은 집사람이 기념으로 놔두겠지. 그러나 조만간 거추장스러워서 이 선반 저 선반으로, 다음은 이 광 저 광으로 옮겨지고, 쥐의 방문에 더럽혀져 손자에게 넘어가고, 그 녀석은 종이를 잘라 딱지 접기 놀이를 하겠지. 우리가 환상 속에서 그렇게도 사랑하던 것이 현실의 발톱에 찢겨 비참한 최후를 맞겠지.[4]

4 이 장부터 나온 버섯의 우리말 이름은 주로 이지열의 『원색한국버섯도감』(1988)을, 일부는 이태수·윤갑희의 『한·일 버섯명 색인집』(2002)을 따랐으며, 없는 것은 번역의 편의상 새로 지었다.

20 곤충과 버섯

버섯은 아주 오랜 세월에 걸쳐서 나와 인연을 맺어 왔는데, 그 중
그물버섯(*Boletus*)과 주름버섯(*Agaricus*)을 여기에 끌어 낸 이유는
곤충과 이것들과의 관계가 무척 흥미롭게 얽혀 있어서였다. 몇몇
종의 버섯은 우리도 먹을 수 있으며 그 중에는 맛이 좋다며 호평
을 받는 것도 있다. 하지만 강한 독성을 가진 것도 있다. 누구나
다 식물을 연구하는 것은 아닌데, 아무런 조사도 없이 독버섯과
아닌 것을 구별할 수 있을까? 널리 유포된 바로는 곤충의 애벌레
나 구더기가 기피하지 않는 버섯이면 대체로 걱정 없이 먹어도 된
단다. 물론 벌레가 싫어하는 버섯은 먹지 말아야 한다는 것이다.
벌레가 안전하다면 우리도 안전하지 않을 이유가 없으며, 벌레에
게 독이 된다면 우리에게도 독이 될 게 틀림없다는 것이다.

　사람들은 이런 식으로 그럴듯한 이유를 들이대며 추정하지만,
음식과 창자와의 관계는 동물에 따라 크게 다름을 조금도 생각하
시 않고 하는 말이다. 어쨌든 이런 믿음에는 근거가 전혀 없을까?
이런 문제를 조사해 볼 생각이다.

322

곤충, 특히 애벌레 상태의 곤충이 버섯은 대대적으로 침공하며, 공격 형태는 크게 두 종류로 나뉜다. 하나는 버섯을 직접 잘게 씹어서 삼키는 종류이며, 다른 종류는 고기 소비자인 구더기처럼 버섯을 액화시킨 다음 마신다. 전자의 경우는 숫자가 별로 많지 않아, 이 일대에서 관찰된 곤충은 딱정벌레목(Coleoptera) 4종과 곡식좀나방(Tineidae) 1종의 애벌레였다. 여기에 연체동물(Mollusque: Mollusca) 1종, 좀 정확히 말해서 회색인데 외투막(外套膜)[1] 둘레를 붉은 리본으로 장식한 중간 크기의 뾰족민달팽이(Limacidae)인 아리온뾰족민달팽이(*Arion lusitanicus*)가 있다. 어쨌든 종 수는 적지만 녀석들은 적어도 억세게 침략적이며, 특히 곡식좀나방이 그렇다.

버섯 애호가 딱정벌레의 우두머리는 붉은색, 녹색, 검정으로 치장한 반날개과(Staphylin: Staphylinidae)의 적갈색입치레반날개(*Oxyporus rufus*)°였다. 애벌레는 버들비늘버섯(Agaric du peuplier: *Pholiota oegerita*) 전문가로서, 엉덩이에 장착한 목발에 의지하고 걸어서 버섯에 찾아온다. 봄과 가을에 자주 만나지만 다른 버섯에서는 보지 못했다.

버들비늘버섯은 흐릿한 흰색인데 갓에 종종 주름이 생기고, 포자가 흩어지면 갈색으로 더러워지나 프랑스에서는 최고로 치는 버섯이다. 따라서 이 식도락가 벌레는 아주 좋은 몫을 차지한 셈이다. 모양과 색깔이 화려한 것은 대개 독버섯, 궁상맞아 보이는 것은 최상품인 경우가 많다.

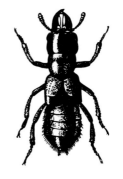

적갈색입치레반날개
실물의 4배

1 연체동물의 딱딱한 석회질 껍데기와 몸통 사이에 있는 얇은 막상 근육층

버섯벌레류 우리나라에는 버섯벌레에 관한 연구가 거의 없는 실정이어서 사진에 찍힌 녀석들은 자세히 검토되어야 한다. 서산, 15. VII. '92

다른 두 딱정벌레는 일품요리만 먹는 꼬마들이다. 한 종은 딱지날개가 검고, 머리와 가슴은 적갈색인 러시아버섯벌레(Triplax: *Triplax russica*)로서 애벌레 시대에 시루뻔버섯(Polupore hérissé: *Polyporus hispidus*, 구멍장이버섯과)*을 휩쓴다. 뽕나무(Mûrier: *Morus*) 줄기, 때로는 호두나무(Noyer: *Juglans*)나 느릅나무(Orme: *Ulmus*) 고목에 사는 이 버섯은 덩치가 크고 표면 곳곳에 볼품없는 털이 나 있다. 애벌레가 송로버섯(Truffe: *Tuber melanosporum*)에 사는 종은 계피색인 송로알버섯벌레(Anisotome: *Anisotoma*→ *Leiodes cinnamomea*)이다.

가장 흥밋거리인 균식성(菌食性)[2] 딱정벌레는 프랑스무늬금풍뎅이(Bolbocère: *Bolbelasmus gallicus*)였다. 녀석의 생활 모습, 울음소리, 식량인 땅속덩이버섯(Champignon souterrain: Hydnocyste→ *Hydnocystis arenaria*)을 찾아갈 때의 땅굴파기 이야기[3]는 이미 했다. 녀석은 르끼엥덩이버섯(*Tuber requienii*)도 아주 좋아했다. 제집에서 개암만 한 것을 잡고 있기에 그 애벌레를 길러 보기로 했다. 신선한 모래를 채운 화분에 철망뚜껑을 덮었다. 근처에는 앞의 두 버섯이 없어서 녀석의 구미에 맞을 것 같아 보이는 쫀쫀한 질의 버섯인 안장버섯(Helvelle: *Helvella*), 국수버섯(Clavaires: *Clavairiaceae*), 꾀꼬리버섯(Chanterelle: *Chanterellus*), 주발버섯(Pezize: *Pe-*

---

2 버섯, 곰팡이 따위를 먹는 균류(菌類) 식성

3 『파브르 곤충기』 제6권에서는 주식이 송로버섯(*T. melanosporum*)이었다.

324

ziza) 따위를 주어 보았으나 모두를
싫어했다.

프랑스무늬금풍뎅이
실물의 2배

　소나무 숲에서 별로 깊지 않으며,
가끔은 땅위로 모습을 드러내는 작은
감자 모양의 송로알버섯(Rhizopogon :
Rhizopogon nukescens)을 주었더니 완전히
성공했다. 모래 위에 한 줌을 올려놓았더니 밤중에 여러 번 구멍
에서 나와, 모래 위를 뒤적이다 제 힘에 과분할 정도로 큰 것을 골
라 구멍으로 굴려 갔다. 구멍에 들이기가 너무 크면 일단 입구에
놔두고 혼자서 들어간다. 이튿날, 송로 밑의 아랫면만 갉아 먹힌
것을 보았다.

　녀석은 자유로운 공간이라도 남 앞에서 먹기를 꺼려서, 사람 눈
에 띄지 않는 구멍 속에 혼자 머문다. 집 안에 식량이 없으면 땅

위로 찾아 나서며, 찾은 게 구미에 맞고 크기도 적당하면 굴로 들여간다. 들일 수 없으면 입구에 놓아둔 채 몸을 숨기고 밑에서부터 갉아먹는다.

지금까지 알아낸 녀석의 식량은 땅속덩이버섯, 르끼엥덩이버섯, 송로버섯이었다. 이 점으로 보아 이 금풍뎅이는 적갈색입치레반날개나 러시아버섯벌레처럼 한 종의 요리만 먹는 게 아니라 식량을 바꿔서 먹을 줄 아는 종이다. 어쩌면 지하에 있는 버섯은 모두 먹을 것 같다.

곡식좀나방은 영역을 훨씬 더 넓혔다. 애벌레는 겨우 5～6mm 밖에 안 되는 흰 구더기 모양인데, 까만 머리가 반들거리며 거의 모든 버섯에서 큰 무리를 이룬다. 맛이 좋아서 그런지, 자루의 위부터 먹기 시작해서 차차 두꺼운 갓 속으로 파고든다. 단골 메뉴는 그물버섯, 주름버섯, 젖버섯(Lactares: *Lactarius*), 무당버섯(Russules: *Russula*)인데, 어떤 몇 종 말고는 모두 다 좋아한다. 이 꼬마는 공략한 버섯 밑에 흰색의 아주 작은 명주실 고치를 짰다가 볼품없는 나방이 되지만 버섯은 제일 많이 휩쓴다.

그물버섯류 그물버섯은 갓의 뒷면이 보통 버섯처럼 주름살 모양이 아니라 관공형(그물 모양)인 점이 특징이다. 포천, 20. VIII. '98

진갈색주름버섯 색깔이 예쁘지 않아 독버섯으로 생각할 수 있겠으나 사실은 그렇지 않다. 시흥, 15. IX. '96

이제 아리온뾰족민달팽이(*Arion*)를 보자. 아주 게걸스런 녀석은 약간 큰 버섯이면 대개 다 먹는데, 속에다 널찍한 방을 파 놓고 누워서 먹는다. 대개 혼자 살며 다른 침입자보다 숫자는 적어도 이빨 대신 무서운 대패를 가져서 입 댄 자리는 바로 넓은 구멍이 된다. 말하자면 공격을 가장 잘하는 녀석인 셈이다.

버섯을 갉아먹다 남겼거나 흘린 것, 또는 똥을 보면 먹은 녀석이 누구인지 알 수 있다. 민달팽이는 큰 복도를 뚫고 벽을 매끈하게 갉거나 긁는, 즉 잘게 갈아 세공하는 직공인 셈이다. 한편, 다른 녀석들은 화학자처럼 반응제로 녹이는 용해공인 파리(Diptera) 구더기로서, 흔해 빠진 집파리과(Muscidae)의 몇 종이다. 녀석들을 일일이 길러서 성충을 얻어 종을 구별한다는 것은 별 도움도 안 되고, 시간 낭비도 너무 크니 그냥 모두 파리 구더기라고 해두자.

구더기의 작업 모습을 보려고 택한 것은 이 근처의 어디서나 다량으로 구할 수 있는 마왕그물버섯(Bolet Satan: *Boletus satanas*)이었다. 갓은 약간 흐릿한 흰색, 관(mousso, 管) 아래의 구멍은 선명한 주황색이며, 자루에는 새빨간 고리가 멋진 거품처럼 부풀어 올랐다. 말짱한 버섯을 두 조각으로 갈라 각각을 깊은 접시에 차곡차곡 넣었다. 서로를 비교해서 증거가 될 재료인 것이다. 25마리 정도의 구더기를 잡아다 잘 자른 두 번째 버섯에 놓았다.

준비한 날부터 벌써 구더기의

버섯의 구더기 황갈색시루뻔버섯에서 구더기를 만났으나 어느 곤충의 애벌레인지는 확인되지 않았다. 아마도 파리 종류의 애벌레인 것 같다.
남양주, 2. IX. 07, 정부희

용해 작용이 증명된다. 우선 빨간색이던 표면이 갈색으로 변했다가 점점 검은 종유석처럼 흘러내린다. 다음 육질이 침범당하고 며칠 지나는 동안 녹은 타르처럼 눅진해졌다가 물처럼 출렁거린다. 수프 속에서 굼실대던 녀석이 가끔 꼬리를 뒤틀어 엉덩이의 숨구멍을 수면 위로 떠올린다. 전에 검정파리(*Calliphora vomitoria*)°와 고기쉬파리(*Sarcophaga carnaria*) 구더기에서 본 것과 같은 육질의 액화를 정확히 반복했다.

구더기를 넣지 않은 그릇에서는 버섯의 수분이 증발해서 좀 시들어 보이는 점 말고는 변한 게 없다. 결국 유동성은 의심할 것도 없이 구더기의 짓이다.

이런 액화 작용이 쉽게 일어날까? 구더기가 그렇게 빨리 녹인 것을 보면 그런 것 같다. 한편, 두엄먹물버섯(Coprin atramentaire : *Coprinus atramentarius*)° 따위는 스스로 녹아서 검은 액체가 된다. 혼자서 먹물처럼 녹는 버섯이라는 이름이 아주 잘 어울린다.

어떤 경우는 변화가 놀랄 만큼 빠르다. 어느 날, 프랑스에서 가장 아름다우며 외피(外皮)나 작은 주머니에서 나오는 말똥먹물버섯(*C. sterquilinus*)°을 그리고 있었다. 일이 거의 끝날 무렵, 버섯이 테이블에 검은 자국만 남기고 자취를 감췄다. 지금까지 싱싱하던 것이 채집한 지 두 시간도 안 되어 녹아 버린 것이다. 내가 조금만 더 꾸물거렸어도 시간이 모자라서 겨우 찾아낸 진귀한 표본을 잃어버릴 뻔했다.

그렇다고 해서 다른 버섯, 특히 그물버섯도 순식간에 뭉그러진다는 뜻은 아니다. 맛이 좋아 소중하게 여기는 식용그물버섯(Bolet comestible : *Boletus edulis*)도 시험했다. 부엌 요리에 이용되는 버섯에서 리비히(Liebig)의 엑기스를 기대했던 것이다. 버섯을 잘게 썰어서 각각 절반씩 맹물과 탄산소다 냄비에 넣고 끓였다. 꼬박 이틀 동안 계속 끓였지만 버섯의 살은 이런 처리에도 까딱하지 않았다. 그것을 분해시키려면 극약을 써야 하는데, 내가 생각하는 결과에서 벗어나는 일이다.

장시간을 끓이거나 탄산소다를 가하고 끓였어도 용해되지 않았는데, 버섯 구더기는 마치 고기 구더기가 삶은 달걀 흰자위를 녹인 것처럼 쉽게 액체로 바꾸어 놓았다. 어느 구더기도 거친 수단을 쓰지는 않았다. 아마도 양쪽 모두 펩신, 그러나 좀 다른 종류로 녹였을 것이다. 고기 용해 구더기는 자기 펩신을, 그물버섯 용해 구더기는 다른 소화제를 가졌을 것이다.

그렇게 해서 접시에 타르 같은 수프가 가득 차게 된다. 수프를 증발하게 놔두면 얇게 굳어서 부서지기 쉬운 감초(甘草) 엑기스처럼 된다. 그래서 구더기나 번데기가 이 바윗덩이 틈에 끼면 움직이지 못해서 죽는다. 용해 화학이 녀석들에게는 치명적이었으나, 지상에서 공격할 때는 여분의 액체가 땅에 흡수되어 사정이 다르다. 즉 주민의 활동이 자유롭다. 하지만 내 화분에서는 계속 고였다가 바짝 말라서 굳은 층이 되어 주민을 죽였다.

구더기를 만난 자색그물버섯(B. pourpre : *B. purpureus*)도 마왕그물버섯과 같은 운명이라 검은 수프로 변하며, 두 버섯 모두 찢거나 갈면 파래진다. 식용그물버섯은 베어 낸 자리가 하얀데 구더기가 액화시키면 담갈색이 된다. 광대버섯(Oronge : Amanitaceae)도 처리한 결과만 보면 마치 정제한 살구 마멀레이드와 착각할 정도의 죽이 된다. 그 밖의 다른 버섯을 시험해 봐도 이 규칙을 증명하는 결

그물버섯류 앞의 사진에서 본 것과 다르게 생겼지만 이 종도 그물버섯 종류이다. 오대산, 29. IX. '96

과가 나온다. 구더기에게 한 번 잡히는 날이면 이것저것 모두가 빛깔이 다른 죽으로 변했다. 다만 유동성에 차이가 있을 뿐이다.

줄기가 붉은 자색그물버섯과 마왕그물버섯 두 종류는 왜 검은 액체로 변할까? 어쩌면 이유를 알 것 같다. 두 종은 초록빛을 띤 푸른색으로 변하는데, 세 번째 종류인 둘레그물버섯(B. cyanescent: *B. cyanecens*)은 색채가 더 민감하다. 갓, 자루, 관층에 상처를 조금 내 보자. 처음에는 아주 흰색이던 상처가 즉시 남색으로 변한다.

이번에는 그물버섯을 탄산가스에 담가 보자. 그러면 찧고 부숴서 죽을 만들어도 남색으로 변하지 않는다. 하지만 죽을 조금 꺼내서 공기와 접촉하면 차차 아름다운 쪽빛으로 변한다. 이 현상은 일반적으로 염색할 때 쓰는 방법과 같다. 시중에서 파는 인디고(Indigo)를 석회와 유화철과 함께 물속에 담그면 인디고가 물에 녹으며 산소 부분을 잃어 무색으로 변한다. 인디고는 식물체 내에서는 색깔이 없는 액체였다. 이것 역시 본래의 식물인 쪽(Indigotier: *Indigofera tinctoria*, 인도람)이 색소 추출 작용이 없었던 상태로 되돌아간 셈이다. 이 액체 방울에 공기를 접촉시키면 곧 산화작용으로 물에 녹지 않는 쪽빛 인디고로 변한다.

방금 정확히 쪽빛으로 변하는 그물버섯을 보았다. 이 식물은 과연 물에 녹는 무색 인디고를 함유했을까? 어떤 의심스런 특성이 없다면 그럴 것이다. 푸른색으로 변하는 그물버섯, 특히 눈에 가장 잘 띄는 둘레그물버섯을 오랫동안 공기 중에 놔두면 진정한 인디고를 증명할 쪽빛을 유지하지 못하고 차차 색이 바랜다. 어쨌든 이런 종류의 버섯은 공기 중에서 빛깔이 바래기 쉬운 색소를 가졌다. 구더기가 푸른색을 가진 그물버섯을 녹였을 때 검은색이 나온 원인은 이런 것이 아니라고 할 수 있을까? 흰색의 다른 버섯, 예를 들어 식용그물버섯은 구더기가 녹여도 타르 같은 색이 되지 않는다.

찧으면 쪽빛으로 변하는 그물버섯은 모두 평판이 안 좋다. 책에서는 위험하거나 좀 수상한 버섯으로 취급했다. 그 중 하나인 '마왕(Satanas)'이란 이름은 그 자체가 무서운 버섯 냄새를 풍긴다. 그러나 곡식좀나방 애벌레나 파리 구더기는 생각이 다르다. 녀석들은 우리가 겁내는 이 버섯을 분탕질한다. 마왕그물버섯이 좋아서 환장하는 녀석들은 희한하게도 우리가 아주 맛있다며 호평한 버섯은 절대로 공격하지 않는다. 예를 들면 가장 평이 좋은 광대버섯이자 제정 로마 시대에 식도락으로 유명했던 신(神)의 식량(*cibus deorum*)이었던 민달걀버섯(A. des Césars : *Agaricus caesareus*→ *Amanita caesarea*)°은 절대로 손대지 않는다.

이 광대버섯은 프랑스의 버섯 중 가장 으뜸으로, 자실체(子實體)가 땅바닥에 금을 그리며 땅위로 솟아오를 때는 전체가 마치 보자기에 싸인 것처럼 외피가 아름다운 알 모양이다. 다음, 보자기가 살그머니 갈라져 별 모양으로 터진 곳에 아름다운 주황색 둥근 물체가 조금씩 나타난다. 삶은 달걀에서 노른자를 상상해 보시라. 껍질을 벗겨 낸 속의 것이 이 버섯이다. 위쪽의 흰 부분을 제거하면 노란 부분이 보이는데, 이것이 막 태어난 민달걀버섯인 동시에 다 자란 모습이다. 여기서는 계란 노른자와 비슷해서 노란광대버섯(lou Rousset d'iou)이라고 한다. 곧 모자가 벗겨지며 완전히 빠져나와 원반처럼 활짝 벌어진다. 손에 닿는 감촉은 명주보다 부드럽고, 겉보기에는 헤스페리데스(Hésperides)[4]의 사과보다 아름답다. 그래서 장밋빛 히이드가 우거진 숲에서는 넋을 잃고 바라볼 정도이다.

자, 그렇게 아름다운 민달걀버섯은 신이 잡수시는 음식인데 구더기는 거들떠보지 않는다. 야외에서 가끔 조사해 봐도 이 버섯에는 구더기가 분탕질한 것이 전혀 눈에 띄지 않는다. 구더기를 유리병에 가두고 다른 버섯은 주지 않았을 때나 겨우 망설이며 입을 대 본다. 죽처럼 만들어 주면 도망치려는 눈치로 보아 마음에 안 든다는 증거였다. 연체동물인 아리온뾰족민달팽이 역시 먹을 생각이 없는 것 같다. 이 버섯을 지나치다 더 좋은 것이 안 보이면 잠깐 멈춰서 맛을 보기는 한다. 하지만 구미가 당기는 것은 아니다. 그래서 우리에게 아주 맛있어 보이는 버섯을 먹어도 되는지 안 되는지 알아보려면 먼저 곤충이나 민달팽이의 증명이 필요했다.[5]

구더기에게 존경받는 고급 광대버섯은 다른 생물도 황폐화시킨다. 즉 기생성 은화식물(Cryptogamique: Cryptogam)인 마이코곤 로제아(*Mycogone rosea*)[6]가 보라색으로 퍼지며 썩는다. 버섯의 또 다른 피해자는 모르겠다.

갓 둘레에 아름다운 줄이 쳐진 두 번째 광대버섯(Amanite: *Amanita*)인 흰우산버섯(A.

4 그리스 신화에 등장하는 석양의 요정. 대지의 여신인 가이아가 준 황금사과의 낙원을 지킨다. 한편 팔랑나비과 곤충의 이름이기도 하다.
5 벌레가 증명하는 것이 맞지 않다는 부정문으로 썼어야 하는데 긍정문으로 잘못 썼다.
6 복균목 유좌균과

vaginata)°도 앞의 광대버섯(Oronge)[7]에 뒤지지 않을 만큼 아주 맛
있다. 색깔이 회색이라 여기서는 회색버섯(lou Pichot gris)으로 부
른다. 그런데 구더기도, 더 극성스러운 곡식좀나방도 여기에는 붙
지 않는다. 마귀광대버섯(A. panthère : *A. pantherina*)°, 흰알광대버섯
(A. printanière : *A. verna*)°, 애광대버섯(A. citrine : *A. citrina*)°과 같은 3
종의 독버섯 역시 모두 거절한다.

어쨌든 광대버섯(*Amanita*)은 사람들의 구미에 맞든, 독이 있든
그저 민달팽이만 가끔 갉아 볼 뿐, 구더기는 모두 거절한다. 거절
의 이유는 모르겠다. 마귀광대버섯의 예를 들어 보았자 쓸데없는
일이지만, 구더기에게 치명적인 알칼로이드가 들어 있어서 그럴
것이란다. 그렇다면 독이 전혀 없는 민달걀버섯도 거절당했는데
그 이유는 맛이 없고 식욕을 자극하는 풍미가 없어서일까? 사실상
이 버섯 날것을 씹어 봐도 미각을 자극하는 것이 전혀 없다.

매운 고추처럼 짜릿한 맛을 가진 버섯은 무엇을 좀 알려 줄까?
소나무(Pins : *Pinus*) 숲에 있는 큰붉은젖버섯(Lactares mouton : *Lacta-
rius torminosus*, 무당버섯과)°은 갓 둘레가 위로 젖혀졌고 곱슬머리 같
은 털이 났다. 고추보다 훨씬 매운 맛이 혀를 태우는 듯하니 '배
아프다(*torminosus*).'라는 뜻의 라틴 어는 정말로 잘 맞는 이름이다.
특별히 주문된 위장이 아니면서 이것을 먹었다가는 큰코다칠 것
이다. 자, 그런데 그런 위장이 있다. 송충이가 매운 등대풀(Tithy-
male : Tithymalus) 잎을 맛있게 먹듯이 고추 같은 이 버섯을 먹는 녀
석이 있다. 두 경우 모두 우리에게는 마치 이글거리는 숯불을 삼
키는 격이다.

구더기는 이런 양념이 필요했을까? 전혀

---

7 Amanite와 거의 같은 뜻으로
혼용되는 용어이다.

무당버섯류 버섯은 전문가도 겉모습만 보고 종을 구별하기 어려운 때가 많다. 하물며 모양이나 색깔, 또는 곤충이 먹는지 따위를 보고 독버섯을 판단해서는 안 된다. 오대산, 29. IX. '96

아니다. 같은 소나무 숲에 있는 붉은젖버섯(L. délicieux: *L. deliciosus* → *laeticolorus*)은 아름다운 주홍색에 고리가 마치 동심원의 깔때기 모양이다. 상처 낸 자리가 푸른색으로 변하니 푸른 그물버섯의 특성인 인디고를 지녔다는 뜻인데, 쪼개거나 칼로 살을 도려내면 붉은 피 같은 것이 눈물처럼 스미는 게 이 버섯의 뚜렷한 특징이다. 그렇지만 큰붉은젖버섯처럼 격렬하게 매운맛은 없다. 날것을 씹으면 맛이 부드럽다. 구더기는 이렇게 부드러운 맛의 버섯도 지독히 매운 버섯처럼 분탕질해서 휩쓸어 버린다. 맛이 있거나 없거나, 부드럽거나 강하거나, 녀석에게는 모두 같았다.

상처에서 피눈물이 스미는 버섯에게 붙여 준 '맛있다(*deliciosus*).' 라는 라틴 어 형용사 이름은 좀 지나쳤다. 이 버섯은 먹을 수는 있어도 소화가 잘 안 되어서 변변치 못한 식품이다. 이 버섯의 정체는 과찬의 형용사 덕분에 실제보다 지나친 평가를 받는다. 우리 집에서는 요리 재료로 쓰는 대신 썰어서 식초에 절여 피클로 쓸 때가 많다.

부드러운 광대버섯(*Amanita*)과 단단한 젖버섯의 중간 정도로 살이 꽉 찬 것은 구더기의 마음에 맞는 조건일까? 이 점은 올리브나무(Olivier: *Olea*)에 잘 붙으며, 대추 같은 적갈색으로 화려한 인광 느타리(Agaric de l'olivier: *Pleurotus phosphoreus*)에게 물어보자. 이 버섯의 속칭인 올리브느타리가 적절한 이름이라고 할 수는 없겠다. 버섯이 늙은 올리브나무 밑동에서 자주 보이는 것은 사실이나 회양목(Buis: *Buxus*), 털가시나무(Yeuse: *Quercus*), 유럽벚나무(Prunellier: *Prunus spinoza*), 편도나무(Amandier: *P. amygdalus→ dulcis*), 실편백(Cyprès: *Cupressus*), 사위질빵(Viorne: *Viburnum*), 기타 다른 나무나 관목에서도 채집됐다. 결국 받침목(기주식물)의 성질은 이 버섯에게 문제가 되지 않았다. 오히려 단 하나의 큰 특징으로 유럽의 일반적인 버섯과 구별된다. 즉 인광(燐光)을 발한다는 점이다.

이 버섯은 오직 갓의 아랫면에서만 반딧불이(ver luisant: Lampyridae) 같은 흰색의 부드러운 빛을 발하는데, 결혼식과 포자의 방출을 축하하려는 등불인 것이다. 여기에 화학자가 말하는 인(燐)은 전혀 없다. 불빛은 느리게 타는 현상이며 보통 때보다 활발히 숨쉬는 현상으로, 숨을 쉴 수 없는 탄산가스나 질소가스와 같은 가스 속에서는 빛이 꺼진다. 공기를 포함한 물속에서는 빛을 내도, 끓여서 공기가 빠진 물속에서는 빛을 내지 못한다. 또한 아주 캄캄한 곳이 아니면 느끼지 못할 만큼 약한 빛이다. 밤에, 또는 낮이라도 동굴 속에서 오래 머물러 눈을 적응시킨 다음이면 인광느타리가 한 조각의 보름달처럼 불가사의한 빛을 보여 준다.

그러면 파리 구더기는 어떨까? 그 불빛에 이끌릴까? 결코 아니다. 구더기도, 곡식좀나방도, 민달팽이도 이 아름다운 버섯에는 손대지 않는다. 녀석들이 이 버섯을 다치게 하지 않는 이유를 보통 사람처럼 독성이 있어서일 거라 지레짐작하지는 말자. 이곳 개천가의 자갈 섞인 흙에 인광느타리처럼 치밀한 큰느타리(A. du panicut: *P. eryngii*, 일명 큰송이)●가 있는데, 여기서는 베리굴로(Berigoulo)라고 부르며 가장 존중하는 버섯의 하나이다. 하지만 구더기는 이것을 좋아하지 않는다. 우리에겐 맛있는 요리인데 녀석들은 싫어한다.

버섯을 계속 조사해 봤자 답변은 항상 같을 테니 이런 조사는 의미가 없다. 곤충이 어떤 버섯을 선호하든, 그것이 독버섯인지의 여부를 알려 주지는 않는다. 벌레의 위장과 사람의 위장은 다르다. 우리에게는 독이라도 벌레는 맛있게 먹으며, 우리에겐 맛있는 것을 녀석들은 독이라고 주장한다. 우리 대다수는 식물학을 공부할 기회도 없었고, 그럴 취미도 없는데 어떤 규칙에 따라야 할까? 규칙은 아주 간단하다.

내가 세리냥으로 이사 온 지도 벌써 30년, 오랜 세월을 살았으나 여태껏 이 마을에서 버섯에 중독되었다는 이야기는 들어 보지 못했다. 특히 가을에 버섯을 많이 먹는 여기서는 신통치 못한 식탁에 큰 도움을 주려고, 산을 여기저기 두루 돌아다니며 버섯 채취를 안 하는 집이 거의 없다. 그러면 그 사람들은 어떤 버섯을 채취할까? 거의 모조리 다 따온다.

근처의 숲을 돌아다니며 버섯을 사냥하는 남녀의 바구니를 여러 번 조사했다. 그들은 수집품을 기꺼이 보여 주는데, 거기는 버섯 전문가의 눈살을 찌푸리게 하는 것들이 들어 있다. 독버섯으로 분류되는 자색그물버섯(*B. purpureus*)도 가끔 보인다. 어느 날 그 버섯을 채취한 남자에게 주의를 주었더니 깜짝 놀라며 나를 쳐다본다. "이게 늑대의 빵(Pain de Loup)[8], 그러니까 독이라고요!" 그는 통통한 그 그물버섯을 손가락으로 톡톡 퉁기면서

---

8 이 지방에서는 그물버섯을 대개 '늑대의 빵'이라고 부르며, 쉽게 벗겨지는 관(管)을 떼어 버리고 나머지를 그대로 요리한다.

이렇게 말하지 않았더냐! "농담이시죠! 이건 황소의 골수(Moelle de Bœuf)입니다. 선생님, 진짜 소의 골수예요." 그는 내가 걱정하는 것을, 그리고 나의 버섯 지식을 되레 비웃으며 사라졌다.

방금 그 바구니에서 퍼순(Persoon)[9] 씨가 맹독성 버섯(valde venenatus)이라고 딱지를 붙여 놓은 뽕나무버섯(Agaric annulaire : *Armillaria mellea*)도 보았다. 특히 뽕나무 그루터기에 많은 이것은 식용으로 가장 많이 쓰였다. 게다가 더욱 위험한 악마인 마왕그물버섯이나 큰붉은젖버섯의 후추 맛과 경쟁할 만큼 매운 당귀젖버섯아재비(L. zoné : *L. zonarius*), 넓은 외피에 둥근 지붕 둘레를 부서진 흰색 카세인 가루 같은 것으로 장식한 호화로운 흰머리광대버섯(Amanite à tête lisse : *Amanita leiocephala*)도 눈에 띄었다. 상아 같은 둥근 지붕의 구역질 나는 냄새와 비누 같은 뒷맛이 경계를 시켜도 모두가 그런 것은 문제 삼지 않았다.

버섯을 이렇게 대범하게 채취하고도 어째서 사고가 나지 않았을까? 지금까지 우리 마을은 물론 널리 이 일대에서는 버섯을 햇볕에 말리는 것이 관례이다. 끓는 물에 소금을 한줌 넣고 데친 다음 찬물로 여러 번 헹구면 독이 빠진단다. 그 다음 마음대로 요리해도 된단다. 이렇게 데쳐서 흘려 버리고 씻어 내면 원래 위험한 것으로 알았던 것도 괜찮단다.

내가 실시해 본 실험으로도 시골 사람의 방법이 효과가 있음을 증명했다. 매우 독하다는 뽕나무버섯을 아주 여러 번 가족과 함께 먹었다. 끓는 열탕으로 독을 빼 버리면 맛이 없다고는 할 수 없는 식품이 되었다.

---

[9] Christian Hendrik Persoon. 1761~1836년. 남아프리카 출생. 어머니는 출생 직후, 아버지는 13세 때 사망해 유럽으로 보내졌다가 린네의 버섯 분류연구소에서 균류학자가 되었다.

흰머리광대버섯도 잘 끓여서 식탁에 자주 올렸다. 이런 조처를 취하지 않았다면 위험했을 것이다. 푸른색을 내보내는 그물버섯, 특히 자색그물버섯과 마왕그물버섯을 시험 삼아 먹어 보았다. 이것은 내가 먹지 말라고 충고했어도 안 믿었던 농촌 버섯사냥꾼들이 이름 붙인 '황소의 골수'라는 것들이었는데 칭찬할 만했다. 그리고 가끔 책에 아주 나쁜 평으로 기록되어 있는 광대버섯도 먹어 보았으나 별 탈이 없었다. 의사인 친구에게 끓는 물 처리법을 이야기했더니 그도 시험해 보고 싶어 해서, 저녁 식사로 마귀광대버섯만큼이나 독해서 가장 평이 나쁜 애광대버섯(*A. citrina*)ᵒ을 택했다. 또 시각장애인이며 나중에 로마 미식가의 요리 재료인 콧수스(Cossus)를 함께 시식했던 한 친구도 가장 위험하다는 인광느타리까지 먹어 보았다. 이것들이 맛있다고 할 수는 없어도 적어도 피해는 없었다.

이런 사실들로 보아 가끔씩 일어나는 버섯 중독의 가장 안전한 대책은 미리 잘 데치는 것이다. 곤충이 먹거나 거절한 점을 우리의 버섯 안내자로 삼을 수는 없다. 적어도 오랜 체험이 쌓인 시골 학문은 간단하며 효과가 큰 방법을 구전으로 전해 준다. 한 바구니의 버섯이 유혹해도 그것이 유독성인지, 무독성인지 당신은 모른다. 그럴 때는 데치시라. 충분히 데치시라. 이상한 버섯도 펄펄 끓는 연옥의 냄비를 통과하면 걱정 없이 먹을 수 있게 된다.

하지만 그것은 야만인의 요리법이라고 말할 사람이 있을지 모르겠다. 버섯을 뜨거운 물에 끓여서 죽처럼 만들면 맛과 향기가 없어진다는 걱정 때문이다. 당치도 않은 소리. 버섯은 그런 시련을 잘 견딘다. 내가 식용버섯 엑기스를 만들어 보려 했다가 실패한 이야기를 앞에서 했다. 오래 끓여도, 탄산소다의 힘을 빌려도, 죽이 되기는커녕 거의 원상태를 유지했다. 많은 버섯이 그 크기에 맞춰 요리하면 모두가 같은 정도의 저항력을 가지고 있을 것이라 생각된다.

더욱이 맛이 줄어들거나 향기가 약해지는 경우도 전혀 없다. 소화 또한 아주 잘 된다. 이 식품은 대체로 위에 부담이 없다는 점이 무엇보다도 중요한 조건이다. 그래서 우리 집에서는 무엇이든, 즉 악명 높은 광대버섯까지도 끓여서 데친다.

사실 나는 풍류를 모르는 사람이라 골똘히 생각해서 만든 요리에도 유혹되지 않는 야만인이다. 하지만 나는 미식가를 상대한 것이 아니라 소찬으로 만족하는 사람과, 특히 들에서 일하는 노동자를 상대로 이야기하려는 속셈이다. 버섯은 본래 훌륭한 식품이다. 다만 해로운 것과 안전한 것을 구별하기가 어렵다는 흠이 있다. 이 점만 해결된다면 평생 콩과 감자만 오르는 식탁에 한몫 끼어서 훌륭한 역할을 할 것이다. 버섯에 대한 프로방스(Provence)의 조심스러운 방법이 세상에 널리 알려진다면 내가 끈질기게 관찰한 결과도 보상을 받으리라.

21 잊을 수 없는 수업

아쉽지만 버섯 이야기는 그만 끝내자. 버섯에는 또 달리 해결해야할 문제가 얼마나 많더냐! 마왕그물버섯(*Boletus satanas*)을 먹는 구더기가 왜 광대버섯(Oronge)은 외면할까? 녀석들에게는 맛있는 것이 왜 우리에게는 해로울까? 우리 미각에는 맛있는 것을 녀석들은 왜 싫어할까? 어떤 버섯은 식물학적 분류에 따라 갖가지 특유 화합물을 지녔다. 예를 들면 알칼로이드가 분명히 들어 있다. 이 것을 분리해서 그 특성을 근본까지 밝힐 수는 없을까? 의학이 지금 키니네(Quinine)[1], 모르핀, 기타 물질로 우리의 병과 통증을 줄여 주듯이, 누가 그 용도를 발견하지 못한다고 장담하겠나?

또 먹물버섯(*Coprinus*)이 저절로 녹는 것과 그물버섯(*Boletus*)이 구더기의 작용으로 녹는 원인도 조사해야겠다. 두 현상은 같은 계열의 작용일까? 먹물버섯도 구더기가 토해 낸 펩신 종류의 작용으로 자신이 소화된 것일까?

인광느타리(*Pleurotus phosphoreus*)가 보름달처

1 남아메리카 식물인 *Cinchona sp.* 껍질에서 추출한 물질로, 말라리아(*Plasmodium falciparum*)의 예방과 퇴치에 쓰이는 약품이다. 예전에 우리나라에도 알약으로 보급되었다.

럼 희고 부드러우며 찬란한 빛을 내게 하는 산화성 물질도 알고
싶다. 몇몇 그물버섯이 염색 공장의 인디고보다 쉽게 파래지는 이
유도 흥미롭다. 맛 좋은 젖버섯(*Lactarius*)에 상처를 내면 파래지는
원인도 알고 싶다.

비록 내 실험 기구가 초라할망정, 인내력이 필요한 이런 화학적
연구에 오랫동안 느긋하게 결과를 기다릴 만큼 긴 세월이 허락된
다면—이미 도망쳐 버리고 되찾을 수 없는 세월이지만—내 욕망
이 자극받았을 것이다. 그러나 이제는 다 틀렸다. 그런 것을 해낼
시간이 없다. 그러면 나의 화학 이야기나 좀 해보자. 이야기를 잘
할 묘안이 떠오르지 않으니 옛 추억을 살려 보련다. 도중에 혹시
친구 이야기가 끼어들어도 독자께서는 용서해 주시겠지. 나이가
들면 이렇게 옛날의 좋은 시절을 회상하고 싶어진다.

내 생애에서 과학에 관해 수업을 받은 것은 오직 두 번뿐이다.
한 번은 해부학, 또 한 번은 화학이었다. 첫 학과의 수업은 박물학
자 모킨 탄돈(Moquin-Tandon)[2]에게 받았다. 그는 코르시카(Corse)
르노조 산(Monte-Renoso)의 식물채집에서 돌아와, 물을 담은 접시
에 달팽이(Escargot : Pulmonata)를 넣고 해부하여 그 구조를 보여 주
었다. 아주 잠시였으나 내게는 무척 유익했다. 특히, 내가 해부학
에 눈을 뜨게 해주었다. 그 뒤로 나는 선생이라고 할 만한 사람의
지도나 도움 없이 혼자 메스를 들고 동물의 내장을 조사했다. 또
하나의 과목인 화학을 공부할 때는 별로 행복하지 못했다. 사연은
이렇다.

2 프랑스 식물원 원장, 『파브르
곤충기』 제6권 83쪽 참조

나의 사범학교 시절, 과학교육은 그 내용
이 정말로 형편없었다. 산술과 기하학의 극

히 일부가 기본이었고, 물리학이란 없는 거나 다름없었다. 기상학에 관한 몇몇 실제, 즉 4월에 뜨는 달[3], 서리, 이슬, 눈, 그리고 바람에 대하여 조금 배웠다. 농촌에서 이 정도의 물리학 지식만 있으면 농부와 비 또는 날씨 이야기를 하기에 충분하다는 것이다.

박물학(생물학)이란 과목은 절대로 없었다. 정처 없이 산책하다 멋진 기분 풀이감 식물에 관해 물어본 적은 한 번도 없었다. 습성이 아무리 흥밋거리라도 곤충 역시 언급된 적이 없었다. 화석이 새겨진 돌멩이의 기록은 유익한 교재가 될 텐데 역시 그랬다. 창문을 열고 아름다운 밖을 내다보는 것조차 금지되었고, 오직 문법만 우리 인생을 졸라매고 있었다.

화학에 대해서도 역시 한마디도 없었음은 당연한 일이다. 그래도 나는 화학이라는 단어를 알고는 있었다. 실제는 잘 몰라도 우연히 책을 읽다가, 화학이란 각종 원소를 결합시키거나 분리시키면서 물질에 변화를 일으킨다는 것을 보았다. 그런데 나는 이 학문에 대해서 얼마나 희한한 생각을 품고 있었더냐! 내게 화학은 마법, 연금술(鍊金術) 같은 비법이라는 냄새를 풍기고 있었다. 내 생각에, 화학에 종사하는 사람은 누구나 손에 마법의 지팡이를 들고, 머리에는 옛 페르시아 승려가 썼던 것과 같은 뾰족한 모자, 즉 별 무늬로 장식한 모자를 쓰고 있어야만 했다.

가끔 학교를 찾아오는 명예교수라는 분들, 훌륭한 그분들도 이렇게 어리석은 내 생각을 바꿔 주지는 못했다. 그분들은 고등학교(Lycée)에서 물리학과 화학을 가르쳤다. 또 일주일에 2회씩 밤 8시부터 9시까지, 학교 건물과 붙어 있는 큰 성당에서 무료 공개강

---

3 농부들은 4월에 뜨는 달이 새싹을 누렇게 시들도록 하는 늦서리를 내린다고 미신처럼 믿었다.

좌를 열고 있었다. 옛날에는 성 마샬(St. Martial) 성당이었던 그곳이 지금은 프로테스탄트 교회가 되었다.

자, 여기가 내가 들어 본 것과 같은 마술사의 동굴이다. 종루(鐘樓) 꼭대기의 녹슨 바람개비가 슬프게 삐걱거리며 돌고 있었다. 날이 저물면 큰 박쥐(Chauve-souris : Chiroptera)가 건물 주위를 날거나 도랑 사이로 곤두박질쳤다. 밤이 깊어 가면 발코니 끝의 장식에서 부엉이(Hiboux)가 구슬프게 울어 댄다. 저 커다란 둥근 천장 밑에서 화학자가 연구 중일 것이다. 어떤 마법의 약을 만들고 있을까? 내가 그것을 알게 될 날은 있을까?

오늘 그분이 우리 학교에 왔다. 뾰족한 마법사 모자는 쓰지 않은 보통 차림에 별로 이상한 모습은 아니었다. 그는 바람처럼 슬쩍 교실로 들어왔다. 불그스레한 얼굴이 귀밑까지 닿은 크고 빳빳한 술잔받침 모양의 옷깃 속에 꼭 끼어 있었고, 관자놀이는 몇 오라기의 붉은 머리털이 장식하고 있었다. 또 머리 꼭대기는 세월이 지난 상아(象牙)처럼 빛나고 있었다. 무뚝뚝한 말투와 딱딱한 몸짓으로 두세 명의 학생에게 질문을 던졌다. 얼마간 아이들을 들볶더니 빙그르르 방향을 바꾸어 들어올 때와 같이 바람처럼 슬쩍 나가 버렸다. 물론 나쁜 사람은 아니겠지만 학생을 가르치는 데 좋은 사고를 불어넣는 인사는 못 되었다.

화학 실험실에는 팔꿈치를 올려놓을 높이의 창문 두 개가 학교의 뜰과 마주하고 있었다. 나는 팔꿈치에 의지해서 교정을 내다보곤 했었다. 내 빈약한 머리를 짜내서, 과연 화학이란 어떤 학문인지 가늠해 보려고 노력했다. 하지만 불행하게도 내 눈이 가서 닿는 곳은 성스러운 장소가 아니라 학자가 그릇을 씻는 구석진 방이었다.

꼭지 달린 납 파이프들이 벽에 걸려 있었다. 구석에는 커다란 나무통이 놓였는데, 가끔 증기를 불어넣어 끓인다. 그 속에서 벽돌 부스러기처럼 불그스레한 가루가 끓고 있었다. 나는 거기서 염료의 원료인 풀뿌리, 꼭두서니(Garance: *Rubia*)를 농축시켜서 더 순수한 제품을 만들려고 끓인다는 것을 알았다. 그것은 선생님이 특별히 좋아하는 연구 주제였다.

나는 두 창문에서 보이는 광경만으로는 만족하지 못했다. 되도록 깊이 들어가서 강의실로 잠입하고 싶었다. 소원이 이루어졌다. 학기 말이었는데 나는 그때 규정된 학년을 월반해서 졸업장을 이미 받아 놓고 있었다. 그래서 학기 말까지 몇 주 동안 휴가였다. 학교 밖으로 나가서 18살의 청춘에 도취되어 볼까? 아니다. 2년 동안 조용한 침실을 제공하고 걱정 없이 먹여 준 이곳, 학교에서 지내자. 나의 임지를 임명받을 때까지 기다리자. 나를 마음대로 써 주십시오. 하지만 소망을 들어주십시오. 공부만 할 수 있게 해주십시오. 공부할 수 있게만 해주신다면 나머지는 아무래도 좋습니다.

나의 공부 의욕을 이해하신 훌륭한 교장 선생님은 내 결심을 격려해 주셨다. 오랫동안 잊고 있었던 호라티우스(Horace)와 베르길리우스(Virgile)[4]를 다시 한 번 읽도록 권하셨다. 친절한 선생은 라틴 어를 아셨으며 내게 몇 줄을 해석시키기도 하셨다. 꺼져 가는 불을 돋우려 하셨던 것이다.

더 좋은 도움도 있었다. 한쪽은 라틴 어, 다른 쪽은 그리스 어의 이중 언어로 쓰인 준주성범(Imitation, 遵主聖範)도 빌려 주셨다. 첫 원문은 대체로 마음

---

4 로마의 가장 위대한 시인. 『파브르 곤충기』 제9권 186쪽 참조

대로 읽을 수 있었다. 그래서 두 번째 원문도 읽어 보기로 했다. 이솝의 우화를 번역할 때 얻은 약간의 어휘를 다소나마 늘리게 될 것이니 이제부터 할 공부에 그만큼 도움이 되겠다. 어쩌면 이리도 운이 좋더냐! 잠자리와 식사, 그리고 옛날 시와 어려운 말, 이런 즐거움이 한꺼번에 내 것이 되다니.

나의 행운은 그것만이 아니었다. 우리 과학 선생님, 명예교사가 아니라 전임인 우리 과학 선생님은 매주 두 번 비례법과 삼각형의 특성을 증명하러 오시는 분이다. 학년이 끝날 무렵, 그 선생님은 우리를 축하해 주려고 멋진 생각을 해내셨다. 우리에게 산소(酸素)를 보여 주기로 약속한 것이다. 동료인 어느 고등학교 화학교사의 양해를 받아, 우리를 그 유명한 실험실로 데려가 그의 수업을 눈앞에서 보여 주려 했다. 산소, 그렇다. 만물을 불태우는 산소 가스, 우리는 내일 그것을 보게 된다. 그 이야기를 들은 나는 밤새 잠을 이룰 수가 없었다.

목요일 점심 식사 뒤, 화학수업이 끝나자 우리는 낭떠러지 위에 작고 아담하게 자리 잡은 마을, 레 장글레(Les Angles)를 떠나게 되었다. 그래서 검은 프록코우트(Redingote) 외출복과 격식을 높이 갖춘 모자로 화려하게 치장했다. 30명가량인 학생 전원이 다 모였고, 교장 선생님의 인솔하에 떠났다. 하지만 그분도 우리에게 보여 줄 것에 대해서는 아는 바가 없었다.

실험실 문지방을 들어설 때 가슴이 약간 두근거렸다. 아무 장식이 없는 고색창연한 성당 안, 고딕식 천장의 넓은 중앙 홀로 들어섰다. 그 안에서는 소리가 울렸다. 꽃 장식 쇠시리를 하고 돌로 장미꽃처럼 장식한 스테인드글라스를 통해서 은은한 빛이 비쳤다.

깊은 쪽에는 층층이 높아지는 수백 명의 관중석이 보인다. 그 반대쪽은 본래 성가대의 자리였고, 그곳 한쪽에 엄청나게 큰 맨틀피스가 자리 잡았다. 홀 중앙에는 약품에 부식된 넓고 육중한 실험대가 자리 잡았는데, 모퉁이에는 납을 깔았고 그 위에 있는 역청을 바른 상자에는 물이 가득 담겨 있었다. 그것은 기체 수집 상자임을, 즉 가스를 모으는 통임을 금방 알 수 있었다.

교수는 실험 조작을 시작했다. 그는 무화과처럼 불룩한 부분이 갑자기 구부러진 크고 긴 유리병을 들고는, 그것이 증류기라고 했다. 또 원뿔처럼 만 종이 깔때기에다 부서진 목탄처럼 보이는 검은 가루를 넣고는 이산화망간이라고 했다. 그 속에는 우리가 채취하려는 가스가 금속과 화합하여 많이 농축되어 있다. 기름 같은 액체의 강력한 물질인 황산이 이 가스를 유리시켜 준다. 이렇게 준비한 다음 증류기를 숯불이 타는 화로에 올려놓았다. 기체 수집 상자의 판자 위에 설치된 유리관은 물이 가득한 종(鐘)과 연결되어 있었다. 이것이 장치의 전부였다. 자, 이제 어떤 결과가 나올까? 열이 작용하기를 기다리자.

동료들이 장치 주위로 몰려들어 서로 밀치는 바람에 가까이 가 볼 수가 없었다. 일을 돕지도 못하면서 공연히 설쳐 대는 녀석들은 실험 장치에 손대 보는 것을 영광으로 생각했다. 기울어진 증류기를 바로 세우거나 숯불을 입으로 불어 대는 학생도 있었다. 나는 모르는 사람 앞에서 이렇게 허물없이 구는 것을 좋아하지 않았다. 팔꿈치로 남을 밀치며 구경하겠다고 앞줄로 나서서 혼란을 피우는 녀석들이 싫었다. 순해 보이는 선생님도 그냥 내버려 두었다. 그래서 거기는 시끄러운 녀석들에게 맡기고 뒷전으로 물러섰다. 산소가 준비되는 동안 여기서 보아 둘 것이 얼마나 많더냐! 이 기회에 화학자의 병기 창고를 한번 둘러보자.

맨틀피스 밑에는 함석판을 끼워 이상하게 생긴 화로가 한 줄로 늘어서 있다. 긴 것, 짧은 것, 높은 것, 낮은 것, 가지각색이며 모두 작은 창이 뚫려 있고, 작은 질그릇 뚜껑이 있다. 일종의 작은 탑 같은 뚜껑은 여러 개를 쌓아 올릴 수 있고, 큰 고리가 달려 있어서 무거운 것을 여닫을 때 손잡이 역할을 한다. 그 위에는 함석판으로 만든 연통이 있다. 이것은 어떤 돌이라도 녹일 수 있는 지옥의 불 역할을 할 것이다.

조금 아래쪽에 길게 뻗은 것은 등골처럼 구부러졌다. 양끝에는 둥근 구멍이 있으며 굵은 도자기 튜브가 달려 있다. 그것은 무엇에 쓰이는 도구인지 전혀 상상할 수가 없었다. 어쩌면 화금석(化金石)[5]을 연구하는 사람도 이런 도구를 갖고 있을 것이다. 아마도 금속에서 모든 비밀을 뿌리째 뽑아 내는 고문(拷問) 도구일 것 같다.

선반에는 유리 기구가 줄지어 있다. 여러 개의 크고 작은 증류기를 보았는데, 그것 모두는 가운데가 구부러졌다. 긴 주둥이가 달린 것도, 배가 짧은 것도 있다. 이렇게 이상한 기구들을 그 용도는 상상하지 말고 우선 잘 보아 두자. 깊은 원뿔 모양인데 다리가 달린 유리 기구도 있다. 또 목 근처의 두세 군데가 잘록한 플라스크도 있다. 둥근 병에 긴 대롱이 달린 것을 보고 정말 놀랐다. 아아! 참으로 희한한 기구가 아니더냐!

여기, 초자기구(硝子器具, 유리 기구) 장에는 플라스크와 약품이 가득한 여러 종류의 병이 진열되어 있다. 병에 붙인 이름표에 적힌 몰

---

5 옛날 연금술사가 금이나 은을 인공적으로 만들 때 필요하다고 생각했던 매개 물질

리브덴산암모늄, 염화안티몬, 과망간산칼리, 그 밖의 시약 이름이
내 머리를 얼떨떨하게 했다. 내가 읽은 책에는 이런 딱딱한 말들
이 없었으니 말이다.

갑자기 펑! 그러고는 발 구르는 소리, 외침 소리, 아파서 울부짖
는 소리, 도대체 무슨 일이 일어났을까? 홀로 달려갔다. 증류기가
깨졌다. 끓는 황산이 사방으로 튀겼고 벽도 온통 더럽혀졌다. 동
급생 거의 모두가 크든 작든 피해를 입었다. 운 나쁜 친구 하나는
얼굴에 온통, 눈에까지 황산이 튀어 지옥에 떨어진 것처럼 울어
댔다.

나는 덜 다친 친구의 도움을 받아 그를 밖으로 데리고 나갔다.
다행히 바로 옆에 수도가 있어서 수도꼭지 밑에 얼굴을 대고 씻겼
다. 심한 고통이 좀 가라앉자 그는 마음을 가다듬고 혼자서 얼굴
을 씻었다.

그의 눈은 내가 빨리 손을 쓴 덕분에 건진 것 같다. 의사의 안약
으로 치료한 지 일주일 뒤 위험은 완전
히 사라졌다. 내가 사고 현장
에서 멀리 있었

던 게 얼마나 다행이더냐! 나 혼자 약 선반 앞에 떨어져 있었기에 조금도 당황하지 않고 응급처치를 해줄 수 있었다. 화학 폭탄 앞에 바짝 다가섰는데 그것이 튀었으니 다른 것들은 어땠을까?

실험실로 다시 돌아갔다. 그때의 광경이란 참으로 웃을 일이 아니었다. 선생님 셔츠의 가슴 근처, 조끼, 바지 윗부분은 얻어맞아 마치 검정 구두약을 칠한 것 같았다. 연기가 무럭무럭 나면서 타들어간다. 황급히 옷을 벗어 던졌다. 선생님이 귀가할 때는 우리 중 가장 잘 차려 입은 친구들이 옷을 빌려 드려 보기 흉하지 않을 정도는 되었다.

조금 전에 내가 주의해서 보았던 원뿔 모양의 큰 유리병에는 암모니아가 가득했다. 모두 기침을 하거나 눈물을 흘리면서, 그것에다 손수건 끝자락을 적셔서 모자나 양복을 여러 번 비볐다. 황산이 남긴 붉은 흉터가 사라졌고 적당히 잉크를 발라 본래의 색깔이 되었다.

그럼 산소는? 그런 것은 이미 문제가 아니다. 축제도 다 틀어졌다. 어쨌든 불행했던 이 수업이 내게는 중요한 사건이었다. 그래도 화학 실험실에 들어가서 이상한 도구들을 대충 둘러보기는 했다. 교육에서 가장 중요한 것은 배운 것을 그럭저럭 이해시키는 게 아니라, 학생들 머릿속에 잠재하는 능력을 불러일으키는 것이다. 교육은 잠자는 폭탄이 깨도록 뇌관(雷管)을 작동시키는 도화선이다. 내 머릿속에서 이 뇌관이 폭발했다. 오늘은 운이 나빠 얻지 못한 산소를 언젠가는 얻을 것이다. 또 언젠가는 선생 없이 나 혼자 화학을 배울 것이다.

그 화학, 시작은 정말 비참했다. 그렇다, 나는 꼭 배우고 말겠다. 어떻게 배울까? 어쨌든 가르치겠다. 하지만 누구에게도 내 방법을 권하지는 않으련다. 선생님의 말을 듣고 예를 보며 배우는 사람은 행복하다. 그런 사람은 눈앞의 탄탄한 대로를 편하게 걸어갈 수 있다. 그렇지 않은 사람은 좁은 돌밭 길을 걷다가 자주 엎어진다. 다시 더듬으며 찾아가다 길을 잃기도 한다. 제 길을 다시 찾겠다면 낙심하지 말고, 혜택 받지 못한 사람이 지닌 단 하나의 나침반인 백절불굴의 정신에 의지해야만 한다. 그것이 내 운명이다. 나는 남을 가르치면서, 매일 밤마다 내 가래로 메마른 땅을 힘들게 일궈, 익힌 열매를 그들에게 나누어 주며 공부했다.

황산 폭발 사건 몇 달 뒤 나는 초등중학교(Primaire au collège) 교사로 임명받아 카르팡트라(Carpentras)로 파견되었다. 첫해에는 몹시 힘들었다. 학생 수는 지나치게 많았고, 대부분은 라틴 어를 모르며 글쓰기 능력도 제각각이었다. 이듬해에는 학급이 둘로 나뉘고 내게 조교까지 배당되었다. 반에서 장난이 심한 녀석을 가려냈고, 좀더 유능하며 나이 든 녀석들의 반을 내가 맡았다. 나머지 학생은 예비반을 만들어 연수시키기로 했다.

그날부터 모습이 새로워졌다. 시간표 따위는 없다. 이런 행복한 시대에는 선의를 지닌 교사의 가치가 최고로 높다. 학교는 기계처럼 규칙적으로 움직이는 기관이 아니다. 내가 생각한 대로 가르쳤다. 자, 그런데 초등중학교란 이름에 걸맞게 가르치려면 어떻게 해야 할까?

아 참, 그렇지! 어떤 무엇보다도 화학을 가르쳐야지. 내가 책을 읽어서 안 것에 따르면, 화학 지식이 조금만 있어도 밭에 비료를 주는 데는 손해가 없겠다. 내 학생들은 대부분 시골 출신이다. 고향으로 돌아가면 자기 밭에서 일을 할 것이다. 땅은 무엇으로 만들어졌는지, 식물은 어떤 영양분을 섭취하는지 따위를 가르쳐 주자. 그 밖의 학생은 주로 공업에 종사하겠지. 가죽을 무두질하는 직공, 주물공, 표준 주정(Trois-six, 36° 알코올) 증류공, 비누나 멸치젓 따위의 소매상도 되겠지. 소금에 절이는 방법, 비누 제조법, 증류기, 탄닌, 금속류 따위도 가르치자.

하지만 나는 그런 것들을 모른다. 학생에게는 배워서 가르쳐야 한다. 자, 그런데 선생이 망설이면 약삭빠른 녀석들이 집요하게 파고든다.

마침 학교에는 최소한의 설비를 갖춘 작은 실험실이 있었다. 거기는 가스 수집기, 한 타(12개)가량의 플라스크, 대롱 몇 개, 시시한 시약 한 세트도 있었다. 그것들을 쓸 수만 있다면 그럭저럭 꾸려 나갈 것 같은데, 거기는 신성불가침의 장소, 이 학교의 최고학년 학생만을 위해서 남겨 놓은 장소였다. 교수, 그리고 대학 입학 자격시험을 준비하는 그의 제자 말고는 아무도 못 들어간다. 나처럼 평범한 인간이 한 떼거리의 개구쟁이를 몰고 그 성전으로 들어간다면 그야말로 분에 넘치는 짓이다. 교장은 결코 허락하지 않을 것이다. 나는 그렇게밖에 생각할 수 없었다. 초등반 학생이 버릇없이 그런 고급 학문에 접한다는 것은 생각할 수 없는 일이었다. 그렇지. 실험 도구만 빌려 준다면 그곳으로 가지 않아도 된다.

그런 귀중한 물건을 지급하는 교장에게 내 계획을 이야기했다. 교장은 주로 라틴 어만 공부했을 뿐, 당시 별로 대수롭지 않게 여겨 온 자연과학과는 거의 인연이 없었다. 그러니 그는 내가 무엇을 요구하는지조차 잘 이해하지 못했다. 나는 겸손한 말로 주장하면서 설득시켜 보려고 무척 노력했다. 조심스럽게 사건의 핵심에 육박했다. 내가 맡은 학급은 학생 수가 많았고, 이 학교의 다른 어느 학급보다 버터와 채소를 많이 소비하고 있었다. 그것은 교장이 가장 마음을 빼앗기는 점이다. 될수록 내 학급을 추켜올려서 학생 수를 늘려, 잘 만족시키며 유혹해야 했다. 수프 몇 접시를 늘려 줄 것이라는 전망이 내 계획을 성공시켜 소원까지 이루어졌다. 불쌍한 과학, 키케로(Cicéron)[6]나 데모스테네스(Démosthène)[7]의 정신력으로도 길러 내지 못할 하찮은 녀석들인 너희를 여기까지 데려오는 데 얼마나 힘든 외교가 필요했더냐![8]

내 야심에 필요한 실험 도구를 일주일에 한 번씩 밖으로 내가는 허가를 얻어 냈고, 신성한 2층 주둔지에 있는 그것들을 내가 수업하는 지하실로 옮기게 되었다. 그때 가장 불편했던 것은 공기 수집기였다. 이것을 옮기려면 들어 있던 물을 모두 버리고 다시 가득 채워야 했다. 학생 하나가 돕겠다며 급히 식사를 하고 수업 시작 두 시간 전에 왔다. 그렇게 도구를 옮긴 다음 수업을 시작했다. 이제부터 산소를 만든다. 그전에 실험에서 실패했던 그 가스였다.

실험법을 차분하게 읽으며 차근차근 계획을 짜 본다. 이렇게 할까, 저렇게 할까. 이 방법이 좋을까, 저 방법이 좋을까. 가장 중요한 것은 안전이다. 잘못하면 눈이 먼다. 이산화망간을 황산으로 열처리해야 하니 좀 떨린다. 전에 동료들이 마치 지옥에 떨어진 것처럼 시끄러웠던 생각이 난다. 끼짓짓! 똑같이 해보는 거야. 행운은 대담한 자를 돕는다. 무엇보다도 항상

6 Marcus Tullius Cicero. 기원전 106~43년. 로마 정치가
7 기원전 384~322년. 아테네 태생 정치가
8 현재 프랑스의 공립학교는 최고학부까지 학비를 국가가 부담하는데, 저 시대에는 학교 운영을 오로지 학생들의 수업료에만 의존했었나 보다.

내 머리에서 떠나지 않는 주요 조건 하나, 그것은 나 말고는 누구도 실험대에 접근하지 못하게 하는 일이다. 만일 불행한 사건이 터져도 나만 피해자가 되어야 한다. 내 생각에, 산소를 안다는 것은 화상을 조금 입을 만큼의 가치가 있는 일이었다.

종이 2시를 알리자 학생들이 들어온다. 나는 일부러 위험한 사고가 잘 일어난다며 과장한다. 일단 자리에 앉은 학생은 움직이는 것이 금지된다. 모두 말을 잘 들어서 내 마음대로 작업할 수 있었고, 옆에는 단지 나를 도울 준비가 되어 있는 조교만 서 있다. 학생 각자는 미지의 사건에 대해 경의를 표하며 주목한다. 깊은 침묵이 흐른다.

이윽고, 끌럭 끌럭 끌럭 소리와 함께 가스 거품이 유리관의 물기둥을 통해서 올라간다. 이것이 과연 내 가스일까? 감격한 심장이 마구 뛴다. 처음부터 무사히 성공할까? 자, 시험해 보자. 막 불을 꺼서 심지에 아직 붉은 불똥이 남아 있는 양초를 철사에 매달고, 가스가 마련된 시험관 속에 넣어 본다. 성공이다! 양초가 톡톡 소리를 내면서 다시 불이 붙으며 이상한 광채를 발한다. 틀림없는 산소였다.

엄숙한 순간이었다. 학생 모두가 감탄하고 있었다. 나도 마찬가지였으나 양초에 불이 다시 붙었다는 사실보다는 내가 성공한 것에 더 감탄했다. 일종의 자부심 같은 것이 이마에서 북받쳐 오름을 느꼈다. 혈관에서는 뜨거운 열이 달리고 있었지만 내면의 감정을 조금도 내보이지 않았다. 그래야만 학생들의 눈에 선생은 가르치는 사물에 대해 잘 알고 있는 것으로 비춰질 것이다. 만일 내가 지금 놀라고 있음을 학생들이 알았다면, 또한 오늘 행한 실험의 불가사의를 처음 보았음을 알았다면, 그 영악한 녀석들이 나를 어떻게 생각했겠더냐! 아마도 신용을 잃은 나는 그들 대열에서 떨어져 나갔겠지.

용기를 내라! 화학에 익숙한 것처럼 계속해라. 이번에는 강철 띠 차례였다. 그것은 부싯깃을 둘둘 말아 붙들어 맨 낡은 시계의 용수철이다. 이 간단한 부싯깃의 불똥이 가스를 가득 채운 병 속에 있는 강철에 불을 붙여야 한다. 실제로 달아올랐다. 휘황찬란한 불꽃, 타닥타닥 소리를 내면서 불똥을 튀긴다. 연기를 내뿜어 병 속이 혼탁해진다. 불에 달은 용수철 끝에서 가끔 붉은 방울이 떨어져, 병 밑의 물을 지나 유리를 녹이며 그 속으로 파고든다.

엄청난 고열의 쇳물 방울이 우리를 소름 끼치게 했다. 모두 발을 구르며 고함을 치고, 또 박수를 쳤다. 손으로 얼굴을 가린 겁쟁이는 손가락 사이로 엿보았을 것이다. 학생은 모두 기뻐했고, 나 역시 의기양양했다. 자, 어떠냐 친구들, 화학이란 참으로 멋진 것이 아니더냐!

우리 각자에게는 당연히 작고 하얀 자갈에 기록될 행복한 삶의 날들이 있는 법이다. 용감하게 실험하는 사람은 각종 사업으로 돈을 벌어 교만하게 권위를 세운다. 하지만 사상가는 어떤 생각을 얻어 큰 책에 새로 설명서를 추가하며, 묵묵히 진리의 성스러운 환희를 즐긴다.

내 생애에서 기록될 날 중 하나는 산소와 처음 인연을 맺은 날이다. 이날 수업을 끝내고 실험 기구를 모두 제자리에 가져다 놓을 때, 나는 기가 한 뼘쯤 자란 것처럼 느꼈다. 전에 배운 일이 없는 나는 2시간 전까지도 미지의 세계였던 실험을 완전히 성공했다. 물론 사고도 안 났고, 황산으로 더럽혀진 곳도 없다. 실험이란 것이 전에 성 마샬 성당에서 수업했을 때 마지막 장면에서 느꼈던 비참함처럼 까다롭고 위험한 것은 아니다. 이제 잘 감시하고 어느 정도 조심하면 계속할 수 있겠다. 이런 전망으로 나는 실험에 더 열중하게 되었다.

수소를 실험할 시간이 되었다. 책을 잘 읽고 충분히 생각하여, 육안으로 보기 전에 정신의 눈으로 잘 보아 두었다. 그리고 유리관 속에서 수소의 불꽃이 노래 부르게 했고, 연소 결과 생기는 물방울을 뚝뚝 떨어뜨려서 얼떨떨한 학생들을 즐겁게 해주었다. 또 폭음을 내는 혼합물을 폭발시켜서 그들을 깜짝 놀래켜 주기도 했다.

그 뒤에도 화려한 인(燐), 강력하게 작용하는 염소(鹽素), 유황의 악취, 탄소의 변화, 그 밖의 여러 실험을 계속 성공시켰다. 한 해 동안 다른 과목도 음미해 가며 중요 금속류와 그 화합물을 대충 실험했다.

이런 수업에 대한 소문이 퍼졌다. 학교의 진귀한 실험에 이끌린 새 학생이 모여들었다. 식당에서는 몇 사람 분의 밥상을 더 준비해야 했다. 기숙생이 늘어나자 화학보다 돼지기름에 튀긴 콩을 더 걱정하던 교장이 칭찬했다. 나는 인정을 받았다. 이제부터는 시간과 불굴의 의지뿐이다.

22 공업화학

알다가도 모를 게 세상 일. 학교 마당을 향한 낮은 창문에서 꼭두
서니(Garance: *Rubia*) 냄비가 끓어 뿜어내는 연기가 눈길을 끌었던
시절, 성당에서 처음이자 마지막 화학 수업을 하다가 하마터면 우
리 모두를 추남으로 만들 뻔했던 황산 폭발이 있었던 바로 그때가
생각이 난다. 아아! 정말로 그 천장 밑에서 내가 강의를 할 줄이
야! 훗날 내가 그 선생님의 뒤를 이을 것이라고 누가 귀띔해 주었
더라도, 상상이나 추측을 해보지 못했을 것이다. 세월이란 이런
놀라움을 마련해 준다.

돌멩이도 혹시 어떤 일에 놀랄 수 있다면 이런 일을 당하겠지.
오늘날에는 교회가 된 성 마샬 건물이 원래는 가톨릭 성당이었다.
그때는 거기서 라틴 어로 미사를 올렸으나 지금은 개신교 교회여
서 프랑스 말로 기도를 드린다. 그 중간의 몇 해 동안은 무지(無
知)를 쫓아내는 아름다운 설교, 말하자면 과학에 이바지했다. 앞
으로는 어떤 역할을 할까? 라블레(Rabelais)[1]
의 말대로 종이 울려 퍼지는 마을의 갖가지

---

[1] 15세기 프랑스 설화 작가. 『파
브르 곤충기』 제4권 178쪽 참조

다른 건물처럼 숯 창고, 철물 창고, 아니면 마차의 차고가 될까? 돌멩이에게도 나름대로의 운명, 우리처럼 뜻밖의 운명이 있다.

내가 거기를 마을의 공개강좌 연구실로 쓰게 되었을 때, 건물의 내부는 옛날에 잠시 방문했다가 끔찍한 변을 당했을 때의 모습 그대로였다. 오른쪽 벽에 여기저기 튄 검정 얼룩이 눈에 띄었다. 마치 어떤 미치광이가 잘 깨지는 잉크병을 폭탄 삼아 던져서 깨뜨린 것 같았다. 그 얼룩이 어떤 것인지, 나는 곧 알아차렸다. 그 옛날에 증류기에서 끓는 황산이 튀어 생긴 것들이다. 당시에는 칠을 한 번 하고 다시 한 번 해서 얼룩을 지우려 한 사람이 없었다. 어쨌든 상관없다. 그것이 되레 내게는 더할 나위 없는 조언자가 될 것이다. 수업 시간마다 그것이 내 눈앞에서 줄곧 조심하라고 말해 줄 것이다.

내게는 화학이 매력적이고 취미에도 맞았다. 하지만 이와는 달리 오랫동안 꿈꾸어 온 계획을 저버릴 수밖에 없게 되었다. 그 꿈은 대학에서 박물학 강의를 하는 것이었다. 어느 날 장학관이 왔다. 그의 방문은 달갑지 않았고, 동료들은 뒤에서 그를 악어(Crocodile)라고 불렀다. 아마 그가 순찰하면서 사람들을 좀 닦아세웠나 보다. 무뚝뚝해 보여도 마음은 훌륭한 분이었다. 나는 그에게서 내 장래의 연구에 중대한 영향을 끼치는 의견을 들었다.

그날, 장학관은 아무 예고도 없이 내가 기하학 제도법을 가르치는 교실에 혼자서 불쑥 나타났다. 당시 나는 부양가족이 많아서 극히 적은 봉급에 좀더 보태 보려고 애를 쓰고 있었다. 어쨌든 그래서 학교 밖의 일도 했다. 특히 고등학교에서 물리, 화학, 그리고 박물학을 2시간씩 가르치고, 또 쉴 새 없이 2시간짜리 과목 하나를 더 맡아서 기하학의 도식 그리기, 평면 측지법, 제도법으로 곡선 긋는 법 따위를 가르치고 있었다. 이것을 제도법이라고 했다.

두려운 인물이 갑자기 들어왔으나 별로 놀라지는 않았다. 정오를 알리는 종소리에 학생들은 나갔고 우리 둘뿐이다. 그가 기하학자임을 알고 있던 나는 완성된 선험적 곡선을 보면 그가 흐뭇해하리라 생각했다. 학생이 그린 제도첩(製圖帖) 중 틀림없이 그를 만족시킬 게 있을 것이다. 기회는 좋았다. 학생 중 다른 과목은 열등해도 직각자나 제도용 오구(烏口)를 손에 잡기만 하면 멋지게 다루는 녀석이 있었다. 머리는 둔재, 손재주는 일품이었다.

이 예술가는 내가 조금 전에 법칙과 선을 제시한 접선(tangente, 接線) 그물의 도움을 받아 보통 파선(cycloïde, 擺線)을 그린 다음, 내외에 외파선(外擺線)을 만들었다. 마지막에는 길게 늘이기 위한 덧붙임과 짧게 줄인 파선을 만들었다. 그가 제도한 것은 거미줄처럼 놀라웠으며, 그 그물 속에는 고등 곡선이 포함되어 있었다. 선은 정말로 정확해서 거기서 계산하기 힘든 훌륭한 공리(公理)도 쉽게 풀어낼 수 있었다.

나는 장학관이 기하학에 흥미를 가진 사람이라고 들은 적이 있다. 제도한 것 중에서 걸작 하나를 골라 그 앞에 내놓으며 겸손한 태도로 선 그리는 방법을 이야기했다. 이 제도에서 추측할 수 있는 중요한 결과로 그의 주의를 끌려 했던 것이다. 그러나 헛수고였다. 내 종잇조각에는 흥미가 없는 듯 테이블 위로 던졌다. '맙소사! 불안감이 끓어오른다. 파선도 별 도움이 안 되나 보다. 이번에는 내가 이 악어의 이빨에 물릴 차례인가 보다.'

그러나 그게 아니었다. 두려운 그 인물의 얼굴은 유순했다. 의

자에 앉아 다리를 뻗고 나도 옆에 앉으라고 했다. 잠시 제도 이야기를 나누었다. 그러더니 갑자기 이렇게 묻는다.

"자네, 재산이 좀 있나?"

이상한 질문에 나는 어리둥절해서 빙그레 웃음으로 답변했다.

"염려할 것 없네. 나를 믿게. 자네를 위해 묻는 것일세. 재산이 좀 있나?"

"제가 가난하다고 해서 얼굴을 붉히지는 않겠습니다, 장학관님. 숨김없이 말씀드리겠습니다. 저는 아무것도 가진 게 없습니다. 제 생활 수단이라곤 형편없는 봉급뿐입니다."

내 대답에 그는 눈썹을 찌푸렸다. 그러고는 마치 내 고해성사를 들은 신부님이 혼자 중얼거렸던 것 같은 소리를 냈다.

"그것 참 유감이군. 정말로 딱하게 되었군."

딱하다는 말을 들은 나는 깜짝 놀라 잠시 생각해 보았다. 여태껏 상관이 이렇게 걱정해 주는 말을 들어 본 적이 없다. 사람들이 두려워하는 이 인물은 이야기를 계속했다.

"허 참, 그렇군, 정말 곤란한 일이군. 나는 자네가 『박물학연보(*Annales des sciences naturelles*)』에 게재한 논문을 읽었다네. 자네는 관찰하는 정신과 연구의 감식안, 그리고 생기 있는 언어를 갖췄어. 그리고 펜도 자네 손가락에는 별로 짐이 되지 않을 것 같더군. 훌륭한 대학교수감인데……."

"네, 바로 그것이 제가 추구하는 목표입니다."

"단념하게, 자네."

"아직 실력이 모자랍니까?"

"실력은 충분하네. 하지만 자네는 재산이 없어."

나의 커다란 장애물이 폭로되었다. 가난한 자여, 불행할지어다! 고등교육에 종사하려는 사람에겐 무엇보다도 개인적인 연금이 필요했다. 평범하거나 얄팍하더라도 자신을 나타내는 재산은 있어야 했다. 그것이 제일 중요한 것이며 나머지는 부차적인 문제였다.

이 존경스러운 인물은 내게 대학교수의 고충을 이야기해 주었다. 그는 나만큼 빈곤하지는 않았어도 많은 어려움에 부딪쳤었다. 그 일로 흥분해서 당시의 고통을 몽땅 털어놓았다. 나는 상처 입은 마음으로 경청했다. 그리고 장래를 기탁하려 했던 피난처가 무너짐을 느꼈다.

그에게 이렇게 말했다.

"선생님, 좋은 말씀을 해주셨습니다. 선생님께서는 저의 망설임에 종지부를 찍어 주셨습니다. 저는 계획을 단념하겠습니다. 그리고 제가 정당한 교육자가 되는 데 필요한 재산을 얻을 수 있을지 잠시 고민해 보겠습니다."

우리는 거기서 우정 어린 악수를 나누고 헤어졌다. 그 뒤 다시는 그분을 만나지 못했으나, 그의 아버지 같은 이성(理性)이 나를 쉽사리 설득시켜 버렸다. 험난한 길의 진상을 샅샅이 이해하게 된 것이다. 몇 달 전에 나는 푸아티에(Poitiers)[2] 대학에서 동물학 강좌의 주임 대리로 명한다는 임명장을 받았다. 그런데 웃음거리밖에 안 되는 봉급을 지불하겠단다. 이사 비용을 치르고 나면 하루에 3프랑밖에 남지 않는다. 그 수입으로 일곱 식구가 생활해야 한다. 내게는 그 자리가 굉장히 명예로운 직위였지만 정중히 사양했다.

그건 아니다, 과학을 연구하는 데 이런 어

2 프랑스 중서부 클레인(Clain) 강변에 위치하는 비엔(Vienne) 주 푸아투사랑트(Poitou-Charentes) 지역의 중심 도시

리석은 일은 있을 수 없다. 만일 가난한 우리일망정 학문에 유용하다면, 적어도 학문은 우리를 먹여 살려야 할 것이다. 그것이 안 된다면 우리는 한길에서 잔돌이나 깼어야 할 것이다. 아아! 그렇다. 용감한 그분이 교직 생활의 어려움을 이야기해 주었을 때, 나는 그 내막을 다 알 만큼 성숙해 있었다. 지금 나는 그리 멀지 않은 과거를 이야기하고 있다. 그 뒤에는 상황이 매우 좋아졌지만, 배가 익어서 먹기 좋은 계절이 되었을 때 나는 그것을 수확할 나이가 지나고 말았다.

그 장학관의 특별한 지적에 따라, 또 내 개인적 경험에 순응해서 이 난관을 건너뛰려면 어째야 할까? 화학공학(Chimie industrielle)을 공부하는 게 좋겠다. 공개강좌 때 사용하던 성 마샬 성당의 연구실에는 실험 도구가 충분히 갖춰져 있는데 왜 그것을 못 쓰겠나?

아비뇽(Avignon) 지방의 대규모 공업은 꼭두서니 공업이었다. 꼭두서니를 경작지에서 공장으로 가져가 가장 순수하게 농축시킨 제품으로 바꾼다. 먼젓번 사람이 이것에 손을 대서 재미를 많이 보았다는 소문이 자자하다. 나도 그 흉내를 내 보자. 그래서 내가 물려받은 값진 실험 도구인 냄비와 화로를 이용하기로 했고 일을 시작했다.

나의 연구 제품은 무엇이 되어야 할까? 염료 원료인 알리자린(Alizarine)을 추출하는 것이다. 뿌리에 섞여 있는 불순물을 분리해 내서 순수한 상태를 얻으려는 것이다. 그러면 직물에 직접 인쇄할 수 있어서 낡은 염색법보다 기술적이며, 또한 신속한 방법이 될 것이다.

일단 해결하고 나면 이런 문제처럼 간단한 것도 없다. 하지만 해결하는 데에는 난해한 먹구름들이 엄청나게 가로막고 있었다. 무슨 일이든 미친 듯이 뛰어들었고 끝없는 실험에 소비한 상상력과 인내력이 얼마나 컸던지, 지금도 그 지난날을 돌이켜 볼 용기조차 없을 지경이다. 어두침침한 교회 안에서 이리저리 생각해 보고, 또 얼마나 화려한 꿈을 꾸었던가? 실험의 최종 결정을 내렸으나 그동안 엮어 놓은 발판이 뒤집혔을 때의 허탈감, 마치 옛날에 노예가 자신을 해방시키려고 돈을 한 푼 두 푼 끈질기게 축적했듯이, 전날은 실패했어도 다음 날은 다시 새로운 실험을 시작했다. 해방되겠다는 억제할 수 없는 야심을 품고 있었으니 지칠 줄 모르고 전진했다. 물론 많은 결점이 있었으나 개량은 했다.

성공할까? 설마 잘되겠지. 드디어 만족한 결과를 얻었다. 실제로 돈이 들지 않는 방법으로 순수한 염료를 추출했다. 아주 소량으로 농축되어 염색에도, 인쇄에도 훌륭한 염료였다. 이 방법을 쓴 친구가 공장에서 대규모로 실험했고, 제품을 채용한 어느 작업장도 있어서 무척 기뻤다. 이제 겨우 장래가 내다보인다. 나의 회색 하늘에 뚫린 구멍 하나에서 장밋빛이 반짝이기 시작했다. 대학에서 교직을 얻기 위해 꼭 필요한 재산을 나도 갖게 되겠지. 그날그날의 빵 문제로 골몰하던 지옥에서 해방되어, 조용히 곤충 사이에서 생활할 수 있겠지.

이 문제를 지배하는 화학공학의 기쁨에다 또 하나의 기쁨을 보태려고, 또 다른 태양 빛을 기다리고 있었다. 이야기는 2년 전으로 거슬러 올라간다.

장학관이 학교를 방문했다. 각각 문과와 이과를 담당한 두 사람이 한 조였다. 그들은 수업 시찰을 끝내고 행정서류를 검사한 다음 교직원을 교장실에 모아 놓고 최종 훈시를 했다. 이과 담당 장학관이 먼저 했다.

그가 무슨 이야기를 했는지 기억해 내야 한다면 나는 무척 당황했을 것이다. 그야말로 직업적인 훈시에 차가운 산문(散文)이었다. 그 자리에서 돌아서면 머리에서 사라지는 요령 없는 이야기였다. 한마디로 말해서 듣는 사람에게나 말하는 사람에게나 정말로 고역일 뿐이었다. 전에도 이 차가운 이야기를 실컷 들었지만, 다시 한 번 들어도 머리에 남는 것은 없었다.

다음은 문과 장학관의 차례였다. 그가 첫마디를 할 때부터 나는 이렇게 외쳤다. "오오! 오오! 이건 좀 다르구나!" 열띤 이야기가 감동적이었고 비유도 다채로웠다. 흔히 딱딱한 학교의 강연 방식에 구속되지 않았다. 그것은 관청에서 듣는 훈시가 아니다. 사상은 고매했으며 어버이처럼 맑은 철학의 경지를 날고 있었다. 열띤 대화는 청중을 사로잡았다. 이번에는 즐겁게 경청할 수 있었고 감동마저 느꼈다. 그는 옛날 웅변가들이 쓰던 방식의 화술에 아주 능통한 사람이었다. 나는 여태껏 이런 교육의 제전에 초대받은 적이 한 번도 없었다.

회의를 마치고 나오면서 내 가슴은 여느 때와 달리 두근거렸다. 그리고 혼자 중얼거렸다. "나는 이과 담당 교사이니 장차 저 분과는 가까이 사귈 수 없겠지. 우리는 서로 친한 친구가 될 수 있을 텐데." 소식에 정통한 동료를 통해 그분의 이름을 알아냈다. 장학관의 이름은 빅토르 뒤루이(Victor Duruy)[3]였다.

그런데 2년 뒤 어느 날, 나는 솥에서 나오는 김이 자욱한 실험실에 있었다. 물감을 만

---

3 고대 사학가. 『파브르 곤충기』
제2권 155쪽 참조

저서 손이 마치 뜨거운 물에 데친 새우의 등딱지처럼 빨갰다. 그런데 사전 예고도 없이 성 마샬 연구실로 한 남자가 불쑥 들어왔다. 그 인상이 곧 머리에 떠올랐다. 틀림없다. 그 사람이 틀림없다. 언젠가 강연으로 나를 감동시켰던 그 장학관이다. 빅토르 뒤루이 씨가 이제는 교육부 장관이며, 사람들은 그를 각하라고 불렀다. 보통의 품격에는 맞지 않아도 그분에게는 딱 맞는 경칭이다. 이 장관이야말로 자신의 높은 직능으로 뛰어난 일을 하고 있었다. 열심히 일하는 겸손한 인사였기에 우리는 그분을 깊이 존경했다.

방문객이 싱글싱글 웃으며 말문을 연다.

"아비뇽에 들렀다가 떠나기 전 15분 동안을 당신과 보내고 싶었소. 그러면 공무로 굽실대는 사람들을 좀 피할 수 있을 것이오."

나는 너무 황송하고 소매를 걷어붙인 윗도리, 특히 튀긴 새우빛의 수족이 민망해서 허둥지둥 손을 등 뒤로 숨기며 사과했다.

"미안할 것 없네. 나는 일하는 사람을 보러 왔네. 일하는 사람은 더렵혀진 작업복과 일터가 더 어울린다네. 이야기나 좀 해볼까. 지금 자네는 무얼 하고 있나?"

나는 간단하게 연구 목적을 이야기한 다음, 그동안 만든 제품과 붉은 꼭두서니 색소로 인쇄한 것을 보여 주었다. 그는 실험에 성공했다는 것, 그리고 증발실이 아니라 유리 깔때기 밑에서 끓이는 증발접시 따위의 간단한 실험 장치를 이용했다는 것에 놀랐다.

"자네 실험실에 필요한 것이 있겠군. 무엇이든 좀 도와주고 싶은데."

"아닙니다. 각하. 아무것도 없습니다. 조금만 궁리해 보면 이 도구들로 충분합니다."

"뭐라고, 필요한 게 없다고! 자네는 정말 희한한 사람이군. 다른 사람은 연구소 시설이 충분하다고 한 적이 없네. 되레 필요하다며 들볶아 대는데 자네는 시설이 이렇게 빈약하면서 청구할 것이 없다니!"

"아닙니다. 받고 싶은 것이 있습니다."

"그것이 대체 무엇인가?"

"악수할 영광을 누리고 싶습니다."

"그야 쉬운 일이지. 자, 자네. 내 마음속에서 우러나오는 악수지. 그러나 그것만으로는 충분하지 않네. 그 밖에 필요한 것이 있을 것 아닌가?"

"파리(Paris)에 있는 식물원은 선생님 소관인 것으로 알고 있습니다. 혹시 악어가 죽거든 제가 가죽을 벗기게 해주십시오. 그러면 짚을 채워서 이 천장에 매달아 놓겠습니다. 그것으로 제 실험실을 장식하면 어떤 마술사의 소굴에도 뒤지지 않을 겁니다."

장관은 성당 안의 관중석을 따르는 고딕식 둥근 천장에 눈길을 한 번 던진다. 그러고는 "정말 잘 어울리겠군." 하면서 내 농담에 웃어 버렸다.

"이제 자네가 화학자인 것을 확실히 알았네."

그는 이야기를 계속했다.

"나는 자네가 박물학자이며 저술가라는 것을 전부터 알고 있었지. 자네의 꼬마벌레 이야기도 벌써 들었네. 그것을 보지 못하고 떠나는 게 애석하지만 다음 기회로 미룸세. 떠날 시간이 되었으니 나를 정거장까지 안내해 주게. 우리 두 사람뿐이니 가면서 이야기를 좀더 나누지."

우리는 급할 것 없이 걸어가며 곤충과 꼭두서니 이야기를 주고받았다. 이제는 나도 주눅이 풀렸다. 바보의 교만한 태도였다면 나를 벙어리로 만들었겠지만 고매한 정신의 소유자는 그 겸손함으로 나를 즐겁게 해주었다. 나는 박물학자로서의 연구, 교사로서의 계획, 불운에 대한 투쟁과 희망, 걱정 따위를 털어놓았다. 그는 나를 격려하며 밝은 장래를 이야기해 주었다. 정거장으로 통하는 넓은 길의 가로수를 바라보며 가는 것이 정말로 얼마나 즐거웠더냐!

불쌍한 노파가 지나가고 있었다. 노령과 밭일로 구부러진 등에 남루한 옷차림이었다. 주뼛주뼛 손을 내밀며 동냥을 청한다. 뒤루이 각하는 주머니를 뒤지다가 2프랑짜리 은전을 꺼내 그녀의 손에 놓았다. 나도 2수쯤 보태고 싶지만 내 주머니는 언제나 비었으니 불가능한 일이었다. 나는 노파 옆으로 다가가서 귀에다 이렇게 속삭였다. "은혜를 베푼 분이 누군지 아십니까? 황제 폐하의 대신이랍니다."

불쌍한 노파는 깜짝 놀라 펄쩍 뛰었다. 놀란 그녀의 눈이 친절한 사람에서 하얀 은전으로, 은전에서 친절한 사람에게로 오갔다. 얼마나 놀랍단 말이더냐! 노파는 쉰 목소리로 외쳤다. "이런 횡재!(*Que lou bon Dièu iè done longo vido e santa, pecaïre*, 끌 루 봉 디우 이애 돈 롱고 에 상따, 뻬께이르)!" 그러고는 머리 숙여 인사하고 돌아갔다. 손바닥을 내내 바라보면서.

"그녀가 뭐라고 했나?"

뒤루이 씨가 물었다.

"각하의 만수무강을 빌었습니다."

"뻬께이르(*pecaïre*)가 무슨 뜻인가?"

"삐께이르란 아주 시적인 말입니다. 마음의 감동을 한마디로 요약한 단어입니다."

나 역시 마음속 깊이 이 순박한 기도를 반복했다. 거지가 내민 손 앞에 이처럼 순박하게 서게 된 것은 그녀가 각하보다 더욱 높은 것을 마음속에 지녔다는 증거였다.

약속대로 우리 두 사람만 정거장으로 들어갔다. 나는 자신 있게 걸었다. 아아! 내가 만일 정거장 안에서 일어날 모험을 미리 알았다면, 작별 인사를 얼마나 서둘렀겠더냐! 우리 앞에 사람들이 조금씩 늘어나기 시작했다. 도망치기에는 이미 늦었다. 그러니 될수록 의젓한 태도로 있어야겠다. 사단장과 그의 부하들, 도지사와 비서관, 시장과 부시장, 학사원의 장학관과 교원 대표가 속속 도착했다. 의식의 격식을 갖춘 반원 모양이 각하 앞에 만들어졌다. 나는 각하 옆에 서 있다. 저쪽은 군중, 이쪽은 우리 두 사람뿐이다.

규칙에 따라 계속하는 등줄기의 유연한 체조, 별 의미도 없는 경배, 훌륭한 뒤루이 각하는 이런 운동을 잊으려고 내 연구실을 찾았던 것이다. 벽 한 귀퉁이의 다락방에 모셔 놓은 성인 로슈(Roch)[4] 에게 인사를 끝낸 신자들은 그의 비천한 동반자(개)에게도 인사를 한 셈이다. 나는 아무런 관계도 없는데 인사를 받았으니 로슈의 개가 된 기분으로 사람들의 행동을 보고 있었다. 끔찍할 정도로 빨간 손을 등 뒤로 하고 넓은 펠트 모자로 가려 숨겼다.

공식적인 예식을 교환하고 대화도 대충 끝난 다음, 각하는 모자 속에 숨겨 둔 내 오른쪽

---

4 1295~1327년. 프랑스 성인으로 가난한 자와 병자를 돌보았다. 고향인 몽펠리에(Montpellier)로 돌아왔다가 스파이로 오인받아 5년간의 감옥생활을 하였으며 죽을 때까지 자선사업한 일을 발설하지 않았다고 한다. 개에게까지 친절했다는 이야기가 전해진다.

손을 번쩍 들어 올렸다. 그러고 이렇게 외쳤다.

"자, 여기 계신 여러분에게 당신의 손을 좀 보여 주시오. 그들 모두가 그것을 자랑스럽게 생각할 것입니다."

나는 전력을 다해 팔꿈치를 움직이며 방어했다. 그러나 이미 늦어 보여 줄 수밖에 없었다. 튀긴 새우처럼 빨간 손이 여러 사람 앞에 드러났다.

"일꾼의 손입니다."

도지사의 비서관이 외쳤다.

"진짜 노동자의 손입니다."

사단장은 나 같은 사람이 고관 옆에 서 있는 게 못마땅했던지 한마디 보탠다.

"염료를 빼는 손이군요."

장관이 응수했다.

"네, 일꾼의 손입니다. 나는 여러분 중에 이런 손이 많기를 희망합니다. 이런 손이 여러분 마을의 공업을 도와줄 것으로 믿습니다. 이 손은 화학반응 물질에 정통한 동시에, 연필, 펜, 돋보기, 해부칼 따위를 능란하게 다루는 손입니다. 이 지방에서는 그런 것을 모르고 있는 것 같은데, 여러분에게 그것을 알려 주게 되어 기쁩니다."

나는 즉석에서 땅속에라도 들어가고 싶은 심정이었다. 다행히도 출발 종이 울렸다. 장관에게 작별 인사를 끝내자마자 황급히 도망쳤다.

소문이 퍼져 나갔다. 정거장 주랑(柱廊)[5]에는 비밀이 없으니 그럴 수밖에 없다. 그때

5 건물의 정면을 줄지어 장식한 기둥 열

나는 권력 있는 사람의 그늘에 있다는 것이 얼마나 번거로운지를 깨달았다. 모두가 내가 유력한 사람이며 하느님의 은총마저 내 마음대로 된다고 믿었다. 그래서 각종 청원으로 나를 괴롭혔다. 담배 가게를 내고 싶다, 아들이 장학금을 받게 해 달라, 연금을 더 받게 해 달라 등등, 모두 내가 한마디만 해주면 된다고 믿었다.

이 어리석은 사람들아, 어째서 그런 망상을 가졌더냐! 당신들은 아마도 나보다 서툰 중개인을 본 적이 없을 것이다. 나더러 청해 달라고! 진정으로 고백하지만, 내게는 결점이 많아서 그런 일에서는 해방되었다. 내 겸손한 마음을 조금도 모르는 그 성가신 부탁을 전력을 다해 쫓아 버렸다. 각하께서 내 연구소에 대해 어떤 이야기를 했는지, 또 악어가죽을 천장에 매달고 싶다고 했던 농담조의 내 대답을 들었다면 그들은 정말로 나를 바보라고 생각했겠지.

6개월 뒤, 장관실로 와 달라는 편지를 받았다. 혹시 고등학교에서 가장 중요한 지위로 승진시키려나 하는 생각도 했었다. 그래서 나를 지금처럼 화학과 곤충 옆에 놔둬 달라는 청원을 했다. 두 번째 편지가 왔다. 이번 편지는 먼저보다 명령조였고, 장관이 직접 서명을 했다. 내용은 '당장 상경하라. 아니면 헌병을 시켜서 자네를 체포해 오도록 하지.' 였다.

이제는 어물거릴 때가 아니다. 24시간 뒤, 나는 뒤루이 장관실에 있었다. 그는 나를 따뜻하게 맞이했다. 내게 손을 내밀어 한 장의 관보(官報)를 주면서 이렇게 말했다.

"이것을 읽어 보게. 자네는 내가 주겠다는 화학 기구를 거절했지만 이것은 거절하면 안 되지."

그의 손가락이 가리키는 곳을 보았다. 내가 레지옹 도뇌르(Légion d'honner)**[6]**에 지명되었음을 알았다. 깜짝 놀라 멍해진 나는 고 마운 뜻의 인사말을 중얼거렸다.

"이리 오게."

그는 나를 얼싸안았다.

"나는 자네의 보호자가 되어 주겠네. 아무에게도 알리지 않고 우리 둘뿐이면 자네 마음에 들겠지. 나는 자네를 잘 알지."

내게 붉은 리본을 달아 주고 양쪽 볼에 입맞춤한 다음, 이 영광 스러운 경사를 전보로 집에 알렸다. 훌륭한 인물과 오붓한 시간을 보냈던 그날 아침이야말로 얼마나 멋진 아침이었더냐!

쇳조각과 리본 장식 따위는 세상에 흔히 있는 일로, 부질없는 것이며, 이런 명예가 어떤 책략으로 불명예가 되는 수도 있다. 하 지만 이 한 조각의 리본이야말로 내게는 소중한 것이다. 훌륭한 기념품이며 남에게 보이는 것이 아니니 소중하게 장롱 서랍 속 깊 숙이 간직해 두었다.

책상 위에 싸 놓은 커다란 책 꾸러미가 있었다. 자연과학의 진 보에 관한 논문집과 1867년도에 폐회할 만국박람회(Exposition universelle)를 위해서 편찬된 보고서였다.

각하께서 말했다.

"이 책은 자네를 위한 것일세. 가져가서 여가 시간에 읽게나. 자 네에게 틀림없이 재미있을 책들이네. 곤충 이야기도 조금 들어 있 지. 그리고 이것도 가져가게. 여비에 보태 쓰게. 내 명령으로 여행시켜 놓고 자네 돈을 쓰게 할 수는 없지. 여비를 하고 남거든 연 구소 비용으로 쓰게나."

6 프랑스 최고의 훈장으로 파브 르가 43세이던 1866년에 5등급 을 받았고, 다시 87세인 1910년 에 4등급을 받았다.

그러면서 1,200프랑이 들어 있는 뭉치를 주었다. 나는 한사코 사양했고, 여비도 그만큼 들지 않는다고 했으나 소용없었다. 여비에 비하면 그의 포옹과 훈장은 정말로 한없이 값진 것이었다. 그는 고집했다.

"어서 가져가게. 안 가져가면 정말 화낼걸세. 할 일이 또 있네. 자네는 내일 나와 함께, 그리고 학자들과 함께 폐하께 알현하러 가야 하네."

폐하께 알현한다는 생각만 해도 몹시 당황해서 기가 죽었다. 그런 나를 본 장관이 말했다.

"도망칠 궁리는 하지 말게. 내가 편지에 쓴 것처럼 헌병이 지키고 있네. 여기로 들어올 때 봤지. 곰 털모자를 쓴 사람들 말이네. 그들에게 수고를 끼치지 않도록 하게. 도망칠 생각이 나지 않도록 튀일리(Tuileries) 궁전에는 내 마차로 함께 가세."

일은 그가 마음먹은 대로 진행되었다. 이튿날 아침, 나는 장관과 함께 짧은 바지에 은고리가 달린 구두를 신은 시종의 안내로

튀일리 궁전의 어느 작은 방으로 들어갔다. 거기에는 희한한 인사들이 있었다. 그들의 복장과 어색한 걸음걸이는 마치 딱지날개 대신 밀크커피빛 방패 무늬를 등 가운데다 새긴 연미복을 입은 풍뎅이 같아 보였다. 방안에는 벌써 거의 전국에서 초청된 20명가량의 인사가 기다리고 있었다. 그 중에는 탐험가, 지질학자, 식물학자, 고문서학자, 고고학자, 선사시대 부싯돌 수집가도 있었다. 말하자면 지방 과학계를 대표하는 모든 인사들이었다.

황제는 소탈한 모습으로 들어왔다. 넓은 물결무늬의 붉은 리본을 비스듬히 걸친 것 말고는 장식도 없고, 별로 위엄 있는 자태도 아니었다. 보통 사람과 조금도 다를 게 없었다. 그저 통통한 몸집에 굵은 수염이 있었고, 눈을 절반쯤 감고 있어서 졸린 사람 같았다. 그는 걸으며 장관이 차례대로 우리 이름과 각자의 연구 분야를 말씀드리면 그 사람과 짧은 대화를 나누었다. 교양이 상당히 넓은 황제는 스피츠베르겐(Spitzberg)의 빙산에서 가스코뉴(Gascogne)의 모래언덕으로, 샤를마뉴(Caroligienne = Charlemagne) 헌장(憲章)에서 사하라사막의 식물로, 또 사탕무의 진보에서 알레시아(Alésia) 앞 시저(César)의 참호(塹壕)로 화제를 다양하게 바꾸었다. 내 차례가 왔다. 황제는 당시 내가 연구 중인 곤충에 대해, 그리고 가뢰(Meloidae)의 과변태(過變態)에 대해 질문했다. 나는 대답하다가 예의범절에 조금 어긋나는 실수를 했다. 흔히 쓰던 '므슈(Monsieur)'와 내가 써 본 일이 없던 '써(sir)'라는 경칭이 뒤섞였다.

그럭저럭 난관을 벗어났고 다음 사람의 배알로 이어졌다. 황제와 나눈 5분간의 대화는 아주 명예로운 일이란다. 물론 나도 그렇게 생각했지만 두 번 다시는 하고 싶지 않다. 배알이 끝나자 서로 인사를 나누고 물러났다. 하지만 다시 장관 관저에서 열린 오찬에 초대되었다.

장관은 나를 자기 오른편에 앉혔는데, 이 특별 대우에 나는 몹시 당황했다. 그의 왼편에는 아주 유명한 생리학자가 자리했고, 바로 정면에서는 장관의 아들이 아비뇽 다리 위에서 여러 사람이 댄스를 춘다며 허물없는 대화를 걸어왔다. 나도 다른 사람들과 그 다리 이야기까지 했다. 그들은 내가 백리향(*Thymus vulgaris*) 향기가 풍기는 언덕의 매미(Cicadidae)가 잔뜩 붙어 있는 올리브나무(Olivier: *Olea europaea*) 밑으로 가고 싶어 하는 것을 보고 웃었다.

"뭐라고!"

장관이 물었다.

"자네는 파리 박물관 구경도 하지 않을 작정인가? 아주 재미나는 것이 많은데."

"압니다, 각하. 하지만 야외 박물관에도 그에 못지않게 제 마음에 드는 것이 많습니다."

"그러면 어찌할 작정인가?"

"내일 떠나겠습니다."

이튿날 파리를 떠났다. 파리는 질색이다. 많은 사람의 소용돌이 속에 있을 때만큼 고독을 느낄 때도 없다. 자, 돌아가자. 빨리 빨리, 그것만이 내 머릿속에 박혀 있었다.

집으로 돌아오니 얼마나 후련한 축제였더냐! 가슴속 깊은 곳에서 곧 맞이할 기쁜 해방의 종소리가 울리고 있었다. 조금씩 정돈되어 가는 공장에 희망이 부풀었다. 그렇다, 나는 가질 것이다. 대학 강단에서 곤충과 식물을 강의하고 싶은 내 야심을 충족시킬 만큼의 수입을 얻을 것이다.

자, 그런데 허사였다. 너는 해방을 위한 몸값 몇 푼을 만들지 못할 테니, 언제까지나 노예의 쇠사슬을 끌고 다니리라. 네 종은 헛소리를 울렸다. 공장 문을 열자마자 보도 하나가 나왔다. 처음에는 확실치 않은 풍설로서 성공했다기보다는 성공할 것이라는 보도였다. 다음은 의심의 여지가 없는 보도였다. 화학의 힘으로 꼭두서니 염료의 인공 합성에 성공했다는 것이다. 덕분에 이 지방의 농업과 공업은 철저히 무너졌다. 나의 교수직과 희망도 수포로 돌아갔다. 하지만 크게 놀라지는 않았다. 벌써 합성 알리자린에 대해 약간 공부를 했었고, 그래서 머지않은 장래에 화학제품이 농업제품을 대체할 것으로 예상하고 있었기 때문이다.

모든 게 끝장이다. 내 희망은 완전히 무너졌다. 이제는 무엇을 할까? 지렛대를 새것으로 바꿔서 시시포스(Sisyphus)의 돌을 다시 한 번 굴려 보자. 꼭두서니 물통이 거절한 것을 잉크병에서 끌어내자. 일터로 나가리라(*Laboremus*, 라보레무스)!

미완성본

파브르는 『곤충기』 제10권 출간 후 제11권을 준비하던 중 병세가 악화되어 1915년 결국 세상을 떠난다. 자연히 더 이상의 『곤충기』는 세상의 빛을 보지 못했다. 하지만 그가 생애 마지막까지 놓지 않았던 미완의 연구 기록은 남아 있었다. 파브르가 좀더 살았더라면 제11권에 실렸을 두 장의 내용을 함께 실었으며, 파브르의 마지막 작업에 대해 레그로스(G. V. Legros, 『Fabre, Poet of Science』의 저자) 박사가 쓴 글을 덧붙인다.

1909년 봄, 파브르는 『곤충기』 제10권을 출판한 다음, 그 책의 마지막에 쓴 좌우명 '일터로 나가리라(Laboremus, 라보레무스)!' 처럼 계속 일하고 있었다. 북방반딧불이와 양배추벌레에 대한 관찰은 준비 중이던 제11권의 첫 두 장으로 실릴 예정이었다. 그는 땅강아지, 물기왕지네, 서양전갈의 습성에 대해서도 연구를 시작했으나 그때 몸이 극도로 쇠약해졌다. 불행하게도 이 벌레들에 관한 노트의 내용은 너무 불완전해서, 독자가 진짜로 흥미를 느낄 만한 자료를 찾아낼 수가 없을 것 같아 싣지 못했다.

1 북방반딧불이

프랑스 기후 속에 사는 곤충 중에서 자신의 삶에 대한 조촐한 즐거움을 축복하려고 배 끝의 등대에 불을 켠 작고 진귀한 벌레, 북방반딧불이(Ver Luisant)*와 견줄 만큼 대중적으로 잘 알려진 곤충은 없다. 그 이름을 모르는 사람이 과연 있을까? 무더운 여름밤, 풀잎 사이에서 마치 보름달에서 떨어져 나온 불똥처럼 반짝이는 이

운문산반딧불 일제강점기에 일본인 학자가 경북 운문산에서 처음 채집하여 붙여진 이름이다. 드문 종이었으나 다른 반딧불이가 크게 감소하여 상대적으로 흔한 종이 되었다.
서산, 12. Ⅶ. '96

벌레를 보지 못한 사람이 있을까? 옛날 그리스 사람은 꽁무니에 초롱불을 달고 다닌다는 뜻으로 람피르(Lampyre)라는 이름을 붙였다. 그 이름이 학명에도 쓰여서 람피리스 녹틸루카(*Lampyris nocti-luca*)[1], 즉 '북부 지방에서 등불 가진 녀석'으로 불리게 되었다. 대중적으로 표현하기를

---
1 원문은 *nictiluca*로 잘못 표기되었다.

376

원치 않는 학술 용어가 다시 한 번 지나치게 정확하고 표현적으로 번역한 꼴이다.

북방반딧불이 암컷의
발광 기관

이 곤충을 벌레(Ver)[2]라고 부르는 것에 트집을 좀 잡아야겠다. 이 동물의 겉모습은 결코 보통 벌레의 모습이 아니다. 다리는 짧아도 6개이며, 요령을 터득해서 종종걸음으로 잘 걷는다. 성충이 된 수컷은 훌륭한 딱지날개를 갖춘 딱정벌레(Coléoptères: Coleoptera)이다. 하지만 암컷은 평생 애벌레 모습을 하고 있어서 즐겁게 날지 못하는 불구자이다. 사실상 수컷도 성숙해서 교미하기 전까지는 비슷한 모양이었다. 어쨌든 녀석이 태어나면서부터 구더기(벌레)라는 이름을 얻은 게 어울리지 않는다. 일반적으로 말하는 벌레는 벌거숭이로서, 방어력을 갖춘 외투가 없다. 하지만 개똥벌레는 갑옷을 입어서 피부가 어느 정도 단단하며 색깔도 제법 화려하다. 전체가 밤갈색인데 가슴은 장밋빛으로 돋보인다. 또한 각 몸마디의 뒤쪽 가장자리는 두 개의 작고 선명한 적갈색 꽃 매듭으로 장식했다. 이런 옷차림을 보면 도저히 벌레라고 생각할 수가 없다.

이름을 잘못 지었다고 떠들 게 아니라 반딧불이가 무엇을 먹고 사는지 조사해 보자. 식도락의 대가 브리야 사바랭(Brillat-Savarin)은 이렇게 말했다. "당신이 먹은 것을 말해 주면 당신이 어떤 사람인지 말해 주겠소." 이 질문은 습성의 연구 대상인 모든 곤충에게도 해당된다. 동물의 세계는 가장 큰 것에서 가장 작은 것에 이르기까지 모두 밥통(위)의

---

2 한국에서도 흔히 '개똥벌레' 로 불려 왔다.

지배를 받으므로 먹이가 무엇인지 알아야 한다. 먹이에서 얻은 자료는 그 밖의 생활도 지배하게 된다. 자, 그런데 겉보기엔 순진해 보이는 이 반딧불이가 육식동물(Carnassier)이며, 드물 만큼 고약한 솜씨를 발휘하는 사냥꾼(Giboyeur)이다. 녀석의 정식 메뉴는 달팽이(Escargot: Pulmonata)였다.

이런 사실이 곤충학자에게는 상당히 오래전부터 알려졌다. 하지만 내가 읽은 책의 범위 안에서 추측해 보면, 대중적으로는 잘 알려지지 않았다. 특히 이 곤충의 독특한 공격법을 아는 사람은 없는 것 같다.

반딧불이는 사냥물을 먹기 전에 미리 마취시켜서 감각을 잃게 한다. 마치 외과 의사가 수술 전의 환자에게 고통을 없애 주는 격이다. 먹이는 겨우 버찌(Cerise→Prunelle)만 한 중간 크기의 달팽이를 택하며, 그 중 하나가 반디달팽이(Hélice variable: *Helix variabilis*)이다. 이 달팽이는 여름에 길가의 벼과(Graminées: Poaceae) 식물이나 길게 마른 줄기에 모여 사는데, 더위가 계속되는 동안 꼼짝 않고 깊은 명상에 잠긴다. 이렇게 집합된 장소에서 반딧불이가 방금 마취시킨 달팽이를 먹는 것을 여러 번 보았다.

반디달팽이

그러나 반딧불이는 다른 곳의 식량 창고와도 친숙해서 밭에 물을 대는 물길 가장자리에도 곧잘 나타난다. 그런 곳은 땅이 축축해서 풀이 무성하며 연체동물(Mollusque : Mollusca)도 좋아한다. 이런 곳의 반딧불이는 육상에서 처리하여, 집에서 기르면서 쉽게 그 수술 솜씨를 샅샅이 관찰할 수 있다. 독자께서도 그 진귀한 광경을 함께 보도록 합시다.

넓은 유리병에 풀을 조금 곁들이고 적당한 크기의 달팽이 몇 마리와 반딧불이를 함께 넣었다. 인내심을 가지고 기다려 보자. 보고 싶은 사건이 언제 일어날지 모르고, 그나마도 아주 순간적이라 감시가 특히 엄중해야 한다.

드디어 작업이 시작되었다. 반딧불이가 사냥감을 살짝 더듬는다. 대개는 달팽이가 몸을 껍데기 속으로 움츠리지만 그래도 외투막(外套膜)의 일부는 노출된다. 이제 반딧불이의 연장이 재빨리 열리는데, 아주 간단해서 자세히 보려면 돋보기가 필요하다. 연장은 두 개의 이빨인 큰턱으로서 머리카락처럼 가늘고, 갈고리처럼 구부러진 예리한 도구이다. 현미경으로 보면 오직 가는 대롱일 뿐이다.

반딧불이가 연장으로 연체동물의 외투막을 가볍게 찌른다. 깨물었다기보다는 단순한 입맞춤이라고 할 만큼 부드럽게 진행되었다. 심한 공격이라기보다는 간질이는 정도인 것이다. 아이들끼리 장난하며 놀 때 손끝으로 가볍게 콕콕 찌르는 것을 '손가락 퉁기기(pichenette)'라고 한다. 벌레하고 대화할 때는 어린애처럼 굴어도 상관없으니 이 단어를 쓰기로 하자. 그것이 소박한 자끼리 진정으로 이해하는 방법이다.

반딧불이는 손가락 퉁기기로 독의 양을 조절 분배한다. 서두르지도 않는다. 매번 잠깐씩 쉬며 그때마다 무슨 결과가 나오는지 알아보려는 것 같다. 퉁기기 횟수가 아주 많은 것도 아니다. 달팽이를 전혀 못 움직이게 하는 데 대여섯 번을 넘지는 않을 것 같다. 먹기 전에 몇 번 더 찌르는 게 당연할 것 같으나, 그 뒤의 동작을 관찰하지 못해서 꼭 그렇다는 말을 할 수가 없다. 어쨌든 연체동물의 감각을 없애려면 몇 번만 찔러도 충분하다. 반딧불이의 방법은 효과가 빨라서 거의 즉시 반응을 보인다. 분명히 큰턱 대롱으로 독소를 주입하는 것 같다. 아무렇지도 않아 보이는 상처에서 급속히 나타나는 효과를 다음과 같이 증명해 보자.

반딧불이에게 네댓 번 찔린 달팽이를 잡아서 가는 바늘로 맨 앞쪽, 즉 몸을 껍데기 속으로 움츠렸어도 밖으로 드러난 외투막을 찔러 보았다. 전혀 떨림이 없다. 찌른 바늘에도 어떤 느낌이 없다. 정말 시체라도 이렇게 조용할 수는 없을 것이다.

좀더 확실한 증거를 보자. 달팽이가 촉각을 한껏 뻗치고 다리[3]의 수축 운동으로 전진할 때 반딧불이가 공격했다. 나는 가끔 운 좋게 이런 광경과 마주쳤다. 당한 녀석은 잠시 몇 번의 불규칙 운동으로 흥분을 나타냈다가 완전히 멎는다. 걷지도 못하고 백조의 목처럼 아름답던 앞부분(몸통)의 곡선도 사라진다. 제 무게로 힘없이 흐물흐물 늘어진 촉각이 꺾인다. 이런 상태가 죽 계속된다.

달팽이가 죽었을까? 절대로 아니다. 죽은 것 같아 보였어도 녀석을 쉽게 살려 낼 수 있으니 말이다. 산 것도 죽은 것도 아닌 이 묘한 상태의 환자를 2~3일 동안 격리시켰다. 이것이 성공에 필수 조건은 아니나, 환

3 달팽이는 넓적한 배면, 조개는 도끼 모양 살덩이가 다리이다.

자에게 기분 좋은 소나기 대신 공기 목욕을 시켜 준 셈이다.

반딧불이에게 위험한 상처를 받았다가 격리된 환자가 이틀 뒤에는 정상상태로 회생했다. 감각과 운동이 되살아나서 바늘로 찌르면 반응했다. 촉각을 움직이며 기어가서, 마치 아무 일도 없었던 것 같다. 깊이 마취되었던 전신의 무감각이 깨끗이 사라졌다. 죽은 줄 알았던 녀석이 되살아난 것이다. 운동 능력과 고통을 느끼는 감각을 잠시 잃었던 이런 상태를 어떻게 불러야 할까? 겨우 생각나는 말은 지각탈실(Anesthésie, 知覺脫失) 하나뿐이다.

우리는 살았어도 못 움직이는 사냥물을 애벌레에게 먹이는 각종 사냥벌의 솜씨를 알고 있다. 녀석들은 독으로 사냥감의 운동신경을 마비시키는 기술을 가졌다. 지금 여기도 사냥감을 지각탈실시키는 하찮은 벌레가 있다. 현재의 인간 과학도 놀라운 외과 기술을 발명한 것은 사실이나, 반딧불이와 다른 동물은 벌써 무수한 세월 이전부터 그런 기술을 알고 있었다. 동물의 과학은 우리보다 훨씬 옛날부터 존재했는데, 우리는 겨우 방법만 조금 바꿔서 환자가 클로로포름 증기를 마시게 한 다음 수술한다. 곤충은 큰턱 갈고리에서 나오는 독을 아주 조금 주사하고 수술한다. 훗날 인간은 이런 정보에서 어떤 이득을 얻을 수 있을까? 만일 조그만 벌레의 이런 비밀을 좀더 알게 된다면 장래의 훌륭한 발견에 밑거름이 되지 않겠더냐!

상대는 힘이 없고 게다가 온순하다. 뿔을 휘두르며 싸움을 걸어오지도 못한다. 그런 녀석을 상대로 마취 솜씨를 발휘하는 반딧불이에게는 어떤 이익이 있을까? 어렴풋이 알 것 같다. 북아프리카 알제리(Algérie)에 모리타니반딧불이붙이(Drile mauritanique: *Drila mauritanica→ Drilus mauritanicus*, 반딧불이붙이과)가 있다. 이 곤충이 빛을 내지는 않아도 신체 구조나 습성은 반딧불이와 가깝다. 먹이는 아름다운 팽이 모양의 껍데기(패각)를 가진 알제리달팽이(Cyclostome: *Cyclostoma sulcatum*)인데, 녀석은 억센 근육으로 꽉 잡은 돌질(석질, 石質) 뚜껑을 꼭 닫고 있다. 하지만 여닫기가 자유로워서 침입자가 오면 즉시 닫고, 나올 때도 쉽게 연다. 이렇게 문단속이 잘 되는 주택은 신성불가침이다. 그런데 반딧불이붙이는 그것을 잘 알고 있다.

반딧불이도 머지않아 그와 비슷한 것

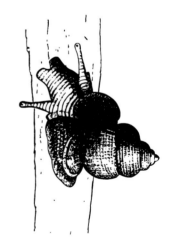

알제리달팽이
자연 크기의 2배

을 보여 주겠지만 모리타니반딧불이붙이는 부속 기구로 달팽이의 패각(貝殼, 껍데기)에 찰싹 달라붙어서 지켜본다. 필요하다면 며칠이라도 붙어 있다. 패각 주인은 공기나 식량이 필요해서 언젠가는 나오지 않을 수가 없어서 뚜껑을 방긋 열었다. 옳다, 됐다. 그것이면 충분하다. 기다렸던 녀석이 공격한다. 이젠 틀렸다. 성문이 안 닫히고 공격자는 성채를 점령해 버린다. 언뜻 보기에는 가위가 패각 조절 근육을 싹둑 잘랐을 것 같으나 사실은 아닐 것이다. 반딧불이붙이의 큰턱은 빈약한 구조라서 고깃덩이를 빨리 베어 내지 못한다. 일단 수술에 손을 댔으면 그 자리에서 성공시켜야 하며, 그렇지 못하면 활기찬 피습자가 안에 틀어박혀서 더욱 어려워진 공격을 다시 해야 한다. 그랬다가는 공격자가 기약이 없는 긴 시간을 굶어야 할지도 모른다. 우리 동네에는 이 벌레가 없어서 직접 조사하지 못했으나 아마도 반딧불이와 비슷한 전술을 쓸 것 같다. 알제리의 이 곤충도 달팽이 살육자는 아니며, 희생물을 마구 자르지도 않을 것이다. 다만 손가락 퉁기기로 못 움직이게 하여 지각탈실을 일으킬 것이다. 뚜껑이 잠시만 열려도 충분해서 쉽게 그런 짓을 할 수 있다. 다음은 안으로 들어가서 움직이지 못하는 근육을 조용히 먹을 것이다. 나는 단지 논리의 빛으로만 사물을 그렇게 보았다.

다시 반딧불이 이야기로 돌아가자. 달팽이가 땅에만 있으면 기어가든, 숨어 있든 공격에 전혀 어려움이 없다. 그 껍데기에는 완벽한 뚜껑이 없어서 몸의 앞쪽 대부분을 드러냈으니, 잡힐까 봐 움츠렸어도 뚜껑 둘레의 외투막은 공격을 피치 못해 상처를 받는다. 하지만 달팽이가 키 큰 풀이나 미끄러운 돌 표면에 찰싹 붙어 있을 때도 있다. 이런 때는 일시적인 뚜껑이라도 제 구실을 한다. 그래서 못살게 굴 녀석의 공격으로부터 패각 속 몸통을 피하게 된다. 하지만 입구 둘레의 어디에도 틈이 없어야 하는 조건이 있다. 껍데기가 바닥과 꼭 맞지 않고 어딘가 틈새가 있으면, 그곳이 아무리 작아도 반딧불이에게는 문제가 되지 않는다. 약간 깨물려 그 자리에서 깊은 마취에 빠져, 움직이지 못하는 달팽이를 마음대로 먹는다.

매우 신중하게 작업하는 공격자는 희생자에게 아주 조용히 접근한다. 높은 줄기에 움츠린 채 달라붙은 달팽이가 행복하게 졸다가 비껴지던가, 떨어지지 않도록 조심해야 한다. 먹이 찾기에 열을 올리지 않았다가 땅으로 떨어지는 날이면 반딧불이에게 그 먹이는 잃어버린 것이나 다름없다. 녀석은 운에 따라 눈에 띄는 것만 제 것으로 삼아야 한다. 따라서 소량의 끈끈이로 높은 줄기에 달라붙은 사냥감을 공격할 때는 될수록 평형을 잘 유지해야 한다. 게다가 아주 조심스럽게 공격해서 희생자가 고통을 느끼지 않아야 한다. 그렇지 않으면 근육의 반동으로 떨어져서, 모처럼 구한 먹이가 수포로 돌아간다. 따라서 먹이를 얻으려는 반딧불이의 목적을 달성하는 데는 갑작스럽고 깊은 지각탈실이 가장 좋은 수단이다.

그러면 어떤 방법으로 먹을까? 정말 그것을 먹을까, 말하자면 잘게 잘라서 씹을까? 내 포로들의 입 주변에서 고형 음식물은 한 번도 본 적이 없으니 그렇지는 않다고 생각한다. 반딧불이는 엄밀한 의미에서 마시는 것이지 먹는다고 할 수는 없다. 파리(Diptera) 구더기의 방법처럼 먹이를 묽은 죽처럼 만들어서 마신다. 녀석도 구더기처럼 먹기 전에 녹이는 방법을 알아서 액체로 만든다. 그것이 어떤 방법으로 만들어지는지를 이야기해 보자.

방금 반딧불이 한 마리가 달팽이에게 지각탈실 수술을 했다. 몸집이 큰 갈색정원달팽이(*Helix aspersa*)라도 언제나 혼자 수술한다.—즉시 두세 마리의 손님이, 때로는 더 많은 녀석이 달려와서 요리를 함께 먹는다. 주인과 옥신각신하는 다툼도 별로 없다. 이틀 동안 놔두었던 껍데기를 거꾸로 들어 보면 안의 내용물이 마치 물처럼 줄줄 흘러내린다. 손님들이 걸쭉한 음식을 배불리 먹고 자리를 떴을 때는 안에 남은 것이 거의 없다.

이유는 뻔하다. 앞에서 반딧불이가 달팽이를 간질이는 것을 보았다. 그렇게 여러 번 가볍게 깨물면 연체동물의 고기는 죽으로 변한다. 그것을 여러 식객이 함께 먹는데, 각자가 일종의 펩신(Pepsine)으로 죽을 만들어 가며 목을 축인다. 먹이를 죽으로 만들려는 반딧불이는 큰턱으로 찔러 지각탈실 시키는 독인 동시에 근육 액화용 분비물 주사이다. 도구는 기껏해야 변변찮은 갈고리뿐이다. 돋보기로 겨우 보이는 큰턱이 또 하나의 임무를 수행했나

갈색정원달팽이

애명주잠자리 명주잠자리류의 애벌레가 개미지옥 또는 개미귀신이다. 명주잠자리와 애명주잠자리는 서로 매우 닮았으나 전자의 애벌레는 산이나 길가, 절벽 근처에서 깔때기 모양 함정을 파며, 후자는 날개가 약간 좁고 그 애벌레는 강가나 바닷가의 모래땅에 함정을 판다. 태안, 10. VI. '92

보다. 큰턱 대롱은 먹이를 잘게 자를 필요도 없이 빨아서 말려 버리는 개미귀신(Fourmi-Lion)[4]의 갈고리와 비슷하다. 하지만 그것과는 뚜렷한 차이가 있다. 개미귀신은 너무 커서 먹다 남은 먹이는 모래 깔때기 덫 밖으로 차 내 버리나, 뛰어난 액화 기술 기사인 반딧불이는 먹다가 남기는 게 없다. 연장은 같아도 한쪽은 사냥물의 피만 빨고, 다른 쪽은 미리 액화시켜서 먹이를 조금도 낭비하지 않고 모두 이용한다.

몸의 균형이 아주 불안정해져도 작업은 훌륭한 솜씨로 해낸다. 그 멋진 예를 광구 사육병이 보여 준다. 병 안의 포로, 달팽이는 기어 다니다가 판유리인 천장까지 올라갈 때도 있다. 거기에 계란 흰자위 같은 분비물을 바르고 붙어 있는데, 잠시만 머물 녀석은 접착제를 너무 아끼기 때문에 유리판을 아주 조금만 쳐도 뚝 떨어진다.

반딧불이는 빈약한 다리 대신 어떤 특수한 등반용 기구의 역할로 꼭대기에 도달할 때가 많다. 그렇게 올라가서 달팽이를 잘 살핀다. 공격하기 좋은 때

4 명주잠자리 애벌레

를 골라 살짝 깨물어 마비시키고, 적당한 시기에 죽을 만들어 며칠이고 빨아먹는다.

　포식자가 물러났을 때는 껍데기가 완전히 비었다. 유리 천장에 간신히 붙어 있던 껍데기는 떨어지지 않고 그 자리에 남아 있다가 그대로 말라 버린 것이다. 이 상황이 조금 깨물린 상처가 얼마나 돌발적으로 마비시켰는지를 설명해 준다. 거꾸로 매달렸던 달팽이가 미끄러져 떨어지지 않은 상태에서도 반딧불이가 아주 교묘하게 처리했음을 보여 준 것이다.

　짧고 서툰 다리를 가진 수술자가 이렇게 평형 유지가 힘든 곳에서 일하기란 쉽지 않을 것이다. 잡을 것도 없는 곳에서 미끄러지지 않으려면 어떤 특수한 부착 도구가 필요한데, 반딧불이는 실제로 그런 것을 지녔다. 돋보기로 자세히 보면 벌레 뒤쪽에 흰 점 같은 것이 보인다. 12개가량의 짧은 살덩이 같은 부속물 집단이 볼록하게 솟았는데 가끔 꽃 장식처럼 펼쳐진다. 이것이 접착과 이동에 쓰이는 도구였다. 녀석이 어딘가에 몸을 붙여야 할 때나 풀줄기처럼 미끄러운 표면에 머물러야 할 때는 그 꽃 장식을 벌려서 찰싹 달라붙는다. 또 그것을 여닫아 오르내리거나 전진하기도 한다. 결국 반딧불이는 새로운 형태의 앉은뱅이이며, 꽁무니 쪽의 아름다운 흰색 꽃 장식은 일종의 손인 셈이다. 관절은 없어도 어느 방향이든 자유롭게 움직이는 12개의 손가락, 물건을 잡지는 못해도 무엇에 붙을 수 있는 혹 모양 손가락인 것이다.

　이 기관은 쓸모가 또 있다. 화장할 때 쓰는 스펀지와 솔 역할을 하는 것이다. 식사를 끝내고 쉴 때 이 솔로 머리, 등, 허리, 엉덩이를 가볍게 문지르거나 비빈다. 등줄기가 자유자재로 움직여서 가능한 일이다. 몸 전체를 아주 조심해서 끈질기게 비비는 것으로 보아 녀석은 청소를 상당히 중요시하는 것 같다. 이렇게 스펀지로 문지르고 윤을 내며 먼지를 터는 목적은 무엇일까? 물론 먼지를 털어 버리고, 달팽이를 먹다가 몸에 묻은 점액 따위를 지우려는 것이다. 연체동물을 잡아먹고 껍데기 밖으로 나왔을 때, 이런 빗질 화장이 불필요한 일은 아니다.

키스 같은 행동으로 사냥감의 몇 군데를 찔러 마비시키는 솜씨 말고 다른 재주가 없었다면 반딧불이가 별로 알려지지 못했을 것이다. 녀석은 신호등에 불을 켤 줄도 알아서 빛을 발산한다. 유일한 이 조건이 녀석의 평판을 높여 준 것이다. 특히 애벌레의 형태를 유지한 채로 성년이 된 암컷은 무더운 여름밤에 가장 밝은 빛을 낸다.

발광(發光) 장치는 배 끝의 세 마디에 있는데, 앞쪽 두 마디의 것은 넓은 띠 모양이며 거의 복면 전체를 차지했다. 하지만 끝마디의 것은 매우 축소되어 두 개의 단순한 초승달 모양이다. 이 두 점의 빛은 등 쪽에서도 비쳐, 벌레의 아래위 양쪽에서 모두 잘 보인다. 두 띠와 점 모양은 부드러운 청색을 띤 흰빛을 발한다.

애반딧불이 운문산반딧불이와 비슷하나 앞가슴등판의 흑갈색 세로줄 무늬로 잘 구별된다. 우리나라 반딧불이 중 한여름에 가장 많이 보이는 종이다. 시흥, 10. Ⅶ. '96

반딧불이의 발광 장치는 대개 이렇게 두 종류로서 몸 끝에서 앞쪽 두 마디의 것은 넓은 띠, 가장 끝마디의 것은 두 개의 점으로 되어 있다. 띠 모양은 혼기에 달한 암컷만 장식했으며 가장 밝게 빛난다. 장래의 어미는 혼례식을 성대하게 치르려고 가장 아름다운 패물로 치장하고 불을 켠다. 하지만 그 이전과 이후에도 엉덩이의 등 쪽에 아주 작은 불을 켠다. 결국, 띠의 불을 켠 것은 어린것이 우화했다는 뜻이므로 수컷이었다면 날개를 갖추고 날았을 것이다. 또한 넓은 띠의 불을 밝힌 것은 교미를 하겠다는 징표이다. 암컷은 날개가 없어서 초라한 애벌레 모습이지만 등대에는 찬란한 불을 켰다.

수컷은 탈바꿈을 완전하게 해서 모습도 바꾸고 딱지날개와 뒷날개로 단장한다. 이렇게 우화하면 미약하나마 마지막 배마디의 불을 켠다. 사실상 이 등불은 애벌레로 태어날 때부터 존재했으며, 성이나 계절에 관계없이 한평생 변함없이 지닌 것이다. 결국 등과 배, 양쪽에서 잘 보이는 점 모양 등불은 이 반딧불이 종의 특징이다.

나는 아직 조금 남아 있는 옛 솜씨와 시력이 허락하는 범위에서 발광기의 구조를 해부해 보았다. 한 조각의 피부와 함께 발광 띠의 절반을 깨끗하게 잘라 냈다. 현미경으로 관찰해 보니 표피 위에 흰 가루처럼 아주 미세한 알갱이가 널려 있었다. 그것들이 발광 물질임에는 틀림없을 텐데, 무딘 내 눈으로는 이 백색층을 더 자세하게 조사할 수가 없었다. 바로 옆에 이상한 기관이 보이는데 짧은 기부가 굵다. 하지만 위로 뻗치며 갑자기 미세한 가지들의 덤불로 변했다. 이것들이 발광층 위를 덮기도, 안으로 들어가기도 했다. 그뿐이다.

결국 발광기는 호흡기 계통에 속하며, 빛을 내는 것은 산화작용이다. 흰 가루층이 산화될 물질을 공급했을 것이다. 덤불처럼 뻗쳤던 가지의 굵은 대롱 속으로 공기가 흐른다. 남은 문제는 이 가루층을 이룬 물질이 무엇인지를 밝히는 일이다.

가장 먼저 생각나는 것은 화학물질인 인(燐)이다. 반딧불이를 불에 태워서 원소를 추출하는 소박한 반응제로 처리해 보았다. 이 방법으로는 인이라는 답변이 나오지 않았다. 그렇다면 여기서 인은 문제 밖일 것이다. 희미한 반딧불이의 빛을 흔히 인광(燐光)이라고 부르지만 정답은 어딘가 다른 곳에 있다.

우리가 아주 잘 아는 또 다른 문제는 반딧불이가 제 마음대로 불을 켰다 껐다 하는 점이다. 과연 녀석은 마음대로 빛을 강하고 약하게 하거나 완전히 끄기도 할까? 만일 그렇다면 녀석에게 불투명한 차광막(遮光膜)이 있어서 그것으로 광원(光源) 위를 덮거나 열거나, 또는 적당히 덮을까? 곤충은 더 좋은 방법으로 등대를 명멸시키니 그런 기전들은 소용이 없다.

발광면(發光面)이 늘어나면 굵은 대롱으로 들어가는 공기의 양이 증가한다. 그러면 광도(光度)도 증가해서 밝아진다. 동물의 필요성에 지배되는 기관(氣管. 숨관)이 통과할 공기의 양을 늘리거나 줄이기도 하고 멈추기도 한다. 광도는 그것에 따라 높아지거나 꺼진다. 결국 심지에 도착하는 공기의 양을 조절해서 발광기의 빛을 강하거나 약하게 하는 것이다.

빛을 발할 감정의 흥분이 숨관의 작용에 영향을 주는 것이다. 하지만 이 작용을 두 경우로 구별해 둘 필요가 있다. 하나는 결혼 시기에 암컷이 지니는 특유의 장식인 넓은 띠에 의한 것이고, 또 하나는 모든 연령의 암수가 한평생 지니는 마지막 마디의 작은 등

불에 의한 것이다. 후자의 경우는 감정에 따른 불끄기가 즉각적이며 완전하던가, 적어도 그에 가깝다. 밤에 풀잎에서 몸길이 5mm 정도의 어린 반딧불이를 잡으려 할 때 작은 초롱이 켜진 것을 분명히 보았다. 그러나 실수로 근처의 잔가지를 조금 건드리면 불이 즉시 꺼져서 녀석이 보이지 않는다. 하지만 혼례용 굵은 띠로 반짝이는 암컷은 심하게 자극시켜도 반응이 아주 없거나 미미하다.

연구실 밖에서 철망뚜껑 사육 상자로 실험할 때 총을 쏴 보았다. 총소리에도 암컷은 못 들은 것처럼 태연했다. 계속 빛을 쬐여도 여전히 침착하게, 그러나 활발히 움직였다. 집단에다 가늘고 찬 이슬을 분무기로 뿌려 보았으나 불을 끄는 녀석은 없었고, 기껏해야 맑은 빛이 조금 흔들린 녀석이 있을 정도였다. 물론 모든 자극이 다 그렇지는 않다. 철망 안으로 파이프 담배 연기 한 모금을 불어 넣자 불빛이 좀 세게 흔들렸고 불을 끄는 녀석도 있었다. 하지만 한순간뿐, 곧 침착하게 예전처럼 밝은 불을 켰다. 암컷 몇 마리를 손으로 잡기도, 굴려 가며 괴롭혀 보기도 했다. 너무 심하게 괴롭히지 않는 한 불은 약해짐조차 없이 계속 켜져 있다. 혼기가 가까워 극성스러워진 암컷의 조명등을 끄려면 상당히 강한 동기가 필요할 것 같다.

곰곰이 생각해 보면 반딧불이가 발광기를 지배하여 빛을 마음대로 명멸시킴에는 의심의 여지가 없다. 하지만 벌레의 의사가 개입되었어도 무효일 때가 있다. 발광면의 표피를 떼어 내 유리관에 늘어 놓고, 물기가 증발하지 않도록 물에 적신 솜마개를 했더니, 그 속에서 사체 조각이 훌륭하게 빛을 발했다. 물론 살아 있을 때보다는 조금 약했다.

지금은 산 녀석의 협력도 필요 없다. 산화 물질인 발광면이 주변의 공기와 직접 접촉하고 있어서 숨관을 통해 들어오는 산소가 필요 없는 것이다. 그래도 빛의 방사는 진짜 인(燐)이 공기와 접했을 때 같았다. 한 가지 덧붙일 말은 물속에서도 공기가 있으면 대기에서처럼 반짝였다. 하지만 물을 끓여서 공기를 없애면 불이 꺼진다. 내가 앞에서 주장한 것처럼 반딧불이의 불은 느린 산화작용의 결과라는 것에 이보다 더 좋은 증거는 없을 것이다.

흰빛의 반딧불은 고요하며 부드러워 보인다. 마치 달에서 떨어져 나온 불똥 같다. 하지만 선명하게 반짝여도 빛은 약하다. 인쇄물 위에 반딧불이를 올려놓고 조금씩 옮겨 가면, 그리고 너무 긴 단어가 아니면, 아무리 어두워도 각 단어를 똑똑히 읽을 수 있다. 그러나 바로 옆의 글자는 전혀 안 보여서, 이런 초롱불로 읽는 독자는 바로 지쳐 버릴 것이다.

반딧불이 한 무리가 모여 등끼리 마주했다고 가정해 보자. 각각이 희미한 빛으로 옆의 녀석을 비춰 우리는 각 물체를 분명하게 볼 수 있을 것이다. 하지만 빛의 연주회는 하나의 혼돈(混沌)일 뿐, 실제로는 보이지 않는다. 약간의 거리만 있어도 우리 눈은 특정 모양을 파악하지 못한다. 불빛 전체가 개개의 빛을 구별하지 못하게 하나로 묶여서 그런 것이다.

사진이 이 점에 대한 놀라운 증거를 보여 주었다. 야외에 설치한 철망뚜껑 밑 사육장에다 한창 빛을 발하는 암컷 반딧불이 무리를 넣었다. 녀석들 주변에는 한 묶음의 백리향(Thymus)이 작은 숲을 이루었다. 밤이 되자 포로들이 전망 좋은 정자로 기어 올라가 지평선 사방으로 자신의 불꽃을 과시했다. 잔가지마다 빛의 꽃송이가 만들어진 것이다. 그 아름다운 광경을 사진 간판(間版)과 인화지에 옮겨 보기를 기대했다. 하지만 희망은 빗나갔다. 얻어진 것은 희미하게 하얀 점뿐, 녀석들의 거리에 따라 조금 진하거나 흐린 얼룩점만 얻었을 뿐이다. 즉 반딧불이는 전혀 안 찍혔고, 백리향은 그림자조차 보이지 않았다. 필요한 밝기가 부족해서 이 아름다운 불줄기는 검은 바탕에 흰 점이 튄 흙탕처럼 어렴풋이 나타났을 뿐이다.[5]

암컷 반딧불이의 등댓불은 틀림없이 혼례식의 시초로, 짝짓기의 초대이다. 그러나 그 등대는 배의 아래쪽에 켜졌고, 초대받을 수컷은 공중 높이에서 기분대로 날아다닌다. 따라서 등댓불이 수컷의 눈에 띄기 어려운 위치였다. 게다가 결혼을 앞둔 암컷의 불투명한 몸 두께가 거기를 덮고 있다. 초롱불을 켜 놓을 자리는 당연히 등 쪽이지 배 밑은 아니다.

이런 모순을 교묘하게 수정한다. 암컷이란 모두가 이성에게 교태라는 짓궂은 장난기를 발동한다. 저녁때 어두워지면 철망 밑에 갇힌 포로가 백리향 다발에 모여, 눈에 가장 잘 띄는 줄기 끝으로 올라간다. 거기서는 덤불 속에 있을 때처럼 얌전하지 않고 아주 심하게 뛰논다. 배 끝을 자유롭게 뒤틀어서, 한쪽으로 비틀기도, 반대쪽으로 구부리기도 한다. 뻣뻣한 몸짓을 하며 온 방향으로 우스꽝스럽게 운동하는 것이다. 결국 연애 원정을 떠난 수컷 모두는 지상에서든 공중에서든 근처를 지나다 이 등불의 호소를 보게 된다.

이것은 거의 종달새(Alouette: *Alauda arvensis*)[°] 사냥에 쓰이는 회전경(廻轉鏡) 장치와 비슷하다. 움직이지 않으면 새들이 그 장치의 존재를 몰라본다. 빙

---

5 파브르의 촬영 기술에는 문제
가 없었는지 의심되는 대목이다.

빙 돌려서 빛을 갑자기 명멸시켜야 새들이 열중하게 된다.

암컷이 구혼자를 유인하려고 이런 꾀를 가졌다면, 수컷은 유혹의 등불이 미미해도 멀리서 정확하게 판단할 나름대로의 눈을 가졌다. 앞가슴이 방패처럼 늘어나 차양이나 모자챙처럼 머리 밖으로 뻗쳤다. 챙은 시야를 제한해서, 언뜻 보고도 인식해야 할 암컷에게 시선을 집중시키는 역할을 한다. 챙 밑에 커다란 눈이 2개 있고, 그 사이에는 더듬이가 꽂힌 매우 좁은 홈이 있다. 넓은 앞가슴 챙 밑에 둥글게 튀어나온 눈은 이마 전체를 차지할 만큼 커서 진짜 키클로페스(Cyclope)[6]의 눈 같다.

짝짓기 하는 동안 불빛은 아주 약해져서 거의 꺼질 것 같다. 꽁무니 끝의 희미한 빛이 겨우 명맥을 유지한다. 신방을 차리는 밤에는 이런 은은한 빛으로도 충분하다. 녀석들이 늦도록 일을 끝내는 동안, 주변의 반딧불이 무리가 결혼 축가를 속삭인다. 그 다음, 곧 흰색 둥근 알의 산란이 뒤따른다. 어미는 축축한 흙이나 풀 위의 어디든 아랑곳 않고 알을 아무 데나 마구 뿌린다. 반딧불이는 자식에 대한 애정이 조금도 없었다.

이상한 일은 또 있다. 반딧불이의 알은 어미 배 속에 있을 때도 빛을 발한다. 아주 성숙한 배아들로 부푼 어미의 배를 갈라보면 인이 든 병을 깨뜨린 것처럼 광채 나는 액체가 손에 묻는다. 하지만 돋보기로 보면 인이 아니다. 빛은 무리하게 짜낸 난소의 알덩이에서 나온 것이다. 난소의 알을 이렇게 강제로 출산시키지 않아도 산란이 임박한 어미 배의 피부를 통해서 벌써 인광처럼 부드러운 젖빛을 나타낸다.

산란하면 곧 부화가 뒤따른다. 애벌레는

6 그리스 신화에 등장하는 외눈박이 거인

394

암컷이든 수컷이든, 마지막 몸마디에 작은 등불 두 개를 켜고 있다. 겨울철이 다가오면 별로 깊지 않은 땅속으로 파고든다. 광구 유리병에 파내기 쉽도록 잘게 부순 흙을 깔아 주면 기껏해야 10cm 정도의 깊이로 내려간다. 한겨울에 몇 군데를 파 보니 녀석들은 언제나 엉덩이에 희미한 불을 달고 있었다. 4월에 지상으로 올라와 발육을 계속하다가 완성된다.

반딧불이의 일생은 처음부터 끝까지 커다란 빛의 잔치였다. 알이 빛을 냈고, 애벌레도 그랬다. 성충 암컷은 굉장한 등대를 가졌고, 수컷도 애벌레 때 이미 얻은 작은 초롱을 한평생 보존한다. 성충 암컷 등대의 역할을 우리는 잘 알고 있다. 하지만 나머지는 무슨 이유로 불을 켰을까? 유감스럽게도 나는 모른다. 우리 책에 쓰인 물리학보다 더욱 심오한 이 벌레의 물리학은 모른다. 어쩌면 아직, 앞으로도 오랫동안, 자칫하면 영원히 알 수 없을지도 모른다.

2 양배추벌레

오늘날 우리가 채소밭에서 보는 배추(Chou: *Brassica oleracea*, 양배추)[1]
의 절반은 사람의 손으로 만들어진 식물이다. 배추는 자연의 인색
한 선물인 동시에 인간의 재배 지혜가 낳은 채소인 것이다. 식물
학에 따르면 해안 절벽에서 자생하다 우리에게 온 야생식물은 키
가 크고, 잎이 좁으며 맛도 없는 식물이었다. 이런 야생식물에 관
심을 가져, 자기 뜰에서 개량하려 했던 사람에겐 그야말로 대단히
희귀한 영감이 필요했을 것이다.

　재배는 조금씩 기적을 낳았다. 우선 바닷바람에 두들겨 맞던 야
생 배추가 초라한 잎을 버리고 넓고 두껍게 살찐, 그리고 빈틈없이
꽉 찬 잎과 바꿔치기 하도록 설득당했다. 배
추는 잘 순응하는 성질이라 시키는 대로 응
했다. 즐거운 햇빛을 사절해 가며 제 잎을 희
고 부드러우며 빽빽한 큰 공 모양으로 정돈
했다. 그래서 오늘날에는 최초 배추의 후예
중 그 무게와 부피로 슈퀸틀(Chou quintal)[2]이

1 한국산 배추는 *Brassica rapa*
이며, 이 장에서 다루어진 내용은
주로 양배추와 관련된 것이다. 그
러나 우리 배추에도 상당 부분 해
당될 수 있다.
2 퀸틀(quintal)은 무게의 단위
로 100킬로그램 또는 112파운드
이므로 100킬로그램짜리 양배추
라는 뜻이다.

라는 영광스러운 이름에 걸맞은 것이 생겼다. 이것이야말로 원예의 진정한 기념비였다.

얼마를 지나는 동안 사람은 수천 개의 작은 꽃줄기로 푸짐한 과자를 만들어 볼 생각을 했다. 배추는 그것에도 동의했다. 가운데 덮개 잎 밑에 작은 꽃다발, 꽃꼭지, 잔가지를 살찌워 그것을 한 덩이로 모은 것이 꽃양배추(Chou-fleur, *Brassica oleracea* var. *botrytis*)와 브로콜리(Brocoli, *B. o.* var. *italica*)이다.

또 다른 청에도 응한 배추는 새싹의 중심을 절약하여 높은 줄기 위에 사과 모양 싹을 늘어놓았다. 꼬마 싹 무리를 거대한 머리로 바꾼 이것은 브뤼셀양배추(Chou de Bruxelles, *B. o.* var. *gemmifera*)이다.

이번에는 줄기의 심 차례였다. 줄기는 거의 볼품없는 목질 성분이라 식물을 떠받치는 역할 밖에는 쓸모가 없었다. 그러나 원예사의 짓궂은 장난기는 못하는 것이 없다. 재배가의 부추김을 받은 줄기가 육질(肉質)로 변해서 순무처럼 타원형으로 부풀어 올랐다. 모양, 맛, 연함으로 순무의 장점을 모두 갖췄다. 다만 이 희한한 산물은 마지막 항변으로 제 받침대에다 몇 개의 빈약한 잎사귀를 달았다. 이것이 순무양배추(Chou-rave, *Raphanus sativus*)이다.

줄기가 유혹당한다면 뿌리라고 안 당할까? 뿌리도 실제로 재배가의 청을 들어주었다. 그래서 곧은뿌리(Pivot)를 순무처럼 부풀려 땅위로 절반쯤 솟아오르게 했다. 이것이 영국의 루타바가(Rutabaga, *B. napus*, 스웨덴순무, 황색), 프랑스 북부 지방의 스웨덴순무(Chou-navet, *B. rapa* var. *rapa*)이다.

배추는 우리 요구에 그야말로 잘 순종해서 사람과 가축에게 잎, 꽃, 싹, 줄기, 뿌리 모두를 제공했다. 다음은 유용성을 쾌락과 결합시켜서 아름다운 꽃밭을 장식했다. 즉 응접실 작은 탁자에서 자세를 드러내는 목적으로 쓰이기에도 부족할 게 전혀 없이 훌륭하게 다다른 것이다. 그야말로 초라한 모습의 꽃을 고집하지 않고, 꽃잎을 톱날처럼 바꾸어 타조(Autruche: *Struthio*)의 물결치는 깃털처럼 가지각색의 멋진 꽃다발로 묶은 것 같다. 아름다운 이것을 보고, 그것이 양배추 수프의 재료가 되는 하찮은 채소의 친척임을 아는 사람은 아마도 없을 것이다. 채소밭에 가장 먼저 선보인 것은 잠두(Fève: *Vicia faba*)였고, 다음으로 완두(Pois: *Pisum*)가 뒤따랐으며, 양배추도 고대(Antiquité classique, 그리스·로마 시대)부터 매우 사랑받았다. 하지만 이 채소가 더 아득한 옛날로 거슬러 올라가서, 언제 누구의 손에 들어왔는지는 기억에서 사라진 지 오래이다. 역사란 이런 사소한 것에는 관심이 없다. 역사는 사람이 서로 죽이며 싸운 전쟁 이야기는 자세히 적어 놓으면서 우리 삶의 양식에 대해서는, 즉 수확하는 밭에 대해서는 입을 다물었다. 역사는 임금의 사생아에 대해서는 잘 알아도 밀(Froment: *Triticum vulgare*)의 기원에 대해서는 전혀 모른다. 인간은 그렇게도 미련하다.

우리에게 가장 중요한 식용식물에 대해 전해지는 소식이 전혀 없음은 정말 유감스럽다. 특히 채소밭의 가장 오랜 손님으로 존경받는 배추 대대의 조상 배추는 여러 흥밋거리를 알려 주었을 것이며, 그것만으로도 하나의 큰 보물 창고가 되었을 것이다. 이 보물이 우선 사람에게, 다음은 모두가 잘 아는 양배추흰나비(Piérid du chou: *Pieris brassicae*)의 애벌레인 양배추벌레(Chenille du chou)[3]에게 착취당한다. 이 벌레는 배추의 잎이라면 변종도 가리지 않고 갉아먹는다. 배추의

3 한국산 배추벌레는 배추흰나비(*P. rapae*)의 애벌레이다.

어린 싹이든, 둥근 양배추든, 가장자리가 톱날 같은 잎이든, 순무든, 뿌리가 노란 순무든, 우리 지혜와 시간과 인내력으로 옛날부터 재배하여, 원종에서 만들어 낸 모든 배추를 가리지 않고 소의 염통처럼 맛있게 먹는다.

하지만 제 삶의 환희를 즐기려는 흰나비가 인간의 재배 채소가 만들어지기를 기다리지 않았음은 분명하다. 그렇다면 우리가 풍부한 식량을 공급하기 전에 애벌레는 무엇을 먹었을까? 나비의 존재가 인간의 존재에 달리지는 않았다. 녀석은 우리가 존재하지 않았을 때도 살았고, 우리가 사라져도 계속 살아갈 것이다. 나비의 존재 이유와 우리가 만든 채소와는 관계가 없다.

둥근 배추, 순무, 기타 작물이 만들어지기 전에도 배추벌레가 식량 부족으로 어려움을 겪지 않았음이 분명하다. 녀석들은 현재는 다양한 배추의 조상인 해변의 야생 배추를 먹었다. 그러나 이 식물은 넓게 분포하지 않았으며, 게다가 특정한 해안에서만 자랐다. 따라서 이 나비가 찾아간 들과 산에서도 번성하려면 가는 곳마다 식용식물이 좀더 풍부하게 분포했어야 한다. 언뜻 보기에는 녀석들의 식초가 십자화과(十字花科) 식물 같으며, 배추처럼 약간 유황화합물의 맛이 나는 식물일 것 같다. 이 방향으로 한번 시험해 보자.

배추벌레를 알 시기부터 유채아재비(Fausse Roquette: *Diplotaxis tenuifolia*)로 사육해 보았다. 이 식물은 오솔길 가의 담 밑에서 강한 향내를 풍기는 풀이다. 벌레를 철망으로 덮은 넓은 바구니에 가두어 놓으면, 이 식물도 배추를 먹을 때처럼 서슴없이 먹고 번데기를 거쳐 나비가 된다. 말하자면 식량을 바꿔도 아무런 지장이 없었다.

십자화과 식물로 냄새가 덜 강한 흰겨자(Moutarde blanche: *Sinapis incana*), 대청(Pastel: *Isatis tinctoria*)°, 향꽃무우(Ravanelle: *Raphanus raphanistrum*), 드라바냉이(Lepidium Drave: *Lepidium draba*), 유럽장대 (Herbe au chantre: *Sisymbrium officinale*)로도 똑같이 성공했으나, 상추 (Laitue: *Lactuca*), 잠두, 완두, 콘샐러드(Doucette: *Valerianella*) 따위의 잎은 완강히 거절했다. 이 정도로 해두자. 식량을 이만큼 바꾸어 보았으니 배추벌레는 십자화과 식물이라면 대부분 먹거나 모두 다 먹는다는 것이 밝혀진 셈이다.

이 시험은 벌레를 바구니에 가둔 상태에서 실시했다. 따라서 자유롭게 먹이를 찾아다니는 환경에서는 입도 대지 않는 것을 포로였기 때문에 어쩔 수 없이 먹었다는 생각도 할 수 있다. 굶주린 녀석이 주변에 먹을 게 없어서 이것저것 가리지 않고 십자화과 식물이면 다 먹었다는 생각이다. 그러면 내가 참견하지 않은 자유로운 들판에서도 때때로 이런 경우가 있을까? 배추흰나비 가족이 배추가 아닌 십자화과 식물에서도 살고 있을까?

정원 근처의 오솔길을 두루 둘러보다가 마침내 유채아재비, 향꽃무우, 흰겨자에도 양배추에 붙은 녀석과 똑같은 애벌레가 무리지어 있는 것을 발견했다.

한편, 배추벌레는 탈바꿈 시기가 임박할 때까지 태어난 식물 포기에서 완전히 성장할 뿐 여행을 하지는 않는다. 향꽃무우나 다른 식물에 붙어 있던 녀석이 일시적 기분에 따라 배추 밭으로 이주하지는 않는 것이다. 내가 본 녀석들은 찾아낸 잎에서 부화했다. 그러나 이리저리 훨훨 날아다니는 흰나비는 알 낳을 자리로 먼저 배추를, 다음으로 아주 모양이 다른 여러 십자화과 식물을 선택한다.

흰나비는 제 영토 내의 풀을 어떻게 식별할까? 전에 살찐 양엉
경퀴(Artichaut)의 화탁(花托, 꽃받침)을 망치는 길쭉바구미(Larins:
Larinus)가 엉겅퀴과(Carduacée)[4] 식물군에 대한 지식으로 우리를 놀
라게 했었다. 녀석들의 지식은 엄밀히 말해서 그 산란 방법으로
알게 된다. 주둥이를 이용해서 화탁에 구멍을 뚫어 받침 접시를
파내고, 산란 전에 미리 그곳의 맛을 보았다.

나비는 꿀을 먹을 뿐 잎의 맛이 어떤지는 모른다. 녀석은 기껏
해야 꽃 속에 대롱 주둥이를 꽂고 단물을 한 모금 **빠는데**, 가족을
정착시킬 식물은 대개 꽃을 피우지 못했으니 꿀만 빠는 나비에게
는 별로 도움이 안 된다. 알을 가진 나비는 식물 주위를 어수선하
게 한 바퀴 도는 것으로 시험을 끝낸다. 그 정도면 괜찮은 식품으
로 판단하고 거기에 산란하는 것이다.

우리가 십자화과 식물인지 아닌지 구별하려면 꽃에 대한 지식
이 필요하나 이 점은 흰나비가 우리보다 훨씬 뛰어났다. 아직 꽃
이 안 피어서 씨앗이 장각과(長角果)인지, 단각과(短角果)인지, 4
개의 화판(花瓣)이 십(十) 자로 배치되었는지 등을 알아볼 근거가
없다. 이 식물들은 서로 엄청난 차이가 있어서, 오랫동안 연구하
여 식물학 지식이 풍부한 학자나 감별이 가능하다. 하지만 나비는
단번에 새끼에게 적당한 것을 분간한다.

만일 흰나비에게 타고난 분별력이 없다면 넓은 영토 안에서 자
라는 식물을 알아보지 못했을 것이다. 그 가족에게는 십자화과 식
물, 오직 그 식물만 필요한데, 나비는 그 식
물군을 아주 잘 안다. 나는 반세기도 넘게 식

---

4 엉겅퀴과를 지칭한 용어이나 공
식적으로 쓰인 일은 없는 듯하다.

물을 열심히 채집해 왔지만 처음, 더욱이 꽃도 씨앗도 없는 시기
에, 십자화과인지 아닌지 알고 싶다면 책을 뒤지기보다 이 나비에
게 물어보는 게 더 확실하다는 생각이다. 학문은 간혹 과오를 범
해도 본능은 그런 게 없다.

양배추흰나비(*P. brassicae*)는 연중 4, 5월과 9월에 두 번 태어난
다. 같은 시기에 양배추 밭도 태어난다. 나비의 달력도 밭농사의
달력과 일치해서 소비자도 식량이 나올 때 나온다.

알은 깨끗한 귤색인데 확대경으로 보면 멋 부리기를 빼먹지 않
았다. 끝은 깨진 원뿔 모양이며, 세로는 도랑, 가로는 가는 줄로
장식되었고, 둥근 밑동이 나란히 줄 맞춰 서 있다. 그렇게 한 덩이
로 떼를 지었는데, 받침대 잎이 넓으면 그 위에, 잎끼리 서로 붙어
있으면 아래쪽에 자리 잡아 그 모양이나 위치가 가지각색이다.

숫자도 다양하지만 한 뭉치가 200개 정도인 것이 가장 많고, 낱
개로 흩어졌거나 소수인 뭉치는 거의 없다. 산란 수 차이는 산란
할 때의 차분함 여부에 따라 생긴다.[5]

떼 지은 알 뭉치의 모습은 불규칙해도 내
부에는 일정한 질서가 있다. 개개의 알은 직
선으로 줄지어 늘어섰으며, 서로가 앞줄에
두 개의 받침이 되도록 밀착해 있다. 이렇게
엇갈려서 엮인 모습이 완전히 정확하다고
할 수는 없어도 무리를 이룬 상태는 상당히
안정되었다.

암컷의 산란 현장을 너무 가까이서 조사
하면 나비가 날아가서 관찰이 쉽지 않다. 하

5 양배추흰나비는 1년에 2세대,
때로는 3세대가 발생하며, 알은
한 번에 200~300개를 무더기로
낳는다. 우리나라에 흔한 배추흰
나비(*P. rapae*)는 구북구 전역에
분포하며, 19세기에 이미 북미,
하와이, 오스트레일리아, 뉴질랜
드, 태즈메이니아까지 범세계적으
로 퍼졌다. 우리나라에서는 1년에
4~5세대가 발생하며, 총 150개
가량의 알을 한두 개씩 흩어 낳아
그 습성이 전자와는 크게 다르며,
애벌레의 모양도 다르다.

지만 산란된 알 뭉치의 모습이 진행 과정을 잘 대변해 준다. 산란 관을 좌우로 천천히 흔들어서 먼저 이웃해 나란히 늘어놓은 두 줄의 알 사이에 새로 하나를 놓는다. 움직인 넓이에 따라 줄의 길이가 결정되는데, 이 길이는 암컷 마음대로 길게도, 짧게도 된다.

약 1주일 정도면 부화하는데, 대개 덩어리 전체가 동시에 한다. 알 하나에서 애벌레가 나오면, 탄생의 충동 같은 무엇인가가 다음다음으로 전해진 듯 다른 녀석도 따라 나온다. 황라사마귀(*Mantis religiosa*)•의 알집처럼 하나의 정보가 사방으로 퍼져 모두를 깨우는 것 같다. 마치 수면에 던진 돌의 파문이 사방으로 퍼지는 격이다.

알은 식물 씨앗처럼 씨가 익으면 껍질이 깨지듯 갈라지는 게 아니다. 막 태어난 벌레 자신이 난막(卵膜)의 한 곳을 물어뜯어 나갈 문을 만든다. 출구는 원뿔 모양에 가깝고 둘레는 말쑥한 창문 같다. 거기에 금이 갔거나 무슨 부스러기 따위는 없다. 결국 그곳의 벽을 갉아서 삼켰다는 증거이다. 알은 겨우 밖으로 나갈 정도의 이 구멍 말고는 아무 변화도 없이 그전처럼 받침대에 단단히 서 있다. 이때 그야말로 아름다운 구조를 돋보기로 조사할 수 있다.

부화의 유물인 알껍질은 아주 섬세한 막의 주머니로서, 투명하고 단단한 흰색일 뿐 원래의 알을 꼭 닮았다. 울퉁불퉁한 20개가량의 줄무늬가 위아래로 달린다. 마치 마법사의 뾰족한 원뿔 모자, 즉 보석을 도랑 안에 묵주 알처럼 조각해 넣은 삼각 모자 같다. 한마디로 말해서 양배추벌레가 태어난 상자는 아름다운 미술 공예 작품이다.

부화에는 2시간 정도가 걸리며, 해방된 애벌레는 그 자리에 남아 있는 배내옷 위에 떼 지어 머문다. 식량인 잎으로 올라가기 전에 오랫동안 그 테라스에 머무는 것이다. 그런데 거기서 아주 분주한 것 같다. 왜 그럴까? 녀석은 이상한 풀, 즉 계속 아름답게 서 있는 삼각 모자를 뜯어먹는다. 갓난이가 위에서 밑으로 천천히 차례차례, 방금 자신이 나온 집을 갉아먹는다. 다음 날에는 없어진 집 밑에 모자이크인 점만 한 개씩 남는다.

배추벌레의 첫 식사는 결국 자신이 태어난 알껍질을 먹는 것이다. 얇은 주머니를 맛있게 먹는 잔치 의식을 끝내기 전에 근처의 푸른 잎으로 유혹당한 녀석은 한 마리도 없었으니 이것은 규정된 식사이다. 이렇게 태어나기 전에 머물렀던 주머니를 제일 먼저 먹는데, 막 태어난 녀석들에게 이런 이상한 과자는 과연 무슨 역할을 할까? 내 생각은 이렇다.

배추 잎은 언제나 심하게 기울었고, 밀랍이 덮여서 표면이 미끄럽다. 갓 태어난 애송이가 어쩌다 떨어지는 날이면 만사가 끝장이다. 그래서 안전하게 의지할 밧줄 따위가 없이는 마음 놓고 먹을 수가 없다. 또한 가야 할 곳에는 가는 명주실 같은 게 펼쳐져야 한다. 발로 그 실에 매달려, 혹시 몸이 뒤집혀도 실이 닻 역할을 해야 한다. 갓난이가 이런 명주실 밧줄의 분비 기관을 갖추기는 어려우므로 특별한 음식을 먹어 되도록 빨리 밧줄을 마련해야 한다.

첫 식품의 성질은 어떤 것일까? 식물질은 동화시키는 시간이 많이 걸리면서도 생산성은 아주 낮다. 이런 식품은 사정이 절박해서 바로 잎으로 나가도 위험이 없어야 하는 조건을 충족시켜 주지 못한다. 그래서 소화도 아주 잘 되고 화학 성분도 빨리 동화되는 동물성 식품이 바람직하다. 사실상 알껍질은 명주실과 같은 성분인데 형태만 서로 바뀐 셈이다. 그래서 애벌레가 첫 여행의 노자로 쓴 것이 바로 껍질이며, 이 껍질로 명주실을 만든다.

만일 내 추측이 맞다면, 미끄럽고 많이 기울어진 잎의 또 다른 손님인 다른 종의 애벌레도 밧줄 원료를 될수록 빨리 갖추려고 그 공급원인 알껍질을 첫 식사로 택할 것이다.

배추벌레가 처음에 잠시 머물렀던 껍질은 밑동까지 완전히 사라져, 그 자리에 재료의 흔적만 동그랗게 남아 있다. 꼬마가 이제는 먹어야 할 잎 위에 있다. 녀석은 엷은 주황색을 띠며 흰 털이 성글게 나 있다. 머리는 검고 반들거린다. 몸길이는 겨우 2mm밖에 안 되어도 매우 활기차서 머지않아 맹렬히 먹어 댈 것 같다.

녀석들의 목장이라고 할 배추의 푸른 잎에 몸이 닿으면 즉시 안전하게 몸을 잡아 줄 공사에 착수한다. 즉 입에서 짧은 밧줄을 근처 여기저기에 조금씩 뿜어내는 것이다. 이 밧줄은 너무 가늘어서 돋보기로 차분히 들여다봐야만 겨우 눈에 들어올 정도였다. 애벌

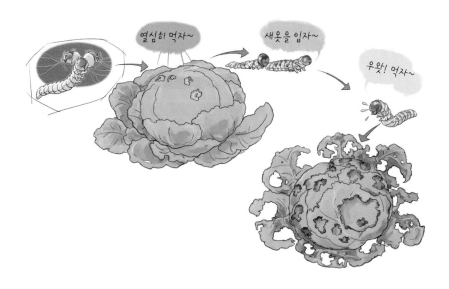

레는 몸무게가 거의 없는 정도여서 그런 실이라도 몸을 지탱하기에는 충분하다.

이제부터 야채 식사가 시작된다. 2mm의 양배추벌레가 무럭무럭 자라서 4mm가 된다. 이윽고 허물벗기를 하며 모습이 바뀐다. 노란색 바탕의 피부에 흰 털이 섞인 검은 점이 많이 생겨 얼룩이 진다. 이때 허물벗기의 피로를 회복하는 데 3~4일의 휴식이 필요하다. 휴식이 끝나자 심한 허기증이 일어나 몇 주 만에 배추 밭을 싹 쓸어버린다.

얼마나 잘 먹어 대더냐! 또 위장은 밤낮없이 계속 얼마나 잘 소화시키더냐! 바구니에 큰 잎 묶음을 넣어 주었더니 두 시간 만에 벌써 굵은 줄기만 남았다. 식량을 보충해 주는 시간이 좀 늦어지면 줄기마저 먹어 버린다. 바구니에다 슈퀴틀 잎을 벗겨 주었으나 일주일도 못 간다.

이런 식충이가 늘어나면 농사에 큰 재앙이 되겠는데, 우리 밭을 어떻게 녀석들로부터 보호할까? 로마의 유명한 박물학자 플리니우스(Pline) 시대에는 백성들이 배추를 보호하려고 밭 가운데다 말뚝을 박고, 그 위에다 햇볕에 바랜 말(Cheval: *Equus*) 대가리를 올려놓았다고 한다. 암말의 머리뼈가 더 효과가 있으며, 이 허수아비가 식충이 벌레를 쫓는 힘이 있다는 것이다.

이런 예방법을 전혀 신용치 않으면서도 이 이야기를 하는 것은, 적어도 이 근처에서는 지금도 이런 관습이 행해지고 있는 게 생각나서였다. 사리에 어긋난 것일수록 세상에 뿌리 깊이 박힌다. 플리니우스가 말한 고대의 보호 장치 역시 순전히 관습적으로 아직까지 보존되었다. 햇빛에 바랜 말 대가리 대신 배추 사이에 세운 막대기에다 알껍질을 붙여 놓는다. 이렇게 쉽게 마련된 시설도 효과는 같단다. 말하자면 절대로 안 될 수가 없다는 것이다.

믿는 마음이 조금만 있으면 비상식적이든 그렇지 않든, 무엇이라도 다 설명된다. 근처의 농부에게 물어보면 이렇게 답변한다.

"알껍질의 작용은 간단하지요. 하여서 눈에 잘 띈답니다. 그래서 나비가 그리 알을 낳으러 오지요. 건조한 막대기의 꼬마 배추벌레는 이글이글 타는 햇볕 아래서 먹을 것이 없으니 결국 죽고 말지요. 그래서 그만큼 수가 줄어듭니다."

나는 계속해서 물었고, 그들의 대답은 모두 이렇다.

"그러면 이 흰 알껍질 위에 찰싹 붙은 알 뭉치나 애벌레 무리를 본 적이 있소?"

"아니오, 전혀 본 일은 없습니다."

"그러면 왜 그렇게 했소?"

"옛날부터 이렇게 해왔으니까, 별 조사 없이 그대로 계속해 온 거지요."

이런 대답을 듣고 더 물을 필요는 없었다. 옛날부터 쓰인 말의 해골을 생각해 봤다. 수세기에 걸쳐 시골 사람의 머릿속에 뿌리박힌 어리석은 풍습처럼 없애기 힘든 것도 없음을 새삼 느꼈다.

결국 배추를 보호하는 방법은 단 하나밖에 없다. 엄중히 감시하고 잎을 잘 조사해서 알 뭉치는 손으로 떼어 내고, 애벌레는 발로 짓밟아 죽이는 것뿐이다. 시간을 많이 빼앗길망정 이것만큼 확실한 방법은 없다. 벌레 먹지 않은 배추 한 포기를 얻기가 얼마나 어렵더냐! 밭을 가는 가난한 사람들에게, 즉 누더기를 걸치고 우리네 양식을 만들어 주는 사람들에게, 우리는 얼마나 큰 은혜를 입고 있더냐!

애벌레의 단 하나의 임무는 먹고 소화시켜서 나비 제조 물질을 저장하는 것이다. 지칠 줄 모르는 배추벌레가 걸신 들린 식욕으로 제 임무를 수행한다. 쉴 새 없이 소화시킨다. 거의 전신이 창자로 구성된 녀석에게는 소화만이 가장 큰 행복이다. 가끔씩 도약운동을 하는 것 말고는 어떤 기분 전환도 없다. 도약은 여러 마리가 함께 늘어서서 먹을 때 하는 짓으로 아주 기묘하다. 가끔 줄 전체의 머리가 갑자기 위로 올라갔다 내려온다. 마치 자동적으로 움직이는 군대의 기계식 체조 같다. 혹시 언제 접근할지 모르는 공격자에 대한 위협일까? 잔뜩 먹어 뚱뚱한 배를 햇볕이 따듯하게 쓰다듬어 줄 때, 마음껏 반추하면서 만족을 나타내는 도약일까? 공포의 표시이든, 기쁨의 표시이든, 제대로 살찔 때까지 식탁에 둘러앉은 동료에게 허용된 유일한 훈련이다.

약 한 달 동안 계속 먹어 대다 허기증이 진정되기 시작한 철망바구니 속 애벌레가 철망 사방으로 기어올라, 앞가슴을 쳐들고 더듬거리며 정처 없이 헤맨다. 불안하게 떠돌다 머리를 흔들면서 여기저기에 실을 한 줄씩 토해 낸다. 어딘가 멀리 가고 싶은 눈치였다. 철망 울타리가 가로막혀 집단 이주가 좌절된, 이런 멋진 조건을 나는 즐겼다.

첫 추위가 다가올 때 벌레가 붙은 배추 몇 포기를 작은 온실로 옮겼다. 이런 흔해 빠진 채소가 제라늄(Pélargonium du Cap)이나 가고소(Primevère de Chine: *Primula sinensis*, 동양앵초)의 친구가 되어, 사치스럽게 유리창을 둘러친 광 속에 놓인 것을 본 사람은 나의 엉뚱한 생각에 질려 버린다. 그들이 웃건 말건 내게는 계획이 있으니 내버려 둔다. 심한 추위가 왔을 때 배추벌레가 어떤 행동을 하는지 보고 싶었던 것이다.

모든 일이 생각대로 잘 진행되었다. 11월 말, 다 자란 녀석이 한 마리씩 배추를 떠나 벽에서 헤매기 시작했다. 거기서 머물러 탈바꿈하려는 녀석은 전혀 없다. 마치 매우 추운 들판으로 가려는 것 같았다. 그래서 온실 문을 활짝 열어 놓았더니 드디어 모두가 자취를 감췄다.

녀석들은 거의 50발짝 정도의 벽을 정처 없이 떠돌며 흩어졌다. 현관 지붕의 돌출부와 회반죽 사이에 생긴 틈새가 은신처 구실을 했다. 거기서 허물벗기를 한 번데기가 겨울을 났다. 체질이 튼튼한 녀석들이라 찌는 듯한 햇볕에도, 에는 듯한 추위에도 태연히 견뎌 낸다. 탈바꿈할 때는 언제나 건조하고 바람이 잘 통하는 곳이면 충분했다.

바구니의 녀석들도 멀리 벽을 찾아가려고 철망에서 며칠 동안 꾸물거렸다. 하지만 끝내 벽을 만나지 못하고 사정이 절박해지자 찾아 나서길 단념하고, 가까운 철망에 의지해서 흰 명주실로 얇은 융단을 짰다. 미묘하고 고통스러운 용화(蛹化) 과정 때 드리울 침상의 기초인 이 비단 방석 위에 몸 끝을 고정시킨다. 몸 앞부분도 손잡이처럼 고정시켜 양어깨 밑을 방석에 붙인다. 이렇게 세 받침점에 의지해서 공중에 매달린 애벌레가 헌 옷을 벗고 번데기가 된다. 의지할 곳은 벽뿐인데, 내 도움이 없어도 어디선가 틀림없이 벽을 찾아냈을 것이다.

세상의 좋은 것은 모두 나를 위해 존재한다고 생각하는 사람은 그야말로 속 좁은 사람이다. 위대한 유모인 대지는 자애로운 젖통을 가지고 있다. 아무리 열심히 노력해서 영양이 풍부한 물질을 얻었어도, 그것이 맛있으면 자연은 극성맞은 식객을 더 많이 초대한다.

과수원 버찌는 맛이 좋은데 구더기가 빼앗아 먹겠단다. 태양과 행성의 무게를 재고 우주를 탐색할 만큼 뛰어난 인간이 제 몫의 과일을 하찮은 녀석이 빼앗으려는 것은 막지를 못한다. 우리가 재배한 배추도 정말 맛있는데 배추벌레도 먹겠단다. 브로콜리를 무아재비(Ravenelle: *Raphanus raphanistrum*, 향꽃무우)보다 좋다며 우리 농장에서 착취한다. 경쟁 상대인 애벌레도, 알도 퇴치가 힘들다. 효과가 신통치 않은 퇴치법 말고는 뾰족한 수단이 없다.

모든 생물은 각자 살 권리가 있다. 배추벌레도 제 권리를 악착같이 주장한다. 그래서 우리와 다른 이해관계를 가진 자가 인간 보호에 앞장서지 않으면 이 귀중한 채소의 재배가 불가능해질 것이다. 다른 이해관계자란 익충을 말한 것인데, 우리를 동정해서가 아니라 제가 필요해서 협력하는 녀석들 말이다. 아군과 적군, 익충과 해충이란 말은 정확한 사실을 나타내지 않는 경우가 많다. 우리를 잡아먹거나 우리 수확물을 해치는 자는 적군이며, 이런 적군을 잡아먹는 자는 아군이다. 하지만 모든 것은 끊임없는 식욕의 경쟁에 귀착된 것이다.

폭력, 사기, 강탈의 관례에 따라 거기서 비켜라, 내가 앉겠다. 연회장의 앞자리는 내 것이다. 이것은 동물 세계에서 녹슬지 않는 법칙이다. 우리도 어느 정도 그러니, 아아 슬프도다!

자, 그런데 우리 익충 중 체구가 가장 작으나 솜씨는 가장 뛰어난 녀석이 배추의 파수꾼 노릇을 한다. 덩치가 너무 작고 남몰래 작업해서, 농부는 녀석의 존재조차 모르며 들어본 적도 없다. 어쩌다 녀석이 귀중한 채소밭으로 날아와도 유의하지 않고, 무슨 일을 하는지 생각도 안 한다. 이제 나는 이 나약한 벌레의 공적을 조명해 보련다.

학자가 배추나비고치벌(*Microgaster→ Apanteles glomeratus→ Cotesia glomerata*)◦이라고 부르는 녀석이다. 명명자는 어째서 작은 배라는 뜻의 용어(Microgaster)를 만들었을까? 가는 배를 암시한 것일까? 그렇다면 맞지 않는 말이다. 이 벌이 뚱뚱하지는 않아도 배와 몸통은 균형이 잡혔다. 분류학적 이름이 가리키는 것을 무심코 믿었다가는 제 길을 잃을 수도 있다. 학술 용어는 날로 변해 가는데 마치 까마귀가 깍깍 우는(croassante) 소리처럼 되어 가고 있으니 별로 안심할 안내자가 못 된다. 그러니 벌레에게 "네 이름이 무엇이냐?"라고 묻기 전에 "너는 어떤 솜씨를 가졌느냐? 네 직업은 무엇이냐?"라고 물어야 할 것이다.

자, 그런데 배추나비고치벌의 직업은 배추벌레 잡아먹기였다. 세력 범위가 확실해서 틀림없는 직업이다. 녀석의 작업 모습을 관찰해 보자. 봄에 채소밭 근처를 조사하면 곧 눈에 띄는데, 벽이나 울타리 밑, 또는 시든 풀 위에서 개암만 하게 뭉쳐진 아주 작고 노란 고치 뭉치가 보인다. 그 무더기 옆에는 항상 배추벌레가 죽어 있거나 거의 죽은 상태로 있다. 이런 무더기는 배추나비고치벌 애벌레의 작품인데, 이미 부화해서 고치벌이 되었거나 막 성충이 되려는 시대이다. 녀석들의 애벌레가 배추벌레를 식량으로 삼았으며, 종명(*glomerata*)은 이 고치 뭉치를 말한 것이다. 작은 고치를 하나씩 떼어 내지 말고 통째로 채집하자. 표면의 실이 서로 얽혀서 한 덩이가 되어 각 고치를 떼어 내리려면 고생스럽고 손재간도 필요하다. 5월이면 이 난쟁이 무리가 배추 밭으로 날아와 즉시 일을 시작한다.

공중에서 춤추는 꼬마 곤충 무리가 자주 눈에 띄는데, 녀석들을 각다귀(Moucheron)나 모기(Moustique)[6]라고 부른다. 이 공중 무용단 속에 여러 종류가 있는데, 거기에 천적 고치벌도 끼어 있다. 녀석에게 모기란 말은 맞지 않는다. 모기는 날개가 두 장인 쌍시류(Diptera, 双翅類)이며, 지금 우리가 이야기하는 곤충은 날개가 넉 장이다.

날개와 또 다른 중요 특징에 따르면 이 곤충은 벌목〔Hymenoptera, 막시목(膜翅目)〕에 속한다. 어쨌든 상관없다. 학명 말고는 프랑스 말로 적절한 이름이 없으니 전체적 외관에 따라 날파리란 이름을 그냥 쓰자. 이 날파리, 즉 이 고치벌은 몸길이가 보통 날파리처럼 3~4mm이다. 암수는 비슷한 숫자에 모양도 같으며, 황적색 다리 말고는 전체가 검은색이다. 암수가 이렇게 비슷해도 구별이 어렵지는 않다. 수

6 한국에서는 날파리라고 한다.

고치벌 고치 박각시 나방의 애벌레에 기생했다가 애벌레 피부를 뚫고 나와 고치를 지은 고치벌의 번데기이다.
양주, 21. Ⅶ. 07, 강태화

컷은 배가 약간 홀쭉하며 끝이 약간 구부러졌다. 산란 전의 암컷은 알을 품고 있어서 배가 크게 부푼 점 정도의 스케치로 충분할 것 같다.

배추나비고치벌에 대해서 알고 싶다면, 특히 녀석의 생활양식을 알고 싶다면 배추벌레를 바구니에서 사육하는 것이 제일 좋다. 배추 밭에서 관찰하면 큰 수확을 기대하기가 어렵지만 바구니 안에서 기르면 매일 원하는 수의 애벌레를 얻게 된다.

6월은 배추벌레가 목장을 떠나 멀리 어딘가의 벽에 몸을 의지하러 가는 시기이다. 하지만 사육당하는 녀석들은 갈 곳이 없다. 그래서 바구니 천장의 채광창으로 올라가 탈바꿈 준비를 하느라고 명주실 융단을 짠다. 이 작업에 아주 녹초가 되어 거의 일을 하지 못하는 녀석이 눈에 띈다. 아무래도 허약해서 죽을 것만 같다.

그런 녀석 몇 마리를 잡아 메스 대신 바늘로 배를 열어 보았다. 배추벌레의 피에 해당하는 담황색 액체 속에 한 뭉치의 푸른색 덩어리가 잠겨 있다. 뭉크러진 이 창자 속에 께름칙한 구더기가 굼실거리고 있는 것이다. 숫자는 일정치 않아 적을 때는 10~20마리, 많을 때는 50마리나 되었다. 이것들이 다름 아닌 배추나비고치벌의 애벌레였다.

녀석들은 무엇을 먹는지 돋보기로 자세히 조사했다. 고형 식량인 작은 지방 덩이, 근육, 기타 기관에 붙어서 먹는 녀석은 없음을 다음 실험이 알려 줄 것이다.

양부모가 기른 가족을 꺼내서 시계접시로 옮기고, 바늘로 찔러서 빼낸 배추벌레 피 속에 담근다. 증발을 막으려고 즉시 유리로 덮었다. 피를 다시 여러 번 빼내서 영양 목욕을 반복시켰다. 살아 있는 배추벌레의 작업과 같은 가치의 홍분제를 계속 공급해 준 것이다. 이렇게 주의해서 길렀더니 양자가 모두 건강한 듯, 먹고 마시며 활기찼다. 하지만 이 상태가 아주 오래가지는 않았다. 탈바꿈할 정도로 자란 구더기가 시계접시 식당을 떠난다. 배추벌레의 배 속을 떠나는 것과 같다. 땅으로 내려가 작은 고치를 만들려 했으나 적당히 의지할 비단 방석이 없어서 모두 죽었다. 어쨌든 이 관찰 덕분에 나는 확신을 갖게 되었다. 고치벌 애벌레는 엄밀한 의미에서 먹는 게 아니라 고기죽을 마셨으며, 고기죽이란 바로 배추벌레의 피였다.

기생벌을 좀더 가까이서 관찰해 보면 먹이는 반드시 액체여야 함을 이해하게 된다. 애벌레는 체절이 분명하게 구분되는 흰색 구더기처럼 앞쪽 끝이 뾰족한데, 마치 잉크에 머리를 박아 더럽혀진 것처럼 검은색의 가는 선이 보인다. 꼬리를 약간 흔드나 위치가 바뀌지는 않는다. 현미경으로 보면 입은 하나의 구멍일 뿐 각질 이빨이나 턱같이 씹는 구조는 없다. 깨물지 않고 키스하듯이 빠는 공격 모습만으로 주변의 체액을 찔끔찔끔 마셨다.

녀석의 침입을 받은 배추벌레를 해부해 보면 물린 상처가 전혀 없다. 몸 안에 입양된 녀석의 수는 많아도 유모의 내장 어디에도 찢어졌거나 상처가 난 흔적이 전혀 없다. 먹히는 배추벌레도 불안해하거나 고통으로 몸을 비트는 기색이 없고, 잎을 뜯어먹는 식욕도 그대로이며, 산책도 그대로 한다. 왕성한 식욕과 천천히 소화시키는 점이 건강한 녀석과 똑같다.

번데기가 매달릴 돗자리를 짜야 할 시기가 임박하면 점점 피로한 기색이 눈에 띈다. 그래도 배추벌레는 마치 죽음의 고통 속에서도 제 임무를 잊지 않는 스토아학파(Stoïque, 금욕주의) 학자처럼 실로 돗자리를 짠다. 마침내 녀석이 조용히 죽어 간다. 잘리고 두드려 맞아서 죽는 게 아니라 영양실조로 죽는 것이다. 기름이 다 떨어진 등불은 이렇게 꺼진다.

이래야 함은 당연한 것이다. 고치벌 애벌레가 성장하려면 먹이를 먹고 피를 만들어 내는 배추벌레의 생명이 절대로 필요하다. 녀석이 완전히 발육하려면 약 한 달이 걸리는데 그동안은 주인도 필히 살아 있어야 한다. 양쪽 녀석들의 달력은 잘 맞아떨어졌다. 배추벌레가 먹기를 중단하고 탈바꿈을 준비할 때, 기생충은 밖으로 긴 여행을 떠날 만큼 성장했다. 마시던 녀석이 마시기를 중단할 때가 되면 가죽 부대도 말라 버린다. 하지만 그때까지는 부대 속에 먹을 것이 남아 있어야 한다. 그래서 사소한 상처에 피의 샘이 솟지 않을 만큼, 즉 배추벌레의 생명이 위태롭지 않을 만큼 중요한 것이다. 이 목적에 따라 가죽 부대 착취자의 입에는 자갈을 채워 놓았다. 이빨 대신 상대에게 상처를 내지 않는 흡수장치로 빨아들였다.

막 죽어 가는 배추벌레는 머리를 천천히 흔들며 비단 방석을 짠다. 바로 이때, 기생충이 일제히 밖으로 나간다. 이 시기는 흔히 6월의 해질 무렵이다.

배나 옆구리에 구멍 하나가 열린다. 단 하나뿐인 구멍이 등에는 없다. 저항이 가장 낮은 두 체절의 이음매 사이가 열리는 것은 분명히 부식 도구 없이는 힘들다는 점을 말해 준다. 아마도 녀석들은 같은 공격 지점에 번갈아 가며 키스하기 작업을 했을 것이다.

잠깐 사이, 하나뿐인 출구로 모든 애벌레가 활기차게 나와 배추

고치벌 애벌레 배추벌레에 기생했다가 탈출하는 것으로 보아 배추벌레살이고치벌의 애벌레일 가능성이 크다. 빨리 탈출한 녀석은 고치 지을 준비를 하고 있다.
시흥, 10. IX. '90

벌레 몸통의 표면을 차지한다. 구멍은 곧 닫혀서 돋보기로도 확인이 안 된다. 약간 남은 액체를 손가락으로 눌러 짜 보지 않고는 탈출 지점을 알 수가 없다. 가죽 부대는 피도 안 날 만큼 몽땅 빨린 것이다.

배추벌레는 모두 죽는 게 아니며 계속 직물을 짜는 녀석도 있다. 기생충도 거기서 고치를 짠다. 머리를 힘껏 뒤로 젖혀 뭉치에서 빼낸 실은 밀짚 빛깔이다. 먼저 옆에서 배추벌레가 짠 흰 그물과 얽어서 고정시킨다. 그렇게 각 기생충의 작은 방이 서로 맞붙어서 그 집단의 뭉치가 된다. 지금 짠 것은 고치가 아니라 각자가 방을 만들기 쉽게 대충 얽어 놓은 골조였다. 골조는 옆의 골조를 발판 삼아 실을 얽히게 한 공동 건축물로서, 각 구더기는 그 중에서 자기 자리를 만들고, 마지막으로 진짜 고치인 짜임새 있는 작은 방을 만든다.

철망 바구니에서 이런 고치 뭉치를 잔뜩 얻어서 이제 얼마든지 실험할 수 있게 되었다. 사육한 배추벌레의 3/4이 고치를 제공했는데, 봄에 태어나는 녀석들은 그렇게 많이 침범당한 것이다. 한 뭉치는 배추벌레 한 마리에서 얻은 가족 전체인데 각각을 유리관에 넣었다.

약 보름 뒤인 6월 중순, 배추나비고치벌 성충이 나왔다. 제1유리관에서 약 50마리의 법석대는 무리가 한창 결혼 축하연을 벌인다. 배추벌레 한 마리에서 나온 가족에 항상 암수가 있어서 가능한 일이다. 이렇게 흥청대다니, 참으로 대단한 사랑의 향연이로다! 난쟁이들의 사라반드(sarabande, 떠들썩한 춤)는 구경꾼을 당황하게, 또한 현기증 나게 했다.

대부분의 암컷은 자유를 찾으려고 햇빛 받는 면의 유리관 끝 솜마개와 유리관 사이에 상반신을 들이밀고 있다. 하지만 배는 방치되어 둥근 관람석처럼 둘러섰다. 거기서 수컷끼리 서로 옥박지르거나 자리를 빼앗으며 재빨리 일을 끝낸다. 각자 자기 차례가 돌아온다. 사소한 시비가 끝나면 경쟁자에게 자리를 양보하고 다른 곳으로 가서 같은 짓을 되풀이한다. 이 소란한 혼례식이 아침 내내 계속되고 다음 날 다시 시작된다. 계속 교미하느라고 서로 맞붙었다가 떨어지고, 또 다시 붙는 법석을 되풀이했다.

방해꾼이 없는 들판이었다면 교미 상대가 하나씩이라 좀 조용했을 것이다. 하지만 유리관 속은 장소도 좁은데 식구가 많으니 이런 법석이 일어난다.

녀석들의 완전한 행복에 무엇이 부족할까? 우선 약간의 먹이, 즉 꽃에서 빨 꿀이 부족할 것 같아 유리관에 먹을 것을 넣어 주었다. 물론 꿀방울을 직접 주었다가는 녀석들의 발이 묶여서 꼼짝 못할 테니 버터를 바른 빵처럼 맛있는 것을 살짝 바른 종이테이프를 넣어 주었다. 거기서 발을 멈춘 녀석들이 맛있는 식사로 원기를 회복했다. 음식이 마음에 든 것 같다. 수시로 테이프를 바꿔 주기만 하면 시험이 끝날 때까지 원기를 유지할 수 있겠다.

또 하나의 수단이 필요했다. 좁은 유리관 속 주민은 아주 재빠르며 잠시도 얌전하지 않아 넓은 용기로 옮겨야 한다. 이 꼬마 죄

수들의 재빠른 동작을 손이나 핀셋, 기타의 강제 수단을 써서 억제하지 않으면 옮기다가 많이 잃거나, 때로는 모두 도망쳐 버릴 수도 있다.

하지만 빛의 유혹을 도저히 뿌리치지 못하는 녀석들이라 광선이 내게 도움을 준다. 탁자 위의 유리관 한쪽 끝을 해가 비치는 창문으로 향해 놓으면 그 안의 포로들은 재빨리 밝은 쪽으로 몰려든다. 거기서 오랫동안 계속 파드득거릴 뿐 뒤로 돌아서는 일은 없다. 유리관을 반대 방향으로 돌리면 즉시 반대쪽으로 이동한다. 밝은 광선이 그렇게도 큰 기쁨인지라, 이 유혹을 이용해 녀석들을 내가 원하는 곳으로 데려간다.

탁자 위에 시험관이나 병 등의 새 그릇을 뉘어 놓고, 그 밑에 벌이 잔뜩 들어 있는 유리관의 마개를 창 쪽을 향해서 연다. 두 용기 사이의 거리가 약간 떨어졌어도 크게 신경 쓸 필요가 없다. 벌 떼는 밝은 쪽 방으로 달려간다. 이제 그 그릇의 위치를 바꾸기 전에 마개를 하면 별로 놓치지 않고 마음대로 질문을 시작할 수 있다.

우선, 이런 질문을 해보자. 너는 도대체 어떤 방식으로 배추벌레의 몸통에 알을 붙였느냐? 좀스럽게 녀석의 이름에나 집착하며 그 몸에다 말뚝을 박아 죽이는 사람에게는 대개 이런 질문이 무시될 뿐이다. 그들은 이처럼 현실적으로 가장 먼저 던져야 할 질문이나 이와 비슷한 훌륭한 질문은 안 하고 녀석을 분류한다. 그리고 야만적인 이름표를 붙여서 정리하고는 그런 작업이 벌레에 대한 지식의 최고 표현인 것으로 인식하고 있다.

이름, 언제나 이름, 그 밖의 것은 조금도 중요시하지 않는다. 옛날에는 양배추흰나비의 박해자를 '배가 작은 벌(*Microgaster*)'이라고 불렀다. 그것을 지금은 '병신벌(*Apanteles*)'이라고 부른다. 불완전하단다. 아아! 멋지게 진보했구나! 우리는 멋진 학문을 배웠노라! 이렇게 배가 작은 벌, 또는 병신벌이 어떻게 배추벌레 안으로 들어가는지는 알고 있는가?

전혀 모른다. 최근에 출간된 책은 당연히 최근의 지식을 반영했어야 할 텐데, 그 책은 이렇게 말하고 있다. '배추나비고치벌은 알을 배추벌레의 몸에 직접 주사한다.' 이렇게도 말한다. '이 기생충의 구더기는 번데기 안에 살다가 단단한 각질 껍질에 구멍을 뚫고 나간다.'

성숙한 구더기가 고치를 지으려고 탈출하는 것을 수백 번이나 보았다. 그런데 출구가 만들어지는 곳은 언제나 배추벌레의 피부였다. 번데기 껍질에서는 한 번도 없었다. 녀석들의 출구는 무기를 사용해서 뚫은 게 아니라 단순한 접촉으로 뚫린 구멍이다. 이 벌레는 번데기의 껍질을 뚫을 능력이 없는 것으로 나는 믿고 싶다.

내가 분명히 증명할 수 있는 이 잘못을 추적하려고, 다시 한 번 기생충을 다른 방법으로 조사하기로 했다. 어쨌든 이것이 논리적이며 또 많은 기생충이 취하는 방법과 일치한다면 더 마음 쓸 필요도 없다. 나는 인쇄된 논문을 신용하기보다 직접 사실과 접하기를 좋아한다. 무슨 일이든 그렇다고 단정하기 전에 봐야만 하고, 본 것을 이야기할 필요가 있다. 시간이 더욱 많이 걸리고, 더욱 힘든 일이지만, 그래도 그것이 가장 확실하다.

채소밭의 배추에서 일어나는 일을 파헤칠 생각은 없다. 정밀한 관찰에는 이 방법의 결과를 믿을 수 없어서 적당치 않다. 내 손에는 필요한 연구 재료, 즉 새로 성충이 된 기생벌 시험관이 산더미처럼 쌓여 있다. 따라서 연구실의 작은 탁자 위에서 조사하련다.

용량 1*l*짜리 병이 햇볕을 받는 창가의 탁자에 놓였다. 병에 배추 잎을 넣되 각 잎에는 완전히 성숙한 애벌레, 중간 연령층, 이제 막 알에서 깨난 녀석이 무리지어 있다. 실험 시간이 길어질 염려가 있으면 고치벌의 식단으로 꿀 바른 종잇조각을 넣어 준다. 끝으로 어느 병의 고치벌 집단을 이 병으로 이주시킨다. 뚜껑을 덮어 놓고 며칠 또는 몇 주 동안 열심히 관찰만 하면 된다. 기록해야할 소견은 하나도 놓치지 않고 관찰한다.

배추벌레는 조용히 잎을 뜯을 뿐 무서운 이웃을 전혀 눈치채지 못한다. 소란한 무리 중 몇몇 경솔한 녀석이 배추벌레의 등을 내려친다. 그러면 벌레는 갑자기 전신을 세웠다 내린다. 그것뿐, 성가시게 굴던 녀석은 곧 사라진다. 배추벌레는 남에게 나쁜 짓을 전혀 안 할 것처럼 보인다. 한편, 종이에 발라 놓은 꿀을 먹고 힘이 난 녀석들은 이리저리 돌아다닌다. 날다가 때로는 여기, 저기, 또는 잎을 먹고 있는 무리 위에 내려앉는데, 그런 행동에도 전혀 신경 쓰지 않는다. 물론 우연히 저지른 것이지 의도적으로 한 일은 아니다.

배추벌레 무리를 연령별로 바꾸거나, 기생벌 부대를 바꿔 가며 관찰했어도 소용이 없었다. 아침저녁의 희미한 빛에서, 한낮의 뙤약볕에서, 오랫동안 꾸준히 병 속의 사건을 지켜봤으나 허사였다. 아무것도 보지 못했다. 기생벌이 공격하는 일은 전혀 없었다. 책을 쓰는 사람은 말만 할 뿐, 진정한 사물을 보려는 끈기가 없어서 그릇되게 가르친다. 나의 결론은 명백하다. 배추벌레고치벌이 산란하겠다고 배추벌레를 공격하는 일은 절대로 없다.[7]

따라서 침범 실험은 아무래도 흰나비의 알 단계부터 시작해야 겠다. 실험이 우리를 납득시켜 주겠지. 병이 너무 커서 무리의 관찰이 적당치 않아 엄지손가락 굵기의 유리관을 택했다. 그 안에 나비의 알 뭉치가 붙어 있는 배추 잎을 넣고 고치벌 집단을 옮겼다. 물론 꿀을 바른 종잇조각도 함께 넣었는데, 이것은 7월 초의 일이다.

암컷이 재빨리 작업에 몰두해서 간혹 노란 알 뭉치가 보이지 않을 정도였다. 녀석들은 그 보물을 잘 조사하고, 날개를 파들파들 떨며 뒷다리를 비빈다. 만족스럽다는 표시였다. 또 그 뭉치에서 듣는 시늉도 하고, 더듬이로 간격을 재기도, 알을 가볍게 두드려 보기도 한다. 그러고는 여기저기서 알 위에다 배 끝을 재빨리 대는데, 그때마다 끝에서 가는 침을 내보낸다. 침은 배아를 나비 알의 얇은 막 속으로 집어 넣는 도구로 접종에 쓰이는 메스였다. 순서대로 조용히 일이 진행된다. 여러 마리가 함께 산란할 때도 마찬가지였다. 한 녀석이 지나간 다음, 다음 녀석이 지나가고, 제3, 제4, 때로는 더 많은 녀석이 교대한다. 같은 알을 찾아오는 게 몇 번 만에 끝날지 알 수가 없다. 매번 메스로 찌르고 배아가 들어간다.

같은 알에 번갈아 달려드는 산란 벌의 수가 너무 많아서 녀석들을 눈으로 세어 보기는 어렵다. 하지만 알 한 개에 접종된 배아의 수를 알려면 아주 쉬운 방법이 있다. 한참 뒤

7 이 고치벌이 배추벌레나 각종 송충이에 기생한다는 조사 기록은 지금도 매우 많다. 그렇다면 파브르가 연구한 기생벌은 다른 종이었을 수도 있다. 사실상 파브르의 *Apanteles*속이 아직도 지구상에 몇 종이나 있는지 모를 만큼 큰 분류군이라는 점, 이 속에는 번데기에 직접 산란하는 종도 무척 많다는 점, *Microgaster*속도 종 수가 만만치 않다는 점 따위를 몰랐다. 한편 그는 이미 속명이 *Apanteles*로 바뀌었음을 알았으면서도 끝까지 과거 속명인 *Microgaster*로 썼다. 이 현상은 그가 분류학을 제대로 모름을 스스로 인정한 셈이다. 그렇지 않다면 분류학자가 무식하다며 의도적으로 신랄하게 비판하기 위함이었다.

에 접종된 애벌레를 해부해서 그 안에 든 기생벌의 수를 세어 보면 된다. 이 방법도 불편하면 죽은 배추벌레 표면에 덩어리가 된 고치를 세어 보면 된다. 그 전체 숫자가 배아를 주사한 횟수이다. 그 중 먼저 접종된 알에 한 어미가 몇 번 찾아온 경우도 있고, 다른 어미의 것인 경우도 있을 것이다. 그런데 고치의 수는 평균 20개를 중심으로 정말 구구각각이었다. 최고 65개까지 본 일이 있으나 이것이 상한선이라고 할 수도 없다.[8]

나비의 후손을 멸망시키려는 이 무서운 활동력! 교양 높고, 철학적 명상에 정통한 방문객 한 분이 운 좋게 자리를 함께 했다. 기생벌을 연구하던 자리를 그에게 권했다. 바꿔 앉은 그는 돋보기를 들고 한 시간가량 동안, 내가 지금까지 보아 온 것을 보고 또 보았다. 그는 어미벌이 알에서 알로 옮겨 가며 선택하고, 작은 창으로 차례차례 찌르고, 먼저 몇 번 찔린 알을 또다시 찌르는 것을 보았다. 그러고는 돋보기를 놓고 깊은 침묵에 잠겼는데 조금은 슬퍼 보였다. 가장 천한 생물에 이르기까지 생의 쟁탈전이 일어나는 것도, 그것을 손가락 굵기의 유리관 속에서 그처럼 뚜렷하게 본 것도 처음이었던 것이다.

8 앞 문단은 기생벌이 알벌과(Trichogrammatidae)의 일종일 가능성을 배제할 수 없어서, 또 이 문단은 파브르가 다배생식(多胚生殖)의 존재를 모르고 쓴 글이어서 독자께서는 참고하지 않는 게 좋겠다.

 번역 후기

『파브르 곤충기』를 번역하게 된 일차적 동기는 프랑스의 철학자, 시인 겸 곤충학자인 장 앙리 파브르(Jean-Henri Fabre)의 연구 내용이 국내로 애매하게 보급된 점을 보완하기 위해서였다. 그리고 나를 프랑스 정부 장학생으로 안내한 피에르 졸리베(Pierre Jolivet, 딱정벌레목 잎벌레과 전문가, 전 WHO 파견 한국 근무) 박사와 그 나라에 대한 감사의 뜻으로 파브르의 인간상과 연구 활동을 소개하고자 한 것이다. 엄청난 곤충학적 업적 속에 깃든 한 인간의 철학, 특히 비유적이고 시적인 글들을 번역·출간해서 국내로는 연구 내용을 정확히 전달하고, 대외적으로는 양국 간의 문화와 학술 교류에 보탬이 있기를 바란 것이다.

파브르는 평생 정규교육을 받아 보지 못했다. 하지만 그가 전개한 연구와 필치를 보면서 그가 가히 천재적인 인물임을 통감하지 않을 수 없었다. 우선 미지의 곤충 세계로 침투할 때, 웬만해서는 떠오르지 않을 법한 기발한 수단을 매번 착안한 점이 놀라웠다. 생물학은 물론 다른 어느 학문 분야든, 미지의 세계를 향해 도전하려는 사람은 그처럼 기발한 수법을 개발하려는 의식을 가지고 자신의 목적 달성에 부합하는 방법을 찾아낼 줄 알아야겠다.

파브르는 책마다 20~25개의 장을 편성했고 한 권 전체의 내용을 몇몇 대주제로 구성했다. 그런데 주제별로 도입과 본론, 결론을 두어 단계에 맞추어 전개하여 또 한 번 놀라움을 주었다. 일생 동안 수행한 200항목 이상의 연구를 한꺼번에 정리한 경우라면, 전체를 미리 대주제별로 분류해 놓고 순서대로 집필하면 될 것이다. 그러나 파브르는 장기간에 걸친 현재 진행형 연구를 했음에도 불구하고 매번 대주제를 정하여 도입 단계부터 결론이 이끌어지도록 한 놀라운 집필력을 보였다.

근래에 와서 그 중요성이 알려진 동물행동학(動物行動學)의 선구자인 점, 그리고 동물의 고유한 특성인 감각생리학(感覺生理學)의 발전에 단초를 제공한 점에서 현대 생물학의 발전에 지대한 공헌을 했음을 마땅히 인정해야 할 것이다.

한편, 번역하며 파브르에게 몇 가지 독특한 버릇이 있음을 느낄수 있었다. 또한 그의 생애가 스스로의 사고방식을 편협하게 했음도 알아챘다. 첫번째 버릇은 더위에 대한 표현이 무척 강했던 점이다. 프랑스의 기후는 여간해선 심하게 덥지 않고, 옮긴이도 몽펠리에(Montpellier) 일대의 해변 모래사장에서 꼬박 2년간 사구(砂丘) 곤충을 채집했지만 극심한 더위를 느끼지 못했다. 지중해의 해양성기후 지대여서 특별히 덥다고 말할 수는 없을 것 같은데, 삼복더위란 표현이 무척 많았고, 아프리카 열대지방인 '세네갈(Sénégal)의 열기'로 표현하기도 했다. 개인적으로 더위를 많이 탄사람이 아니었나 싶다.

무엇인가의 모양을 '장미꽃(rosaces) 같다.'고 표현한 것이 또 하나의 버릇이었다. 어떤 식물, 잎의 형태, 동식물의 기관, 또는 무뇌나 장식물 등의 모양을 이 단어로 표현했는데, 정작 장미꽃 모양을 인식하기 어려운 부분이 많았다. 그래서 번역 초기에는 나의 이해력 부족을 의심하면서 자주 혼란스러워 했다. 아마도 파브르는 여러 장의 꽃잎처럼 사방으로 퍼진 것이나 방사상 모양, 둥글게 펼쳐진 것 등을 모두 이 단어로 표현한 것 같다.

곤충은 두뇌가 거의 없다며 지능의 존재를 무시하려 한 점도 하나의 버릇이었다. 곤충은 머리가 특히 작아서 뇌의 존재나 용량을 따질 수준이 못 됨을 자주 언급했는데, 어쩌면 곤충에게 본능적 행동만 존재함을 인정하려 한 오만한 사고였는지도 모르겠다. 머리 크기가 그렇게도 중요하다면, 인간보다 훨씬 머리가 큰 황소나 코끼리, 매머드 따위는 인간보다 훨씬 높은 지능을 소유해야 한다는 결론이 나온다. 아마도 인간을 만물의 정점에 고정시켜 놓고 사물을 판단하던 시대적 배경, 특히 인간만이 지능을 소유한다고 인정하려던 시대적 사고의 결과였을 것 같다.

가정 형편상 모든 지식을 순전히 독학으로 터득한 파브르는 자기 지식에 스스로 만족하였으며, 이런 바탕에서 주변의 자연물을 집중적으로 관찰하다가 만사에 너무 자신이 생긴 것 같다. 마침내 철학자, 또는 사상가임을 자처하면서, 폭넓은 조망과 사고를 하기보다는 편협해졌을 법하다. 특히 혼자 자기 뜰 안에서 관찰하고 얻은 편협한 결과를 전 생물계와 결부시켜 해석하여 오류를 빚기도 한다. 그럼에도 불구하고 기존의 저서나 다른 학문 분야를 극심하게 비하하는 발언도 서슴지 않았다.

특히 분류학자를 단순한 명명자로만 인식했기에 그들을 무식하다며 가장 심하게(전 권에서) 비하했다. 실상은 본인 스스로가 분류학이 어떤 성격의 학문인지 모름을 노출한 경우도 제법 많았다. 제4권 10장에서는 당시로서도 이미 150년 전의 논의거리였던 전성설(前成說)을 간직한 채 후성설(後成說)과 관계된 연구를 하기도 했다. 아마도 독학 과정에서 너무 오래된 정보나 역정보를 가지게 됨으로써 빚어진 난센스였을 것 같다.

곤충이나 거미의 감각기관과 기능은 물론 그 감정까지도 인간을 기준으로 실험한 점을 현대인의 시각으로 보면, 무지의 결과처럼 보인다. 하지만 그런 실험들로 긍정적인 결과를 얻지 못함으로써 결국 저들과 인간의 감각계에 차이가 있음을 알려 준 셈이다. 이런 착오적 결과는 동물의 감각생리학 분야 발전에 분명 도움이 되었다. 또한 동물행동학의 선구자였음은 무엇보다도 중대한 파브르의 업적이다. 1900년대 중반에 와서야 몇몇 사람이 동물의 행동에 관심을 갖기 시작했고, 1973년에 프리슈(Karl von Frisch)가 로렌츠(Konrad Zacharias Lorenz) 및 틴버겐(Nikolaas Tinbergen)과 함께 노벨 생리·의학상을 수상함으로써 동물행동학이 생물학의 정식 분과로 자리 잡았다. 이 분야의 학문이 탄생하기 1세기도 훨씬 이전부터 이에 종사해 왔고, 그 연구 결과를 글로 남겨 놓은 파브르의 공로야말로 마땅히 인류의 역사가 크게 찬양해야 할 것이다.

번역하면서 지명이나 인명을 현지 발음대로 표기하고 싶었으나 그럴 수 없어서 유감이었다. 세계화 시대에 걸맞은 치밀하고 현실적인 외래어표기법 규정이 아쉬운 상황에서 기존의 미국식 로마자표기법에 따르고 있는 것이 현실인 것 같다. 한글 관련 학계나 국내 외국어 학계 등이 합심하여 우리에게 널리 적합한 외래어표기법 개발에 애를 써 문화 발전의 단단한 토대를 다지는 데 기여할 수 있었으면 하는 바람도 덧붙인다.

찾아보기

곤충명

종 · 속명/기타 분류명

기타
전문용어/인명/지명/동식물

435

438

도판

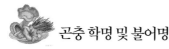

곤충 학명 및 불어명

445

기타

동식물 학명 및 불어명/전문용어

447

『파브르 곤충기』등장 곤충

숫자는 해당 권을 뜻합니다. 절지동물도 포함합니다.

457

460

463

471